高 等 学 校 教 材

有机化学
学习指南
（第二版）

王建华 于姝燕 王 敏 主编

YOUJI HUAXUE
XUEXI ZHINAN

化学工业出版社

·北京·

内容简介

《有机化学学习指南》是为了解决高等医学院校学生有机化学课程内容多、学时少、学生负担重的问题而编写的学习辅助教材，按照高等医学院校医学类专业《有机化学》的教学大纲顺序编写，每章由基本要求、知识点归纳、典型例题解析和本章测试题四部分组成，力求帮助学生在课后有限的时间内完成学习任务。本书18套本章测试题和6套阶段性测试题的题量都控制在两个小时以内，题型与考试题一致，并附有参考答案，有助于学生自我检测学习效果，提升学习成绩。

本书可供高等医学院校医学类各专业学生学习有机化学时使用，也可供考研学生及从事有机化学教学的教师参考。

图书在版编目（CIP）数据

有机化学学习指南 / 王建华，于姝燕，王敏主编
. —2版. —北京：化学工业出版社，2022.1
ISBN 978-7-122-40479-4

Ⅰ. ①有… Ⅱ. ①王… ②于… ③王… Ⅲ. ①有机化学-高等学校-教学参考资料 Ⅳ. ①O62

中国版本图书馆 CIP 数据核字（2021）第 253788 号

责任编辑：宋林青　　　　　　　　　　文字编辑：葛文文
责任校对：刘曦阳　　　　　　　　　　装帧设计：史利平

出版发行：化学工业出版社（北京市东城区青年湖南街 13 号　邮政编码 100011）
印　　装：三河市双峰印刷装订有限公司
787mm×1092mm　1/16　印张 17　字数 430 千字　2022 年 2 月北京第 2 版第 1 次印刷

购书咨询：010-64518888　　　　　　　售后服务：010-64518899
网　　址：http://www.cip.com.cn
凡购买本书，如有缺损质量问题，本社销售中心负责调换。

定　　价：45.00 元

《有机化学学习指南》（第二版）编写组

主　　编　王建华　　于姝燕　　王　敏

副 主 编　张可青　　格根塔娜　　布　仁

编　　者（以姓氏笔画为序）

于姝燕　　王　敏　　王建华

王惠荣　　布　仁　　白明学

张可青　　赵红梅　　格根塔娜

前　言

　　有机化学是医学生的一门必修基础课。有机化学与医学的关系，正如美国医学家、诺贝尔奖获得者 A. Kornberg 所说：人类的形态和行为都是由一系列各负其责的化学反应来决定的，应把生命的物质基础理解成化学元素的组成，生命的活力理解成化学反应供给的能量支持。有机化学研究是从小分子→复杂分子→大分子→超分子，医学研究是从人体→组织→细胞→超分子→大分子→结构单元分子，在分子水平上用化学理论、化学方法来探索生命现象，是现代医学的一个重要标志。

　　在医学院校，作为讲授有机化学的教师，都感觉到内容多，学时少；作为学习医学的学生，由于繁重的学习任务，学习时间不够用也是不争的事实。解决这一难题正是我们编写本书的目的。本书力求帮助学生在听完课、研读完一遍教材后，在有限的时间内完成学习任务，取得好的学习成绩。本书各章均由四个部分组成：（1）基本要求，以教学大纲为基准，明确应掌握和了解的内容，帮助学生有的放矢地学习。（2）知识点归纳，这部分是编者根据多年的教学经验，对该章内容的概括总结，帮助学生把书看薄，系统地掌握基本内容。（3）典型例题解析，所选的例题都是配合教学重点和难点而精选的，大部分例题以注释的方式说明了所有知识点和解题思路，既有助于学生掌握重点、突破难点，又培养了解题方法。（4）本章测试题，本部分以测试题的方式几乎涵盖了教学大纲对本章的所有知识要求，学生通过这部分习题的演练，可进一步掌握该章的基本内容。此外，本书根据知识结构，每隔几章还编写了阶段性测试题，测试学生对知识综合的掌握。本书的 18 套本章测试题和 6 套阶段性测试题的题量都控制在两个小时以内，题型与考试题型一致，并都附有参考答案，有助于学生自我检测学习效果，取得好的学习成绩。本次修订再版中，我们对测试题部分进行了重点调整，替换或增加了一些新题目，以符合当前的发展趋势。

　　本书由王建华、于姝燕、王敏任主编，张可青、格根塔娜、布仁任副主编。参加本书编写的老师有（以姓氏笔画为序）：于姝燕［第三章、第六章、阶段性测试题（二）、阶段性测试题（六）］，王敏［第一章、第二章、阶段性测试题（一）、阶段性测试题（三）］，王建华［第十章～第十二章、阶段性测试题（四）］，王惠荣（第四章、第十七章），白明学（第五章、第十八章），布仁（第十五章、第十六章），张可青（第八章、第九章），赵红梅［第十四章、阶段性测试题（五）］，格根塔娜（第七章、第十三章）。主编王建华、于姝燕、王敏做了最后的审核和校对工作。

　　本书在编写过程中，受惠于云学英、巴俊杰、张振涛、罗素琴、刘乐乐五位已退休教授的前期工作，得到过他们专业方面的悉心指导和帮助，在此一并表示深深的感谢。

　　本书编写过程中，我们结合《有机化合物命名原则（2017）》一书对有机化合物的命名进行了修订，由于我们团队所有讲授《有机化学》课程的老师还没有足够时间熟练掌握使用新的命名原则，本书中的有机化合物命名或存在不准确之处，希望使用本书的广大师生在使用过程中如发现错误及时给予指正。

　　本书尽管经过了编者们认真细致的工作，仍然可能存在瑕疵或不妥之处，请使用本书的老师、同学们和其他读者批评指正，以便再版时我们做得更好。

编　者

2021 年 10 月

目　录

第一章　绪论 ······· 1

　　基本要求 ······· 1

　　知识点归纳 ······· 1

　　典型例题解析 ······· 6

　　本章测试题 ······· 8

　　参考答案 ······· 9

第二章　烷烃和环烷烃 ······· 13

　　基本要求 ······· 13

　　知识点归纳 ······· 13

　　典型例题解析 ······· 20

　　本章测试题 ······· 23

　　参考答案 ······· 26

第三章　不饱和烃 ······· 28

　　基本要求 ······· 28

　　知识点归纳 ······· 28

　　典型例题解析 ······· 34

　　本章测试题 ······· 40

　　参考答案 ······· 43

阶段性测试题（一） ······· 46

　　参考答案 ······· 49

第四章　芳香烃 ······· 53

　　基本要求 ······· 53

　　知识点归纳 ······· 53

　　典型例题解析 ······· 54

　　本章测试题 ······· 56

　　参考答案 ······· 59

第五章　对映异构 …………………………………………………… 61

基本要求 …………………………………………………………… 61

知识点归纳 ………………………………………………………… 61

典型例题解析 ……………………………………………………… 63

本章测试题 ………………………………………………………… 65

参考答案 …………………………………………………………… 68

第六章　卤代烃 …………………………………………………………… 71

基本要求 …………………………………………………………… 71

知识点归纳 ………………………………………………………… 71

典型例题解析 ……………………………………………………… 76

本章测试题 ………………………………………………………… 77

参考答案 …………………………………………………………… 79

阶段性测试题（二） ……………………………………………………… 82

参考答案 …………………………………………………………… 84

第七章　醇、酚和醚 ……………………………………………………… 87

基本要求 …………………………………………………………… 87

知识点归纳 ………………………………………………………… 87

典型例题解析 ……………………………………………………… 93

本章测试题 ………………………………………………………… 98

参考答案 …………………………………………………………… 101

第八章　醛、酮和醌 ……………………………………………………… 104

基本要求 …………………………………………………………… 104

知识点归纳 ………………………………………………………… 104

典型例题解析 ……………………………………………………… 110

本章测试题 ………………………………………………………… 116

参考答案 …………………………………………………………… 118

阶段性测试题（三） ……………………………………………………… 122

参考答案 …………………………………………………………… 125

第九章　羧酸和取代羧酸 ………………………………………………… 129

基本要求 …………………………………………………………… 129

知识点归纳 ………………………………………………………… 129

典型例题解析 ……………………………………………………… 133

本章测试题 ………………………………………………………… 137

参考答案 ·· 140

第十章 羧酸衍生物 ·· 143

基本要求 ·· 143
知识点归纳 ·· 143
典型例题解析 ·· 147
本章测试题 ·· 151
参考答案 ·· 154

阶段性测试题（四） ·· 156

参考答案 ·· 159

第十一章 含氮有机化合物 ·· 162

基本要求 ·· 162
知识点归纳 ·· 162
典型例题解析 ·· 165
本章测试题 ·· 171
参考答案 ·· 174

第十二章 含硫和磷的有机化合物 ·· 177

基本要求 ·· 177
知识点归纳 ·· 177
典型例题解析 ·· 182
本章测试题 ·· 184
参考答案 ·· 184

第十三章 杂环化合物 ·· 186

基本要求 ·· 186
知识点归纳 ·· 186
典型例题解析 ·· 191
本章测试题 ·· 194
参考答案 ·· 196

阶段性测试题（五） ·· 199

参考答案 ·· 202

第十四章 糖类 ·· 205

基本要求 ·· 205
知识点归纳 ·· 205
典型例题解析 ·· 208

本章测试题 ·· 213

参考答案 ·· 217

第十五章　脂类 ··· 220

基本要求 ·· 220

知识点归纳 ·· 220

典型例题解析 ·· 222

本章测试题 ·· 223

参考答案 ·· 225

第十六章　萜类和甾族化合物 ·· 227

基本要求 ·· 227

知识点归纳 ·· 227

典型例题解析 ·· 229

本章测试题 ·· 232

参考答案 ·· 233

第十七章　氨基酸、肽和蛋白质 ··· 235

基本要求 ·· 235

知识点归纳 ·· 235

典型例题解析 ·· 238

本章测试题 ·· 240

参考答案 ·· 244

第十八章　核酸 ··· 246

基本要求 ·· 246

知识点归纳 ·· 246

典型例题解析 ·· 249

本章测试题 ·· 252

参考答案 ·· 254

阶段性测试题（六） ·· 256

参考答案 ·· 259

参考文献 ··· 262

第一章

绪　论

━━●━ 基本要求 ━●━━

◎ 掌握有机物化学键的特点、有机化合物的特点、有机化合物的分类方法。
◎ 理解有机反应类型、有机反应中间体及有机化合物的结构特点。
◎ 熟悉有机化合物与有机化学的定义。

━━●━ 知识点归纳 ━●━━

一、有机化合物和有机化学

1. 有机化合物

有机化合物是指碳氢化合物及其衍生物。组成有机化合物的主要元素包括 C、H、O、N、S、P、X（卤素）。仅由碳、氢两种元素组成的有机物称为烃类化合物，若还含有其他元素，则称为烃的衍生物。

已知的有机化合物有几百万种，它们的性质千变万化，各不相同。但多数有机化合物具有以下特点：有机化合物一般易燃烧；固体有机化合物熔点较低；大多数有机化合物难溶于水，易溶于有机溶剂；有机化合物的反应速率一般较慢，通常需要加热使反应加快，并常伴有副反应发生，产率很少能达到 100%，能达到 85%～90% 已经很好了。有机化合物的这些特点都是由其结构特征决定的。

2. 有机化学

有机化学作为一门科学是在 19 世纪产生的，但是，有机化合物在生活和生产中的应用则由来已久。例如：从植物中提取染料、药物和香料等。到 18 世纪末，已经得到一系列纯粹的化合物，如酒石酸、柠檬酸、乳酸、尿酸等。这些从动植物来源得到的化合物有许多共同的性质，但与当时从矿物来源得到的化合物相比，则有明显的区别。

1806 年，瑞典化学家 J. Berzelius 定义有机化合物是"生物体中的物质"。把从地球上的矿物、空气和海洋中得到的物质定义为无机化合物。1828 年，德国化学家 F. Wöhler 将氰酸铵的水溶液加热得到了尿素：

$$NH_4CNO \xrightarrow{\triangle} NH_2CONH_2$$
氰酸铵　　　　尿素

说明有机化合物可以在实验室里由无机化合物合成，随后，越来越多的有机化合物从无机化合物中合成出来。有机化学是关于有机化合物的化学，即关于有机化合物结构和性质变化规律的科学。

二、有机化合物的结构

在 19 世纪后期，对于有机化合物的结构已经进行了大量的研究工作，形成了定性的结构学说。当时已经知道：碳为四价元素，碳原子可以互相连接成碳链或碳环，也可与别的元素原子连接成杂环，碳原子可以单键、双键或三键互相连接或与别的元素原子相连接，在这些概念的基础上，测定了大量有机化合物的结构并采用结构式来表示。例如：

| 甲烷 | 乙烯 | 乙炔 | 吡啶 | 甲醇 |

这种化学式称为凯库勒结构式。

为了更形象地理解分子中各原子在空间的排列情况，通常使用各种立体模型。其中最简单的一类是用各种颜色的小球来表示不同元素的原子，用短棍来表示各原子间的价键，碳原子通常用黑色的小球表示，小球上有等距离的四个小孔，在这四个小孔中插上表示价键的短棍后，四个短棍正好指向以球心为中心的正四面体的四个顶点。在小球的另一端加上表示氢原子的灰色小球，就得到甲烷的模型 [图 1.1(a)]，这种模型叫做球棍模型。从球棍模型可以清楚地看出分子的几何对称性。

另一类是各种比例模型。在制作表示不同原子的小球时，使它们的大小与各种原子的体积保持一定的比例关系 [图 1.1(b)]。这种模型可以更精确地表示分子中各原子之间的立体关系。

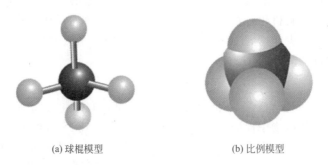

(a) 球棍模型　　　　　(b) 比例模型

图 1.1　甲烷的模型

三、有机物化学键的特点

化学键是描述组成分子的原子如何结合在一起的力。有机化学的发展，揭示了有机化合物分子中原子键合的本质是共价键。共价键概念是由 G. N. Lewis 于 1916 年首先提出来的，第一次指出原子间共用电子满足"八隅体"（即原子外层满足 8 电子结构，氢原子外层满足 2 电子结构）即可以生成共价键。通常在两原子间连一短线代表共价键共用的一对电子。

根据原子核外电子排布规律，碳原子核外电子以 $1s^2 2s^2 2p_x^1 2p_y^1 2p_z^0$ 形式排布，有两个未成对的价电子，所以应该是两价的，但有机化合物中的碳总是四价的，这是因为成键时发生了电子跃迁：

$$2s^2 2p_x^1 2p_y^1 2p_z^0 \xrightarrow{\text{电子跃迁}} 2s^1 2p_x^1 2p_y^1 2p_z^1$$

此模型虽然解释了碳四价问题，但无法解释甲烷中四个 C—H 键相同的结果。实际上，碳原子是以杂化轨道形式与其他原子形成共价键的。

1. 常见杂化轨道类型

sp^3 杂化轨道：一个 s 轨道与三个 p 轨道"混合"，形成四个 sp^3 杂化轨道。若四个轨道成分相同，则是等性的 sp^3 杂化，轨道间夹角为 $109.5°$，成键后空间构型为正四面体（如 CH_4）；若四个轨道成分不同（如轨道上有孤对电子存在），则是不等性的 sp^3 杂化。含有一对孤对电子的 sp^3 轨道空间构型一般为三角锥形（如 NH_3 分子）；含有两对孤对电子的 sp^3 轨道空间构型一般为 V 形（如 H_2O 分子）。

sp^2 杂化轨道：一个 s 轨道与两个 p 轨道"混合"，形成三个能量相等的 sp^2 杂化轨道，轨道间夹角为 $120°$，成键后空间构型为平面三角形。

sp 杂化轨道：一个 s 轨道与一个 p 轨道"混合"，形成两个能量相等的 sp 杂化轨道，轨道间夹角为 $180°$，空间构型为直线形。

2. 共价键的基本性质

（1）**键长** 指分子中成键的两原子核间的平均距离，单位常用 nm 或 pm 表示。

（2）**键角** 指分子中同一原子形成的两个化学键之间的夹角。

（3）**键能** 当把 1mol 双原子分子 AB（气态）的共价键断裂成 A、B 两原子（气态）时，所需的能量称为 A—B 键的解离能，也就是它的键能。但对于多原子分子来说，键能与键的解离能是不同的。键的解离能的数据是指解离某个特定共价键的键能。多原子分子中的同类型共价键的键能应该是各个键解离能的平均值。键能是化学键强度的主要标志之一，在一定程度上反映了键的稳定性，相同类型的键中键能越大，键越稳定。

（4）**键的极性与极化性** 当两个相同原子成键时，其电子云对称地分布于两个原子中间，这种键是无极性的，如乙烷分子中的 C—C 键。当两个不同原子成键时，两种元素的电负性不同，电子云分布不对称而靠近其中电负性较强的原子，使其带有部分负电荷，用符号 δ^- 表示，另一原子带有部分正电荷，用符号 δ^+ 表示。

对于双原子分子来说，含有极性共价键的分子必然是极性分子，但对于多原子分子来说，含有极性共价键的并不一定是极性分子。分子的极性是各个化学键极性的矢量和。分子的极性大小用偶极矩 μ（单位为 C•m）表示。例如 CCl_4 分子中 C—Cl 键是极性键，偶极矩为 4.868×10^{-30} C•m，但分子呈正四面体，为对称分子，四个氯原子对称地分布于碳的周围，各键的极性相互抵消，所以 CCl_4 分子没有极性（$\mu=0$）。

键的极化性是指在外电场（如反应试剂、极性溶剂等）的影响下，共价键的电子云密度重新分布，键的极性发生变化，这种现象称为键的极化。极化性的大小取决于相连两原子的价电子活动性的大小。成键原子核对核外电子的束缚能力越弱，极化性越强。在碳碳共价键中，π键比σ键容易极化。

极性是由成键原子的电负性差异引起的，是分子固有的，是永久性的；键的极化性只是在外电场的影响下产生的，是一种暂时现象，当除去外界电场后，就又恢复到原来的状态。

3. 共价键的断裂方式与反应类型

反应机理也称反应历程，是研究一个化学反应发生所经历的过程。包括旧的化学键如何断裂，新的化学键如何形成，有什么样的中间体参与以及反应条件起什么作用等一系列问题。有机化合物发生化学反应必然涉及共价键的断裂。共价键在一定条件下，有均裂和异裂两种断裂方式。

(1) 均裂 共价键断裂后，两个原子共用的一对电子由两个原子各保留一个，这种键的断裂方式叫做均裂。均裂往往借助于较高的温度或光的照射。

由均裂产生的带有未成对电子的原子或基团称为自由基（或游离基）。有自由基参与的反应称为自由基反应。自由基反应又可分为自由基取代反应和自由基加成反应。

(2) 异裂 共价键断裂后，共用电子对只归属于原来生成共价键的两个原子中的一个，这种键的断裂方式叫做异裂。它往往被酸、碱或极性试剂所催化，一般都在极性溶剂中进行。碳与其他原子间的σ键异裂时，可得到碳正离子或碳负离子。

$$
R-C \overset{\text{H}}{\underset{\text{H}}{|}} :A
\begin{cases}
\xrightarrow{\text{均裂}} R-\overset{\text{H}}{\underset{\text{H}}{C}}\cdot + \cdot A \quad (\text{一对电子平均分给两个成键原子或基团}) \\[2em]
\xrightarrow{\text{异裂}} R-\overset{\text{H}}{\underset{\text{H}}{C}}^{+} + :A^{-} \text{ 或 } R-\overset{\text{H}}{\underset{\text{H}}{C}}{:}^{-} + A^{+} \quad (\text{一对电子被某一原子或基团占有})
\end{cases}
$$

四、有机化合物的分类方法

目前，有机化合物有两种分类方法：其一是基于有机物分子结构的基本骨架特征；其二是以有机物分子结构中的官能团或化学键为分类基础。

1. 按基本骨架特征分类

(1) 链状化合物 这类化合物的结构特征是碳原子与碳原子，或碳原子与其他原子均以链状相连，如正戊烷 $CH_3(CH_2)_3CH_3$、丙酮 CH_3COCH_3、尿素 H_2NCONH_2。

(2) 碳环化合物 这类化合物分子中含有完全由碳原子组成的碳环。

环戊烷　　　甲苯

(3) 杂环化合物 这类化合物分子中含有由碳原子和别的原子所组成的杂环。常见的杂原子为氧、氮、硫等。

噻吩　　　　吡啶　　　　烟酸

2．按官能团不同分类

官能团是指有机物分子结构中最能代表该类化合物主要性质的原子或基团，主要化学反应的发生也与它有关。一些主要的官能团如表 1.1 所示。

表 1.1　一些主要的官能团

化合物类别	官能团	名称	实例	名称
烯烃	$\diagup C = C \diagdown$	碳碳双键	$H_2C = CH_2$	乙烯
炔烃	$-C \equiv C-$	碳碳三键	$HC \equiv CH$	乙炔
卤代烃	$-X(F、Cl、Br、I)$	卤素	CH_3CH_2Cl	氯乙烷
醇	$-OH$	醇羟基	C_2H_5OH	乙醇
酚	$-OH$	酚羟基	C_6H_5OH	苯酚
醚	$-\overset{\vert}{\underset{\vert}{C}}-O-\overset{\vert}{\underset{\vert}{C}}-$	醚基（键）	$C_2H_5OC_2H_5$	乙醚
醛	$-\overset{}{\underset{O}{C}}-H$	醛基	CH_3CHO	乙醛
酮	$\diagup C = O$	酮基	CH_3COCH_3	丙酮
羧酸	$-COOH$	羧基	CH_3COOH	乙酸
酯	$-\overset{}{\underset{O}{C}}-O-$	酯基（键）	$H_3C-\overset{}{\underset{O}{C}}-O-C_2H_5$	乙酸乙酯
酐	$-\overset{}{\underset{O}{C}}-O-\overset{}{\underset{O}{C}}-$	酸酐基（键）	$H_3C-\overset{}{\underset{O}{C}}-O-\overset{}{\underset{O}{C}}-CH_3$	乙酐
酰胺	$-\overset{}{\underset{O}{C}}-\overset{}{\underset{H}{N}}-$	酰胺基（键）	$C_6H_5NHCOCH_3$	乙酰苯胺
酰卤	$-\overset{}{\underset{O}{C}}-X$	酰卤基（键）	$H_3C-\overset{}{\underset{O}{C}}-Cl$	乙酰氯
硝基化合物	$-NO_2$	硝基	$C_6H_5NO_2$	硝基苯
氨基化合物	$-NH_2$	氨基	$C_6H_5NH_2$	苯胺
硫醇	$-SH$	巯基	C_2H_5SH	乙硫醇
硫酚	$-SH$	巯基	C_6H_5SH	苯硫酚
磺酸	$-SO_3H$	磺酸基	$C_6H_5SO_3H$	苯磺酸

1. 有机化合物的两种分类方法是什么？

解：有机化合物一般是按分子基本骨架特征和官能团不同两种方法来分类的。

2. C—X 键的极性大小次序是 C—F＞C—Cl＞C—Br＞C—I，而 C—X 键的极化性大小次序是 C—F＜C—Cl＜C—Br＜C—I，为什么？

解：因为键的极性大小是由成键原子的电负性差异决定的，电负性差异越大，键的极性越大，X 的电负性大小次序为 F＞Cl＞Br＞I，所以 C—X 键的电负性差异大小次序为 C—F＞C—Cl＞C—Br＞C—I，故 C—X 键的极性大小次序是 C—F＞C—Cl＞C—Br＞C—I。而键的极化性反映的是成键原子核外价电子的活动性大小，与成键原子对价电子的约束能力有关。原子半径越大，对电子的束缚力越小，极化性就越大。因为碘的原子半径最大，氟的原子半径最小，所以 C—X 键的极化性大小次序是 C—F＜C—Cl＜C—Br＜C—I。

注释：关键是搞清楚键的极性和极化性产生的原因、影响因素。

3. 将下列共价键按极性大小排列成序。

C—F、C—N、C—Br、C—I、C—O

（各元素电负性：C 为 2.6，F 为 4.0，N 为 3.1，I 为 2.7，Br 为 2.9，O 为 3.5）

解：C—F＞C—O＞C—N＞C—Br＞C—I。

注释：成键原子电负性差越大，键的极性越大。

4. 乙醇（C_2H_5OH）与甲醚（CH_3OCH_3）互为同分异构体，为什么室温下乙醇为液体而甲醚为气体？

解：乙醇与甲醚组成相同，且二者都是极性分子，存在偶极-偶极作用力。但乙醇分子中的羟基可以形成分子间氢键，使乙醇分子缔合在一起，不逸出，而甲醚分子间不能形成氢键，分子间作用力小，易逸出。

注释：分子的状态是由分子间作用力的强弱决定的。作用力强，分子聚集程度大，一般呈固态或液态；分子间分散程度大，常呈气态。

5. 解释下列化合物沸点的上升次序原因。

（1）$CH_3Cl＞Cl_2＞CH_4$

（2）$CH_3CH_2OH＞CH_3OH＞CH_3OCH_3$

（3）$CH_3CH_2I＞CH_3CH_2Br＞CH_3CH_2Cl$

解：化合物沸点的高低与其分子间作用力有关，分子间作用力越强，沸点越高。

（1）因 CH_3Cl 是极性分子，存在较强的偶极-偶极作用力，而 Cl_2 和 CH_4 为非极性分子，分子间只存在较弱的范德华力，但 Cl_2 的分子量较 CH_4 大，所以范德华力较强。因此 CH_3Cl 的沸点最高，CH_4 的沸点最低。

（2）CH_3OCH_3 不存在分子间氢键，沸点最低。CH_3CH_2OH 和 CH_3OH 存在分子间氢键，且 CH_3CH_2OH 的分子量比 CH_3OH 大，故 CH_3CH_2OH 的沸点最高。

（3）分子量越大，沸点越高。

注释：从分子极性、分子量、是否存在氢键三方面考虑。当其他条件（极性、氢键）相等时，沸点随分子量的增大而升高。

6. BF_3 是平面三角几何构型，而 NF_3 却是三角锥形。试以杂化轨道理论加以说明。

解：BF_3 中的 B 原子价电子构型为 $2s^2 2p^1$，当它与 F 化合时首先进行 sp^2 杂化，BF_3 为等性的 sp^2 杂化，三个 sp^2 轨道分别与 F 的 p 轨道中的单电子结合，形成三个 B_{sp^2}—$F_p\sigma$ 键，其构型为平面三角形。

NF_3 的 N 原子外层电子构型为 $2s^2 2p^3$，在与 F 化合时进行的是 sp^3 杂化，杂化后形成四个不等性的 sp^3 杂化轨道，其中 N 的一对孤对电子占据一个 sp^3 杂化轨道，另外三个 sp^3 轨道分别与三个 F 的 p 轨道形成了三个 N_{sp^3}—$F_p\sigma$ 键，其构型为三角锥形。

7. 与无机化合物相比，为什么有机化合物的熔点、沸点较低？水溶性较差？

解：无机化合物多为离子型化合物。离子型化合物的正、负离子以静电互相吸引，并以一定的排列方式结合成晶体。若升高温度，提供能量来克服这种静电吸引力，则化合物就可以熔解，如 NaCl 熔点为 801℃，但熔化后的正、负离子仍然相互作用。若继续升温，克服这种作用力，就可以沸腾，NaCl 的沸点为 1413℃。有机化合物是共价化合物，它的单位结构是分子。有机化合物的气体分子凝聚成液体或固体就是分子间作用力的结果。这种分子间作用力比离子间的静电吸引力弱得多，因此克服这种分子间作用力的温度也就较低，一般有机化合物的熔点、沸点很少超过 300℃。

水是一种极性强、介电常数大的液体，根据"相似相溶"的一般规律，对极性强的物质，水是一种优良的溶剂。而有机化合物是以共价键结合的分子，一般呈非极性或弱极性，所以多数难溶于水，而易溶于非极性或弱极性的有机溶剂。但是，当有机分子结构中含有极性较大的官能团时，在水中也有较大的溶解度。

8. 下列化合物哪些含有极性键？标出极性方向。哪些是极性分子？

(1) H_3C—C=C—CH_3，Br，Br

(2) H_3C—C=C—Br，Br，CH_3

(3) CH_3OCH_3

(4) CH_3C≡N

(5) CH_3CH_2Br

(6) CCl_4

解：

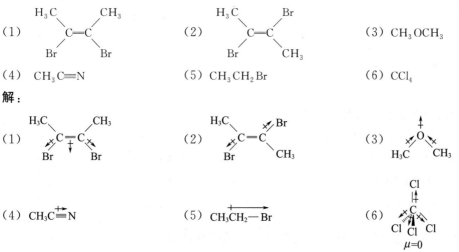

即（1）、（3）、（4）、（5）是极性分子。

注释：成键原子只要电负性有差异，所形成的化学键就有极性。但分子是否有极性，取决于各个键极性的矢量和。

一、扼要解释下列术语

1. 有机化合物　　2. 共价键　　3. 键能　　4. 键长　　5. 键角

6. 极性共价键　　7. 均裂　　8. 异裂　　9. 反应机理

二、简答题

10. 简述有机化合物的一般特点。

11. 有机化合物中的碳原子主要形成共价键，这与碳原子的电子层结构有无关系？

12. 什么叫构造式？构造式的表示方式有哪几种？

13. 什么叫诱导效应、共轭效应和超共轭效应？

14. 在有机化学反应中，共价键的断裂方式有哪几种？

15. 有机化学反应可以分为哪几种基本类型？

16. 键的极性和极化性有什么区别？

三、指出下列分子中用短线标示的原子的杂化方式

17. $CH_3—\underline{CH}=CH_2$

18. $CH_3CH_2\underline{O}CH_2CH_3$

19. $CH_3—CH=\underline{N}H$

20. $CH_3—\underline{C}\equiv CH$

21. $CH_3\underline{N}HCH_3$

22. $CH_3CH_2CH_2\underline{O}H$

23. $CH\equiv\underline{C}—CH=CHCH_3$

24. $CH_2=\underline{C}=CH_2$

四、按碳架和官能团分类，下列有机化合物分别属于哪一类

25.

26. $CH_3—\underset{\underset{CH_3}{|}}{CH}—\underset{\underset{CH_3}{|}}{CH}—COOH$

27. ⬡—OCH_3

28.

五、指出下列化合物中的官能团

29. $CH_3—\overset{\overset{O}{\|}}{C}—CH_2CH_3$

30. $CH_3CH_2CH_2Br$

31. $CH_3CH_2CH_2NH_2$

32. CH_3CH_2COOH

33. $H_2C=CH—CN$

34. ⬡—SO_3H

六、将下列化合物的短线构造式改写为路易斯构造式

35.
```
    H H
    | |
H—C—C—C≡C—H
    | |
    H H
```

36.
```
    H      O
    |     ↗
H—C—N
    |     ↘
    H      O
```

37.
```
    H O
    | ‖
H—C—C—O—H
    |
    H
```

38.
```
    H H H H
    | | | |
H—C—C=C—C—H
```

七、将下列化合物的键线构造式改写为结构简式

39.

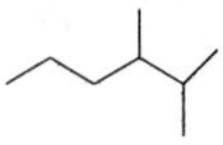

40.

41.

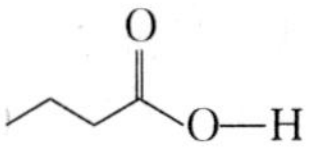

42.

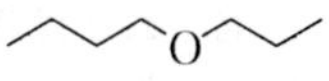

八、根据元素的电负性，用 δ^+ 和 δ^- 标出下列共价键中带部分正电荷和部分负电荷的原子

43. C＝O   44. O—H   45. C—Br   46. N—H

九、下列分子、离子和自由基中存在哪些类型的共轭体系

47. H_2C＝CH—CH＝CH—CH_3

48. H_3C—CH＝CH—$\overset{+}{C}H$—CH_3

49. H_3C—CH＝CH—$\overset{\cdot}{C}H$—CH_3

十、下列各组化合物或碳正离子中哪一个比较稳定？简述理由

50. 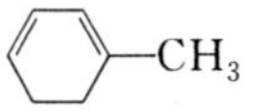 $\bigcirc$—CH_3 和 $\bigcirc$—CH_3

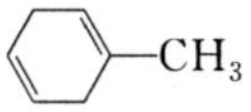

51. 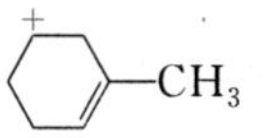 $\overset{+}{\bigcirc}$—CH_3 和 $\overset{+}{\bigcirc}$—CH_3

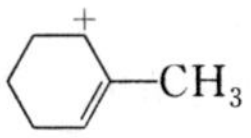

52. CH_3CH＝$CHCH_3$ 和 CH_3CH_2CH＝CH_2

十一、将下列化合物改写成键线式

53. 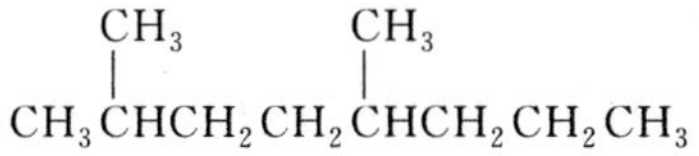
$$CH_3CHCH_2CH_2CHCH_2CH_2CH_3$$
（上方两个 CH_3）

54. 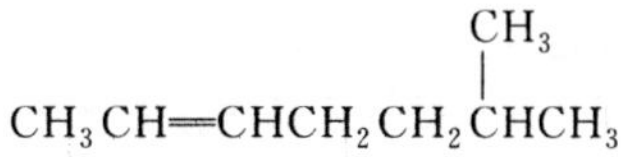
$$CH_3CH＝CHCH_2CHCH_3$$
（上方一个 CH_3）

55. 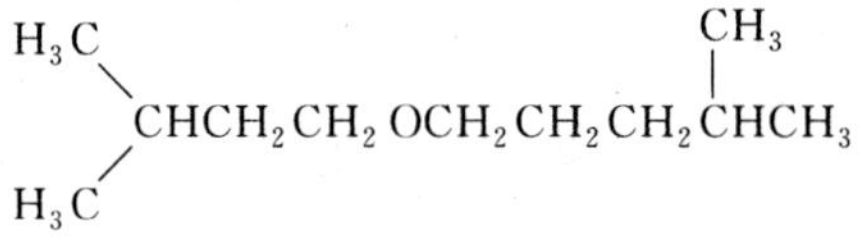
$$H_3C\,CHCH_2CH_2OCH_2CH_2CHCH_3$$
（左下 H_3C，右上 CH_3）

56. 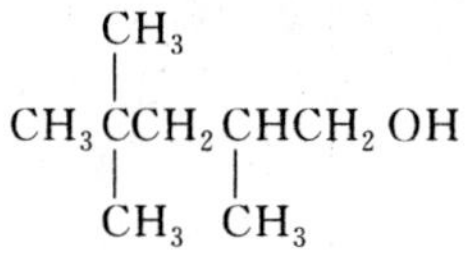
$$CH_3CHCH_2CHCH_2OH$$
（上 CH_3，下 CH_3 CH_3）

57. 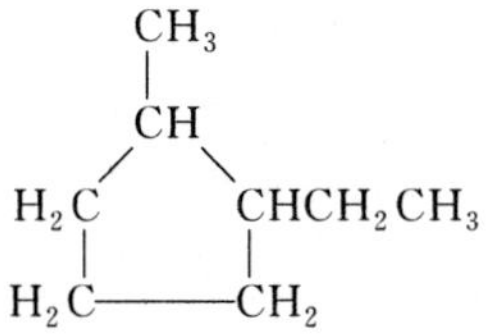 H_2C、CH、H_2C、CH_2、$CHCH_2CH_3$（CH_3）

58. 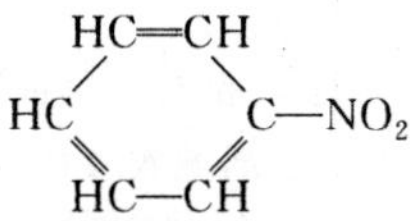 HC、CH、HC、CH、C—NO_2

59. 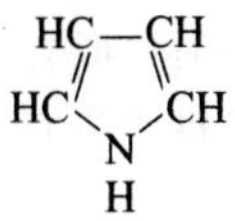 HC—CH、HC、$\underset{\underset{H}{N}}{CH}$

60. 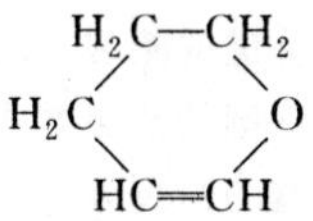 H_2C—CH_2、H_2C、O、HC—CH

![参考答案]

一、扼要解释下列术语

1. 有机化合物：有机化合物是指碳氢化合物及其衍生物。

2. 共价键：原子间共用电子满足"八隅体"（即原子外层满足 8 电子结构，氢原子外层满足 2 电子结构）即可以生成共价键。

3. 键能：当把 1mol 双原分子 AB（气态）的共价键断裂成 A、B 两原子（气态）时所需的能量称为 A—B 键的解离能，也就是它的键能。

4. 键长：指分子中成键的两原子核间的平均距离，单位常用 nm 或 pm 表示。

5. 键角：指分子中同一原子形成的两个化学键之间的夹角。

6. 极性共价键：两个不同原子组成的共价键，由于两原子电负性不同，成键电子云非对称地分布在两核周围，在电负性大的原子一端，电子云密度较大，具有部分负电荷性质；另一端电子云密度较小，具有部分正电荷性质，这种键具有极性，称作极性共价键。

7. 均裂：共价键断裂后，两个原子共用的一对电子由两个原子各保留一个，这种键的断裂方式叫做均裂。

8. 异裂：共价键断裂后，共用电子对只归属于原来生成共价键的两个原子中的一个，这种键的断裂方式叫做异裂。

9. 反应机理：也称反应历程，是研究一个化学反应发生所经历的过程。包括旧的化学键如何断裂，新的化学键如何形成，有什么样的中间体参与以及反应条件起什么作用等一系列问题。

二、简答题

10. 简述有机化合物的一般特点。

解：有机化合物的一般特点如下：

（1）热稳定性较差，容易燃烧；

（2）熔点和沸点较低；

（3）难溶于水，较易溶于有机溶剂；

（4）发生化学反应时，反应速率较慢，且副反应多。

11. 有机化合物中的碳原子主要形成共价键，这与碳原子的电子层结构有无关系？

解：碳元素是第二周期 ⅣA 族元素，基态碳原子的价层电子构型为 $2s^2 2p^2$，价层有四个电子，得到或失去四个电子才能达到稳定电子层结构。由于碳元素的非金属性和金属性均较弱，很难得到或失去电子，只能以共用电子对的方式达到稳定的电子层结构，因此在有机化合物分子中碳原子主要形成共价键。

12. 什么叫构造式？构造式的表示方式有哪几种？

解：表示分子中原子之间连接次序的化学式称为构造式。有机化合物构造式的表示方法有路易斯构造式、短线构造式、结构简式和键线构造式。

13. 什么叫诱导效应、共轭效应和超共轭效应？

解：在有机化合物分子中，某些原子或基团对共用电子对的影响沿着共价键传递，引起分子中共用电子对按一定方向偏移的电子效应，称为诱导效应。

在共轭体系中，由于原子之间互相影响，π电子或 p 电子的分布发生变化的电子效应称为共轭效应。

在有机化合物分子中，C—H σ键与π键或 p 轨道在一定方向上也能发生部分重叠，使 C—H σ键电子向π键或 p 轨道偏移而产生的电子离域效应称为超共轭效应。

14. 在有机化学反应中，共价键的断裂方式有哪几种？

解：在有机化学反应中，共价键的断裂方式有均裂和异裂两种方式。共价键断裂时，形成共价键的两个原子各得到一个电子，这种共价键的断裂方式称为均裂。共价键断裂时，形成共价键的两个电子分配到其中一个成键原子上，这种共价键的断裂方式称为异裂。

15. 有机化学反应可以分为哪几种基本类型？

解：有机化学反应可分为自由基反应、离子型反应和协同反应。有机化学反应按共价键均裂方式进行时称为自由基反应。有机化学反应按共价键异裂方式进行时称为离子型反应。反应物分子中共价键的断裂和产物分子中共价键的生成同时进行的有机化学反应，称为协同反应。

16. 键的极性和极化性有什么区别？

解：键的极性是由成键原子的电负性差异引起的，是分子固有的，是永久性的；键的极化性只是在外电场的影响下产生的，是一种暂时现象，当除去外界电场后，就恢复到原来的状态。

三、指出下列分子中用短线标示的原子的杂化方式

17. sp^2 杂化

18. sp^3 杂化

19. sp^2 不等性杂化

20. sp 杂化

21. sp^3 不等性杂化

22. sp^3 不等性杂化

23. sp 杂化

24. sp 杂化

四、按碳架和官能团分类，下列有机化合物分别属于哪一类

25. 按碳架分类，属于碳环化合物中的脂环族化合物；按官能团分类，属于烯烃。

26. 按碳架分类，属于开链化合物；按官能团分类，属于羧酸。

27. 按碳架分类，属于碳环化合物中的芳香族化合物；按官能团分类，属于醚类。

28. 属于杂环化合物。

五、指出下列化合物中的官能团

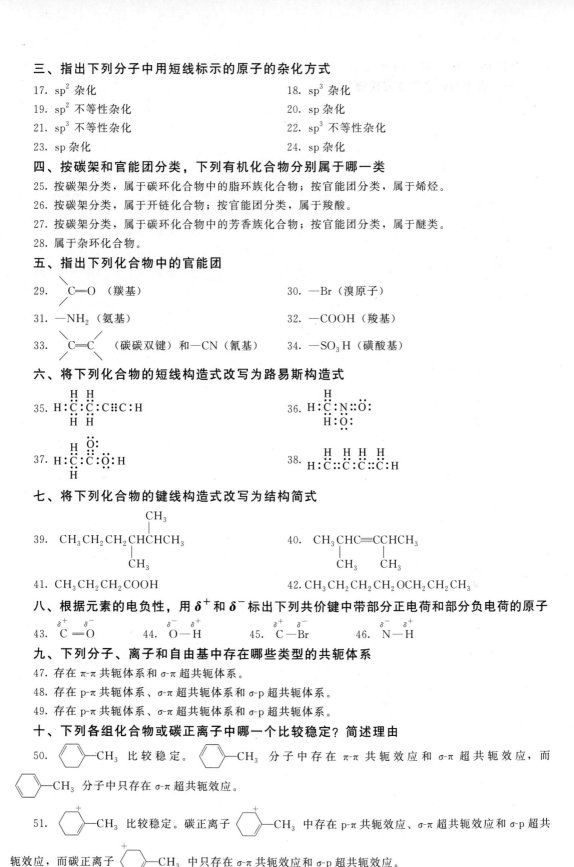

29. C=O （羰基）

30. —Br（溴原子）

31. —NH₂（氨基）

32. —COOH（羧基）

33. C=C （碳碳双键）和—CN（氰基）

34. —SO₃H（磺酸基）

六、将下列化合物的短线构造式改写为路易斯构造式

35. H:C:C:C⋮C:H

36. H:C:N::O:

37. H:C:C:O:H

38. H:C::C:C::C:H

七、将下列化合物的键线构造式改写为结构简式

39. CH₃CH₂CH₂CHCHCH₃ | CH₃ | CH₃

40. CH₃—CHC≡CCHCH₃ | CH₃ | CH₃

41. CH₃CH₂CH₂COOH

42. CH₃CH₂CH₂CH₂OCH₂CH₂CH₃

八、根据元素的电负性，用 δ⁺ 和 δ⁻ 标出下列共价键中带部分正电荷和部分负电荷的原子

43. C=O

44. O—H

45. C—Br

46. N—H

九、下列分子、离子和自由基中存在哪些类型的共轭体系

47. 存在 π-π 共轭体系和 σ-π 超共轭体系。

48. 存在 p-π 共轭体系、σ-π 超共轭体系和 σ-p 超共轭体系。

49. 存在 p-π 共轭体系、σ-π 超共轭体系和 σ-p 超共轭体系。

十、下列各组化合物或碳正离子中哪一个比较稳定？简述理由

50. ⬡—CH₃ 比较稳定。⬡—CH₃ 分子中存在 π-π 共轭效应和 σ-π 超共轭效应，而 ⬡—CH₃ 分子中只存在 σ-π 超共轭效应。

51. ⬡⁺—CH₃ 比较稳定。碳正离子 ⬡⁺—CH₃ 中存在 p-π 共轭效应、σ-π 超共轭效应和 σ-p 超共轭效应，而碳正离子 ⬡⁺—CH₃ 中只存在 σ-π 超共轭效应和 σ-p 超共轭效应。

52. CH₃CH=CHCH₃ 比较稳定。CH₃CH=CHCH₃ 分子中有六个 C—H 键，可形成 σ-π 超共轭体

系；而 $CH_3CH_2CH =\!\!=CH_2$ 分子中只有两个 C—H 键可形成 σ-π 超共轭体系。

十一、将下列化合物改写成键线式

53.

54.

55.

56.

57.

58. —NO₂

59.

60.

第二章

烷烃和环烷烃

◈ 基本要求 ◈

◎ 掌握烷烃和环烷烃的命名及理化性质。
◎ 理解烷烃、环烷烃的反应机理。
◎ 熟悉烷烃、环烷烃的构象。

◈ 知识点归纳 ◈

一、烷烃

1. 烷烃的结构与构象异构

（1）烷烃的构造异构 甲烷的分子式为 CH_4，乙烷、丙烷、丁烷和戊烷的分子式分别为：C_2H_6、C_3H_8、C_4H_{10}、C_5H_{12}。两个烷烃分子式间之差为 CH_2 或其倍数。可以看出，烷烃中每增加一个碳原子，同时增加两个氢原子，不难推出烷烃分子可用通式 C_nH_{2n+2}（n 为碳原子个数）表示。这样不同碳原子数的烷烃就形成了链状烷烃的同系列；同系列中的各化合物互称为同系物；相邻两个同系物在组成上的不变差数 CH_2 称为系列差。同系物结构相似，化学性质相近，物理性质随碳原子数增加而呈现规律性变化。

烷烃的异构是由分子中碳链不同而产生的，按一定次序写出所有可能的碳链，再加上氢原子，就可以推导出所有异构体的构造式。如丁烷的分子式为 C_4H_{10}，符合此分子式的结构有两种（正丁烷和异丁烷），C_5H_{12} 则有 3 种碳链异构体，C_6H_{14} 有 5 种异构体，$C_{10}H_{22}$ 有 75 种异构体，异构体的数目远比碳原子数增加得快。

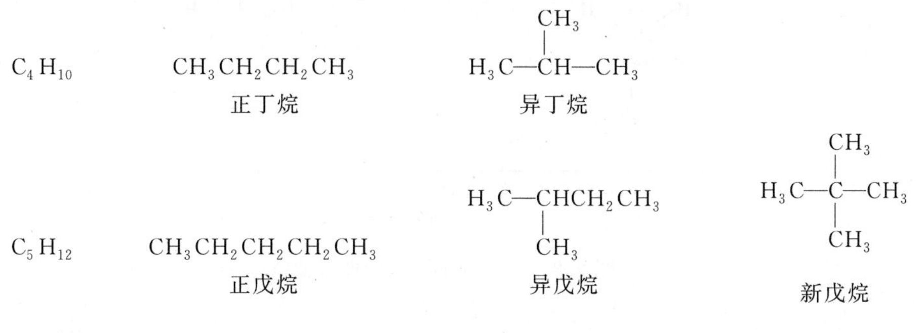

C_4H_{10}　　$CH_3CH_2CH_2CH_3$　　　$\overset{\displaystyle CH_3}{\underset{}{H_3C-CH-CH_3}}$

正丁烷　　　　　　　　异丁烷

C_5H_{12}　　$CH_3CH_2CH_2CH_2CH_3$　　$\underset{\displaystyle CH_3}{H_3C-CHCH_2CH_3}$　　$\overset{\displaystyle CH_3}{\underset{\displaystyle CH_3}{H_3C-C-CH_3}}$

正戊烷　　　　　　　　异戊烷　　　　　　新戊烷

(2) 烷烃的构象异构　烷烃的 C 原子都是 sp³ 杂化，各原子之间都以 σ 键相连，由于 σ键电子云沿键轴近似于圆柱形对称分布，故两个成键原子可绕键轴"自由"旋转，所以对于含两个 C 以上的烷烃，C—C σ 键的旋转会产生不同的分子形象（原子或基团在空间的相对位置不同）。这种具有一定构型的分子，由于围绕 σ 键旋转，使分子中各原子在空间中有不同的排布，称为构象，因 σ 键旋转产生的异构体称为构象异构体。可用锯架式或纽曼投影式表示。

① **乙烷的构象**　在 C_2H_6 分子中，以 C—C σ 键为轴进行旋转，使碳原子上的氢原子在空间的相对位置随之发生变化，可产生无数的构象异构体。乙烷有两种极端构象，一种是重叠式，在重叠式构象中，前后两个碳原子上的氢相距最近，相互间的斥力最大，分子的内能最高，所以是不稳定的构象。另一种是交叉式，在交叉式构象中，碳原子上的氢原子相距最远，相互间斥力最小，分子的内能最低，体系最稳定（图 2.1）。内能介于交叉式和重叠式之间的构象有无数种，但由于构象异构体的能量差较小，相互转化容易，所以不能分离。室温下，交叉式占优势，温度升高时，其他能量较高的构象比例增加（图 2.2）。

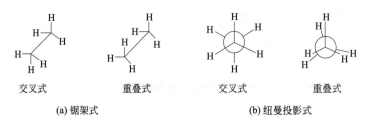

交叉式　　　　重叠式　　　　交叉式　　　　重叠式

(a) 锯架式　　　　　　　　　　(b) 纽曼投影式

图 2.1　乙烷分子构象

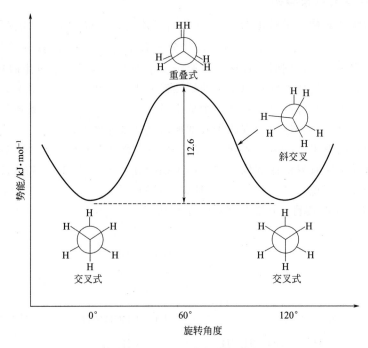

图 2.2　乙烷分子构象的能量曲线

② 正丁烷的构象　C_4H_{10} 分子在围绕 C_2—C_3 键旋转时，有四种典型的构象异构体，即对位交叉式、邻位交叉式、部分重叠式和全重叠式。

在对位交叉式中，两个体积较大的—CH_3 处于对位，相距最远，分子的内能最低，所以在动态平衡混合体中，大多数正丁烷分子以其优势构象——对位交叉式存在。邻位交叉式中的两个甲基处于邻位，靠得比对位交叉式近，两个—CH_3 间的空间斥力使这种构象的内能较对位交叉式高，故而不稳定。全重叠式中的两个—CH_3 及 H 原子都处于重叠位置，相互间作用力最大，分子内能最高，是最不稳定的构象。部分重叠式中，—CH_3 和 H 原子的重叠使其能量较高，但比全重叠式能量低。四种构象的稳定性次序是：对位交叉式＞邻位交叉式＞部分重叠式＞全重叠式（图 2.3）。

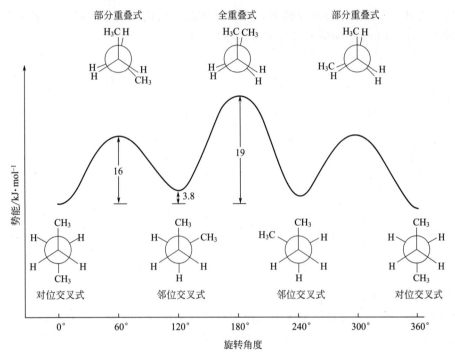

图 2.3　正丁烷分子构象的能量曲线

2. 烷烃的命名

(1) 普通命名法　直链烷烃按碳原子数叫"正某烷"。十个以下碳原子的烷烃，碳原子数目用天干数字（甲、乙、丙、丁、戊、己、庚、辛、壬、癸）来表示，十个以上碳原子的烷烃用中文数字表示碳原子数目。如果在链的一端含有 $(CH_3)_2CH$—，在名称前加"异"字，在链的一端含有 $(CH_3)_3C$—，在名称前加"新"字。例：

$$C_2H_6 \quad C_4H_{10} \quad C_{11}H_{24}$$

乙烷　丁烷　十一烷　　　　　异戊烷　　　　　　　新戊烷　　　　　　　新己烷

普通命名法只适用于直链及部分带侧链的烷烃。

(2) 系统命名法　系统命名法的基本要点是如何确定主碳链和取代基的位次。

① **选主链**　选择含有连续的最长碳链为主链，以此作为"母体烷烃"，并按主链所含碳原子数目命名为某烷，若有等长碳链，应选择含取代基多的碳链为主链。

② **编号**　从距取代基近的一端开始，依次用1，2，3，4…对主链编号，若有选择，应使其他取代基位次尽可能小。当不同取代基具有相同编号时，应按取代基的英文命名字母顺序，给排列在前的取代基较小的编号。

③ **命名**　主链为母体化合物，若连有相同取代基时，则合并取代基，其数目用汉字表示。各取代基的位次都应标出，表示各位次的数字间用"，"隔开。取代基的位次与名称之间用一短横线连接，写在母体化合物名称前。

④ **支链或取代基列出顺序**　当烷烃分子中存在几条支链或同时存在两种以上的取代基时，则按取代基英文命名字母顺序排列，使字母靠前的取代基编号尽量小，英文中表示二、三、四的 di、tri、tetra 等词缀不参与字母排序。

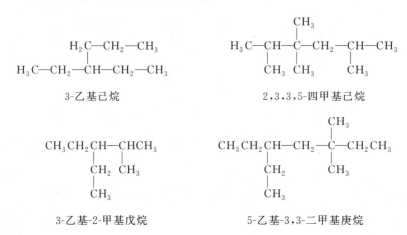

3-乙基己烷　　　　　　　　　　2,3,3,5-四甲基己烷

3-乙基-2-甲基戊烷　　　　　　5-乙基-3,3-二甲基庚烷

3. 烷烃的物理性质

烷烃同系物的物理性质随碳原子数的增加而呈现规律性的变化。在室温和常压下，含一到四个碳原子的烷烃为气体，含五到十七个碳原子的正烷烃为液体，含十八个碳原子以上的正烷烃为固体。

正烷烃的沸点随着碳原子数的增多而有规律地升高。在碳原子数相同的烷烃异构体中，取代基越多，沸点就降低越多。这是由于液体的沸点高低主要取决于分子间引力的大小。烷烃的碳原子数越多，分子间作用力越大，使之沸腾就必须提供更多的能量，所以沸点就越高。但在含取代基的烷烃分子中，随着取代基的增加，分子的形状趋于球形，减少了分子间的有效接触程度，分子间的作用力变弱而降低沸点。例如：正戊烷、异戊烷和新戊烷的沸点分别是 36.1℃、28℃和 9.5℃。

正烷烃的熔点也随着碳原子数的增加而升高。不过含偶数碳原子的正烷烃比含奇数碳原子的正烷烃的熔点升高幅度大，并形成一条锯齿形的熔点曲线。在具有相同碳原子数的烷烃异构体中，取代基对称性较好的烷烃比直链烷烃的熔点高，这是由于对称性较好的烷烃分子，晶格排列较紧密，链间的作用力增大而熔点升高。例如：正戊烷、异戊烷和新戊烷的熔点分别是 −129.7℃、−160℃和 −17℃。

烷烃的密度小于 $1g·cm^{-3}$，正烷烃的密度随着碳原子数的增多而增大。

烷烃易溶于非极性或极性较小的有机溶剂，难溶于水和其他强极性溶剂。

4. 烷烃的化学性质

烷烃分子只含 C—C σ 键和 C—H σ 键，一般比较稳定。但在适宜的反应条件下，如光照、高温或在催化剂的作用下，烷烃能发生共价键均裂的自由基反应。自由基卤代反应是烷烃的典型反应。

(1) 卤代反应　烷烃分子中的氢原子被卤素原子取代的反应称为卤代反应。

在紫外线照射或温度在 $250 \sim 400℃$ 的条件下，甲烷和氯气混合物发生氯代反应。

$$CH_4 + Cl_2 \xrightarrow[或\triangle]{h\nu} CH_3Cl + HCl$$

反应中生成的一氯甲烷继续与氯作用，生成二氯甲烷、三氯甲烷（氯仿）和四氯甲烷（四氯化碳）：

$$CH_3Cl + Cl_2 \longrightarrow CH_2Cl_2 + HCl$$

$$CH_2Cl_2 + Cl_2 \longrightarrow CHCl_3 + HCl$$

$$CHCl_3 + Cl_2 \longrightarrow CCl_4 + HCl$$

卤素与甲烷的反应活性顺序为：$F_2 > Cl_2 > Br_2 > I_2$。甲烷的氟代反应十分剧烈，可发生爆炸。碘最不活泼，碘代反应难以进行。

(2) 卤代反应的机理

① 链引发

$$Cl_2 \xrightarrow[或\triangle]{h\nu} Cl\cdot + Cl\cdot \qquad\qquad ①$$

氯分子从光和热中获得能量，使 Cl—Cl 键断裂，生成高能量的 Cl·，即氯自由基。自由基的反应活性很强，一旦形成就有获取一个电子的倾向，以形成稳定的八隅体结构。

② 链增长　形成的氯自由基使甲烷分子中的 C—H 键均裂，并夺取氢原子生成氯化氢分子，甲烷则转变成甲基自由基。

$$CH_4 + Cl\cdot \longrightarrow CH_3\cdot + HCl \qquad\qquad ②$$

甲基自由基的化学活性也很高，它使氯分子的 Cl—Cl 键均裂，并与生成的氯原子形成一氯甲烷和新的氯自由基 Cl·。

$$CH_3 + Cl_2 \longrightarrow Cl\cdot + CH_3Cl \qquad\qquad ③$$

反应③是放热反应，所放出的能量足以补偿反应②所需吸收的能量，因而可以不断地进行反应，将甲烷转变为一氯甲烷。

当一氯甲烷达到一定浓度时，氯原子除了与甲烷作用外，也可与一氯甲烷作用生成 ·CH₂Cl 自由基，它再与氯分子作用生成二氯甲烷和新的 Cl·。反应就这样继续下去，直至生成三氯甲烷和四氯甲烷。

$$CH_3Cl + Cl\cdot \longrightarrow \cdot CH_2Cl + HCl$$

$$\cdot CH_2Cl + Cl_2 \longrightarrow CH_2Cl_2 + Cl\cdot$$

$$CH_2Cl_2 + Cl\cdot \longrightarrow \cdot CHCl_2 + HCl$$

$$\cdot CHCl_2 + Cl_2 \longrightarrow CHCl_3 + Cl\cdot$$

$$CHCl_3 + Cl\cdot \longrightarrow \cdot CCl_3 + HCl$$

$$\cdot CCl_3 + Cl_2 \longrightarrow CCl_4 + Cl\cdot$$

甲烷的氯代反应，每一步都消耗一个活泼的自由基，同时又为下一步反应产生另一个活泼的自由基，所以自由基反应也称连锁反应。

③ 链终止　两个活泼的自由基相互结合，生成稳定的分子，而使链反应终止。

$$CH_3 \cdot + Cl \cdot \longrightarrow Cl_2$$
$$CH_3 \cdot + CH_3 \cdot \longrightarrow CH_3CH_3$$
$$CH_3 \cdot + Cl \cdot \longrightarrow CH_3Cl$$

（3）其他烷烃卤代　当含有不同类型 H 的烷烃卤代时，所得产物的比例与概率因素（氢原子数目）、各类氢的活泼性及 X_2 的活泼性有关。例如：

$$CH_3CH_2CH_3 + Cl_2 \xrightarrow[25℃]{h\nu} CH_3CH_2CH_2Cl \ + \ CH_3\underset{\underset{Cl}{|}}{C}HCH_3$$

$$43\% \qquad\qquad 57\%$$

各类 H 相对反应活性比＝卤代产率比/氢原子数目，如丙烷分子中有 6 个 1°氢原子和 2 个 2°氢原子，因此 2°氢原子与 1°氢原子的相对反应活性为：

$$\frac{2°氢原子}{1°氢原子} = \frac{57/2}{43/6} = \frac{4}{1}$$

各类氢的卤代反应活性为：$3°H > 2°H > 1°H$；$R\cdot$ 的稳定性：$3°R\cdot > 2°R\cdot > 1°R\cdot > \cdot CH_3$。

二、环烷烃

1. 环烷烃的命名

（1）单环体系　单环环烷烃的分子通式为 C_nH_{2n}，比同碳原子的链状烷烃减少了两个氢原子。每增加一个环都要增加一个 C—C 键，减少两个氢原子。

单环环烷烃的命名与烷烃相似，只是在同数碳原子的链状烷烃的名称前加"环"字。英文名称则加词头 cyclo。环碳原子的编号，应使环上取代基的位次最小。例如：

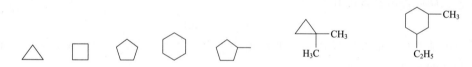

环丙烷　　环丁烷　　环戊烷　　环己烷　　甲基环戊烷　　1,1-二甲基环丙烷　　1-乙基-3-甲基环己烷

（2）螺环烃　螺环烃中共用的碳叫螺碳原子。含一个螺原子的螺环烃称为单螺环烷烃。命名是在成环碳原子总数的烃名称前加上"螺"字，螺环的编号是从螺原子的邻位碳开始，由小环经螺原子至大环，并使环上取代基的位次最小。将连接在螺原子上的两个环的碳原子数，按由少到多的次序写在方括号中，数字之间用下角圆点隔开，标在"螺"字与烃名之间。例如：

螺[3.4]辛烷　　　　1,5-二甲基螺[3.4]辛烷

（3）桥环烃　两个环共用两个以上碳原子的多环烃叫桥环烃。双环桥环烃的命名是根据环上碳原子的总数称为双环某烷，编号的顺序是从一个桥头开始，沿最长桥路到另一桥头，再沿次长桥路回到第一桥头，最后给最短桥路编号，并使取代基位次最小。将桥路所含碳原子的数目（不包括桥头碳）按由多到少的次序写在方括号中，数字之间用下角圆点隔开。

1-甲基双环[4.1.0]庚烷　　　双环[2.1.1]己烷　　　双环[2.2.2]辛烷

2. 环己烷的构象

张力学说认为链状烷烃的稳定在于其键角接近109.5°，而环丙烷的三个碳原子在同一平面成正三角形，键角为60°，很不稳定。不稳定是由形成环丙烷时每个键向内偏转造成的。键的偏转使分子内部产生了张力，这种由于键角的偏转产生的张力，称为角张力。环丙烷有解除张力，生成较稳定的开链化合物的倾向，因此很容易发生开环反应。现代价键理论认为当键角为109.5°时，碳原子的sp³杂化轨道达到最大重叠，而环丙烷的C—C—C键角约为105.5°，成键时杂化轨道以弯曲方向进行部分重叠，所形成的这种"弯曲键"比正常形成的σ键弱，并产生很大的张力，导致分子不稳定而开环。

环丁烷与环丙烷类似，只是环内键角比环丙烷略大一些，因此也容易发生开环反应。可见，环内键角越小，成键电子云重叠程度越小，角张力就越大。

实际上除环丙烷的三个碳原子共平面外，其他环烷烃构成环的碳原子都不在同一平面内，其自动折曲而成的形状都使键角尽量接近109.5°，从而减少了角张力，增大了稳定性。其中最稳定的是环己烷，其次是环戊烷。

环己烷在自然界中大量稳定存在，其分子自动折曲成无数个非平面的构象，在一系列构象的动态平衡中，椅式构象和船式构象是两种典型的构象（图2.4）。在船式构象中，C_2与C_3、C_5与C_6两对碳原子的键都处于重叠式；C_1与C_4键上的氢原子相距很近，斥力较大。而椅式构象中相邻碳原子的键都处于交叉式，碳原子上的氢原子相距较远，不产生斥力，所以椅式构象比船式构象的能量低，是最稳定的优势构象。在室温下，99.9%的环己烷以椅式构象存在。

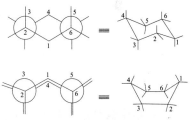

图2.4　环己烷的椅式
构象和船式构象

在常温下，由于分子的热运动可使船式和椅式两种构象互相转变，因此不能拆分环己烷的船式或椅式中的某一种构象异构体。

在椅式环己烷分子中有12个C—H键，它们可分为两组：垂直于C_1、C_3、C_5或（C_2、C_4、C_6）碳原子所组成平面的6个C—H键，称为竖键（又称a键）。三个竖键相间分布于环平面之上，另外三个竖键则相间分布于环平面之下。其余6个C—H键与垂直于环平面的对称轴成109.5°，大致与环平面平行，称为横键（又称e键）。环上的每个碳原子都有一个a键和一个e键：如果a键向上，则e键向下；a键向下，则e键向上。

环己烷分子中的氢原子被其他原子或基团取代时，取代基处于e键的构象能量较低，是较稳定的优势构象；有多个取代基时，e键上连的取代基多、大基团处于e键的构象为优势构象。

3. 环烷烃的性质

（1）物理性质　环烷烃的物理性质与烷烃相似。常温下，小环环烷烃是气体，常见环环烷烃是液体，大环环烷烃为固体。环烷烃和烷烃一样，不溶于水，而溶于苯、四氯化碳、氯仿等低极性的有机溶剂。由于环烷烃分子中单键旋转受到一定的限制，分子运动幅度较小，并具有一定的对称性和刚性，因此，环烷烃的沸点、熔点和密度都比同碳原子数的烷烃高。

（2）化学性质 环烷烃的化学性质与烷烃相似。但也具有其特殊的化学性质。小环环烷烃，如环丙烷和环丁烷易开环发生加成反应，生成开链产物。环戊烷、环己烷及大环环烷烃与烷烃较稳定，难发生开环加成反应。

① **自由基取代反应** 五元环、六元环及大环环烷烃与烷烃相似，在光照或高温条件下，可发生自由基取代反应。例如：

$$\text{⬠} + Br_2 \xrightarrow{h\nu} \text{⬠—Br} + HBr$$
溴代环戊烷

② **加成反应** 三元环、四元环与烯烃相似，可发生加成反应。

$$\triangle + H_2 \xrightarrow[80℃]{Ni} CH_3CH_2CH_3$$
丙烷

$$\triangle + Br_2 \xrightarrow{CCl_4} BrCH_2CH_2CH_2Br$$
1,3-二溴丙烷

$$\triangle + HBr \longrightarrow CH_3CH_2CH_2Br$$
1-溴丙烷

环丁烷的反应活性比环丙烷略低。常温下，环丁烷与卤素或氢卤酸不发生加成反应，在加热条件下才能发生反应。

$$\square + H_2 \xrightarrow[120℃]{Ni} CH_3CH_2CH_2CH_3$$
正丁烷

典型例题解析

1. 用系统命名法命名下列化合物。

（1）　$(CH_3)_3C—CH_2—\underset{\underset{CH_3}{|}}{CH}—CH(CH_3)_2$

（2）　$CH_3CH_2—\underset{\underset{CH_3}{|}}{CH}—CH_2—\underset{\underset{CH_3}{|}}{CH}—\underset{\underset{C_2H_5}{|}}{CH}—CH_2—CH_3$

（3）　　　　　　　　　　（4）

解：（1）2,2,4,5-四甲基己烷　　　　（2）3-乙基-4,6-二甲基辛烷
（3）环丙基环戊烷　　　　　　　　　（4）1,6-二甲基螺［3.4］辛烷

注释：按系统命名规则选择主碳链→从距离取代基近的一端开始编号→尽可能使其他取代基编号位次小，取代基按英文名称字母顺序排列，使字母靠前的取代基编号尽量小。

2. 按要求写出戊烷的结构式。
（1）一元卤代产物只有三种
（2）二元卤代产物只有四种
（3）一元卤代产物只有一种

解：（1）$H_3C—CH_2—CH_2—CH_2—CH_3$ （三种一元卤代产物）

（2）　$H_3C—\underset{\underset{CH_3}{|}}{CH}—CH_2—CH_3$ （四种二元卤代产物）

(3) $\begin{array}{c}\text{CH}_3\\|\\\text{H}_3\text{C}-\overset{|}{\text{C}}-\text{CH}_3\\|\\\text{CH}_3\end{array}$ （一种一元卤代产物）

注释：主要是分析氢的种类。

3. 2-甲基丁烷的一溴产物可能有几种？哪一种异构体占优势，为什么？

解： $\text{H}_3\text{C}-\underset{\underset{\text{CH}_3}{|}}{\text{CH}}-\text{CH}_2-\text{CH}_3 \xrightarrow[\triangle]{\text{Br}_2} \text{H}_3\text{C}-\underset{\underset{\text{CH}_3}{|}}{\text{CH}}-\text{CH}_2-\text{CH}_2\text{Br} + \text{H}_3\text{C}-\underset{\underset{\text{CH}_3}{|}}{\text{CH}}-\underset{\underset{\text{Br}}{|}}{\text{CH}}-\text{CH}_3 +$

$\text{H}_3\text{C}-\underset{\underset{\text{CH}_2\text{Br}}{|}}{\text{CH}}-\text{CH}_2-\text{CH}_3 + \text{H}_3\text{C}-\underset{\underset{\text{CH}_3}{|}}{\overset{\overset{\text{Br}}{|}}{\text{C}}}-\text{CH}_2-\text{CH}_3$

即 2-甲基丁烷的一溴产物有四种，其中 3°H 溴代产物占优势，因为氢的卤代反应活性：3°H＞2°H＞1°H。

注释：首先分析有几种类型的氢，由氢的类型可得知溴代产物类型。其次考虑溴代反应中产物的比例主要取决于氢的活泼性。3°H 反应活性高，所以溴主要选择高活性的 3°H 取代，得到的相应溴代产物占优势。

4. 将下列自由基按稳定性由大到小的次序排列。

(1) $\text{H}_3\text{C}-\underset{\underset{\text{CH}_3}{|}}{\text{CH}}-\text{CH}_2-\overset{\cdot}{\text{CH}}_2$
    (2) $\text{H}_3\text{C}-\underset{\underset{\text{CH}_3}{|}}{\text{CH}}-\overset{\cdot}{\text{CH}}-\text{CH}_3$

(3) $\text{H}_3\text{C}-\underset{\underset{\text{CH}_3}{|}}{\overset{\cdot}{\text{C}}}-\text{CH}_2-\text{CH}_3$

解：(3)＞(2)＞(1)。

5. 下列卤代反应结果是否与 R·稳定顺序矛盾？如何解释？

$\text{CH}_3-\underset{\underset{\text{CH}_3}{|}}{\text{CH}}-\text{CH}_2-\text{CH}_3 \xrightarrow[\text{300℃}]{\text{Cl}_2}$

$\text{CH}_3-\underset{\underset{\text{CH}_2\text{Cl}}{|}}{\text{CH}}-\text{CH}_2-\text{CH}_3 \quad 34\% \quad ①$

$\text{CH}_3-\underset{\underset{\text{CH}_3}{|}}{\text{CH}}-\underset{\underset{}{}}{\overset{\overset{\text{Cl}}{|}}{\text{CH}}}-\text{CH}_3 \quad 28\% \quad ②$

$\text{CH}_3-\underset{\underset{\text{CH}_3}{|}}{\text{CH}}-\text{CH}_2\text{CH}_2\text{Cl} \quad 16\% \quad ③$

$\text{CH}_3-\underset{\underset{\text{CH}_3}{|}}{\overset{\overset{\text{Cl}}{|}}{\text{C}}}-\text{CH}_2\text{CH}_3 \quad 22\% \quad ④$

解：不矛盾。在高温下，各产物的多少除了与自由基的稳定性有关外，还与产生某种自由基的概率有关，即与不同位置上可取代氢的数目有关。能生成产物①的氢有六个，平均每个氢的产量为 5.7%；生成产物②的氢有两个，平均每个氢的产量为 14%；生成产物③的氢有三个，平均每个氢的产量为 5.3％；生成产物④的氢有一个，平均每个氢的产量为 22％。由每类氢的平均产量可以看到，反应结果仍然与自由基的稳定性顺序一致。

注释：产物的比例与氢的种类及各类氢的数目有关。

6. 判断下列反应能否发生。若能，请写出主要产物。

（1）　$H_3CH_2C—CH—CH_2CH_3 + H_2SO_4$（浓）$\xrightarrow{25℃}$?
　　　　　　　　|
　　　　　　　　CH_3

（2）$CH_3CH_2CH_3 + NaOH$（溶液）$\xrightarrow{25℃}$?

（3）$CH_3CH_2CH_3 + KMnO_4 \xrightarrow[25℃]{H^+}$?

（4）　$H_3C—CH—CH_3 \xrightarrow[光照，\triangle]{Cl_2（1mol）}$?
　　　　　　|
　　　　　CH_3

解：因烷烃分子中含 C—C、C—H σ 键，σ 键牢固，不易被极化。一般条件下，烷烃不与酸、碱及氧化剂作用，但在光照或高温加热的条件下易发生自由基取代反应。

（1），（2），（3）不反应。

　　　　　　　　Cl
　　　　　　　　|
（4）　$H_3C—C—CH_3 + H_3C—CH—CH_2Cl$
　　　　　　　　|　　　　　　　　　|
　　　　　　　CH_3　　　　　　CH_3

7. 完成下列化学反应。

（1） 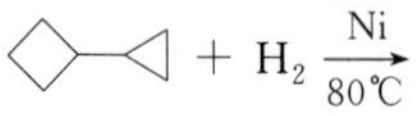 + $H_2 \xrightarrow[80℃]{Ni}$

（2） $\xrightarrow[-60℃]{Br_2}$

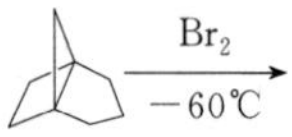

解：

（1）—$CH_2CH_2CH_3$

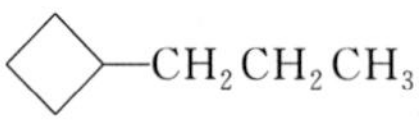

（2）

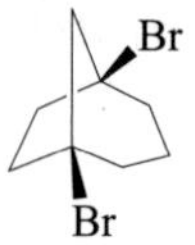

注释：（1）中三元环比四元环活泼。（2）由于反应物分子中有三元环和四元环结构，张力较大，极不稳定，易发生开环反应。

8. 写出较为稳定的 1-乙基-3-甲基环己烷的顺式和反式构型的两种异构体的构象式。
解：

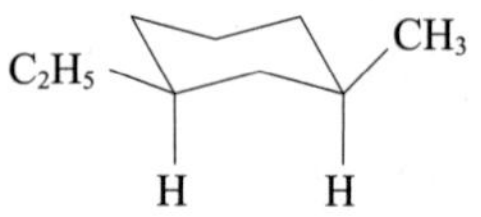

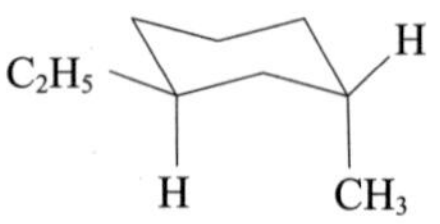

9. 写出 1-乙基-2-甲基环己烷最稳定的构象，并说明原因。
解：只有反式-1-乙基-2-甲基环己烷构象才能使两个取代基处于 e 键上。

注释：两个取代基在 e 键上，空间斥力最小。

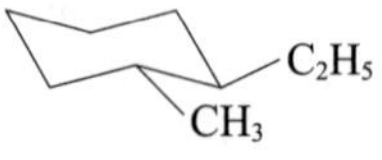

反式-1-乙基-2-甲基环己烷

一、命名或写结构式

1. $\underset{\underset{CH_3}{|}}{H_2C}-CH_2-CH-\underset{\underset{CH_3}{|}}{\overset{\overset{CH_3}{|}}{C}}-CH_2CH_2CH_3$

$CH_3H_3C-CH_2\;CH_3$（左下支链）

2. $CH_3CH_2\underset{\underset{CH_3}{|}}{CH}CH_2\underset{}{CH}CH_2\underset{\overset{CH_3}{|}}{CH}CH_3$

$H_3C-CHCH_2CH_3$

3. $\underset{\underset{CH_3}{|}}{CH_3}\underset{}{CHCH_2}\underset{\underset{CH_3}{|}}{CH}CH_2CH_3$

$H_3C-CHCH_2CH_3$（上支链）

4. $CH_3CH_2\underset{\overset{CH_3}{|}}{CH}CHCH_2\underset{\overset{CH_3}{|}}{C}CH_3$

$CH_3CH_2\qquad CH_3$（下支链）

5. [环丙基]$-CH_2CH_2CH_2-$[环丙基]

6. $CH_3\underset{}{CH}CH_2\underset{\overset{CH_3}{|}}{CH}CH_3$
（环己基连在中间碳）

7. 结构式（环丙烷，带 H、CH_3、H_3C、H 取代）

8. H_3C—[环己烷]—CH_2CH_3

9. [环结构带 Cl]

10. [双环结构带甲基]

11. [双环结构带 F]

12. 异丁烷　　　　13. 新戊烷　　　　14. 3,6-二乙基-2,6-二甲基辛烷

15. 3-异丙基-2-甲基庚烷　　16. 反-1-乙基-3-甲基环丁烷

二、单项选择题

17. 下列烷烃中沸点最高的是（　　）。

A. 正戊烷　　　B. 新戊烷　　　C. 异戊烷　　　D. 正丁烷

18. 自由基① $CH_3\overset{\cdot}{C}HCHCH_3$（$CH_3$）、② $CH_3CHCH_2\overset{\cdot}{C}H_2$（$CH_3$）、③ $CH_3\overset{\cdot}{C}CH_2CH_3$（$CH_3$）的稳定性由大至

小的排列顺序为（　　）。

A. ①＞②＞③　　B. ②＞③＞①　　C. ②＞①＞③　　D. ③＞①＞②

19. 下列构象式中最稳定的是（　　）。

A. H_3C—[环己烷]—CH_2CH_3

B. [环己烷构象] CH_2CH_3，CH_3

C. H_3C—[环己烷构象]—CH_2CH_3

D. [环己烷构象] CH_2CH_3，CH_3

20. 1-异丙基-3-甲基环己烷的构象① [构象]、② [构象]、③ [构象] 中，稳

定性由大至小的顺序为（　　）。

A. ①＞②＞③　　B. ①＞③＞②　　C. ②＞③＞①　　D. ③＞②＞①

21. 烷烃 $(CH_3)_2CHCH(CH_3)_2$ 与 Cl_2 在光照下发生取代反应，生成的一氯代产物有（　　）。

A. 1 种　　　　　B. 2 种　　　　　C. 3 种　　　　　D. 4 种

22. 某烷烃的分子式为 C_6H_{14}，分子中含有两个叔碳原子。该烷烃的构造式为（　　）。

A. $CH_3CH\!-\!CHCH_3$
$\quad\quad\ \ \underset{\displaystyle CH_3}{|}\ \underset{\displaystyle CH_3}{|}$

B. $H_3C\!-\!\overset{\displaystyle CH_3}{\underset{\displaystyle CH_3}{\overset{|}{\underset{|}{C}}}}\!-\!CH_2CH_3$

C. $CH_3\underset{\displaystyle CH_3}{\overset{|}{CH}}CH_2CH_2CH_3$

D. $CH_3CH_2\underset{\displaystyle CH_3}{\overset{|}{CH}}CH_2CH_3$

23. 仲丁基的构造式为（　　）。

A. $CH_3CH_2\underset{\displaystyle CH_3}{\overset{|}{CH}}\!-$

B. $CH_3\underset{\displaystyle CH_3}{\overset{|}{CH}}CH_2\!-$

C. $CH_3CH_2CH_2CH_2\!-$

D. $H_3C\!-\!\overset{\displaystyle CH_3}{\underset{\displaystyle CH_3}{\overset{|}{\underset{|}{C}}}}\!-$

24. 某环烷烃的分子式为 C_5H_{10}，其一氯代产物只有一种。该环烷烃的构造式为（　　）。

A. 　　　B. 　　　C. 　　　D.

25. 某丁烷的下列构象中，稳定性最大的是（　　）。

A. 　　B. 　　C. 　　D.

26. 1,1,2-三甲基环丙烷与溴化氢发生反应，主要产物是（　　）。

A. $(CH_3)_2CH\underset{\displaystyle Br}{\overset{|}{C}}(CH_3)_2$

B. $BrCH_2\underset{\displaystyle CH_3}{\overset{|}{CH}}CH(CH_3)_2$

C. $CH_3CH_2CH_2\underset{\displaystyle Br}{\overset{|}{C}}(CH_3)_2$

D. $CH_3\underset{\displaystyle CH_3}{\overset{|}{CH}}CH_2CH(CH_3)_2$

27. 顺-1-异丙基-4-甲基环己烷的稳定构象式为（　　）。

A. 　　　B.

C. 　　　D.

28. 下列环烷烃中存在顺反异构体的是（　　）。

A. 1-甲基环己烷　　　　　　B. 环己烷

C. 1,2-二甲基环己烷　　　　　D. 1,1-二甲基环己烷

29. 下列环烷烃中，在室温下能使溴水褪色的是（　　）。

    A. 环丙烷　　　　　B. 环丁烷　　　　　C. 环戊烷　　　　　D. 环己烷

30. 2,3-二甲基丁烷以 C_2 与 C_3 之间的 σ 键为轴旋转时产生下列四种极限构象，其中优势构象是（　　）。

31. 在下列反应条件下，甲烷能发生氯代反应的是（　　）。

    A. 甲烷与氯气于室温下在黑暗中混合

    B. 先将氯气用光照射再迅速在黑暗中与甲烷混合

    C. 甲烷与氯气在黑暗中混合

    D. 甲烷用光照射后在黑暗中与氯气混合

32. $CH_3CH_2CH_2CH_2CH_3$ 与 $CH_3\underset{\underset{CH_3}{|}}{C}HCH_2CH_3$ 之间的关系是（　　）。

    A. 碳链异构　　　B. 位置异构　　　C. 官能团异构　　　D. 互变异构

33. 在室温下，将甲基环丙烷分别与 $KMnO_4$ 酸性溶液或 Br_2 的 CCl_4 溶液混合后，观察到的现象是（　　）。

    A. $KMnO_4$ 溶液和 Br_2 都褪色　　　　B. $KMnO_4$ 溶液褪色，Br_2 不褪色

    C. $KMnO_4$ 溶液和 Br_2 都不褪色　　　D. $KMnO_4$ 溶液不褪色，Br_2 褪色

34. 按系统命名法，烷烃 $H_3C-\overset{\overset{CH_2CH_3}{|}}{\underset{\underset{CH_3}{|}}{C}}-CHCH_2CH_3$ 的名称为（　　）。

    A. 2,3-二甲基-2-乙基戊烷　　　　B. 2,3,3-三甲基己烷

    C. 2-乙基-2,3-二甲基戊烷　　　　D. 3,3,4-三甲基己烷

35. 之间的关系是（　　）。

    A. 构象异构　　　B. 碳链异构　　　C. 位置异构　　　D. 互变异构

36. 分子式为 C_6H_{12} 且只含有一个伯碳原子的环烷烃有（　　）。

A. 1 种　　　　B. 2 种　　　　C. 3 种　　　　D. 4 种

三、是非题

37. 由于乙烷的交叉式构象最稳定，因此在室温下乙烷只能以交叉式构象存在。（　　）

38. 含有相同数目碳原子的烷烃异构体中，分子对称性越高，烷烃的熔点就越高。

    （　　）

39. 在甲基自由基 $\cdot CH_3$ 中，碳原子为 sp^3 杂化。（　　）

40. 下列烷基自由基的稳定性由大到小的顺序为（　　）

$$\cdot CH_3 > \cdot CH_2CH_3 > \cdot CH(CH_3)_2 > \cdot C(CH_3)_3$$

41. 烷烃发生氯代反应时，各类氢原子的反应活性由大到小的顺序为（　　）

叔氢原子＞仲氢原子＞伯氢原子

42. 丁烷分子中有 6 个伯氢原子和 4 个仲氢原子，所以丁烷进行一氯代反应时主要生成 1-氯丁烷。 ( )

43. 一元取代环己烷构象中，取代基在 e 键（平伏键）上的构象为优势构象。 ( )

44. 环丙烷在室温下既能使溴水褪色，又能使高锰酸钾溶液褪色。 ( )

45. 甲基环丙烷与溴化氢加成时，生成的主要产物是 2-溴丁烷。 ( )

46. 在烷烃分子中，碳原子都为 sp^3 杂化。 ( )

47. 2,2-二甲基丙烷分子中有一个季碳原子，所以该分子中也含有季氢原子。 ( )

48. 可利用溴水鉴别丁烷和甲基环丙烷。 ( )

四、用化学方法鉴别

49. ①1,2,3-三甲基环丙烷，②乙基环丁烷，③环己烷

50. ①乙基环丙烷，②甲基环丁烷，③环戊烷

五、完成反应式

51. 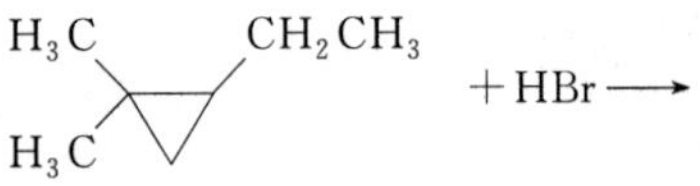 +HBr ⟶

52. 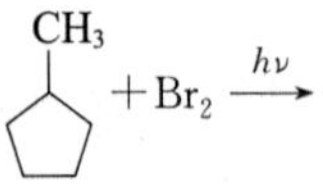 +Br₂ $\xrightarrow{h\nu}$

53. 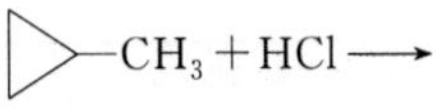 —CH₃ + HCl ⟶

六、推导结构题

54. 化合物 A 的分子式为 C_4H_8，室温下能使溴水褪色，但不能使 $KMnO_4$ 酸性溶液褪色。A 与 HBr 作用生成 B，B 也可以从 A 的同分异构体 C 与 HBr 加成得到。试写出 A、B 和 C 的构造式。

55. 环烷烃 A 的分子式为 C_6H_{12}，室温下不能使溴水褪色，分子中只含有一个伯碳原子。试写出 A 的可能构造式。

56. 烷烃 A 的分子式为 C_6H_{14}，分子中含有伯碳原子和叔碳原子，但不含仲碳原子。试写出 A 的构造式。

七、简答题

57. 有多少氢原子连接在一级、二级、三级和四级碳原子上？

58. 写出化学式为 C_5H_{12} 的化合物中一个一级碳原子上的氢被一个氯原子取代后所得化合物的构造式。

◆ 参考答案 ◆

一、命名或写结构式

1. 4-乙基-5,5-二甲基壬烷
2. 2,6-二甲基-4-仲丁基辛烷
3. 2,3,5,5-四甲基庚烷
4. 2,2,5-三甲基-4-丙基庚烷
5. 1,3-二环丙基丙烷
6. 2-环己基-4-甲基戊烷
7. 反-1,2-二甲基环丙烷
8. 反-1-乙基-4-甲基环己烷
9. 5-氯螺[2.5]辛烷
10. 2-甲基双环[2.2.1]庚烷
11. 2-氟二环[2.2.2]辛烷

12.
$$\underset{\text{H}_3\text{C}}{}\overset{\text{CH}_3}{\underset{|}{\text{CH}}}\text{—CH}_3$$

13.
$$\text{H}_3\text{C}\overset{\text{CH}_3}{\underset{\underset{\text{CH}_3}{|}}{\overset{|}{\text{—C—}}}}\text{CH}_3$$

14.
$$\text{H}_3\text{C}\overset{\text{CH}_3}{\underset{|}{\text{—CH}}}\overset{\text{CH}_2\text{CH}_3}{\underset{|}{\text{—CH}}}\text{—CH}_2\text{—CH}_2\overset{\text{CH}_2\text{CH}_3}{\underset{\underset{\text{CH}_3}{|}}{\overset{|}{\text{—C—}}}}\text{CH}_2\text{—CH}_3$$

15.
$$\text{H}_3\text{C}\overset{\text{CH}_3}{\underset{|}{\text{—CH}}}\overset{\text{CH(CH}_3)_2}{\underset{|}{\text{—CH}}}\text{—CH}_2\text{—CH}_2\text{—CH}_2\text{—CH}_3$$

16.

二、单项选择题

17. A；18. D；19. A；20. A；21. B；22. A；23. A；24. A；25. C；26. A；

27. A；28. C；29. A；30. A；31. B；32. A；33. D；34. D；35. A；36. C

三、是非题

37. ×；38. √；39. ×；40. ×；41. √；42. ×；43. √；44. ×；45. √；46. √；47. ×；48. √

四、用化学方法鉴别

49.
① $\xrightarrow[\text{CCl}_4]{\text{Br}_2}$ 室温下褪色
② 温热时褪色
③ （—）

50.
① $\xrightarrow[\text{CCl}_4]{\text{Br}_2}$ 室温下褪色
② 温热时褪色
③ （—）

五、完成反应式

51.
$$\text{H}_3\text{C}\overset{\text{CH}_3}{\underset{\underset{\text{Br}}{|}}{\overset{|}{\text{—C—}}}}\overset{}{\underset{\text{CH}_3}{\text{CHCH}_2\text{CH}_3}}$$

52.

53.
$$\text{CH}_3\overset{}{\underset{\underset{\text{Cl}}{|}}{\text{CHCH}_2\text{CH}_3}}$$

六、推导结构题

54. A 为 —CH_3；B 为 $\text{CH}_3\text{CH}_2\overset{}{\underset{\underset{\text{Br}}{|}}{\text{CHCH}_3}}$；C 为 $\text{H}_3\text{CHC}=\text{CHCH}_3$ 或 $\text{CH}_3\text{CH}_2\text{CH}=\text{CH}_2$。

55. A 的可能构造式为 —CH_3   —CH_2CH_3

56. A 的构造式为
$$\text{CH}_3\overset{\text{CH}_3}{\underset{\underset{\text{CH}_3}{|}}{\overset{|}{\text{CHCHCH}_3}}}$$

七、简答题

57. 一级碳上连 3 个氢，二级碳上连 2 个氢，三级碳上连 1 个氢，四级碳上没有氢。

58. 共四个：$\text{CH}_3\text{CH}_2\text{CH}_2\text{CH}_2\text{CH}_2\text{Cl}$ $\text{ClCH}_2\text{CH}_2\text{CH(CH}_3)_2$

$$\text{CH}_3\text{CH}_2\overset{}{\underset{\underset{\text{CH}_3}{|}}{\text{CHCH}_2\text{Cl}}}\qquad \text{CH}_3\overset{\text{CH}_3}{\underset{\underset{\text{CH}_3}{|}}{\overset{|}{\text{C}}}\text{CH}_2\text{Cl}}$$

第三章

不饱和烃

◎ 掌握烯烃、炔烃和共轭二烯烃的结构特点及命名。
◎ 掌握烯烃和炔烃的同分异构现象。
◎ 掌握烯烃、炔烃和共轭二烯烃的主要化学反应。
◎ 理解亲电加成反应机理。
◎ 理解共轭体系、共轭效应和诱导效应。

═══ 知识点归纳 ═══

一、烯烃

1. 结构

分子中含有 $C=C$ 键，其通式为 C_nH_{2n} 的化合物称为烯烃。烯烃中构成双键的两个碳原子为 sp^2 杂化，两个碳原子各用一个 sp^2 杂化轨道"头碰头"相互重叠形成 C—C σ键，再各以另外的两个 sp^2 杂化轨道分别与其他原子形成 σ键。同时，构成双键的两个碳原子上未参与杂化的 p 轨道以"肩并肩"的方式重叠，形成 π键。因此，烯烃分子中的 $C=C$ 键是由一个 σ键和一个 π键组成。

2. 同分异构现象

构造异构　$CH_3CH=CHCH_3$　$CH_3CH_2CH=CH_2$　$H_3C-\overset{\underset{\displaystyle CH_3}{|}}{C}=CH_2$

顺反异构

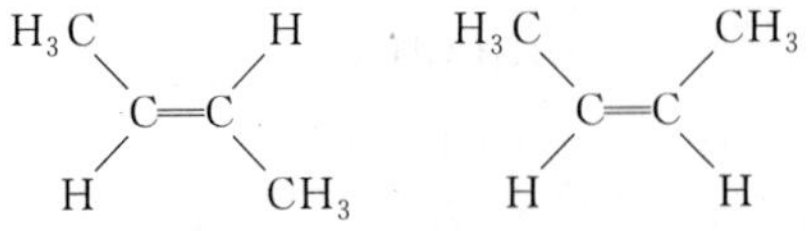

反丁-2-烯　　　　　顺丁-2-烯

顺反异构产生的条件如下：
① 结构中存在限制碳原子自由旋转的因素（π键或脂环）。

② 在不能自由旋转的两个原子上，分别连有不同的基团。

即，在
$$\begin{matrix} a & & b \\ & C=C & \\ d & & e \end{matrix}$$
中，当 a≠d、b≠e 时存在顺反异构。

3. 命名

(1) 系统命名法

① 选择含有双键的最长碳链作为主链，按照碳链中所含碳原子数目命名为"某烯"。

② 从靠近双键的一端开始编号，以双键两个碳原子中编号较小的数字表示双键的位次。若双键位于主碳链中央，编号时应从距取代基较近的一端开始。

③ 将取代基位次、数目及名称、双键位次依次写在某烯之前，并以短线隔开。

烯烃分子中失掉一个氢原子剩余的基团，称为烯基。如下：

$CH_2=CH-$	乙烯基
$CH_3CH=CH-$	1-丙烯基，又称"丙烯基"
$CH_2=CHCH_2-$	2-丙烯基，又称"烯丙基"
$CH_2=\underset{\underset{CH_3}{\|}}{C}-$	1-甲基乙烯基，又称"异丙烯基"

(2) 顺反异构体的命名

对于简单烯烃，可用词头"顺"（*cis*）、"反"（*trans*）表示；对于较复杂的烯烃，以（*Z*）、（*E*）为词头表示。

① 顺-反命名法 相同基团在双键同侧称为顺式，相同基团在双键异侧称为反式。

$$\begin{matrix} H_3C & & CH_3 \\ & C=C & \\ H & & H \end{matrix} \qquad \begin{matrix} H_3C & & H \\ & C=C & \\ H & & CH_3 \end{matrix}$$

顺丁-2-烯　　　　　反丁-2-烯

② *Z-E* 命名法 按照"次序规则"比较每个双键碳上所连两个基团的大小顺序。两个较优基团在双键同侧，称为 *Z* 型；两个较优基团在双键异侧，称为 *E* 型。即若 a＞d，b＞e，则

$$\begin{matrix} a & & b \\ & C=C & \\ d & & e \end{matrix} \qquad \begin{matrix} a & & e \\ & C=C & \\ d & & b \end{matrix}$$

Z 型　　　　　*E* 型

次序规则：将各种取代基按先后顺序排列的规则。

a. 比较与双键 C 直接相连原子的原子序数，原子序数大者为优先基团（较大基团）。例如—OH＞—CH_3。在同位素中质量大者优先，例如 D＞H。

b. 若与双键 C 直接相连的两个原子相同时，则比较与这两个原子相连的其他原子，原子序数较大者优先。第二个原子比较不出，再比较第三个，以此类推。

例如—CH_2Cl＞—CH_2OH。

c. 取代基中有重键时，可将其看作连接两个或三个相同原子。例如，

$$-CH\!=\!CH_2 \quad \text{看作} \quad \begin{array}{c} -CH-CH_2 \\ || \\ CC \end{array}$$

$$-C\!\equiv\!N \quad \text{看作} \quad \begin{array}{c} NC \\ \|\| \\ -C-N \\ \|\| \\ NC \end{array}$$

$$\begin{array}{c} O \\ \| \\ -C-H \end{array} \quad \text{看作} \quad \begin{array}{c} OC \\ \|\| \\ -C-O \\ | \\ H \end{array}$$

4. 化学反应

烯烃中含有 π 键，π 键电子云分布于键轴上下，受到原子核的束缚力弱，键能较小，易发生加成反应和氧化反应，此外烯烃的 α-氢原子易发生卤代反应。

（1）催化加氢 烯烃在催化剂存在下与氢气加成，生成饱和烃。

$$R\!-\!CH\!=\!CH_2 \xrightarrow[\text{Pt(Pd,Ni)}]{H_2} R\!-\!CH_2CH_3$$

（2）亲电加成反应 烯烃与卤化氢、卤素、次卤酸、硫酸等亲电试剂发生亲电加成反应。

$$R\!-\!CH\!=\!CH_2 \left\{ \begin{array}{l} \xrightarrow{HX} R\!-\!\underset{\underset{X}{|}}{C}H\!-\!CH_3 \\[2ex] \xrightarrow[\text{(X}_2=Cl_2, Br_2, I_2)]{X_2} R\!-\!\underset{\underset{X}{|}}{C}H\!-\!\underset{\underset{X}{|}}{C}H_2 \\[2ex] \xrightarrow[\text{(Cl}_2+H_2O)]{HOCl} R\!-\!\underset{\underset{OH}{|}}{C}H\!-\!\underset{\underset{Cl}{|}}{C}H_2 \\[2ex] \xrightarrow{H_2SO_4} R\!-\!\underset{\underset{OSO_3H}{|}}{C}H\!-\!CH_3 \\[2ex] \xrightarrow{H_2O/H^+} R\!-\!\underset{\underset{OH}{|}}{C}H\!-\!CH_3 \end{array} \right.$$

烯烃的亲电加成反应是分两步进行的离子型反应。试剂中缺电子的一端向 C=C 进攻，生成碳正离子中间体。此步较慢，是决定整个反应速率的一步。各级碳正离子（C^+）的稳定性次序：$3°C^+>2°C^+>1°C^+>CH_3^+$。不对称烯烃与不对称试剂的加成时，产物遵循马尔科夫尼科夫（Markovnikov）规则，简称马氏规则。

马氏规则：当不对称烯烃与不对称试剂进行加成时，试剂中带正电荷部分总是加在含氢较多的双键碳原子上，而带负电荷部分则加到含氢较少的双键碳原子上。即

$$R\!-\!CH\!=\!CH_2 + \overset{\delta^+}{A}\!-\!\overset{\delta^-}{B} \longrightarrow R\!-\!\underset{\underset{B}{|}}{C}H\!-\!\underset{\underset{A}{|}}{C}H_2$$
$$\text{（主产物）}$$

诱导效应：分子中成键原子电负性不同，导致分子中电子云密度分布发生改变，并通过静电诱导沿分子链传递，这种通过静电诱导传递的电性效应称为诱导效应（inductive effect，I 效应）。

常见基团的电负性大小顺序如下：

$$—F > —Cl > —Br > —OCH_3 > —NHCOCH_3 > —C_6H_5 > —CH=CH_2 > —H > —CH_3 > —C_2H_5$$
$$> —CH(CH_3)_2 > —C(CH_3)_3$$

在—H前面的为吸电子基团，具有吸电子的诱导效应，用$-I$表示；在—H后面的为给电子基团，具有给电子的诱导效应，用$+I$表示。随着距离增长，I效应迅速减弱。

（3）自由基加成反应 烯烃在过氧化物存在下与溴化氢加成，生成"反马氏规则"的加成产物。

$$R—CH=CH_2 \xrightarrow[\text{过氧化物}]{HBr} R—CH_2CH_2Br$$

注意：HCl、HI无过氧化物效应。

（4）氧化反应 烯烃能被高锰酸钾、臭氧等氧化。

$$R—CH=CH_2 \xrightarrow[H^+,\triangle]{KMnO_4} RCOOH + CO_2 \uparrow$$

（5）α-氢的卤代反应 在高温或光照下，烯烃的α-氢原子易被卤原子取代，是自由基的取代反应。

二、炔烃

1. 结构

分子中含有C≡C键，其通式为C_nH_{2n-2}的化合物称为炔烃。炔烃中构成三键的两个碳原子为sp杂化，每个碳上的一个sp杂化轨道相互重叠形成一个C—C σ键，另外一个sp杂化轨道与氢原子或其他基团形成σ键。两个碳原子剩余的两个未杂化的p轨道再分别以"肩并肩"的方式重叠形成两个π键。因此，炔烃分子中的C≡C键是由一个σ键和两个π键组成的。

2. 命名

炔烃的系统命名规则与烯烃相似。若结构中既含有双键，又含有三键时，应选择含有双键、三键在内的最长碳链作为主链，称为"某烯炔"。编号时首先考虑双键、三键位次和最小；若双键、三键编号一致时，给双键以较小编号。

3. 化学反应

炔烃与烯烃相似之处在于含有 π 键，可发生加成反应，但其发生亲电加成反应活性比烯烃要低。与三键直接相连的炔氢原子具有微弱酸性。

(1) 催化加氢 炔烃在催化剂存在下与氢气加成，先生成烯烃，最后生成烷烃。

$$R—C\equiv CH \xrightarrow[Pt(Pd,Ni)]{H_2} R—CH=CH_2 \xrightarrow[Pt(Pd,Ni)]{H_2} R—CH_2CH_3$$

若使用特殊催化剂，可使炔烃与氢气的加成反应停止在烯烃阶段。

$$R—C\equiv C—R' + H_2 \begin{cases} \xrightarrow{Na/液氨} & \underset{H}{\overset{R}{C}}=\underset{R'}{\overset{H}{C}} \quad (反式) \\[2em] \xrightarrow{Pd+BaSO_4/喹啉} & \underset{H}{\overset{R}{C}}=\underset{H}{\overset{R'}{C}} \quad (顺式) \end{cases}$$

(2) 亲电加成反应 炔烃与卤化氢、卤素、水等发生亲电加成反应。炔烃的加成反应符合马氏规则。

$$R—C\equiv CH \begin{cases} \xrightarrow{HX} & R—\overset{X}{\underset{}{C}}=CH_2 \xrightarrow{HX} R—\overset{X}{\underset{X}{C}}—CH_3 \\[1.5em] \xrightarrow{X_2} & R—\overset{X}{\underset{X}{C}}=CH \xrightarrow{X_2} R—CX_2—CHX_2 \\[1.5em] \xrightarrow[HgSO_4,H_2SO_4]{H_2O} & R—\overset{}{\underset{OH}{C}}=CH_2 \Longleftrightarrow R—\overset{O}{\underset{}{C}}—CH_3 \end{cases}$$

(3) 氧化反应 用 $KMnO_4$ 水溶液氧化二取代炔烃，生成 1,2-二酮。

$$R—C\equiv C—R' \xrightarrow{KMnO_4/H_2O} R—\overset{O}{\overset{\|}{C}}—\overset{O}{\overset{\|}{C}}—R'$$

在较高温度或酸性条件下，$KMnO_4$ 将炔键氧化全部断裂，得到羧酸或二氧化碳。

$$R—C\equiv C—R' \xrightarrow[H^+]{KMnO_4} RCOOH + R'COOH$$

$$R—C\equiv CH \xrightarrow[H^+]{KMnO_4} RCOOH + CO_2\uparrow$$

(4) 炔氢的反应 末端炔烃与金属钠反应，生成炔钠并放出氢气。

$$2R—C\equiv C—H + 2Na \longrightarrow 2R—C\equiv C—Na + H_2\uparrow$$

也可与重金属离子反应，生成不溶性的重金属炔化物，此反应灵敏，现象明显，可用作末端炔烃的鉴别反应。

$$R—C\equiv C—H \begin{cases} \xrightarrow{[Ag(NH_3)_2]NO_3} & R—C\equiv CAg\downarrow (白色) \\[1.5em] \xrightarrow{Cu(NH_3)_2Cl} & R—C\equiv CCu\downarrow (砖红色) \end{cases}$$

三、二烯烃

1. 分类

分子中含有两个 C=C 键的烯烃，称为二烯烃。其根据分子中双键的相对位置，分为以下三类。

(1) 聚集二烯烃　两个双键共用一个碳原子，又称累积二烯烃。

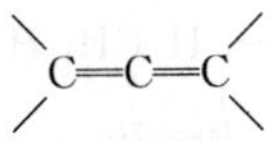

$$\text{C=C=C}$$

(2) 共轭二烯烃　两个双键中间隔一个单键，即单、双键交替排列。

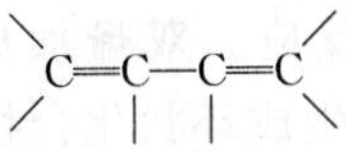

$$\text{C=C—C=C}$$

(3) 隔离二烯烃　两个双键中间隔两个或两个以上单键。

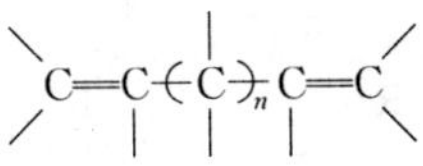

$$\text{C=C+C}_n\text{C=C} \qquad (n \geqslant 1)$$

2. 命名

选择含有两个双键在内的最长碳链为主链，根据主链上碳原子数目称为"某二烯"。从距双键近的一端开始编号，将双键位次置于某二烯前面。若有顺反异构，用 Z，E（或顺、反）标明构型。

3. 1,3-丁二烯的结构

在 1,3-丁二烯分子中，四个碳原子均为 sp^2 杂化。四个碳原子与六个氢原子形成的三个 C—C σ 键和六个 C—H σ 键都在同一平面上，每个碳上未参与杂化的 p 轨道垂直于该平面，并以"肩并肩"方式重叠，形成了一个四原子四电子的大 π 键，即 π-π 共轭体系。

共轭体系有以下几种类型。

(1) π-π 共轭体系　例如

$$H_2C=CH—CH=CH_2 \qquad H_2C=CH—CH=CH—CH=O \qquad \bigcirc$$

(2) p-π 共轭体系　例如

$$H_2C=CH—\ddot{C}l \qquad H_2C=CH—\dot{C}H_2 \qquad H_2C=CH—\overset{+}{C}H_2$$

(3) σ-π 或 σ-p 超共轭体系　例如

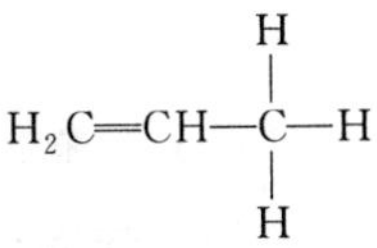

$$H_2C=CH—\underset{H}{\overset{H}{\underset{|}{\overset{|}{C}}}}—H \qquad CH_3—\overset{+}{C}H_2$$

共轭体系特点：① 键长平均化；
② 轨道交盖电子离域，形成离域大 π 键；
③ 体系内能低，稳定性高。

共轭效应：在共轭体系中，轨道相互交盖，产生电子离域，导致共轭体系中电子云密度分布发生变化，对分子的理化性质所产生的影响称为共轭效应。

4. 共轭二烯烃的化学反应

(1) 1,2-加成和 1,4-加成反应

$$CH_2=CH-CH=CH_2 \xrightarrow{\substack{HBr \\ Br_2}} \begin{array}{c} CH_3CHCH=CH_2 + CH_3CH=CHCH_2Br \\ \underset{Br}{|} \end{array}$$

$$CH_2CHCH=CH_2 + CH_2CH=CHCH_2$$
$$\underset{Br}{|}\ \underset{Br}{|} \qquad \underset{Br}{|} \qquad \underset{Br}{|}$$

1,2-加成　　　　　　　1,4-加成

(2) 狄尔斯-阿尔德尔反应（D-A 反应，双烯加成反应）

共轭二烯烃与含 C=C 或 C≡C 的不饱和化合物发生 1,4-加成，生成环状化合物的反应。

$$\text{（结构式 + }\xrightarrow{\triangle}\text{ 环状产物）}$$

● 典型例题解析 ●

1. 命名下列化合物。

（1）
$$CH_3CHCHCH_2CH=CHCH_3$$
（含 CH_3 和 CH_3 取代基）

（2）
$$CH_3CH_2CHCH_2CH_3$$
$$\underset{CH=CH_2}{|}$$

（3）
$$\underset{H_3C}{\overset{CH_3CH_2}{}}C=C\underset{CH_2CH_2CH_3}{\overset{CH_2CH_3}{}}$$

（4）
$$CH\equiv C-C=CH_2$$
$$\underset{CH_3}{|}$$

（5）$(CH_3)_2C=CH-CH=CH_2$

（6）$CH_3CH_2C\equiv CC(CH_3)_3$

解： （1）5,6-二甲基庚-2-烯　　　（2）3-乙基戊-1-烯

（3）(E)-4-乙基-3-甲基庚-3-烯（或顺-4-乙基-3-甲基庚-3-烯）

（4）2-甲基丁-1-烯-3-炔　　　（5）4-甲基戊-1,3-二烯

（6）2,2-二甲基己-3-炔

注释：给化合物命名时，掌握"三最"，即碳链（包含官能团在内）最长；取代基最多；编号和最小。

2. 写出下列化合物的结构式。

（1）3-甲基戊-1-炔　　　　　　（2）1-苯基丙烯

（3）4-环己基-2-甲基丁-1-烯　　（4）异戊二烯

解： （1）
$$HC\equiv CCHCH_2CH_3$$
$$\underset{CH_3}{|}$$

（2）
苯环—$CH=CHCH_3$

（3）
$$H_2C=CCH_2CH_2—\text{环己基}$$
$$\underset{CH_3}{|}$$

（4）
$$H_2C=C-CH=CH_2$$
$$\underset{CH_3}{|}$$

3. 写出分子式为 C_5H_{10} 的烯烃的各种异构体的结构式及命名。

解：分子式为 C_5H_{10} 的烯烃的各种异构体的结构式及命名分别为：

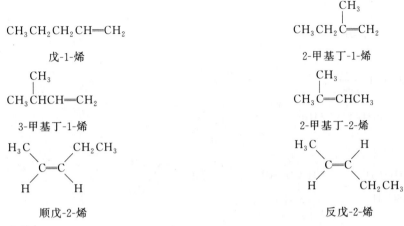

$CH_3CH_2CH_2CH \!=\! CH_2$

戊-1-烯

$CH_3CH_2\overset{\displaystyle CH_3}{\overset{|}{C}} \!=\! CH_2$

2-甲基丁-1-烯

$CH_3\overset{\displaystyle CH_3}{\overset{|}{CH}}CH \!=\! CH_2$

3-甲基丁-1-烯

$CH_3\overset{\displaystyle CH_3}{\overset{|}{C}} \!=\! CHCH_3$

2-甲基丁-2-烯

顺戊-2-烯

反戊-2-烯

注释：

$$烯烃的同分异构体\begin{cases}构造异构\begin{cases}碳架异构\\双键位置异构\end{cases}\\顺反异构\end{cases}$$

4. 指出下列烯烃是否有顺反异构体，若有，写出其两种异构体。

（1）$CH_3CH_2CH \!=\! CHCH_2CH_3$

（2）$(CH_3)_2CHCH \!=\! CHCH_3$

（3）$(CH_3CH_2)_2C \!=\! CHCH(CH_3)_2$

解：（1）有顺反异构：

（2）有顺反异构：

（3）无顺反异构

注释：双键碳原子上分别连有两个不同的原子或原子团的烯烃存在顺反异构体。因此，（1）和（2）有顺反异构体；（3）无顺反异构，其中一个双键碳上连有两个相同的乙基。

5. 指出下列有机化合物中各碳原子的杂化方式。

（1）$CH \!\equiv\! C \!-\! CH \!=\! CH \!-\! CH_3$

（2）$CH_2 \!=\! C \!=\! CH_2$

解：（1）$\overset{sp}{CH} \!\equiv\! \overset{sp}{C} \!-\! \overset{sp^2}{CH} \!=\! \overset{sp^2}{CH} \!-\! \overset{sp^3}{CH_3}$

（2）$\overset{sp^2}{CH_2} \!=\! \overset{sp}{C} \!=\! \overset{sp^2}{CH_2}$

注释：烷烃碳原子为 sp^3 杂化，烯烃双键碳原子为 sp^2 杂化，炔烃三键碳原子为 sp 杂化。聚集二烯烃中间碳原子为 sp 杂化，两边碳原子为 sp^2 杂化。

6. 写出下列反应的主要产物。

（1）$CH_3CH \!=\! CH_2 \xrightarrow{H_2SO_4} \xrightarrow{H_2O}$

(2) $\xrightarrow[\text{H}^+]{\text{H}_2\text{O}}$

(3) $\text{F}_3\text{C}-\text{CH}=\text{CH}_2 \xrightarrow{\text{HCl}}$

(4) $\underset{\underset{\text{CH}_3}{|}}{\text{H}_3\text{C}-\text{C}}=\text{CH}_2 \xrightarrow[\text{H}_2\text{SO}_4]{\text{KMnO}_4}$

(5) $\text{CH}_3\text{CH}_2\text{CH}=\text{CH}_2 \xrightarrow[h\nu]{\text{Cl}_2}$

(6) $\underset{\underset{\text{CH}_3}{|}}{\text{CH}_3\text{CH}_2\text{C}}=\text{CHCH}_3 + \text{HBr} \xrightarrow{\text{H}_2\text{O}_2}$

解：(1) $\underset{\underset{\text{OSO}_3\text{H}}{|}}{\text{CH}_3\text{CH}}-\text{CH}_3$ $\underset{\underset{\text{OH}}{|}}{\text{CH}_3\text{CH}}-\text{CH}_3$ (2)

(3) $\text{F}_3\text{C}-\text{CH}_2-\underset{\underset{\text{Cl}}{|}}{\text{CH}_2}$ (4) $\text{CH}_3\overset{\text{O}}{\overset{\|}{\text{C}}}\text{CH}_3 + \text{CO}_2\uparrow + \text{H}_2\text{O}$

(5) $\underset{\underset{\text{Cl}}{|}}{\text{CH}_3\text{CHCH}}=\text{CH}_2$ (6) $\underset{\underset{\text{CH}_3}{|}}{\text{CH}_3\text{CH}_2\text{CH}}-\underset{\underset{\text{Br}}{|}}{\text{CHCH}_3}$

注释：（1）亲电加成生成硫酸酯，酯水解得到醇。

（2）烯烃与 H_2O 亲电加成，遵循马氏规则。

（3）双键上连有吸电子基团（—CF_3）时，亲电试剂中负电荷的一端加在距离吸电子基团较远的双键碳原子上，正电荷一端加在与吸电子基相连的双键碳原子上。

（4）烯烃在酸性条件下被 KMnO_4 氧化时，双键断裂，双键碳上有两个取代基的被氧化成酮，有一个取代基的被氧化成羧酸，无取代基的被氧化成 CO_2 和 H_2O。

（5）光照条件下的自由基卤代反应，烯丙位上的 α-活泼氢被取代。

（6）在过氧化物的条件下，烯烃与 HBr 进行的是自由基加成反应，符合"反马氏规则"。

7. 写出戊-1-炔与下列物质反应所得的主要产物。

（1）Br_2（1mol）　　　　（2）HBr（2mol）　　　　（3）H_2O，$\text{HgSO}_4/\text{H}_2\text{SO}_4$

（4）$\text{KMnO}_4/\text{H}_2\text{SO}_4$　　（5）$[\text{Ag}(\text{NH}_3)_2]\text{NO}_3$

解：(1) $\text{CH}_3\text{CH}_2\text{CH}_2\text{C}\equiv\text{CH} + \text{Br}_2(\text{1mol}) \longrightarrow \text{CH}_3\text{CH}_2\text{CH}_2\underset{\underset{\text{Br}}{|}}{\overset{\overset{\text{Br}}{|}}{\text{C}}}=\text{CH}$

(2) $\text{CH}_3\text{CH}_2\text{CH}_2\text{C}\equiv\text{CH} + \text{HBr}(\text{2mol}) \longrightarrow \text{CH}_3\text{CH}_2\text{CH}_2\underset{\underset{\text{Br}}{|}}{\overset{\overset{\text{Br}}{|}}{\text{C}}}-\text{CH}_3$

(3) $\text{CH}_3\text{CH}_2\text{CH}_2\text{C}\equiv\text{CH} + \text{H}_2\text{O} \xrightarrow[\text{H}_2\text{SO}_4]{\text{HgSO}_4} \text{CH}_3\text{CH}_2\text{CH}_2\underset{\underset{\text{OH}}{|}}{\text{C}}=\text{CH}_2$

$\xrightarrow{\text{互变异构}} \text{CH}_3\text{CH}_2\text{CH}_2\overset{\overset{\text{O}}{\|}}{\text{C}}-\text{CH}_3$

(4) $\text{CH}_3\text{CH}_2\text{CH}_2\text{C}\equiv\text{CH} \xrightarrow[\text{H}_2\text{SO}_4]{\text{KMnO}_4} \text{CH}_3\text{CH}_2\text{CH}_2\text{COOH} + \text{CO}_2\uparrow + \text{H}_2\text{O}$

(5)　$CH_3CH_2CH_2C{\equiv}CH + [Ag(NH_3)_2]NO_3 \longrightarrow CH_3CH_2CH_2C{\equiv}CAg\downarrow$

注释：（1）、（2）、（3）加成反应，遵守马氏规则。

（4）末端炔烃在酸性条件下被 $KMnO_4$ 氧化，得到羧酸和 CO_2、H_2O。

（5）末端炔烃具有弱酸性，和重金属离子生成不溶性盐，此反应用于鉴别端基炔。

8. 用化学方法鉴别下列化合物。

（1）　$CH_3CH_2C{\equiv}CH$　　　$CH_3CH_2CH{=}CH_2$　　　$CH_3CH_2CH_2CH_3$

（2）　⬡　　　⬡—C_2H_5　　　⬡—$C{\equiv}CH$

解：（1）
$$
\left.
\begin{array}{l}
CH_3CH_2C{\equiv}CH \\
CH_3CH_2CH{=}CH_2 \\
CH_3CH_2CH_2CH_3
\end{array}
\right\}
\xrightarrow{KMnO_4}
\begin{array}{l}
\text{褪色} \\
\text{褪色} \\
(-)
\end{array}
\xrightarrow[NH_3\text{ 溶液}]{AgNO_3}
\begin{array}{l}
\text{白色}\downarrow \\
(-)
\end{array}
$$

（2）
$$
\left.
\begin{array}{l}
⬡ \\
⬡—C_2H_5 \\
⬡—C{\equiv}CH
\end{array}
\right\}
\xrightarrow[NH_3\text{ 溶液}]{AgNO_3}
\left.
\begin{array}{l}
(-) \\
(-)
\end{array}
\right\}
\xrightarrow{Br_2/CCl_4}
\begin{array}{l}
(-) \\
\text{褪色}
\end{array}
$$
白色↓

注释：掌握烯烃与炔烃的亲电加成反应，特别是末端炔烃的特征反应，利用反应前后明显的现象变化进行鉴别。

9. 用化学方法除去下列化合物中的少量杂质。

（1）丙烯中少量的丙炔。

（2）庚烷中少量的庚烯。

解：（1）用硝酸银的氨溶液洗涤。

（2）用浓 H_2SO_4 溶液洗涤。

注释：（1）丙炔与硝酸银的氨溶液反应生成白色沉淀。丙烯不溶于水溶液，振荡静置后分层，将下层（水层和沉淀）放出，即得纯丙烯。

（2）庚烯与浓硫酸反应生成硫酸氢酯而溶于浓硫酸中，振荡后静置分层，放出下层（硫酸层），即得纯庚烷。

10. 某单烯烃用 $KMnO_4$ 酸性溶液氧化后得到下列各组产物，试写出原烯烃的结构。

（1）CO_2 和 CH_3COOH

（2）CH_3COOH 和 $CH_3CHCOOH$
　　　　　　　　　　　　$|$
　　　　　　　　　　　CH_3

（3）$CH_3\overset{\displaystyle O}{\overset{\|}{C}}CH_3$

（4）$HOOC{-}COOH$ 和 CO_2

解：（1）$CH_3CH{=}CH_2$

（2）$CH_3\underset{\underset{CH_3}{|}}{C}HCH{=}CHCH_3$

（3）$CH_3\underset{\underset{H_3C}{|}}{C}{=}\underset{\underset{CH_3}{|}}{C}CH_3$

（4）$H_2C{=}CH{-}CH{=}CH_2$

注释：根据烯烃在酸性条件下被 $KMnO_4$ 氧化分解所得产物的结构特点，断裂一个 $C{=}C$ 键，生成两个 $C{=}O$ 键。以及双键碳上有两个取代基的被氧化成酮，有一个取代基的被氧化成羧酸，无取代基的被氧化成 CO_2 和 H_2O。结合逆推法，得到各个单烯烃。

11. 解释下列反应结果，说明为什么（1）中的加成反应在双键上进行，而（2）中的加成反应在三键上进行？

（1）　$H_2C=CH-CH_2-C\equiv CH \xrightarrow{HCl} H_3C-\underset{\underset{Cl}{|}}{CH}-CH_2-C\equiv CH$

（2）　$H_2C=CH-C\equiv CH \xrightarrow{HCl} H_2C=CH-\underset{\underset{Cl}{|}}{C}=CH_2$

解：（1）中双键、三键为隔离体系，亲电加成结果主要与双键、三键各自的加成活性有关。在亲电加成反应中双键比三键活泼，所以（1）中的加成反应主要在双键上发生。

（2）中亲电加成时，HCl 加在三键上生成一个共轭二烯烃，即 π-π 共轭体系，此结构较稳定，所以（2）中的加成反应主要在三键上发生。

注释：烯炔的亲电加成在遵守马氏规则的同时，注意分析反应物和产物的结构特点。

12. 完成下列转化：

$$CH_3CH_2CH=CH_2 \begin{cases} \xrightarrow{(1)} H_2C=CH-CH=CH_2 \\ \xrightarrow{(2)} CH_3CH_2C\equiv CH \\ \xrightarrow{(3)} \underset{\underset{Cl}{|}}{CH_3CH}-\underset{\underset{OH}{|}}{CH}-\underset{\underset{OH}{|}}{CH_2} \end{cases}$$

解：（1）$CH_3CH_2CH=CH_2 \xrightarrow[\text{高温}]{Cl_2} CH_3\underset{\underset{Cl}{|}}{CH}CH=CH_2 \xrightarrow[\triangle]{KOH,\ C_2H_5OH} H_2C=CH-CH=CH_2$

（2）$CH_3CH_2CH=CH_2 \xrightarrow[CCl_4]{Br_2} CH_3CH_2\underset{\underset{Br}{|}}{CH}-\underset{\underset{Br}{|}}{CH_2} \xrightarrow[\triangle]{KOH,\ C_2H_5OH} CH_3CH_2C\equiv CH$

（3）$CH_3CH_2CH=CH_2 \xrightarrow[\text{高温}]{Cl_2} CH_3\underset{\underset{Cl}{|}}{CH}CH=CH_2 \xrightarrow{\text{稀、冷 KMnO}_4 \text{溶液}} CH_3\underset{\underset{Cl}{|}}{CH}-\underset{\underset{OH}{|}}{CH}-\underset{\underset{OH}{|}}{CH_2}$

注释：掌握烯烃的化学反应，并学会利用逆推法。

13. 具有相同分子式的两种化合物 A 和 B，催化加氢后都生成 2-甲基丁烷。它们都能与两分子的 Br_2 加成，A 能与 $AgNO_3$ 的氨溶液作用生成白色沉淀；而 B 则不能，但能与亲双烯体发生 D-A 反应。试推测 A 和 B 的结构，并写出各步化学反应式。

解：A.　$CH_3\underset{\underset{CH_3}{|}}{CH}C\equiv CH$ 　　　　　B.　$H_2C=\underset{\underset{CH_3}{|}}{C}-CH=CH_2$

$$\left. \begin{array}{l} CH_3\underset{\underset{CH_3}{|}}{CH}C\equiv CH \\[2em] H_2C=\underset{\underset{CH_3}{|}}{C}-CH=CH_2 \end{array} \right\} \xrightarrow{H_2/Ni} CH_3\underset{\underset{CH_3}{|}}{CH}CH_2CH_3$$

$$CH_3\underset{\underset{CH_3}{|}}{CH}C\equiv CH \xrightarrow{2Br_2} CH_3\underset{\underset{CH_3}{|}}{CH}CBr_2CHBr_2$$

$$\underset{\underset{CH_3}{|}}{H_2C=C-CH=CH_2} \xrightarrow{2Br_2} \underset{\underset{CH_3}{|}}{H_2C-\overset{\overset{Br}{|}}{C}-\overset{\overset{Br}{|}}{CH}-\overset{\overset{Br}{|}}{CH_2}}$$

$$\underset{\underset{CH_3}{|}}{CH_3CHC\equiv CH} \xrightarrow{[Ag(NH_3)_2]NO_3} \underset{\underset{CH_3}{|}}{CH_3CHC\equiv CAg}\downarrow$$

注释：因 A、B 都能与 2mol 的溴作用，说明分子结构中含有两个 π 键，故可能是炔烃或二烯烃。A 能与 $AgNO_3$ 的氨溶液作用生成白色沉淀，所以 A 是末端炔烃；而 B 不能与 $AgNO_3$ 的氨溶液作用，但其可与亲双烯体发生 D-A 反应，所以 B 是共轭二烯烃。再由 A、B 氢化后的产物为 2-甲基丁烷，得知 A、B 的结构。

14. 某化合物 A（C_7H_{10}），用 H_2/Ni 处理后得到化合物 B（C_7H_{14}）。A 经臭氧氧化后再经 Zn/H_2O 处理，得到 1mol $\overset{\overset{CHO}{|}}{CHO}$ 和 1mol $CH_3\overset{\overset{O}{||}}{C}CH_2CH_2CHO$。写出 A 和 B 的结构式。

解：A. （带 CH_3 的环二烯结构）   B. （带 CH_3 的环己烷结构）

注释：根据 A、B 的分子式，可以推测化合物中含有脂环结构，再由烯烃臭氧氧化分解产物的特点，断裂一个 C≡C 键，生成两个 C≡O 键。产物中有四个 C≡O 键，原烯烃结构中必然包含两个 C≡C 键，故 A 为环二烯烃。依据氧化产物结构推测 A、B 结构。

15. 按照稳定性由大至小的顺序排列下列各碳正离子中间体。

(1) $CH_3\overset{+}{C}HCH=CH_2$ (2) $\overset{+}{C}H_2CH_2CH=CH_2$

(3) $\underset{\underset{CH_3}{|}}{CH_3\overset{+}{C}CH=CH_2}$ (4) $H_2\overset{+}{C}-CH=CH-CH_3$

解：碳正离子的稳定性由大到小的次序为：(3) ＞ (1) ＞ (4) ＞ (2)。

注释：主要考虑正电荷的分散程度，正电荷越分散，相应的正离子越稳定。(1)、(3)、(4) 为烯丙基型正离子 $\left(-\overset{+}{C}-C=C-\right)$，是 p-π 共轭体系，p 轨道上的正电荷可以通过 p-π 共轭效应分散 $\left(-\overset{+}{\overbrace{C=C=C}}-\right)$；而 (2) 没有这种分散效应，所以 (2) 的稳定性最差。再根据 3°C＞2°C＞1°C，得出稳定性次序：(3) ＞ (1) ＞ (4) ＞ (2)。

16. 如何理解构造、构型和构象？举例说明。

解：构造，即分子中各原子或基团相互连接的顺序或成键的顺序称为构造。例如，$CH_3CH_2CH_2CH_3$ 和 $\underset{\underset{CH_3}{|}}{CH_3CHCH_3}$ 为构造异构体。

构型，即分子中原子或基团在空间的排布方式称为构型。例如，

$$\underset{\underset{H}{}}{\overset{\overset{H_3C}{}}{C}}=\underset{\underset{H}{}}{\overset{\overset{CH_3}{}}{C}}$$
和

$$\underset{\underset{H}{}}{\overset{\overset{H_3C}{}}{C}}=\underset{\underset{CH_3}{}}{\overset{\overset{H}{}}{C}}$$
为构型异构体。

构象，即两个原子或基团围绕着 σ 键旋转而产生在空间的不同排列方式称为构象。例如，

和 为构象异构体。

本章测试题

一、命名或写结构式

1. [结构式：环己烯-C₂H₅]

2. [结构式：H_3C 和 CH_2CH_3 与 H 和 CH_3 构成双键]

3. $HC \equiv CCH_2CHCH_3$ 其中带 CH_3 支链

4. $CH_3CH_2C = CHCH_3$ 其中带 $CH = CH_2$ 支链

5. $HC \equiv C - C = CH - CH_3$ 其中带 CH_3 支链

6. (E)-3-甲基戊-2-烯

7. 4-甲基庚-2-炔

8. 3-乙基己-1,3-二烯

9. 反-3,4-二甲基己-3-烯

10. 2-甲基丁-1-烯-3-炔

二、单项选择题

11. 卤化氢与烯烃发生加成反应时，反应速率最快的是（　　）。

A. HF　　　　　B. HCl　　　　　C. HBr　　　　　D. HI

12. 下列吸电子基中，诱导效应最强的是（　　）。

A. —F　　　　　B. —Cl　　　　　C. —Br　　　　　D. —I

13. 丙烯与氯气在 500℃时发生反应，生成的主要产物是（　　）。

A. $ClCH_2CH = CH_2$

B. $CH_3CH = CHCl$

C. $CH_3CH - CH_2Cl$ 其中带 Cl

D. $CH_3C = CH_2$ 其中带 Cl

14. 下列化合物中，亲电加成反应活性最大的是（　　）。

A. $CH_2 = CH_2$

B. $CH_3 - CH = CH_2$

C. $CH_3O - CH = CH_2$

D. $CF_3 - CH = CH_2$

15. 下列烯烃分别与 $KMnO_4$ 酸性溶液反应，生成丙酮并有气体放出的是（　　）。

A. $(CH_3)_2C = CH_2$

B. $CH_3CH = CHCH_3$

C. $(CH_3)_2CHCH = CH_2$

D. $(CH_3)_2C = CHCH_3$

16. 下列碳正离子中，最稳定的是（　　）。

A. $CH_3\overset{+}{C} = CHCH_2CH_3$

B. $H_2C = CH\overset{+}{C}(CH_3)_2$

C. $CH_3CH = CHCH_2\overset{+}{C}H_2$

D. $H_2C = CHCH_2\overset{+}{C}HCH_3$

17. 下列烯烃中，既为 E 构型又为顺式构型的是（　　）。

A. [结构式：H_3C 和 $HC = CH_2$ 在上，H 和 H 在下，C=C]

B. [结构式：H_3C 和 CH_3 在上，H 和 CH_2CH_3 在下，C=C]

C.
$$\begin{array}{c} H_2C{=}CH \qquad H \\ \diagdown C{=}C \diagup \\ \diagup \qquad \diagdown \\ H \qquad CH_3 \end{array}$$
D.
$$\begin{array}{c} H_3C \qquad CH_2CH_3 \\ \diagdown C{=}C \diagup \\ \diagup \qquad \diagdown \\ (CH_3)_2CH \qquad CH_3 \end{array}$$

18. 下列不饱和烃中，在室温下能与硝酸银的氨溶液生成白色沉淀的是（　　　）。

A. $CH_2{=}CH{-}CH{=}CH_2$ 　　　　　　B. $CH_3CH_2C{\equiv}CH$

C. $CH_3CH{=}CHCH_3$ 　　　　　　　　D. $CH_3C{\equiv}CCH_3$

19. 下列四种烯烃中，经臭氧氧化和锌粉还原水解处理后，生成乙醛和丙醛的是（　　　）。

A. $(CH_3)_2CHCH{=}CH_2$ 　　　　　　B. $CH_3CH{=}CHCH_2CH_3$

C. $(CH_3)_2C{=}C(CH_3)_2$ 　　　　　　D. $CH_3CH{=}C(CH_3)_2$

20. 按次序规则，烃基①—$C{\equiv}CH$，②—$CH{=}CH_2$，③—$C(CH_3)_3$，④—$CH(CH_3)_2$ 的优先顺序为（　　　）。

A. ①＞②＞③＞④　　B. ①＞③＞②＞④　　C. ③＞①＞④＞②　　D. ④＞②＞③＞①

21. 在 $H_2SO_4/HgSO_4$ 催化下，下列化合物与水反应生成丙酮的是（　　　）。

A. $(CH_3)_3C{-}C(CH_3)_3$ 　　　　　　B. $CH_3CH{=}CH_2$

C. $(CH_3)_2C{=}C(CH_3)_2$ 　　　　　　D. $CH_3C{\equiv}CH$

22. 利用炔烃制备 $CH_3CH_2COCH_2CH_2CH_3$ 时，在下列炔烃中最好是选择（　　　）。

A. $HC{\equiv}CCH_2CH_2CH_2CH_3$ 　　　　B. $CH_3CH_2C{\equiv}CCH_2CH_3$

C. $CH_3C{\equiv}CCH_2CH_2CH_3$ 　　　　D. $HC{\equiv}CCH_2CH_2C{\equiv}CH$

23. 丙烯分子中存在的共轭体系为（　　　）。

A. $p{-}\pi$ 共轭体系 　　　　　　　　B. $\pi{-}\pi$ 共轭体系

C. $\sigma{-}\pi$ 超共轭体系 　　　　　　　D. $\sigma{-}p$ 超共轭体系

24. 下列二烯烃中，既可以发生 1,2-加成反应，又可以发生 1,4-加成反应的是（　　　）。

A. ⬡—$CH{=}CH_2$ 　　　　　　　　B. ⬡—$CH{=}CH_2$

C. ⬡—CH_3 　　　　　　　　　　D. ⬡={}CH_2

25. 某烃的分子式为 C_6H_{10}，催化加氢后生成 2-甲基戊烷，与氯化亚铜的氨溶液作用生成砖红色沉淀。该烃的构造式是（　　　）。

A. $\begin{array}{c} CH_3CHCH_2C{\equiv}CH \\ \mid \\ CH_3 \end{array}$ 　　　　B. $\begin{array}{c} CH_3CHC{\equiv}CCH_3 \\ \mid \\ CH_3 \end{array}$

C. $\begin{array}{c} CH_3CH_2CHC{\equiv}CH \\ \mid \\ CH_3 \end{array}$ 　　　　D. $\begin{array}{c} CH_3C{=}CHCH{=}CH_2 \\ \mid \\ CH_3 \end{array}$

三、完成反应式

26. $\begin{array}{c} CH_3CH_2C{=}CH_2 \\ \mid \\ CH_3 \end{array} \xrightarrow[H_2O_2]{HBr}$

27. $CH_3CH{=}CH_2 \quad + \quad H_2SO_4 \longrightarrow \qquad \xrightarrow[\triangle]{H_2O}$

28. $CH_3CH_2C{\equiv}CH \quad + \quad H_2O \xrightarrow[HgSO_4]{H_2SO_4}$

29. $CH_3CH_2C{\equiv}CH \quad + \quad [Ag(NH_3)_2]NO_3 \longrightarrow$

30. $H_2C{=}CHCH_2C{\equiv}CH \quad + \quad Br_2(1mol) \longrightarrow$

31. $CH_3C=CH_2$ (with CH_3 branch) $\xrightarrow[H^+]{KMnO_4}$

32. ⬠ $+ HCl \longrightarrow$

33. ⬡$=CH_2$ $+$ $HOCl \longrightarrow$

34. $CH_3C\equiv CH$ $\xrightarrow{NaNH_2}$ $\xrightarrow{CH_3Br}$ $\xrightarrow[\text{Lindlar 催化剂}]{H_2}$

35. ⬡ $\xrightarrow[h\nu]{Br_2}$ $\xrightarrow[\triangle]{KOH, C_2H_5OH}$ $\xrightarrow[②Zn, H_2O]{①O_3}$

四、是非题

36. 在有机化合物分子中，不饱和碳原子均为 sp^2 杂化。　　　　　　　（　　）

37. 分子式为 C_nH_{2n-2} 的不饱和链烃一定是炔烃。　　　　　　　　（　　）

38. 丁-1,3-二烯和丁-2-炔是同分异构体，可利用硝酸银的氨溶液进行鉴别。（　　）

39. 在丙烯分子中存在着 p-π 共轭效应。　　　　　　　　　　　　　（　　）

40. 不对称烯烃与溴化氢的加成反应一定遵守马氏规则。　　　　　　　（　　）

41. 乙烯分子为平面结构，其中两个双键碳原子不能围绕 C—C σ 键自由旋转。（　　）

42. 可利用氯化亚铜的氨溶液来鉴别乙炔及 R—C≡CH 类型的炔烃。　（　　）

43. 烯炔与卤素加成时，加成反应首先发生在 C=C 键上。　　　　　（　　）

44. 在单、双键交替出现的共轭体系中，π 电子的运动仅局限于 C=C 碳原子之间。

　　　　　　　　　　　　　　　　　　　　　　　　　　　　（　　）

45. 亲二烯烃是指含有活泼双键的烯烃或活泼三键的炔烃及它们的衍生物。（　　）

五、填空题

46. 甲烷分子结构是＿＿＿＿型，乙烯分子结构是＿＿＿＿型，乙炔分子结构是＿＿＿＿型。

47. 累积二烯烃 $CH_2=C=CH_2$ 中间碳原子的杂化方式为＿＿＿＿。

48. 可利用＿＿＿＿＿＿＿＿来鉴别末端炔烃的存在，有＿＿＿＿＿＿现象出现。

49. 不对称烯烃在＿＿＿＿和＿＿＿＿的条件下，生成"反马氏规则"的加成产物。

50. $CH_2=CH—CH_2—$ 的名称是＿＿＿＿；$CH_3—CH=CH—$ 的名称是＿＿＿＿。

51. $(CH_3)_2C=CH_2$ 经臭氧氧化和锌粉还原水解处理后生成＿＿＿＿＿＿＿＿。

52. 按系统命名法，二烯烃
（structure）
的名称是＿＿＿＿＿＿＿＿＿＿。

53. 碳正离子 $CH_2=CH—\overset{+}{C}H_2$ 中存在着＿＿＿＿＿＿共轭体系。

54. 丙烯与 HBr 反应生成＿＿＿＿＿＿＿，其反应机理是＿＿＿＿＿＿＿。

55. 顺反异构属于＿＿＿＿异构，其产生的条件是＿＿＿＿＿＿＿＿＿＿。

六、用化学方法鉴别

56. ①丁-1-炔、②丁-2-炔、③丁-1,3-二烯

57. ①丙烷、②丙烯、③丙炔

58. ①2-甲基丁烷、②2-甲基丁-1-烯、③2-甲基丁-2-烯

59. ①己烷、②己-1，5-二烯、③己-1，5-二炔

七、合成题

60. 完成下列转化：

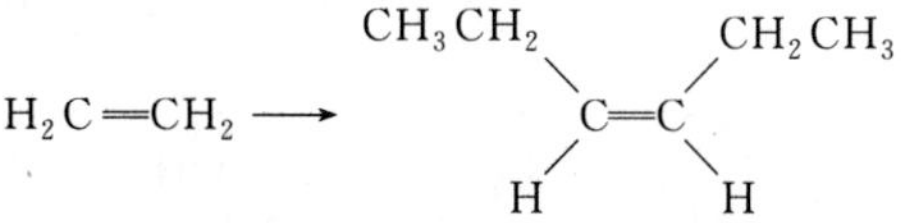

$$H_2C\!=\!CH_2 \longrightarrow$$

$$\begin{array}{c} CH_3CH_2 \qquad\quad CH_2CH_3 \\ \diagdown\;\;\;\;\diagup \\ C\!=\!C \\ \diagup\;\;\;\;\diagdown \\ H \qquad\qquad\;\; H \end{array}$$

61. 完成下列转化：

$$CH_3CH_2CH_2CH\!=\!CH_2 \longrightarrow CH_3CH\!=\!CH\!-\!CH\!=\!CH_2$$

62. 完成下列转化：

八、推导结构题

63. 烯烃 A 的分子式为 C_8H_{16}，用高锰酸钾酸性溶液氧化与用臭氧氧化、锌粉还原水解得同一种产物 B。试推测 A 和 B 的构造式。

64. 不饱和烃 A 的分子式为 C_5H_8，能使溴水迅速褪色，但不能与 $AgNO_3$ 的氨溶液反应，A 与高锰酸钾酸性溶液反应生成戊二酸。试写出 A 的构造式。

65. 化合物 A（C_6H_{12}）与 Br_2/CCl_4 作用生成 B（$C_6H_{12}Br_2$），B 与 KOH 的醇溶液作用得到两个异构体 C 和 D（C_6H_{10}），用酸性 $KMnO_4$ 氧化 A 和 C 得到同一种酸 E（$C_3H_6O_2$），用酸性 $KMnO_4$ 氧化 D 得两分子的 CH_3COOH 和一分子的 $HOOC\!-\!COOH$。试写出 A、B、C、D 和 E 的结构式。

● 参考答案 ●

一、命名或写结构式

1. 4-乙基环己烯

2. 反-3-甲基戊-2-烯或（Z）-3-甲基戊-2-烯

3. 4-甲基戊-1-炔

4. 3-乙基戊-1,3-二烯

5. 3-甲基戊-3-烯-1-炔

6. 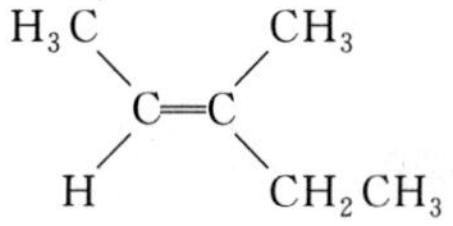
$$\begin{array}{c} H_3C \qquad\quad CH_3 \\ \diagdown\;\;\;\;\diagup \\ C\!=\!C \\ \diagup\;\;\;\;\diagdown \\ H \qquad\quad CH_2CH_3 \end{array}$$

7. 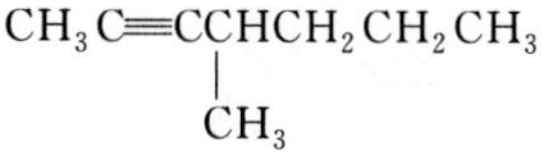 $CH_3C\!\equiv\!CCHCH_2CH_2CH_3$
　　　　　　　|
　　　　　　　CH_3

8. 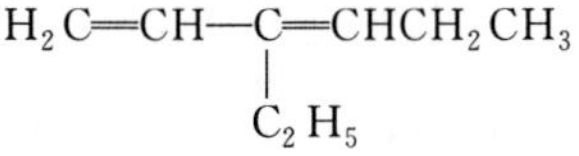 $H_2C\!=\!CH\!-\!C\!=\!CHCH_2CH_3$
　　　　　　|
　　　　　　C_2H_5

9. 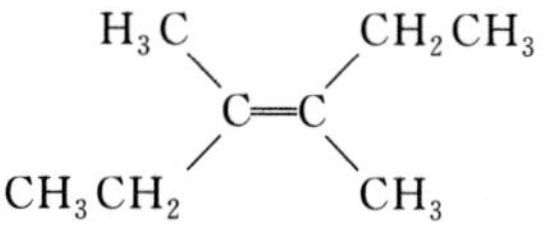
$$\begin{array}{c} H_3C \qquad\quad CH_2CH_3 \\ \diagdown\;\;\;\;\diagup \\ C\!=\!C \\ \diagup\;\;\;\;\diagdown \\ CH_3CH_2 \qquad CH_3 \end{array}$$

10. 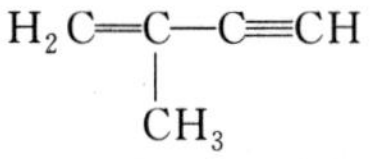 $H_2C\!=\!C\!-\!C\!\equiv\!CH$
　　　　　|
　　　　CH_3

二、单项选择题

11. D；12. A；13. A；14. C；15. A；16. B；17. B；18. B；
19. B；20. B；21. D；22. B；23. C；24. A；25. A

三、完成反应式

26. 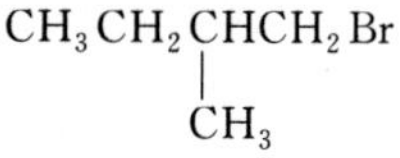 $CH_3CH_2CHCH_2Br$
　　　　　　|
　　　　　CH_3

27. 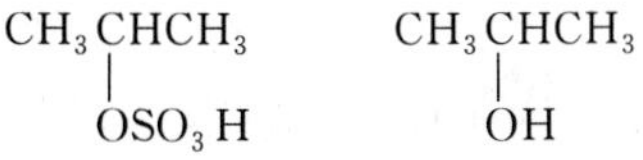 CH_3CHCH_3　　　CH_3CHCH_3
　　　|　　　　　　　　|
　　OSO_3H　　　　　OH

28. $CH_3CH_2\overset{\overset{\displaystyle O}{\|}}{C}CH_3$

29. $CH_3CH_2C\equiv CAg\downarrow$

30. $\underset{\underset{\displaystyle Br\ \ Br}{\vert\ \ \ \vert}}{CH_2CHCH_2C}\equiv CH$

31. $CH_3\overset{\overset{\displaystyle O}{\|}}{C}CH_3 \ +CO_2\uparrow+H_2O$

32. (环戊烯-Cl结构)

33. (环己烷 OH, CH₂Cl 结构)

34. $CH_3C\equiv CNa$　　$CH_3C\equiv CCH_3$　　

35. (环己烷Br)　　 (环己烯)　　$HCCH_2CH_2CH_2CH_2CH$ (两端各带O)

四、是非题

36. ×；37. ×；38. ×；39. ×；40. ×；41. √；42. √；43. ×；44. ×；45. √

五、填空题

46. 正四面体、平面、直线；47. sp 杂化；48. 硝酸银的氨溶液（或氯化亚铜的氨溶液）、白色沉淀生成（或砖红色沉淀生成）；49. HBr、过氧化物；50. 烯丙基、丙烯基；51. CH_3COCH_3 和 HCHO；52. (2E, 4Z)-3-叔丁基己-2,4-二烯；53. p-π；54. $CH_3CHBrCH_3$（或 2-溴丙烷）、亲电加成反应；55. 构型、①结构中存在限制碳原子自由旋转的因素（π 键或脂环），②在不能自由旋转的两个原子上，分别连有不同的基团。

六、用化学方法鉴别

56. 丁-1-炔 / 丁-2-炔 / 丁-1,3-二烯 $\xrightarrow{[Ag(NH_3)_2]NO_3}$ 白↓ / (—) / (—) $\xrightarrow[H^+]{KMnO_4}$ 褪色 / 褪色+CO_2↑

57. 丙烷 / 丙烯 / 丙炔 $\xrightarrow{Br_2/CCl_4}$ (—) / 褪色 / 褪色 $\xrightarrow{[Ag(NH_3)_2]NO_3}$ (—) / 白↓

58. 2-甲基丁烷 / 2-甲基丁-1-烯 / 2-甲基丁-2-烯 $\xrightarrow{Br_2/CCl_4}$ (—) / 褪色 / 褪色 $\xrightarrow[H^+]{KMnO_4}$ CO_2↑ / 无 CO_2

59. 己烷 / 己-1,5-二烯 / 己-1,5-二炔 $\xrightarrow[H^+]{KMnO_4}$ (—) / 褪色 / 褪色 $\xrightarrow{[Ag(NH_3)_2]NO_3}$ (—) / 白↓

七、合成题

60. $H_2C=CH_2 \xrightarrow{Br_2/CCl_4} BrCH_2CH_2Br \xrightarrow[\triangle]{KOH, C_2H_5OH} HC\equiv CH \xrightarrow[液氨]{NaNH_2} NaC\equiv CNa$

$H_2C=CH_2 \xrightarrow{HBr} CH_3CH_2Br$

$$NaC \equiv CNa + 2CH_3CH_2Br \longrightarrow CH_3CH_2C \equiv CCH_2CH_3 \xrightarrow[\text{Lindlar 催化剂}]{H_2}$$

61. $CH_3CH_2CH_2CH = CH_2 \xrightarrow[500℃]{Cl_2} CH_3CH_2\underset{\underset{Cl}{|}}{C}HCH = CH_2 \xrightarrow[\triangle]{KOH,\ C_2H_5OH} CH_3CH = CHCH = CH_2$

62.

八、推导结构题

63. A. $CH_3CH_2\underset{\underset{CH_3}{|}}{\overset{\overset{H_3C}{|}}{C}}CH_2CH_3$　　　　B. $CH_3CH_2\underset{\underset{O}{\|}}{C}CH_3$

64. A.

（由 A 的分子式可知 A 可能是炔烃、二烯烃或环烯烃。由于 A 与高锰酸钾酸性溶液反应生成戊二酸，表明 A 为环戊烯。）

65. A. $CH_3CH_2CH = CHCH_2CH_3$　　　　B. $CH_3CH_2\underset{\underset{Br}{|}}{C}H\underset{\underset{Br}{|}}{C}HCH_2CH_3$

C. $CH_3CH_2C \equiv CCH_2CH_3$　　　　D. $CH_3CH = CHCH = CHCH_3$

E. CH_3CH_2COOH

阶段性测试题（一）

一、命名或写结构式

1. 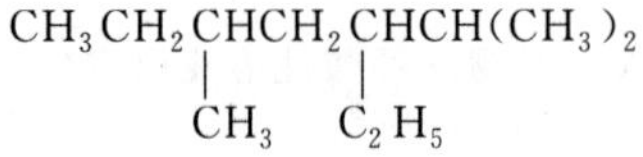 $CH_3CH_2CHCH_2CHCH(CH_3)_2$
   下方：CH_3 、 C_2H_5

2.

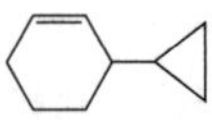

3.

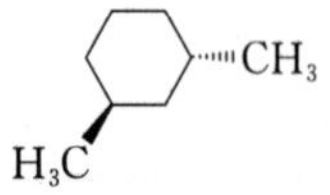

4.

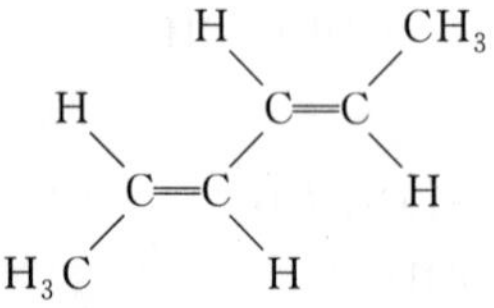

5.

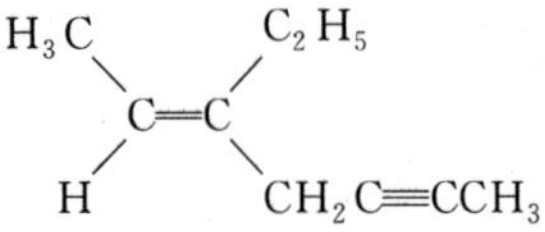

6. 1-环丙基-2-甲基丁烷

7. 1,1-二乙基-3-丙基环己烷

8. 顺-3,4-二甲基庚-3-烯

9. 2-甲基庚-3-炔

10. 己-2-烯-4-炔

二、单项选择题

11. 下列烷烃中沸点最高的是（　　）。

A. 正戊烷　　　　　B. 异戊烷　　　　　C. 新戊烷　　　　　D. 正丁烷

12. 仲丁基的构造式为（　　）。

A. 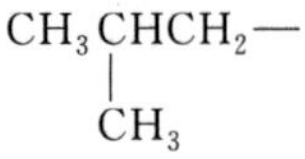 CH_3CHCH_2-
   下方：CH_3

B. 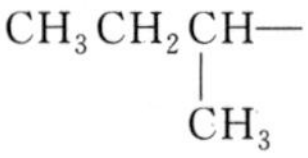 CH_3CH_2CH-
   下方：CH_3

C. $CH_3CH_2CH_2CH_2-$

D. 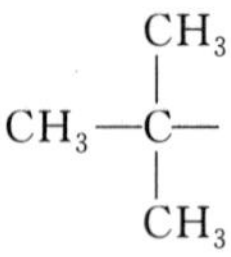 $CH_3-\overset{CH_3}{\underset{CH_3}{C}}-$

13. 顺-1-异丙基-4-甲基环己烷的稳定构象式为（　　）。

A.

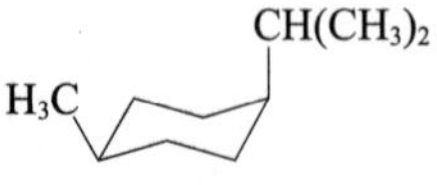

B.

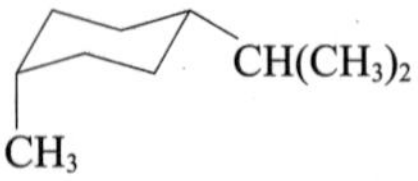

C.

D.

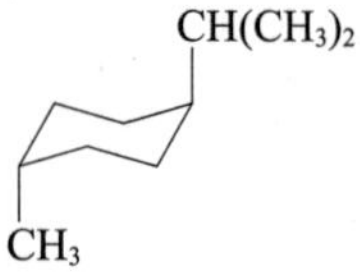

14. 下列环烷烃中，存在顺反异构的是（　　）。

A. 1-甲基环己烷　　　　　　　　　B. 环己烷

C. 1,2-二甲基环己烷　　　　　　　　D. 1,1-二甲基环己烷

15. 2,3-二甲基丁烷以 $C_2 \sim C_3$ 之间的 σ 键为轴旋转时产生下列四种极限构象，其中优势构象为（　　）。

A. 　　B. 　　C. 　　D.

16. 烷烃 $(CH_3)_2CHCH(CH_3)_2$ 与 Cl_2 在光照条件下发生取代反应，生成的一氯取代产物有（　　）。

A. 1 种　　　　　B. 2 种　　　　　C. 3 种　　　　　D. 4 种

17. 在室温下将环丙烷分别与 $KMnO_4$ 酸性溶液或 Br_2 的 CCl_4 溶液混合后，观察到的现象是（　　）。

A. $KMnO_4$ 溶液和 Br_2 都褪色　　　　B. $KMnO_4$ 溶液褪色，Br_2 不褪色

C. $KMnO_4$ 溶液和 Br_2 都不褪色　　　D. $KMnO_4$ 溶液不褪色，Br_2 褪色

18. 自由基① $CH_3\overset{\cdot}{C}HCHCH_3$ 、② $CH_3\overset{\cdot}{C}HCH_2CH_2$ 、③ $CH_3\overset{\cdot}{C}CH_2CH_3$ 的稳定性由大至
$\quad\quad\quad\quad\;\; |\quad\quad\quad\quad\quad\;\; |\quad\quad\quad\quad\quad\;\; |$
$\quad\quad\quad\quad CH_3\quad\quad\quad\quad CH_3\quad\quad\quad\quad CH_3$
小的排列顺序为（　　）。

A. ①＞②＞③　　B. ②＞③＞①　　C. ②＞①＞③　　D. ③＞①＞②

19. 碳正离子 $CH_2\!\!=\!\!CH\!\!-\!\!\overset{+}{C}H_2$ 比较稳定，其主要原因是碳正离子中存在着（　　）。

A. p-π 共轭效应　　　　　　　　B. π-π 共轭效应

C. σ-π 超共轭效应　　　　　　　D. σ-p 超共轭效应

20. 下列二烯烃中，属于共轭二烯烃的是（　　）。

A. $CH_2\!\!=\!\!C\!\!=\!\!CHCH_2CH_3$　　　　　　B. $CH_3CH\!\!=\!\!CHCH\!\!=\!\!CH_2$

C. $CH_2\!\!=\!\!CHCH_2CH\!\!=\!\!CH_2$　　　　　D. $CH_2\!\!=\!\!CHCH_2CH_2CH\!\!=\!\!CH_2$

21. 实验室中常用 Br_2 的 CCl_4 溶液鉴定烯烃，其反应历程为（　　）。

A. 亲电取代反应　　　　　　　　B. 自由基取代反应

C. 亲电加成反应　　　　　　　　D. 自由基加成反应

22. 烯烃与 Cl_2 在光照下进行反应，氯原子进攻的主要位置是（　　）。

A. 双键碳原子　　　　　　　　　B. 单键碳原子

C. 双键的 α-碳原子　　　　　　　D. 双键的 β-碳原子

23. 1mol $CH_2\!\!=\!\!CHCH_2C\!\!\equiv\!\!CH$ 与 1mol HBr 在过氧化物存在下发生加成反应，生成的主要产物是（　　）。

A. $CH_2\!\!=\!\!CHCH_2CH\!\!=\!\!CHBr$　　　　　B. $BrCH_2CH_2CH_2C\!\!\equiv\!\!CH$

C. $CH_2\!\!=\!\!CHCH_2\underset{\underset{Br}{|}}{C}\!\!=\!\!CH_2$　　　　　D. $CH_3\underset{\underset{Br}{|}}{C}HCH_2C\!\!\equiv\!\!CH$

24. 炔烃 $CH_3C\!\!\equiv\!\!CCH_2CH_3$ 在 H_2SO_4 和 $HgSO_4$ 存在下，与水发生加成反应，主要产物是（　　）。

A. 一种酮　　　　B. 一种醛　　　　C. 两种酮的混合物　　D. 一种二元醇

25. 下列化合物中，可能是狄尔斯-阿尔德反应（双烯合成反应）的产物是（　　）。

A. 　　　B. 　　　C. 　　　D.

三、完成反应式

26. $+HBr \longrightarrow$

27. $+Cl_2 \longrightarrow$

28. $+Br_2 \xrightarrow{h\nu}$

29. $+H_2 \xrightarrow{Ni}$

30. $CH_3CH_2C\!=\!CH_2 \xrightarrow[\ OH^-\ ]{\text{稀，冷 } KMnO_4}$
$\qquad\qquad\quad |$
$\qquad\qquad\ CH_3$

31. $CH_3C\!\equiv\!CH \ +\ HBr \xrightarrow[\text{过氧化物}]{h\nu}$

32. $H_2C\!=\!CH\!-\!CH\!=\!CH_2 + H_2C\!=\!CH\!-\!CH\!=\!CH_2 \xrightarrow{150℃}$

33. $\xrightarrow[H^+]{KMnO_4}$

34. $CH_3CH\!=\!CH_2 \xrightarrow[500℃]{Cl_2} \xrightarrow[CCl_4]{Br_2}$

35. $(CH_3)_2C\!=\!CHCH_2C\!\equiv\!CCH_3 \xrightarrow[\text{Lindlar 催化剂}]{H_2} \xrightarrow[②Zn,\ H_2O]{①O_3}$

四、是非题

36. 诱导效应是以氢原子作为比较标准，电负性大于氢的原子或原子团称为吸电子基，电负性小于氢的原子或原子团称为给电子基。（　　）

37. 含相同数目碳原子的烷烃异构体中，分子对称性越高，烷烃的熔点就越高。（　　）

38. 烷烃发生氯代反应时，各类氢原子的反应活性顺序为：3°H＞2°H＞1°H。（　　）

39. 一元取代环己烷的构象中，取代基在 e 键（平伏键）上的构象为优势构象。（　　）

40. 2,2-二甲基丙烷分子中有一个季碳原子，所以该分子中也含有季氢原子。（　　）

41. 卤化氢与烯烃发生加成反应时，反应活性顺序为 HI＞HBr＞HCl。（　　）

42. 不饱和化合物分子中均存在共轭效应。（　　）

43. 烯烃的顺反异构体都可以用顺/反命名法或 Z/E 命名法命名。（　　）

44. 在同一个化合物分子中，共轭效应和诱导效应的方向总是一致的。（　　）

45. $CH_2\!=\!C\!=\!CH_2$ 分子中的碳原子都是 sp^2 杂化。（　　）

五、填空题

46. 有机化学反应中，共价键断裂的方式有 _____ 和 _____，分别生成了 _____ 和 _____。

47. 在化合物 $CH_2\!=\!CH\!-\!CH\!=\!CH\!-\!CH_3$ 中，存在着 _____ 共轭体系。

48. 丙烯在过氧化物存在下，与 HBr 加成产物是 _____，其反应机理为 _____。

49. 亲电加成反应中，_____决定了反应速率的快慢。

50. 碳正离子：①$CH_2=CH-\overset{+}{C}H_2$、②$\overset{+}{C}H_3$、③$(CH_3)_2\overset{+}{C}H$、④$CH_3\overset{+}{C}H_2$、⑤$(CH_3)_3\overset{+}{C}$ 稳定性的大小顺序是_____。

51. 甲基自由基（$\overset{\cdot}{C}H_3$）中碳原子是_____杂化，其结构为_____型。

52. 顺-1-乙基-4-甲基环己烷的优势构象是_____。

53. 1-异丙基-3-甲基环己烷的构象：① 、② 、③ 中，稳定性由大至小的顺序是_____。

54. _____可以用来鉴别丙烷和环丙烷。

55. $CH_2=CH-CH=CH_2$ 与 $KMnO_4$ 酸性溶液反应，生成_____。

六、用化学方法鉴别

56. ①环丙烷、②环丁烷、③环戊烷

57. ①丁烷、②丁-1-烯、③丁-1-炔、④丁-2-炔

58. ①环丙烷、②丙烷、③丙烯、④丙炔

59. ①乙基环丙烷、②环戊烷、③环己烯、④己-1-炔

七、合成题

60. 完成下列转化：

$$CH_3CH_2CH_2CH=CH_2 \longrightarrow CH_3CH_2CH_2C\equiv CH$$

61. 完成下列转化：

62. 完成下列转化：

$$CH_3CH=CH_2 \longrightarrow CH_3C\equiv CCH_2CH=CH_2$$

八、推导结构题

63. 化合物 A 的分子式为 C_4H_8，室温下能使溴水褪色，但不能使 $KMnO_4$ 酸性溶液褪色。A 与 HBr 作用生成 B，B 也可以从 A 的同分异构体 C 与 HBr 加成得到。试写出 A、B、C 的构造式。

64. 化合物 A 的分子式为 C_5H_8，可与两分子的溴反应，但不能与 $AgNO_3$ 的氨溶液作用，A 与 $KMnO_4$ 的酸性溶液作用生成乙酸、乙二酸和二氧化碳。试写出 A 的结构式。

65. 化合物 A 的分子式为 C_7H_{12}，催化氢化得到 2,3-二甲基戊烷，A 经臭氧氧化还原水解得到分子式为 $C_5H_7O_2$ 的化合物 B 和 2 倍物质的量的甲醛。试推测 A 和 B 的结构，并用反应式表示反应过程。

参考答案

一、命名或写结构式

1. 3-乙基-2,5-二甲基庚烷

2. 3-环丙基环己-1-烯

3. 反-1,3-二甲基环己烷

4. (2E,4E)-己-2,4-二烯

5. (*E*)-3-乙基庚-2-烯-5-炔

6. 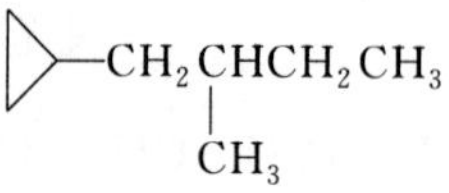 —CH₂CHCH₂CH₃ with CH₃ below

6. （环丙基）—CH$_2$CH(CH$_3$)CH$_2$CH$_3$

7.

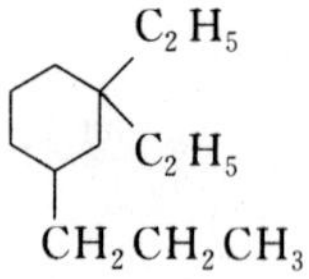

8.

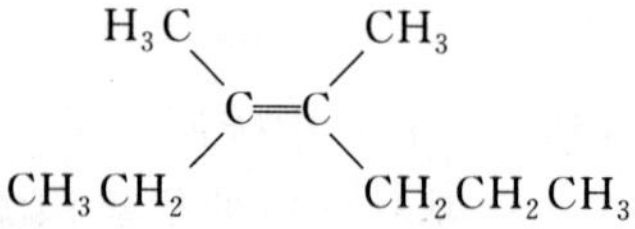

9. 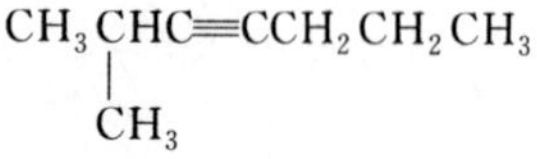 $CH_3CHC\equiv CCH_2CH_3$ （CH$_3$ 取代）
   CH₃

10. $CH_3CH=CHC\equiv CCH_3$

二、单项选择题

11. A；12. B；13. B；14. C；15. A；16. B；17. D；18. D；

19. A；20. B；21. C；22. C；23. B；24. C；25. C

三、完成反应式

26. 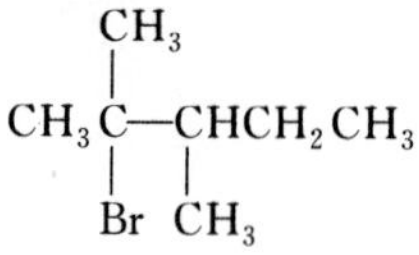
     CH₃
CH$_3$C—CHCH$_2$CH$_3$
     Br CH₃

27.

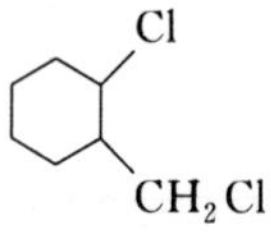

28.

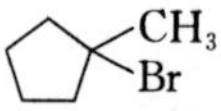

29. $CH_3CH_2CH_2CH_3$

30. 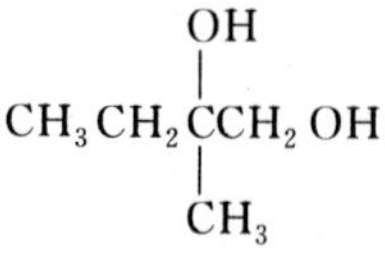
        OH
$CH_3CH_2CCH_2OH$
        CH₃

31. $CH_3CH=CHBr$

32.

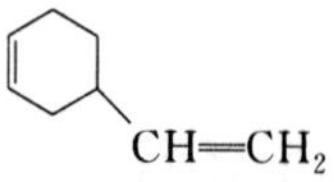

33. $HOOCCH_2COOH + HOOC—COOH$

34. 
$CH_2CH=CH_2$ $CH_2CH—CH_2$
  | | | |
  Cl   Cl   Br   Br

35. 
$(CH_3)_2C=CHCH_2$

$CH_3COCH_3 + CH_3CHO + CH_2$（CHO，CHO）

四、是非题

36. √；37. √；38. √；39. √；40. ×；41. √；42. ×；43. ×；44. ×；45. ×

五、填空题

46. 均裂、异裂、自由基、正负离子

47. π-π 和 σ-π

48. $CH_3CH_2CH_2Br$（或 1-溴丙烷）、自由基加成反应

49. 碳正离子的稳定性

50. ①＞⑤＞③＞④＞②

51. sp^2、平面

52.

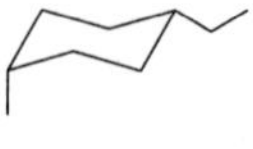

53. ①＞②＞③   54. Br_2/CCl_4 溶液

55. $2CO_2$ 和 $HOOC—COOH$

六、用化学方法鉴别

56.
$$\begin{array}{l}环丙烷 \\ 环丁烷 \\ 环戊烷\end{array} \xrightarrow{Br_2/CCl_4} \begin{array}{l}室温下褪色 \\ 温热时褪色 \\ (-)\end{array}$$

57.
$$\begin{array}{l}丁烷 \\ 丁-1-烯 \\ 丁-1-炔 \\ 丁-2-炔\end{array} \xrightarrow[H_2SO_4]{KMnO_4} \begin{array}{l}(-) \\ 褪色，放出 CO_2\uparrow \\ 褪色，放出 CO_2\uparrow \\ 褪色\end{array} \xrightarrow{[Ag(NH_3)_2]NO_3} \begin{array}{l}(-) \\ 白色\downarrow\end{array}$$

58.
$$\begin{array}{l}丙烷 \\ 环丙烷 \\ 丙烯 \\ 丙炔\end{array} \xrightarrow[H_2SO_4]{KMnO_4} \begin{array}{l}(-) \\ (-) \\ 褪色 \\ 褪色\end{array}$$
丙烷、环丙烷 $\xrightarrow{Br_2/CCl_4}$ (-)、褪色
丙炔 $\xrightarrow{[Ag(NH_3)_2]NO_3}$ (-)、白色↓

59.
$$\begin{array}{l}乙基环丙烷 \\ 环戊烷 \\ 环己烯 \\ 己-1-炔\end{array} \xrightarrow[H_2SO_4]{KMnO_4} \begin{array}{l}(-) \\ (-) \\ 褪色 \\ 褪色\end{array}$$
乙基环丙烷、环戊烷 $\xrightarrow{Br_2/CCl_4}$ 褪色、(-)
己-1-炔 $\xrightarrow{[Ag(NH_3)_2]NO_3}$ (-)、白色↓

七、合成题

60. $CH_3CH_2CH_2CH{=}CH_2 \xrightarrow{Br_2/CCl_4} CH_3CH_2CH_2\underset{\underset{Br}{|}}{C}H\underset{\underset{Br}{|}}{C}H_2 \xrightarrow[\triangle]{KOH,\ C_2H_5OH} CH_3CH_2CH_2C{\equiv}CH$

61.
$$\begin{array}{c}H_3C \\ \backslash \\ C{=}C \\ / \quad \backslash \\ H \quad\quad H\end{array}\!\!\begin{array}{c}CH_2CH_3\end{array} \xrightarrow[CCl_4]{Br_2} CH_3\underset{\underset{Br}{|}}{C}H\underset{\underset{Br}{|}}{C}HCH_2CH_3 \xrightarrow[\triangle]{KOH,\ C_2H_5OH} CH_3C{\equiv}CCH_2CH_3$$

$$\xrightarrow[液氨]{Na}\quad \begin{array}{c}H_3C \quad\quad\quad H \\ \backslash \quad\quad / \\ C{=}C \\ / \quad\quad \backslash \\ H \quad\quad CH_2CH_3\end{array}$$

62. $CH_3CH{=}CH_2 + Cl_2 \xrightarrow{500℃} ClCH_2CH{=}CH_2$

$CH_3CH{=}CH_2 + Cl_2 \longrightarrow CH_3\underset{\underset{Cl}{|}}{C}H\underset{\underset{Cl}{|}}{C}H_2 \xrightarrow[\triangle]{KOH,\ C_2H_5OH} CH_3C{\equiv}CH \xrightarrow{NaNH_2} CH_3C{\equiv}CNa$

$CH_3C{\equiv}CNa + ClCH_2CH{=}CH_2 \longrightarrow CH_3C{\equiv}CCH_2CH{=}CH_2$

八、推导结构题

63. A： △—CH_3 B： $CH_3CH_2\underset{\underset{Br}{|}}{C}HCH_3$

C： $CH_3CH{=}CHCH_3$ 或 $CH_3CH_2CH{=}CH_2$

64. A： $CH_3CH{=}CHCH{=}CH_2$

65. A： $CH_2{=}\underset{\underset{CH_3}{|}}{C}CH{=}CH_2$ B： $CH_3\overset{\overset{O}{\|}}{C}\underset{\underset{CH_3}{|}}{C}HCHO$

$$\underset{\underset{CH_3}{|}}{\overset{\overset{CH_3}{|}}{CH_2{=}C}}CHCH{=}CH_2 + 2H_2 \xrightarrow{Pt} CH_3\underset{\underset{CH_3}{|}}{\overset{\overset{CH_3}{|}}{CH}}CH_2CH_3$$

$$\underset{\underset{CH_3}{|}}{\overset{\overset{CH_3}{|}}{CH_2{=}C}}CHCH{=}CH_2 \xrightarrow[②Zn/H_2O]{①O_3} CH_3\underset{\underset{CH_3}{|}}{\overset{\overset{O}{\|}}{C}}CHCHO + 2HCHO$$

第四章

芳 香 烃

━━━◎ 基本要求 ◎━━━

◎ 掌握芳香烃的结构与命名、理化性质及休克尔规则。

◎ 理解芳香烃亲电取代反应机理及定位规则。

◎ 熟悉芳香烃各类反应条件及产物。

━━━◎ 知识点归纳 ◎━━━

一、芳香烃的结构

芳香环为平面结构，环上各原子均有未杂化 p 轨道且两两互相平行形成闭合的共轭体系，π 电子数符合 $4n+2$ 规则，电子云密度、键长高度平均化，具有特殊的稳定性。

二、芳香烃的命名

芳香烃有特定的母体名称及编号，需牢记。

三、芳香烃的化学性质

芳香烃具有相当稳定的结构，其化学性质为不容易进行加成及氧化反应，而易发生取代反应，这些性质称为"芳香性"。

1. 亲电取代反应

芳香烃可发生卤代、磺化、硝化、傅-克烷基化及酰基化等反应，反应机理为：

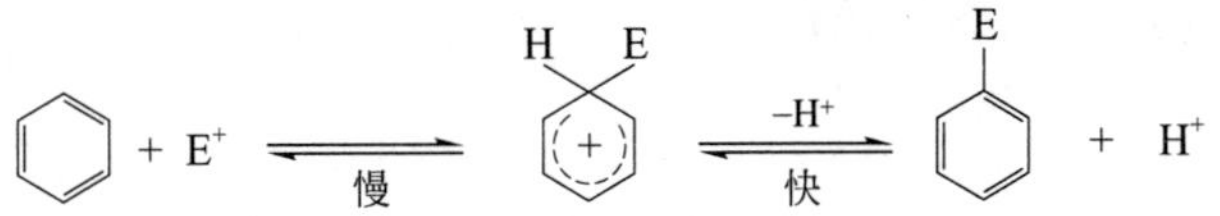

其中傅-克烷基化反应有重排产物生成。

2. 侧链的反应

侧链烃基受芳香环的影响，在自由基取代及氧化反应中可形成稳定的苄基型中间体，因此其反应活性增强。

（1）侧链的卤代　烷基苯在加热或光照下即可与卤素在侧链上发生自由基取代反应。

$$\text{C}_6\text{H}_5\text{—CH}_3 \xrightarrow[h\nu]{\text{Cl}_2} \text{C}_6\text{H}_5\text{—CH}_2\text{Cl}$$

（2）侧链的氧化　只要与苯环相连的碳原子上有氢，侧链都被氧化成羧基。

$$\underset{\text{C(CH}_3)_3}{\overset{\text{CH}_2\text{CH}_3}{\text{C}_6\text{H}_4}} \xrightarrow{\text{KMnO}_4/\text{H}^+} \underset{\text{C(CH}_3)_3}{\overset{\text{COOH}}{\text{C}_6\text{H}_4}}$$

四、芳香烃亲电取代反应的定位效应

苯环上原有取代基可以支配第二个取代基进入苯环的位置，这种作用称为定位效应。

根据苯环亲电取代反应活性可将原有取代基分为活化基团和钝化基团；根据第二个基团进入的位置可分为邻对位定位基和间位定位基。

通过共轭或诱导作用使得苯环上电子云密度增加，有利于亲电取代反应进行的为活化基团，如：$-\text{NR}_2$，$-\text{NH}_2$，$-\text{OH}$，$-\text{OR}$，$-\text{NHCOR}$，$-\text{OCOR}$，$-\text{CH}_3$（$-\text{R}$）等。

通过共轭或诱导作用使得苯环上电子云密度降低，不利于亲电取代反应进行的为钝化基团，如：$-\text{NR}_3^+$，$-\text{NO}_2$，$-\text{CN}$，$-\text{SO}_3\text{H}$，$-\text{CHO}$，$-\text{COOH}$，$-\text{X}$（Cl，Br）等。

取代基进入活化基团邻对位所形成的中间体正电荷分散程度较高，故活化基团为邻对位定位基；取代基进入钝化基团间位所形成的中间体正电荷分散程度较高，故钝化基团通常为间位定位基。卤素虽为钝化基团，却是邻对位定位基，需从卤素的共轭效应和诱导效应在反应物和中间体中的强弱变化来理解。

当有多个取代基时通常有如下规律：活化基团的作用超过钝化基团；取代基的作用具有加和性；第三个取代基一般不进入 1,3-取代苯的 2 位。

● 典型例题解析 ●

1. 写出下列反应的主要产物。

（1） $\xrightarrow{\text{HNO}_3 / \text{H}_2\text{SO}_4}$

（2） $\xrightarrow{\text{Cl}_2 / \text{FeCl}_3}$

（3） $+ \text{CH}_3\text{—CH}_2\text{—CH}_2\text{Cl} \xrightarrow{\text{AlCl}_3}$

（4）$\text{C}_6\text{H}_5\text{—CH}_2\text{CH}_2\text{CH}_3 \xrightarrow[h\nu]{\text{Cl}_2}$

（5）$\underset{}{\text{C}_6\text{H}_5\text{—CH}_2\overset{\text{OH}}{\underset{}{\text{CH}}}\text{CH(CH}_3)_2} \xrightarrow[\text{加热}]{\text{H}_2\text{SO}_4}$

（6）$\text{C}_6\text{H}_5\text{—CH}=\text{CHCH}=\text{CH}_2 \xrightarrow{\text{Br}_2 \text{（1mol）}}$

解：

（1） ＋

（2）

（3）$\text{C}_6\text{H}_5\text{—CH}_2\text{—CH}_2\text{—CH}_3$ ＋ $\underset{\text{CH}_3}{\text{C}_6\text{H}_5\text{—CH—CH}_3}$

（4）$\underset{\text{Cl}}{\text{C}_6\text{H}_5\text{—CH}\text{CH}_2\text{CH}_3}$

（5）$\text{C}_6\text{H}_5\text{—CH}=\text{CHCH(CH}_3)_2$

（6）$\underset{\text{Br}\quad\text{Br}}{\text{C}_6\text{H}_5\text{—CH}=\text{CHCH—CH}_2}$

注释：

（1）由于甲基为活化基团，氯为钝化基团，所以发生取代反应时主要进入甲基的邻对位。

（2）两个苯环的活性不一样，有甲基的苯环受甲基的活化作用反应活性高。

（3）傅-克烃基化反应中先生成的正丙基碳正离子不稳定，可重排为较稳定的异丙基碳正离子，故有异丙基取代产物。

（4）由于苄基型自由基稳定性高，故三个碳中 α-位碳的自由基取代反应活性最高。

（5）考虑消去反应的方向性，生成与苯环共轭的双键。

（6）主要产物是苯环与双键共轭的产物。

2. 判断下列化合物是否具有芳香性。

（1）　　　　　　（2）　　　　　　（3）　　　　　　（4）

注释：本题考察对休克尔规则的理解，（1）环上有 sp^3 杂化的碳原子，不能形成环状共轭体系，故无芳香性；（2）虽然能形成环状共轭体系，但 π 电子不满足 $4n+2$，故无芳香性；（3）环上各碳原子均有未杂化的 p 轨道，且两两互相平行形成平面环状共轭体系，π 电子满足 $4n+2$，故有芳香性；（4）虽然环上各碳原子均为 sp^2 杂化，且 π 电子满足 $4n+2$，但由于伸展向环内的两个 H 的空间位阻作用，环上碳原子无法形成平面环状共轭体系，故无芳香性。

3. 按稳定性顺序排列。

（1）$H_3C\overset{+}{-}CH_2$ 　　　　（2）$H_3C\overset{+}{-}CH-CH_3$ 　　　　（3）$H_3C\overset{+}{-}\underset{CH_3}{C}-CH_3$

（4）$H_2C=CH-\overset{+}{CH_2}$ 　　　（5）$\overset{+}{CH_2}$ 苯基

解：稳定性顺序 （5）＞（4）＞（3）＞（2）＞（1）。

注释：本题是比较不同类型共轭效应对碳正离子稳定性的作用，（5）、（4）为作用较强的 p-π 共轭体系，其中（5）是芳香性共轭体系中最稳定的，（3）、（2）、（1）为作用较弱的超共轭体系，稳定性随可参与共轭的 C—H 键数量增多而增强。

4. 某一化合物 A（$C_{10}H_{14}$）有 5 种可能的一溴代衍生物（$C_{10}H_{13}Br$）。A 经 $KMnO_4$ 酸性溶液氧化生成化合物 $C_8H_6O_4$，A 硝化反应可生成两种一硝基取代产物，试写出 A 的结构式。

解：

（A）

（A）

注释：根据分子式可推断化合物为苯的烃基衍生物；根据 $KMnO_4$ 酸性溶液氧化生成化合物 $C_8H_6O_4$ 可推断出只有两个烃基；硝化反应可生成两种一硝基取代产物，据此可推断出苯环上的两个烃基为 C_1 与 C_4 位取代；结合有 5 种可能的一溴代衍生物可最终确定结构。

本章测试题

一、命名或写结构式

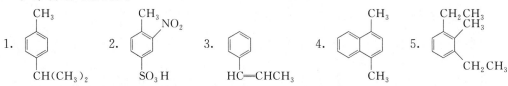

6. 均三甲苯 7. 2-苯基-丁-2-烯 8. β-乙基萘 9. 苄基氯 10. 2,4,6-三硝基甲苯（TNT）

二、单项选择题

11. 下列化合物，苯环上起亲电取代反应速率最慢的是（   ）。

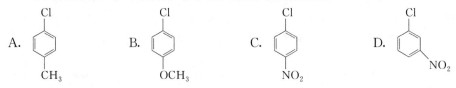

12. 下列化合物最易发生亲电取代反应的是（   ）。

A. [苯环 NO_2]   B. [苯环 Cl]   C. [苯环 CH_3]   D. [苯环 OCH_3]

13. 在无水三氯化铝催化下，苯与乙酰氯作用生成苯乙酮的反应是（   ）。

A. 银镜反应   B. 羟醛缩合反应
C. 坎尼扎罗反应   D. 傅-克酰基化反应

14. 下列化合物中既存在 π-π 共轭又存在 σ-π 超共轭效应的是（   ）。

A. [苯环—CH_3]   B. [苯环—OH]   C. [苯环—NO_2]   D. [苯环—Br]

15. 下列化合物中，稳定性最大的是（   ）。

A. [苯环—$CH_2CH_2CH=CH_2$]   B. [苯环—$CH=C(CH_3)_2$]

C. [苯环—$CH=CHCH_2CH_3$]   D. [苯环—$CH=CHCH=CH_2$]

16. 根据休克尔规则，下列化合物不具有芳香性的是（   ）。

A. [环戊二烯负离子]   B. [环戊二烯正离子]   C. [吡咯]   D. [环辛四烯双正离子]

17. 下列化合物进行磺化反应活性最高的是（   ）。

A. [苯环 $COCH_3$]   B. [苯环 Cl]   C. [苯环 OH]   D. [苯环 NO_2]

18. 在芳香烃亲电取代反应中属于邻对位定位基的基团是（   ）。

A. —CCl_3 B. —COOH   C. —NO_2 D. —Cl

19. 甲苯与氯气在光照下进行反应，其反应机理是（　　　）。

A. 亲电取代　　　　B. 亲核取代　　　　C. 自由基取代　　　　D. 自由基加成

20. 下列化合物，不能使 Br_2 的 CCl_4 溶液褪色的是（　　　）。

A. $CH_3CH_2C{\equiv}CH$　　B. ⬡（环己烯）　　C. ▷—CH_2CH_3　　D. ⬡（苯）

21. 下列碳正离子中最稳定的是（　　　）。

A. —$\overset{+}{C}(CH_3)_2$（苯基）

B. —$\underset{\overset{|}{H}}{\overset{\overset{\displaystyle CH_3}{|}}{C}}$—$\overset{+}{C}H_2$（苯基）

C. —$\overset{\overset{\displaystyle H}{|}}{\underset{\underset{\displaystyle CH_3}{|}}{\overset{+}{C}}}$（苯基）

D. —$\overset{+}{C}H_2$（苯基）

22. 下列基团位于苯环上时，对苯环有钝化作用的是（　　　）

A. —OH　　　　B. —CH_3　　　　C. —Cl　　　　D. —NH_2

23. 用苯为原料制备下列化合物，其中需要通过两步反应制备的是（　　　）。

A. 异丙苯　　　　B. 硝基苯　　　　C. 苯甲酸　　　　D. 苯磺酸

24. 下列化合物①甲苯、②氯苯、③苯胺、④硝基苯，发生溴代反应活性从大到小的顺序是（　　　）。

A. ①＞③＞②＞④　　　　　　　　B. ②＞③＞①＞④

C. ③＞①＞②＞④　　　　　　　　D. ④＞①＞③＞②

25. 化合物 ⬡—C(=O)—O—⬡ 一元硝化的主要产物是（　　　）。

A. O_2N—⬡—C(=O)—O—⬡

B. ⬡—C(=O)—O—⬡—NO_2

C. ⬡—C(=O)—O—⬡—NO_2

D. O_2N—⬡—C(=O)—O—⬡

三、完成反应式

26. ⬡（CH_3）$+Cl_2 \xrightarrow{FeCl_3}$

27. ⬡（CH_3）$+Cl_2 \xrightarrow{光照}$

28. CH_2CH_3—⬡—$C(CH_3)_3 \xrightarrow{KMnO_4/H^+}$

29. ⬡—⬡—$NO_2 + HNO_3 \xrightarrow{H_2SO_4}$

30. ⬡ $+CH_3CH_2Cl \xrightarrow{AlCl_3}$

31. ⬡（$\underset{}{\overset{H_3C\quad CH_3}{\diagdown\;\diagup}}CH$） $+ H_3C{-}\underset{\underset{\displaystyle CH_3}{|}}{\overset{\overset{\displaystyle Cl}{|}}{C}}{-}CH_3 \xrightarrow{AlCl_3}$

32. 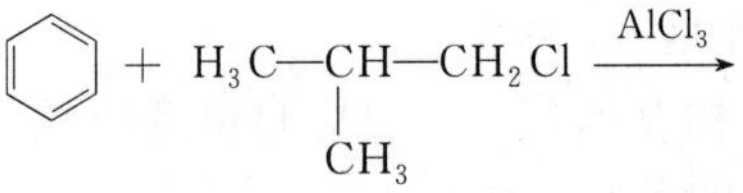 + H$_3$C—CH—CH$_2$Cl $\xrightarrow{\text{AlCl}_3}$
                 |
                CH$_3$

33. 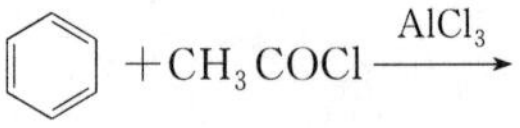 + CH$_3$COCl $\xrightarrow{\text{AlCl}_3}$

34. 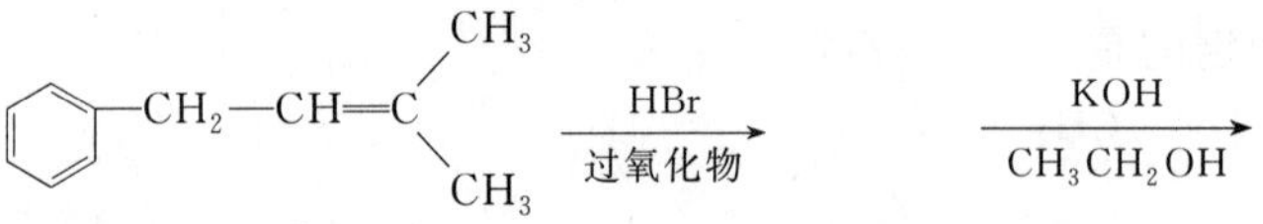 $\xrightarrow[\text{过氧化物}]{\text{HBr}}$ $\xrightarrow[\text{CH}_3\text{CH}_2\text{OH}]{\text{KOH}}$

四、根据休克尔规则判断下列化合物是否具有芳香性

35.    36.    37.    38.    39.

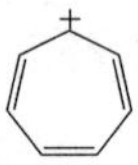

五、指出下列化合物硝化时硝基导入的位置

40. 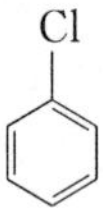   41. 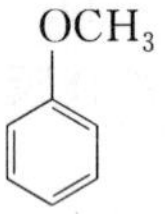   42. 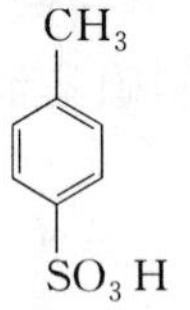   43.

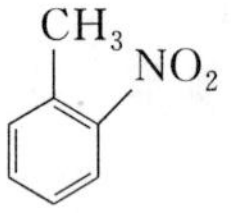

44. 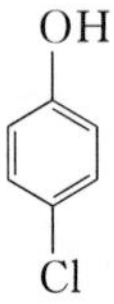   45. 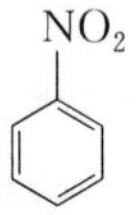   46. 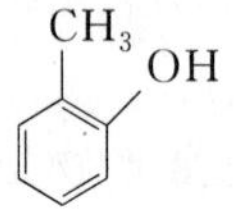   47.

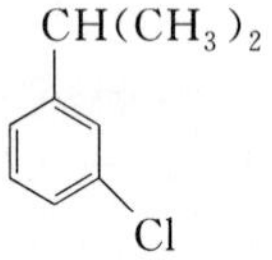

六、用化学方法鉴别

48. ① , ② , ③

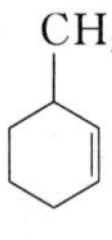

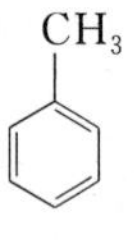

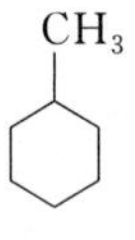

49. ① 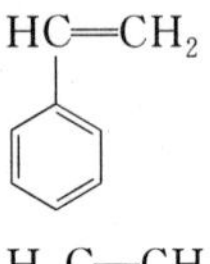 , ② , ③

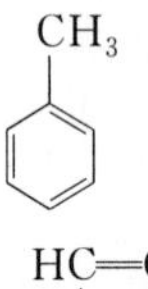

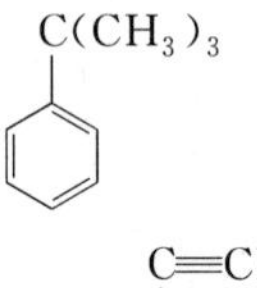

50. ① 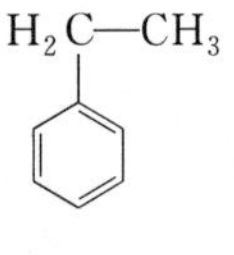 , ② , ③

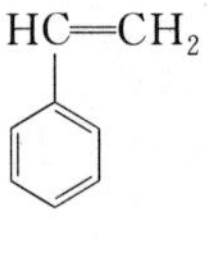

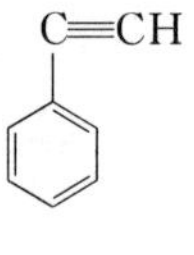

七、合成题

51. 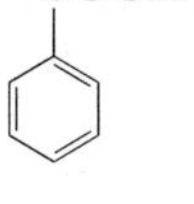   52. 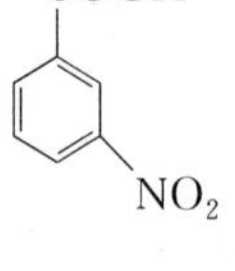   53.

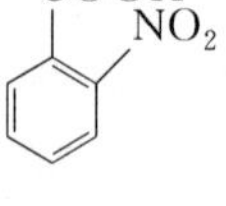

八、推导结构题

54. 有三种化合物 A、B、C 分子式相同，均为 C$_9$H$_{12}$，当以 KMnO$_4$ 的酸性溶液氧化后，A 变为一元羧酸，B 变为二元羧酸，C 变为三元羧酸。但经浓硝酸和浓硫酸混合酸硝化时，A 和 B 分别生成两种一硝基化合物，而 C 只生成一种一硝基化合物。试写出 A、B、C 的结构和名称。

55. 某化合物分子式为 $C_{10}H_{12}$，能使 Br_2/CCl_4 溶液褪色，与 $KMnO_4/H^+$ 溶液反应得到苯甲酸和丙酮，试写出该化合物可能的结构式。

● 参考答案 ●

一、命名或写结构式

1. 对异丙基甲苯

2. 4-甲基-3-硝基苯磺酸

3. 1-苯基丙烯（丙烯基苯）

4. 1,4-二甲基萘

5. 1,3-二乙基-2-甲基苯

6.

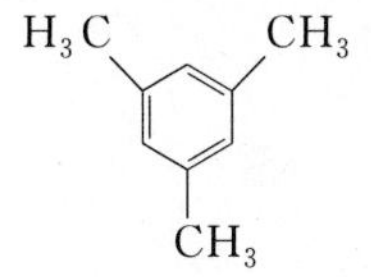

7.

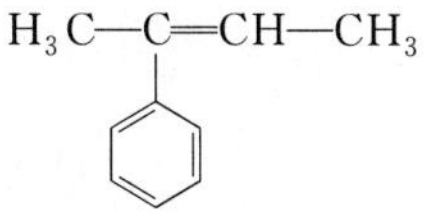

8.

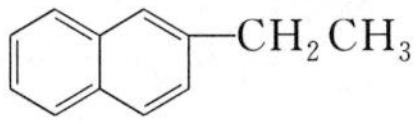

9.

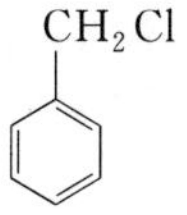

10.

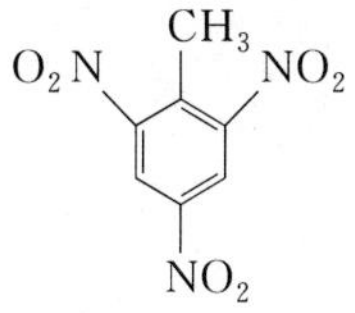

二、单项选择题

11. C；　12. D；　13. D；　14. A；　15. D；　16. B；　17. C；　18. D；　19. C；　20. D；

21. A；　22. C；　23. C；　24. C；　25. C

三、完成反应式

26.

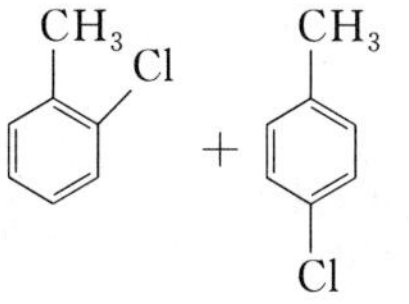

27.

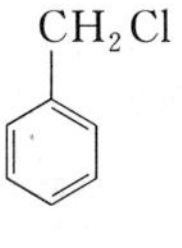

28.

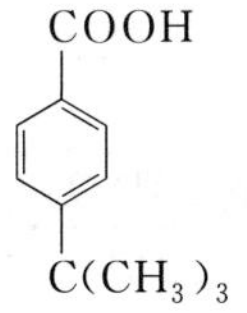

29.

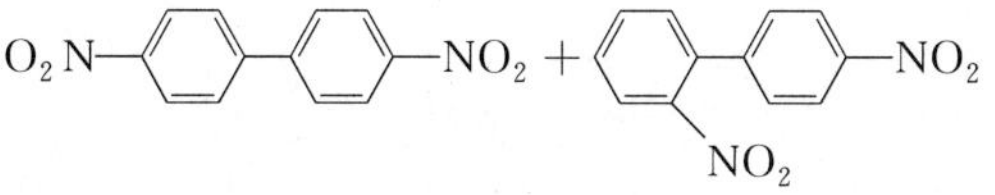

30.

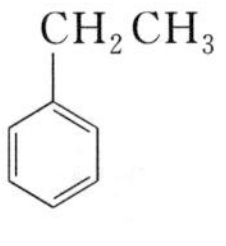

31.

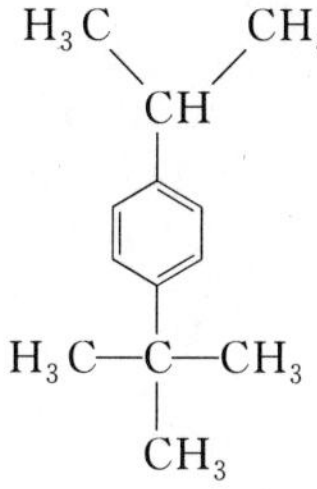

32.

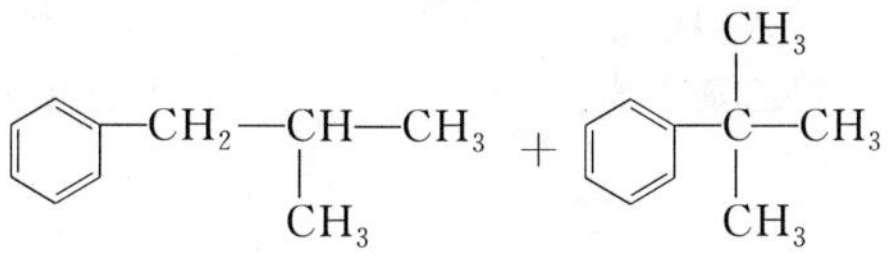

33.

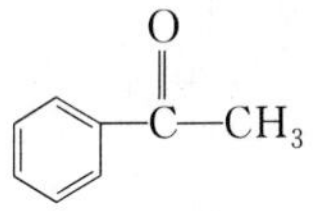

34.

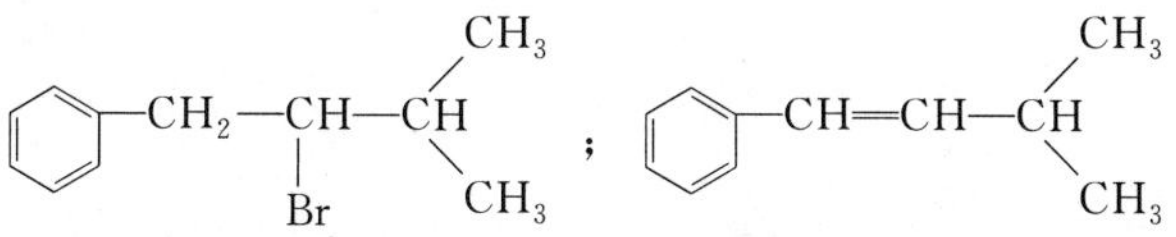

四、根据休克尔规则判断下列化合物是否具有芳香性

35. 有　36. 无　37. 有　38. 无　39. 有

五、指出下列化合物硝化时导入硝基的位置

40. 41. 42. 43.

44. 45. 46. 47.

六、用化学方法鉴别

48.

49.

50.

七、合成题

51.

52.

53.

八、推导结构题

54. A. B. C.

丙苯　　　　　　对乙基甲苯　　　　　　均三甲苯

55.

第五章
对映异构

◎ 掌握手性与手性分子、旋光度与比旋光度、对映体与非对映体、内消旋体与外消旋体等基本概念。

◎ 掌握分子对称因素与手性的关系。

◎ 掌握 Fischer 投影式的写法及手性碳原子构型的标记法（R/S、D/L）。

◎ 了解立体异构的分类及其产生原因。

◎ 了解手性化合物与医学的关系。

知识点归纳

一、立体异构

立体异构是指构造式相同的分子，由分子中各基团在空间的相对位置不同所产生的不同形象，它包括构象异构和构型异构。构型异构又分为顺反异构和对映异构。

构象异构体可以通过 σ 键的旋转相互转化，异构体不能分离；构型异构体不能通过 σ 键的旋转相互转化，构型异构体的相互转化必然伴随化学键的断裂。构型异构体可以分离。

二、旋光性

能使平面偏振光的振动平面发生旋转的性质称为物质的旋光性。旋光性是对映异构体所特有的物理性质，用比旋光度来表示物质的旋光方向和旋光能力：

$$[\alpha]_D^t = \frac{\alpha}{l\rho}$$

式中，α 为实测旋光度；l 为旋光管的长度，dm；ρ 为物质的密度或溶液的质量浓度，g/mL；t 为测定时的温度。比旋光度的"＋""－"表示旋光方向为右旋或左旋。一定条件下比旋光度是一个常数。

三、分子的手性和对映异构体

互为实物与镜像关系，彼此又不能重叠的特征，称为手征性或手性；凡是与其镜像不能重叠的分子，都具有手性，称为手性分子。手性分子存在对映异构体，一般具有旋光性。

互为实物与镜像关系，但彼此又不能重叠的两个异构体称为对映异构体。对映异构体的比旋光度相等，旋光方向相反。

四、分子的对称因素与手性

有对称面或对称中心的分子是非手性分子；没有对称面和对称中心的分子是手性分子。手性是分子存在对映异构体的充分必要条件。

五、手性碳原子

手性碳原子是指连接四个不同原子或基团的碳原子（也称为不对称碳原子）。含有一个手性碳的化合物分子是手性分子，而含有多个手性碳的化合物分子不一定是手性分子。

六、手性碳原子的构型表示式

书写含手性碳的分子一般用 Fischer 投影式，即将不对称碳原子上所连四个不同基团中的两个处于水平方向，面向前，指向观察者；另外两个基团处于垂直方向，面向后，远离观察者，然后在平面上投影，得到一个十字形投影式。投影式中十字交叉点代表手性碳原子，在纸平面上；横线上的基团指向纸面前方；竖线上的基团指向纸面后方。

七、手性碳原子的构型标记法

（1）**D/L 标记法** D/L 标记法是一种相对构型标记法，是人为规定的。该法规定书写手性化合物时主链处于 Fischer 投影式竖线上，氧化数高的一端在上，氧化数低的一端在下。因此手性碳横线上基团的位置就固定了。该法选择甘油醛为标准，规定右旋甘油醛为 D 构型，左旋甘油醛为 L 构型。由于 D-甘油醛按规定书写的 Fischer 投影式中，羟基在主链右侧，故规定对于其他化合物，第一个手性碳的取代基处于主链右侧的为 D 构型；由于 L-甘油醛按规定书写的 Fischer 投影式中，羟基在主链左侧，故规定对于其他化合物，第一个手性碳的取代基处于主链左侧的为 L 构型。

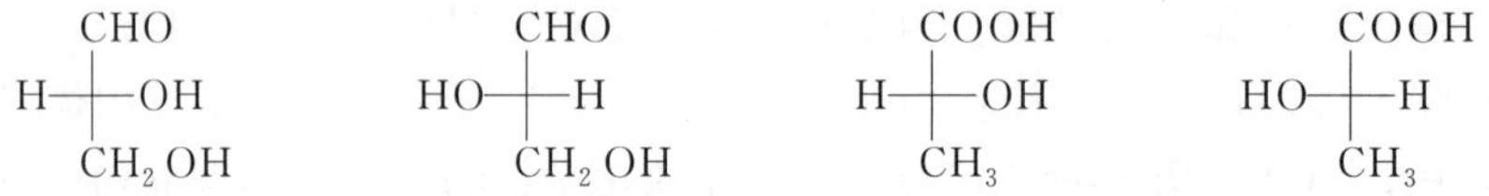

$$
\begin{array}{cccc}
\text{CHO} & \text{CHO} & \text{COOH} & \text{COOH} \\
\text{H}\!-\!\!-\!\text{OH} & \text{HO}\!-\!\!-\!\text{H} & \text{H}\!-\!\!-\!\text{OH} & \text{HO}\!-\!\!-\!\text{H} \\
\text{CH}_2\text{OH} & \text{CH}_2\text{OH} & \text{CH}_3 & \text{CH}_3
\end{array}
$$

D-（＋）-甘油醛　　　L-（－）-甘油醛　　　D-（－）-乳酸　　　L-（＋）-乳酸

注意：字母 D 和 L 只代表两种不同的构型，与旋光方向无关。

（2）*R/S 标记法* R/S 标记法是一种更具有普遍性，且能明确表示分子绝对构型的方法。其基本原则如下：

① 排序　将与手性碳直接相连的四个基团（a，b，c，d）按顺序规则由大到小排列成序（顺序规则中的优先基团为较大基团），假设各基团的大小顺序为 a＞b＞c＞d。

② 观察　将最小基团（d）远离观察者，观察其余三个基团的关系。若由 a→b→c 是顺时针排列，此手性碳就标记为 R 构型；若由 a→b→c 是逆时针排列，此手性碳就标记为 S 构型。

八、内消旋体和外消旋体

（1）**外消旋体** 等量对映异构体的混合物，由于它们的旋光方向相反，旋光度相等，所以这种混合物是没有旋光性的。

（2）**内消旋体**　由于分子内含有相同的手性碳原子，分子的两个半部互为实物与镜像的关系，从而使分子内部旋光性相互抵消的非旋光性化合物称为内消旋体。内消旋体是纯净物。

九、立体选择性反应和立体专一反应

若一个反应有产生几种立体异构体的可能，但实际上只生成了一种立体异构体（或有两种立体异构体，但其中一种异构体占绝对优势），此类反应称为立体选择性反应。例如：

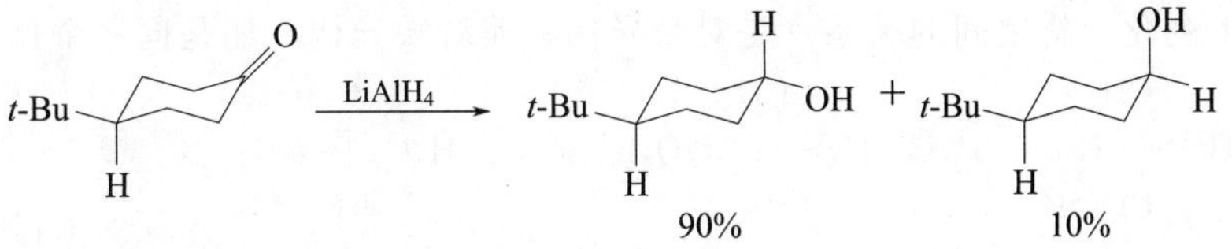

立体化学上有差别的反应物得到立体化学上有差别的产物的反应，称为立体专一反应。例如：

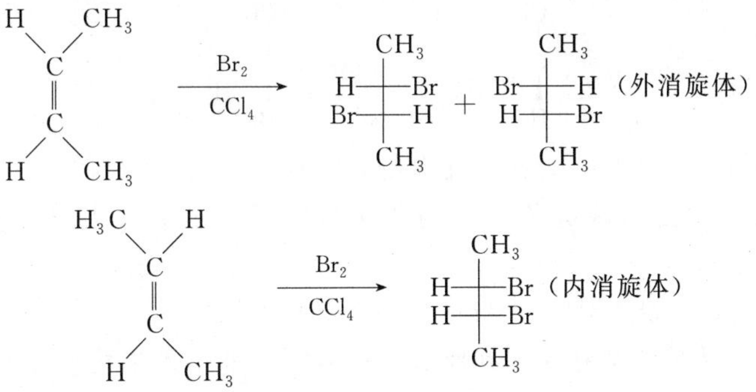

●◉◎◎ **典型例题解析** ◎◎◉●

1. 指出下列化合物哪些具有旋光性。

（1）$CH_3CHCH_2CH_2CH_3$
　　　　　$|$
　　　　　Cl

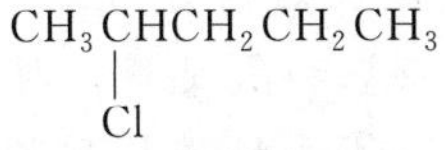

（2）

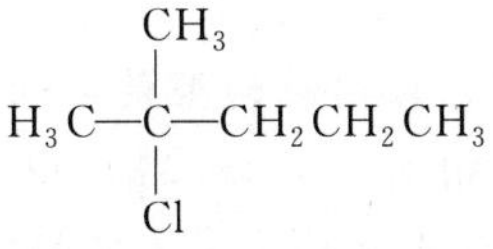

（3）

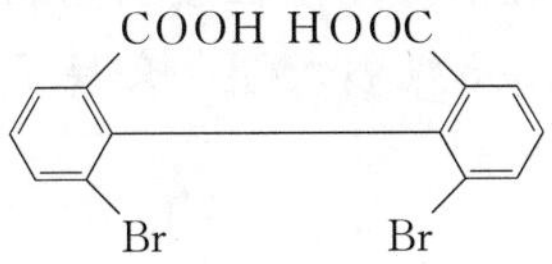

（4）

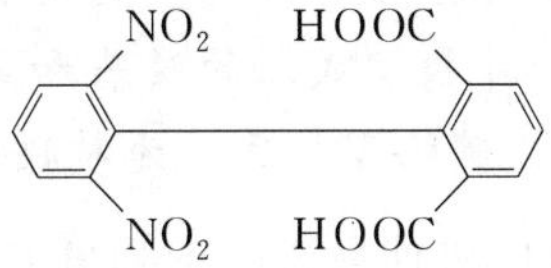

（5）

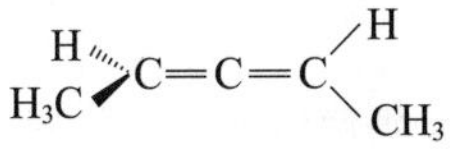

（6）

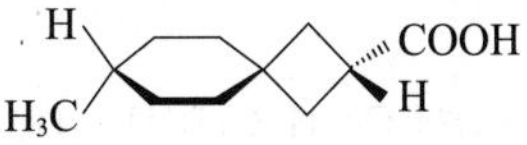

（7）

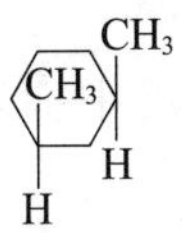

（8）

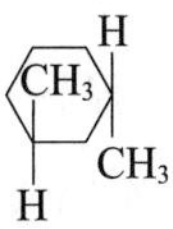

解：（1）、（3）、（5）、（6）、（8）具有旋光性。

注释：(1) 含有一个手性碳。含一个手性碳的化合物一定具有旋光性。(2) 有对称面，不是手性分子，没有旋光性。(3) 尽管不含手性碳，但苯环上的邻位大体积取代基阻碍了连接两个苯环的单键的自由旋转，使整个分子没有对称面和对称中心，故是一个手性分子，具有旋光性。(4) 有两个对称面，不是手性分子，没有旋光性。(5) 两个双键所在平面互相垂直，整个分子没有对称面和对称中心，故是一个手性分子，有旋光性。(6) 两个环平面互相垂直，整个分子没有对称面和对称中心，故是一个手性分子，有旋光性。(7) 虽然有两个手性碳，但互为镜像，分子有一个对称面，是内消旋体，没有旋光性。(8) 有两个不同的手性碳，没有对称面和对称中心，是手性分子，有旋光性。

2. 指出下列化合物之间的关系（是对映异构、非对映异构，还是同一个化合物）。

解：(1) 中①与④、②与③为同一化合物；①与②、③，④与②、③为对映异构。

(2) 中①与③、④为对映异构；③与④为同一化合物；②与①、③、④为非对映异构体。

(3) 中①与②为同一化合物；③与①、②为对映异构体。

注释：可通过手性碳构型符号来判断相互关系，如果手性碳构型符号完全相同，则为同一化合物；如果构型符号完全相反，则为对映异构体；如果既不完全相同，也不完全相反，则为非对映异构体。例如 (2) 中①为 $(1R,2S)$，③为 $(1S,2R)$，1 碳相反，2 碳也相反，所以①与③为对映异构体；③为 $(1S,2R)$，④为 $(1S,2R)$，1 碳相同，2 碳也相同，所以③与④为同一化合物；①为 $(1R,2S)$，②为 $(1R,2R)$，1 碳相同，2 碳相反，所以①与②为非对映异构体。对于 Fischer 投影式也可以通过交换手性碳上任意两基团得到另一 Fischer 投影式，根据交换次数来判断构型是否相同。如果交换次数为奇数次则构型相反，如果交换次数为偶数次则构型相同。例如 (1) 中将 Fischer 投影式①的羟基和氢交换，再将甲基和羧基交换就得到 Fischer 投影式④，交换了两次为偶数次，故①与④手性碳构型相同，为同一化合物；将 Fischer 投影式①的羧基和氢交换就得到 Fischer 投影式②，交换了一次为奇数次，故①与②手性碳构型相反，为对映异构体。

3. 试用氯代反应机理来说明下列事实。

$$(S)\text{-}ClCH_2\underset{\underset{CH_3}{|}}{C}HCH_2CH_3 \xrightarrow[\text{光照}]{Cl_2} ClCH_2\underset{\underset{CH_3}{|}}{\overset{\overset{Cl}{|}}{C}}CH_2CH_3 \text{（外消旋体）}$$

解：该氯代反应经历自由基历程。当手性碳上 C—H 键断裂后，生成平面型自由基 $ClCH_2\overset{\cdot}{\underset{\underset{CH_3}{|}}{C}}CH_2CH_3$，该自由基与 Cl_2 作用生成外消旋体。即

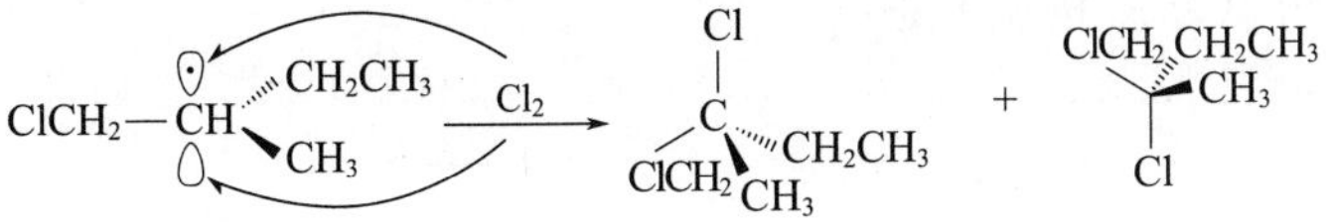

注释：反应产物的立体构型是推测反应机理的重要依据。

本章测试题

一、命名或写结构式

1.

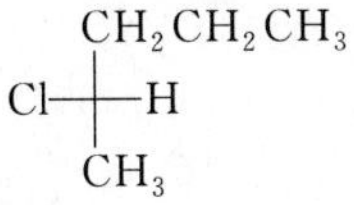

2.

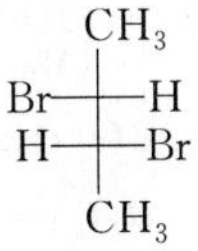

3.

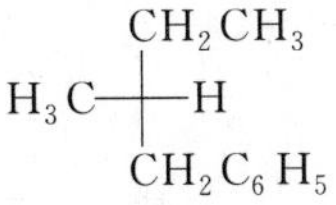

4.

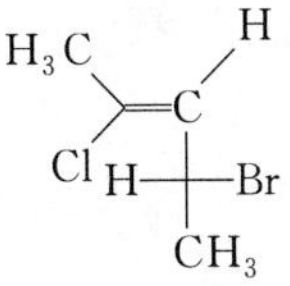

5.

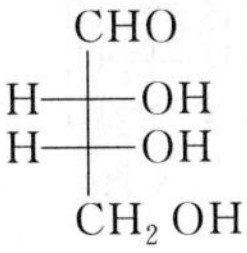

6. (S)-4-甲基己-1-炔

7. $(2S,3R)$-丁-2,3-二醇

8. $(2R,3R)$-酒石酸

9. L-乳酸

10. $(1R,2R)$-1-对硝基苯基-2-二氯乙酰氨基丙-1,3-二醇（氯霉素）

二、单项选择题

11. 物质具有手性的根本原因是（　　）。

A. 分子中具有手性碳原子　　　　　　B. 分子中具有对称中心

C. 分子不具有对称中心和对称面　　　D. 分子中没有手性碳原子

12. 一种化合物虽含有手性碳原子，但其自身可与它的镜像重合，这种化合物叫做（　　）。

A. 对映异构体　　　　　　　　　　　B. 顺反异构体

C. 内消旋体　　　　　　　　　　　　D. 外消旋体

13. D-（＋）-甘油醛氧化生成左旋甘油酸，则甘油酸的名称是（　　）。

A. D-（＋）甘油酸　　　　　　　　　B. D-（－）甘油酸

C. L-（＋）甘油酸　　　　　　　　　D. L-（－）甘油酸

14. 下列有关对映异构现象的叙述，正确的是（　　）。

A. 含有手性碳原子的分子一定具有手性

B. 不含手性碳原子的分子一定不是手性分子

C. 含有手性碳原子的分子一定具有旋光性

D. 具有旋光性的分子必定具有手性，一定有对映异构现象存在

15. 下列化合物中有手性的是（　　）。

A. 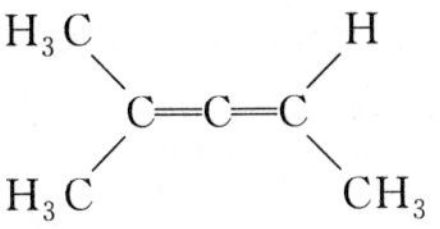 　　　　B.

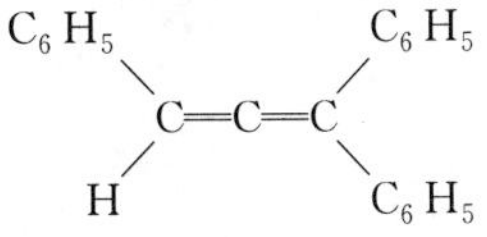

C. 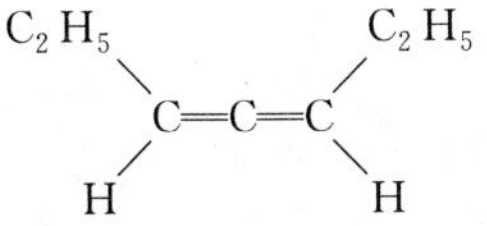 　　　　D.

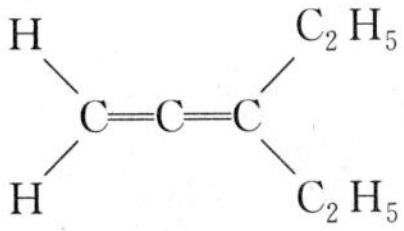

16. 下列化合物中为 R-构型的是（　　）。

A. $\begin{array}{c}CH_2CH_3\\ H—Br\\ CH_3\end{array}$　　　　　　B. $\begin{array}{c}CH_2CH_3\\ H—Cl\\ H—C{=}CH_2\end{array}$

C. $\begin{array}{c}COOH\\ Br—OH\\ CH_3\end{array}$　　　　　　D. $\begin{array}{c}COOH\\ H_2N—H\\ CH_2OH\end{array}$

17. 下列化合物不属于内消旋化合物的是（　　）。

A. $\begin{array}{c}CH_3\\ H—Cl\\ H—Cl\\ CH_3\end{array}$　　　　　　B. $\begin{array}{c}COOH\\ H—OH\\ H—OH\\ COOH\end{array}$

C. $\begin{array}{c}COOH\\ H—Cl\\ H—OH\\ COOH\end{array}$　　　　　　D. $\begin{array}{c}CH_3\\ H—Cl\\ H—Cl\\ H—Cl\\ CH_3\end{array}$

18. 下列化合物具有旋光异构体的是（　　）。

A. $(CH_3)_2CHCOOH$　　　　　　B. $CH_3COCOOH$

C. $CH_3CH(OH)COOH$　　　　　　D. $HOOCCH_2COOH$

19. 下列各组中的物质，属于同一构型化合物的是（　　）。

A. $\begin{array}{c}CH_3\\ H—Br\\ Cl\end{array}$ 和 $\begin{array}{c}Cl\\ Br—H\\ CH_3\end{array}$　　　　B. $\begin{array}{c}CH_2Cl\\ H—Br\\ CH_3\end{array}$ 和 $\begin{array}{c}CH_3\\ H—Br\\ CH_2Cl\end{array}$

C. $\begin{array}{c}CH_2Cl\\ H—OH\\ CH_3\end{array}$ 和 $\begin{array}{c}OH\\ H—CH_2Cl\\ CH_3\end{array}$　　　　D. $\begin{array}{c}CH_3\\ H—Br\\ OH\end{array}$ 和 $\begin{array}{c}Br\\ H_3C—OH\\ H\end{array}$

20. 下列分子中存在的对称因素是（　　）。

A. 有一个对称面　　B. 有两个对称面　　C. 有对称轴　　　　D. 有对称中心

三、用 ＊ 标出下列化合物中的手性碳原子

21. $CH_3CH{=}C{=}CHCH_3$　　22. 　　23. 　　24.

25. $\begin{array}{c}\quad\ CH_3\\ CH_3CH_2CHCHCOOH\\ \qquad\quad OH\end{array}$　　26. 　　27.

28. 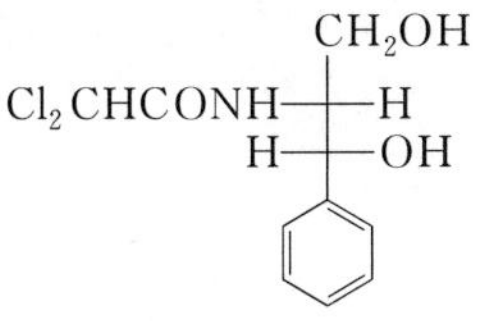 氯霉素

29. 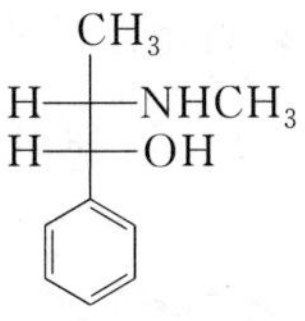 麻黄碱

30. 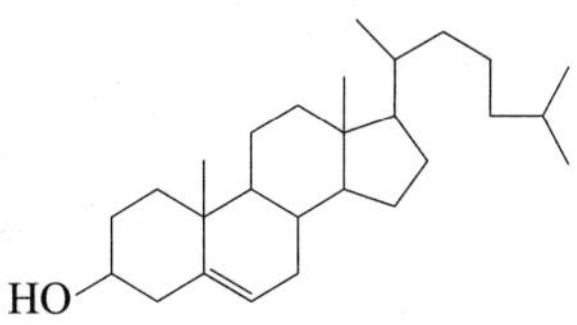 胆固醇

四、指出下列各对化合物间的相互关系（属于哪种异构体，或是相同分子）

31.

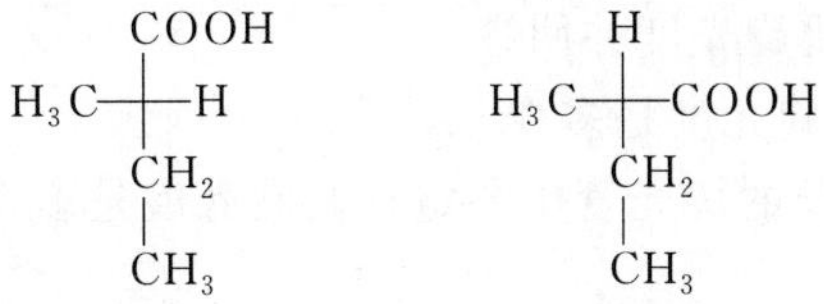

32.

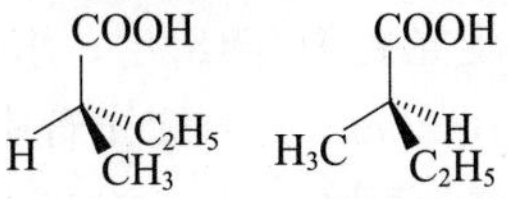

33.

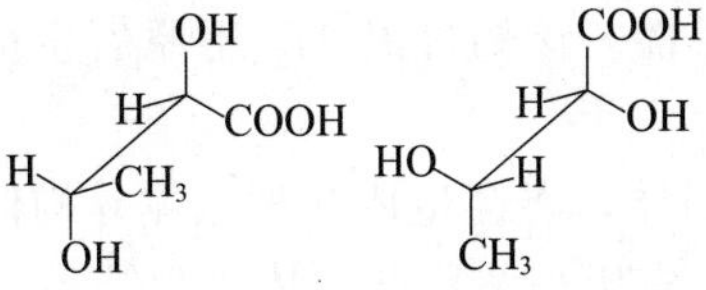

34.

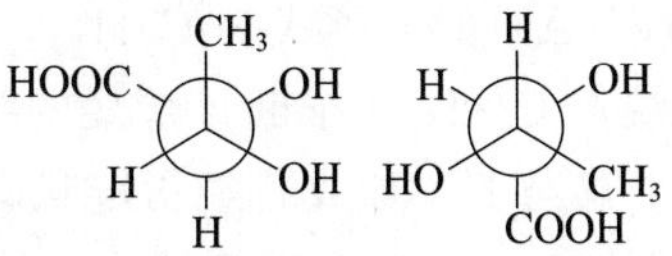

35.

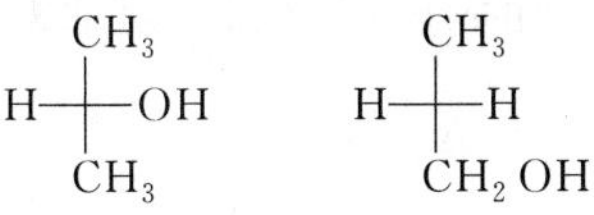

36.

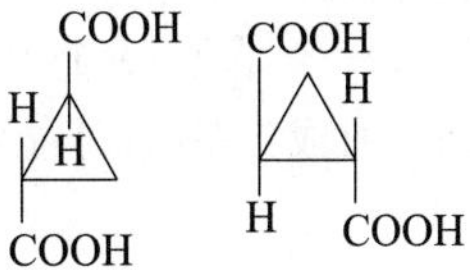

37.

38.

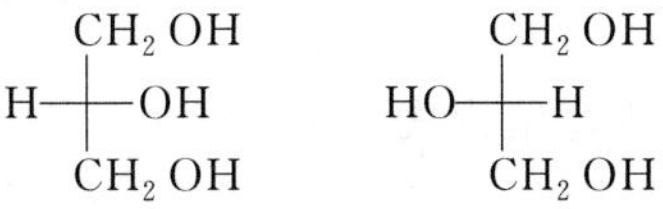

五、是非题

39. 一对对映异构体总有实物和镜像的关系。（　　）

40. 所有手性分子都存在非对映异构体。（　　）

41. 具有手性碳的化合物都是手性分子。（　　）

42. 没有手性碳的化合物就不是手性分子。（　　）

43. 每个对映异构体的构象只有一种，它们也呈对映关系。（　　）

44. 构象异构体都没有旋光性。（　　）

45. 某 S 构型异构体经过化学反应后得到 R 构型的产物，所以反应过程中手性碳的构型一定发生了变化。（　　）

46. 内消旋体和外消旋体都是非手性分子，因为它们都没有旋光性。（　　）

47. 由一种异构体转变为其对映体时，必须断裂与手性碳相连的化学键。（　　）

48. 具有实物和镜像关系的两个分子是一对对映异构体。（　　）

六、问答题

49. 下列化合物中哪个有旋光活性？如有，能否指出它们的旋光方向。

（1）$CH_3CH_2CH_2OH$　　　（2）（＋）-乳酸　　　（3）（$2R,3S$）-酒石酸

50. 分子式是 $C_5H_{10}O_2$ 的酸，有旋光性，写出它的一对对映体的投影式，并用 R/S 标记法命名。

51. 可待因（Codeine）是有镇咳作用的药物，但有成瘾性，其结构式如下，用 * 标出

分子中的手性碳原子，理论上它可有多少个旋光异构体？

可待因

52.40mL 蔗糖水溶液中含蔗糖 11.4g。20℃时，将此溶液装入 10cm 长的旋光管中，用钠光作光源，测得其旋光度为 $+18.8°$，求出其比旋光度并回答：

（1）若将溶液放在 20cm 长的旋光管中，其旋光度是多少？

（2）若将该溶液稀释到 80mL，放在 10cm 长的旋光管中测定，其旋光度是多少？

（3）（1）和（2）中的比旋光度各是多少？

53.某烯烃（A）的分子式为 C_6H_{12}，具有光学活性。该烯烃经 H_2 还原后生成一个没有光学活性的烷烃 C_6H_{14}，推断该烯烃的结构。

54.顺丁-2-烯与 Br_2 加成若经历链状碳正离子中间体，将会生成几种立体异构体？

55.环己烯与 Br_2 加成，得到的是外消旋体。用反应历程解释此立体化学结果。

56.某化合物 A（C_6H_{10}）含有一个五元环。A 与 Br_2 加成后可得到一对非对映体二溴化合物。请写出 A 和 Br_2 加成产物的可能结构式。

参考答案

一、命名或写结构式

1.（S)-2-氯戊烷　　2.（2R,3R)-2,3-二溴丁烷　　3.（R)-2-甲基-1-苯基丁烷

4.（2Z,4R)4-溴-2-氯戊-2-烯　　5.（2R,3R)-2,3,4-三羟基丁醛

二、单项选择题

11. C；　12. C；　13. B；　14. D；　15. C；　16. A；　17. C；　18. C；　19. A；　20. D

三、用 * 标出下列化合物中的手性碳原子

25. $CH_3\overset{*}{C}H\overset{*}{C}HCOOH$
    上方 CH_3，下方 OH

26. 苯基$-\overset{*}{C}H(CH_3)$，下方 Br

27. 环己酮，带 CH_3，上方 O

28. $Cl_2CHCONH\overset{*}{C}H(CH_2OH)$ ... H，$\overset{*}{C}H\;OH$，苯基

29. CH_3，$H\overset{*}{C}\;NHCH_3$，$H\overset{*}{C}\;OH$，苯基

30. 胆固醇结构，HO

四、指出下列各对化合物间的相互关系（属于哪种异构体，或是相同分子）

31. 对映体；　32. 相同分子；　33. 非对映异构体；　34. 非对映异构体；　35. 构造异构；　36. 相同分子；　37. 顺反异构；　38. 相同分子

五、是非题

39. √；40. ×；41. ×；42. ×；43. ×；44. ×；45. ×；46. ×；47. √；48. ×

六、问答题

49.（1）没有手性碳原子，无旋光性

（2）（＋）表示分子有右旋光性

（3）分子中含有对称面，属于内消旋体，分子不具有旋光性

50.

     COOH   COOH

 H—C—CH_3 H_3C—C—H

    CH_2CH_3 CH_2CH_3

（R)-2-甲基丁酸　　（S)-2-甲基丁酸

51.

    OCH_3 结构，HO，$N—CH_3$，带 $*$ 标记　　2^4 个旋光异构体

52. 由题可知：$\rho = 11.4/40 = 0.285 \text{g/mL}$，$l = 10\text{cm} = 1\text{dm}$，$\alpha = +18.8°$

依

$$[\alpha]_D^t = \frac{\alpha}{l\rho}$$

得

$$[\alpha]_D^t = \frac{+18.8}{1 \times 0.285} = +66.0°$$

（1）$\alpha = [\alpha]_D^t \times l \times \rho = +66.0 \times \dfrac{20}{10} \times \dfrac{11.4}{40} = +37.6°$

（2）由题可知：$l = 10\text{cm}$，$\rho = 11.4/80 = 0.1425\text{g/mL}$，则

$$\alpha = [\alpha]_D^t \times l \times \rho = +66.0 \times \frac{10}{10} \times 0.1425 = +9.4°$$

（3）当测定波长、温度及溶剂一定时，光活性物质的比旋光度是一个常数。所以（1）和（2）中的比旋光度不变。

53.
          H

 CH_3CH_2—C—CH＝CH_2

        CH_3

54.

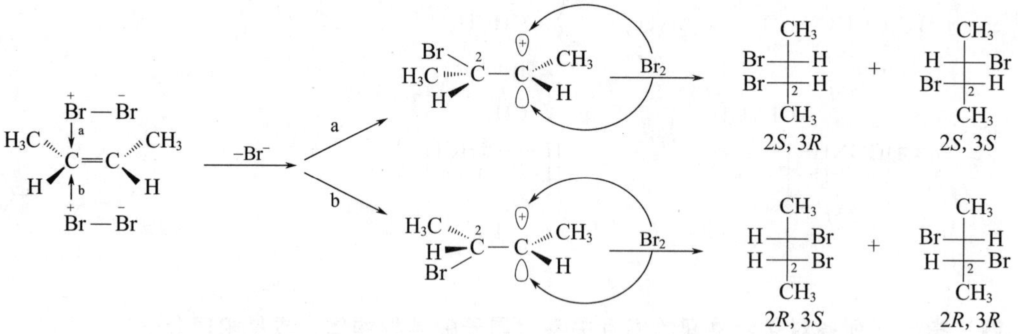

55. 反应经历环状溴鎓离子中间体，反式加成，得到外消旋体。反应过程如下：

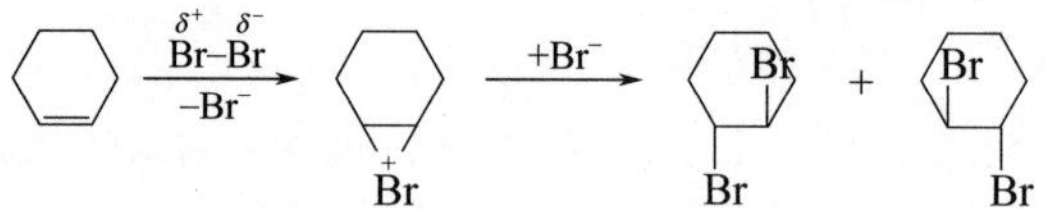

56. A 的结构为

加成产物的可能结构为

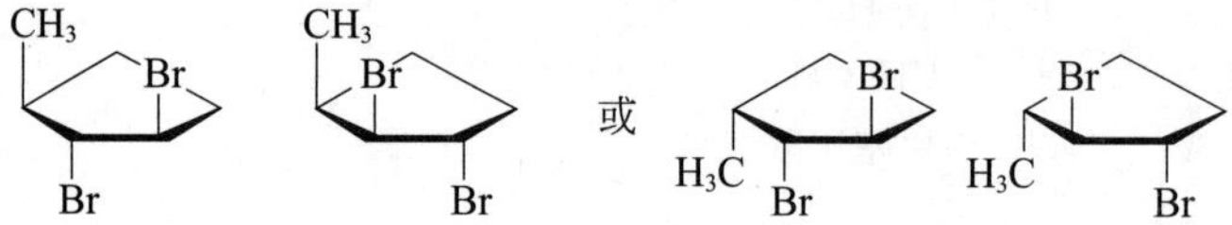

第六章

卤 代 烃

基本要求

◎ 掌握卤代烃的结构、化学性质、分类和命名。
◎ 理解 S_N1 和 S_N2 反应机理、主要特点及影响亲核取代反应的主要因素。

知识点归纳

一、卤代烃的结构

卤代烃为烃分子中的氢原子被卤素原子取代后的化合物。可表示为：R—X，X＝Cl、Br、I、F。

二、卤代烃的分类和命名

1. 卤代烃的分类

按卤代烃的种类、卤原子的数目以及烃基的结构不同，卤代烃有几种分类方式，其中按卤原子所连接的饱和碳原子类型不同进行的分类方式最为重要。

卤代烃
- 按烃基结构
  - 饱和卤代烃
    - 伯卤代烃　RCH_2X
    - 仲卤代烃　R_2CHX
    - 叔卤代烃　R_3CX
  - 不饱和卤代烃
    - 乙烯型　$RCH\!=\!CHX$
    - 烯丙型　$RCH\!=\!CHCH_2X$
    - 孤立型　$RCH\!=\!CH(CH_2)_nX$　（$n>1$）
  - 卤代芳烃
    - 卤苯型　PhX
    - 苄基型　$PhCH_2X$
    - 孤立型　$Ph(CH_2)_nX$　（$n>1$）
- 按卤原子数目
  - 一卤代烃
  - 多卤代烃
- 按卤原子种类：RF、RCl、RBr、RI

2. 卤代烃的命名

（1）普通命名法　简单的卤代烃可以把烷基作为母体，称为"卤某烃"；也可以看作是烃基的卤代物。

例如：$(CH_3)_3CCl$，氯代叔丁烷；$C_6H_5CH_2Cl$，苄基氯。

（2）**系统命名法** 系统命名法是选择包含与卤素原子连接的碳原子在内的最长碳链为主链，卤素和支链作为取代基。主链上的支链和卤原子排位，按照较优基团列在后的原则。有两个或多个相同的卤原子时，在卤原子名称前冠以二，三，…；当有多个不相同的卤原子时，按氟、氯、溴、碘次序排列。

例如：

$$CH_3CHCH_2CHCH_2CH_3$$

（Cl ... CH_3）

2-氯-4-甲基己烷

三、卤代烃的化学性质

1. 亲核取代反应

亲核取代反应（S_N）：由亲核试剂进攻而引起的取代反应。

卤代烷分子中，因卤原子有较强的电负性，碳卤键（C—X）为极性键，共用电子对偏向于卤素，C原子带部分正电荷，易受到亲核试剂的进攻，发生取代反应。

$$R^{\delta^+}—X^{\delta^-} + :Nu^- \longrightarrow R—Nu + X^-$$

底物   亲核试剂 产物 离去基团

其中，亲核试剂是具有亲正电性质的原子或离子，如 OH^-、RO^-、HS^- 等。

（1）**水解反应**

$$RX + H_2O \Longrightarrow ROH + HX$$

离去基团 X^- 的碱性越弱，越容易被 OH^- 取代。

水解反应的相对活性：$RI > RBr > RCl > RF$（烷基相同）。

（2）**被烷氧基取代生成醚** 即威廉姆逊反应，是合成不对称醚的常用方法，也常用于合成硫醚或芳醚。

$$RX + R'ONa \longrightarrow R'OR + NaX$$

采用该法以伯卤代烷效果最好，仲卤代烷效果较差，叔卤代烷不能用此法合成醚，因为叔卤代烷易发生消除反应生成烯烃。

（3）**被氰基取代生成腈** 卤代烃和氰化钠或氰化钾在乙醇溶液中回流，卤原子被氰基取代生成腈。

$$RX + KCN \longrightarrow RCN + KX$$

该反应除可增长碳链外，还可将氰基水解转化为—COOH、—CONH_2 等官能团。与卤代烷的醇解相似，该反应不宜使用叔卤代烷，否则将主要得到烯烃。

（4）**被氨基取代生成胺** 卤代烃和氨在乙醇中加压加热生成伯胺，因为生成的伯胺仍是一个亲核试剂，它可以继续与卤代烷作用，生成仲胺或叔胺的混合物，故反应只能在过量氨的存在下才能生成伯胺。

$$RX + 2NH_3 \longrightarrow RNH_2 + NH_4X$$

（5）**卤代烃与 $AgNO_3$ 的乙醇溶液反应，生成卤化银沉淀**

$$RX + AgNO_3 \xrightarrow{醇} RONO_2 + AgX\downarrow$$

因为生成的卤化银沉淀颜色不同，因此该反应可鉴别各种不同的卤代烃。

2. 亲核取代反应机理

(1) 双分子亲核取代反应（S_N2）

$$OH^- + \overset{\overset{\displaystyle H}{|}}{\underset{\underset{\displaystyle H}{|}}{C}}^+ \!\!-\bar{B}r \longrightarrow \left[H\bar{O}\cdots \overset{\overset{\displaystyle H}{|}}{\underset{\underset{\displaystyle H}{|}}{C}}\cdots \bar{B}r \right] \longrightarrow HO-\overset{\overset{\displaystyle H}{|}}{\underset{\underset{\displaystyle H}{|}}{C}}\!\!-H + Br^-$$

过渡态

其反应是二级反应，反应速率与卤代烷浓度和碱浓度成正比：$v = k[CH_3Br][OH^-]$，属双分子反应。

整个反应一步完成，亲核试剂从反应物离去基团的背面向碳原子进攻。在反应过程中，O—C 键的形成和 C—Br 键的断裂同时进行。整个反应经过一个过渡状态，在形成过渡状态时 OH^- 从背面沿着 C—Br 键的轴线进攻碳原子，此时 O—C 之间的键只部分形成，而 C—Br 键由于受到 OH^- 进攻的影响，则逐渐延长和变弱，但并没有完全断裂。与此同时，甲基上的三个氢原子也向溴原子的方向逐渐偏转。这时碳原子处于同时和 OH^- 及 Br^- 部分键合状态，进攻试剂羟基中的氧原子、中心碳原子和离去基团几乎在一条直线上，而碳原子和其他三个氢原子则在垂直于这条线的平面上，OH^- 与 Br^- 在平面的两边。这个过程中体系的能量达到最大值，即处于过渡态。当 OH^- 继续接近碳原子生成键，溴原子则继续远离碳原子，最后生成溴离子。反应由过渡态转化生成产物时，甲基上的三个原子完全偏转到溴原子的一边，整个过程好像雨伞在大风中被吹得向外翻转一样。

Walden 转化：在反应中手性碳原子的构型发生了翻转，即产物的构型与原来的化合物相反，这种反应过程称为构型翻转或称为 Walden 转化。

S_N2 反应机理的特点如下：

① 反应是双分子反应，反应速率与卤代烷及亲核试剂的浓度有关；

② 反应是一步完成的，旧键的断裂和新键的形成同时进行；

③ 反应过程伴随着构型的翻转；

④ RX 活性：$CH_3X > RCH_2X > R_2CHX > R_3CX$。

(2) 单分子亲核取代反应（S_N1）

其反应是一级反应，反应速率与卤代烷浓度成正比，和碱浓度无关：$v = k[(CH_3)_3Br]$，属单分子反应。

反应分两步进行：第一步为 C—Br 键断裂生成碳正离子。

第一步　　　　　$(CH_3)_3CBr \longrightarrow [(CH_3)_3\overset{+}{C}\cdots\overset{-}{Br}] \longrightarrow (CH_3)_3\overset{+}{C} + Br^-$　　慢

过渡态 I　　　　碳正离子

第二步是碳正离子与亲核试剂 OH^- 结合生成水解产物。

第二步　　　　　$(CH_3)_3\overset{+}{C} + OH^- \longrightarrow [(CH_3)_3\overset{+}{C}\cdots OH^-] \longrightarrow (CH_3)_3COH$　　快

过渡态 II

S_N1 反应机理的特点如下：

① 反应是单分子反应，反应速率仅与卤代烷的浓度有关；

② 反应分两步完成；

③ 反应中有活性中间体碳正离子生成；

④ 产物外消旋化，并且常有重排产物；

⑤ RX 活性：$R_3CX > R_2CHX > RCH_2X > CH_3X$。

无论是 S_N1 还是 S_N2 机理，当烃基结构相同时，决定 S_N 反应活性的主要因素是卤负离子的离去能力。离去基团的碱性越弱，形成的负离子越稳定，越易离去，反应活性越高。不同 X^- 的离去能力为 $I^->Br^->Cl^-$，所以不同的 RX 的反应活性为 RI>RBr>RCl。

此外，卤代烃的亲核取代反应还受亲核试剂、溶剂等因素的影响。在 S_N2 反应中，亲核试剂亲核性越强，反应越容易进行。试剂的亲核性对 S_N1 反应速率影响不大。增大溶剂的极性，有利于 S_N1 反应的进行。

3. 卤代烷烃的消除反应及其反应机理

$$R-\overset{\displaystyle |}{\underset{\displaystyle H}{C}}H-\overset{\displaystyle |}{\underset{\displaystyle X}{C}}H_2 +NaOH \xrightarrow{\text{乙醇}} RHC=CH_2 +NaX+H_2O$$

不同卤代烃脱卤化氢反应的活泼顺序为：叔卤代烃＞仲卤代烃＞伯卤代烃。

(1) 单分子消除 (E1) 反应

(2) 双分子消除 (E2) 反应

E2 消除反应是反式共平面消除。

无论是 E1 机理，还是 E2 机理，当消除反应存在多种取向时，遵循 Sàytzeff 规则，优先形成较稳定的异构体，即消除反应总是倾向于消除含氢较少的 β-碳原子上的氢。

$$RCH_2-\overset{\displaystyle |}{\underset{\displaystyle Br}{C}}H-CH_3 \xrightarrow{KOH/C_2H_5OH} \underset{\text{主要产物}}{RCH=CHCH_3} +\underset{\text{次要产物}}{RCH_2CH=CH_2}$$

4. 卤代烷烃的消除反应与取代反应的竞争性

(1) 卤代烷结构的影响　无支链的伯卤代烷主要发生 S_N2 反应，仲卤代烷和 β-碳原子上有支链的伯卤代烷，E2 反应倾向增加。叔卤代烷一般有利于单分子反应，常得到 S_N1 取代产物和 E1 消除产物的混合物，在强碱存在时，叔卤代烷主要发生 E2 反应，得到消除产物。

(2) 试剂的影响　试剂的碱性强，浓度大，有利于消除反应；试剂的亲核性强，碱性弱，有利于取代反应。例如，当仲卤代烷用 NaOH 水解时，一般得到取代和消除两种产物，因为 OH^- 既是亲核试剂又是强碱；而在 KOH 的醇溶液中反应时，由于醇溶液中存在碱性更强的烷氧基负离子 RO^-，主要产物为烯烃；当反应在 I^- 或 CH_3COO^- 试剂中进行时，由于试剂的碱性很弱，只发生取代反应。

试剂的体积对取代反应和消除反应影响也很大，试剂的体积越大，越不易接近 α-碳原子，而容易接近 β-碳原子的氢，有利于 E2 消除反应。

（3）溶剂的影响 溶剂极性增大有利于取代反应，不利于消除反应。卤代烷的消除反应通常在 NaOH 的醇溶液中进行，而取代反应通常在 NaOH 的水溶液中进行。

此外，提高温度对消除反应更有利。

5. 卤代烯烃和卤代芳烃的亲核取代反应

三种不同结构类型的卤代烯烃或卤代芳烃进行亲核取代反应的活性顺序为：

$$RCH = CHCH_2X > RCH = CH(CH_2)_nX > \quad RCH = CHX \qquad n \geqslant 2$$

烯丙型卤代烯烃　　孤立型卤代烯烃　　乙烯型卤代烯烃

苯基型卤代芳烃　　　孤立型卤代芳烃　　　卤苯型卤代芳烃

乙烯型和卤苯型卤代烃：卤原子与双键或芳环直接相连，由于存在 p-π 共轭，C—X 键极性下降，不易断裂，不易发生亲核取代反应。如与 $AgNO_3$ 的醇溶液反应，加热数天也无卤化银沉淀生成。

烯丙型和苯基型卤代烃：若发生 S_N1 反应，C—X 键异裂，生成的中间体碳正离子为烯丙基碳正离子或苯基碳正离子。这两种碳正离子中存在 p-π 共轭，稳定性增强。因此，这类卤代烃的 S_N1 反应非常容易进行。

烯丙基和苯基型卤代烷的 S_N2 反应也易于发生。因为亲核试剂与这类卤代烃形成的过渡态中也存在 p-π 共轭，增加了过渡态的稳定性，因此易于反应。这类卤代烃比一般的卤代烷更易发生亲核取代反应，在室温下与 $AgNO_3$ 的醇溶液反应，立刻有卤化银沉淀生成。

孤立型卤代烃：性质与卤代烷相同，与 $AgNO_3$ 的醇溶液反应，需在加热条件下才有卤化银沉淀生成。

6. 与金属的反应

卤代烷可与某些金属如镁、锂等作用，生成一类由碳原子和金属原子直接相连的化合物，这类化合物统称为金属有机化合物。

（1）Grignard 试剂

$$RX + Mg \xrightarrow{\text{无水乙醚}} RMgX$$

Grignard 试剂是强亲核试剂，其化学性质非常活泼，遇到活泼氢类化合物（如水、醇、氨等），能立即分解成烷烃，也可与二氧化碳等多种化合物发生加成反应。

$$RMgX + HY \longrightarrow RH + Mg\begin{array}{c} X \\ \diagdown \\ Y \end{array}$$

$$(Y = OH, OR, NH_2 \text{ 等})$$

（2）与金属钠反应

$$2RX + 2Na \longrightarrow R—R + 2NaX$$

该反应可用来合成对称的烷烃，产率不高，现在很少应用。

7. 还原反应

卤代烷可被还原成烷烃。还原剂一般采用氢化铝锂（$LiAlH_4$）。$LiAlH_4$ 遇水立即反应放出氢气，因此反应只能在无水介质中进行。

$$CH_3(CH_2)_{12}CH_2Br \xrightarrow{LiAlH_4} CH_3(CH_2)_{12}CH_3$$

典型例题解析

1. 命名下列化合物。

(1)
$$\underset{}{CH_3CH}\!\!-\!\!\underset{\underset{Br}{|}}{CHCH_3}$$
（CH_3 在上方）

(2)
$$CH_3CH_2\underset{\underset{CH_3}{|}}{\overset{\overset{CH_3}{|}}{C}}\!\!-\!\!Br$$

解：

(1) 2-溴-3-甲基丁烷

(2) 2-溴-2-甲基丁烷

2. 写出下列化合物的结构式。

(1) 5-氯环己-1,3-二烯

(2) 间甲基苄基氯

解：

(1) （环己二烯—Cl 结构式）

(2) （苯环，CH_2Cl 及 CH_3 结构式）

3. 根据反应，推测下列反应历程是 S_N1 还是 S_N2。

(1)
$$\underset{\underset{CH_3}{|}}{C_6H_{13}CHBr} \xrightarrow[H_2O]{NaOH} \underset{\underset{CH_3}{|}}{C_6H_{13}CHOH}$$
(R) \qquad\qquad (S)

(2)
$$H_3C\!\!-\!\!\langle\rangle\!\!-\!\!\underset{\underset{\bigcirc}{|}}{CHCl} \xrightarrow{80\%丙酮水溶液} H_3C\!\!-\!\!\langle\rangle\!\!-\!\!\underset{\underset{\bigcirc}{|}}{CHOH}$$
$(+)$ \qquad\qquad $(\pm)$

解： (1) S_N2 历程。因为产物发生了构型的完全转化，这是 S_N2 反应的特征。

(2) S_N1 历程。因为产物发生了外消旋化，说明反应过程中产生了碳正离子，是 S_N1 历程。

4. 完成下列反应。

(1) $CH_3CH_2CH_2Cl + CH_3CH_2ONa \longrightarrow$

(2) $CH_3CH_2Br + NaI \longrightarrow$

解：

(1) $CH_3CH_2CH_2Cl + CH_3CH_2ONa \longrightarrow CH_3CH_2CH_2OCH_2CH_3 + NaCl$

(2) $CH_3CH_2Br + NaI \longrightarrow CH_3CH_2I + NaBr$

5. 写出下列反应主要产物的结构式。

(1) 2-溴-3-甲基戊烷与氢氧化钠的醇溶液共热；

(2) 1-苯基-2-溴丁烷与氢氧化钠的醇溶液共热。

解：

(1)
$$CH_3CH_2\underset{\underset{CH_3}{|}}{C}\!\!=\!\!CHCH_3$$

(2)
$$\langle\rangle\!\!-\!\!CH\!\!=\!\!CHCH_2CH_3$$

一、命名或写结构式

1. $(CH_3)_2CCH(CH_3)CH_2Br$
   $\quad\quad\ \ |$
   $\quad\quad\ \ CH_2CH_3$

2.

3.

4.

5.

6. 2,4-二氯-3,3-二甲基戊烷

7. 间氯甲苯

8. 环己基溴甲烷

9. 烯丙基溴

10. 4-氯环己烯

二、单项选择题

11. 下列碳卤键中，极性最大的是（　　　）。

A. C—F　　　　　　　B. C—Cl　　　　　　C. C—Br　　　　　　D. C—I

12. 二氯乙烷的构造异构体数目是（　　　）。

A. 2 种　　　　　　　B. 4 种　　　　　　　C. 5 种　　　　　　　D. 6 种

13. 化合物 ①$(CH_3)_2CHCH_2CH_2Br$、②$(CH_3)_2CHCHBrCH_3$、③$(CH_3)_2CBrCH_2CH_3$ 按 E1 反应消除 HBr 时，反应速率由快到慢的顺序为（　　　）。

A. ①＞②＞③　　　B. ②＞①＞③　　　C. ③＞②＞①　　　D. ③＞①＞②

14. 卤代烃　①$\text{环己基}-C(CH_3)_2$、②$\text{环己基}-Br$、③$\text{环己基}-CHCH_3$　发生 S_N2 反应时，速
$\quad\quad\quad\quad\quad\quad\quad\quad\ |$ $\quad\quad\quad\quad\quad\quad\quad\quad\quad\quad\quad\quad\quad\quad\quad |$
$\quad\quad\quad\quad\quad\quad\quad\quad\ Br$ $\quad\quad\quad\quad\quad\quad\quad\quad\quad\quad\quad\quad\quad\quad Br$

率快慢的顺序为（　　　）。

A. ①＞②＞③　　　B. ②＞③＞①　　　C. ②＞①＞③　　　D. ③＞②＞①

15. 仲卤代烷水解时可按 S_N1 和 S_N2 两种反应机理进行，如果使反应按 S_N1 进行，可采取的措施是（　　　）。

A. 减小溶剂的极性　B. 增加溶剂的极性　C. 降低反应的温度　D. 升高反应的温度

16. 卤代烷与 NaOH 在乙醇水溶液中进行反应，下列现象不属于 S_N2 反应的是（　　　）。

A. 碱的浓度增加，反应速率加快　　　B. 叔卤代烷的反应速率大于仲卤代烷

C. 反应是一步完成的　　　　　　　　D. 进攻试剂的亲核性越强，反应速率越快

17. 下列化合物中，与溴原子连接的碳原子为叔碳原子的是（　　　）。

A. $CH_3CH_2CHCH_3$
   $\quad\quad\quad\quad\ |$
   $\quad\quad\quad\quad\ Br$

B. $CH_3CHCH=CH_2$
   $\quad\quad\quad\ |$
   $\quad\quad\quad\ Br$

C. $CH_3CH_2CH_2CH_2Br$

D. $(CH_3)_3CBr$

18. 下列卤代烃中，属于苄基型卤代烃的是（　　　）。

A. $CH_2=CHCH_2Cl$

B. [苯环]—CH_2CH_2Cl

C. H_3C—[苯环]—Cl

D. [苯环]—CH_2Cl

19. 下列卤代烃中不能发生 β-消除反应的是（　　　）。

A. 1-溴-2-甲基丁烷　　　B. 新戊基溴　　　C. 叔丁基溴　　　D. 2-溴-2-甲基丁烷

20. 将分子式为 $C_3H_6Cl_2$ 的二氯丙烷继续氯代，只生成一种三氯丙烷。则此二氯丙烷的结构为（　　　）。

A. $Cl_2CHCH_2CH_3$　　　B. $ClCH_2CHClCH_3$　　　C. $ClCH_2CH_2CH_2Cl$　　　D. $CH_3CCl_2CH_3$

三、完成反应式

21. Cl—[苯环]—CH_2Br + NaOH $\xrightarrow{\text{水}}$

22. [环戊基]—Br + CH_3CH_2ONa $\longrightarrow$

23. [苯环]—CH_2Cl + KCN $\longrightarrow$ $\xrightarrow[H_2O]{H^+}$

24. $CH_3CH_2\overset{\overset{\displaystyle Br}{|}}{C}\overset{}{H}CHCH_3$（下接 CH_3） $\xrightarrow{NaOH/H_2O}$

25. [环己烯，带 CH_3 和 Br] $\xrightarrow{NaOH/C_2H_5OH}$

26. Br—[苯环]—$CHBrCH_2CH_3$ + $AgNO_3$ $\xrightarrow{\text{乙醇}}$

27. $(CH_3)_2CHCH_2CH_2Br$ + CH_3COONa $\xrightarrow{CH_3CH_2OH}$

28. $CH_3CH_2CH_2CH_2Br$ $\xrightarrow[\triangle]{KOH/C_2H_5OH}$

29. [环己烯，带两个 CH_3] + Cl_2 $\xrightarrow{500℃}$

30. $CH_2=CHCH(CH_3)_2$ + Cl_2 $\xrightarrow{500℃}$ $\xrightarrow[\triangle]{KOH/C_2H_5OH}$

四、是非题

31. 亲核试剂是带有负电荷或孤对电子的试剂。　　　　　　　　　　（　　　）

32. 叔卤代烷与乙醇钠在乙醇溶液中反应生成的主要产物是醚。　　（　　　）

33. 卤代烷的水解反应按 S_N1 机理进行时，常有重排产物生成。　（　　　）

34. 多卤代烷分子都是极性分子。　　　　　　　　　　　　　　　　（　　　）

35. 伯卤代烷的亲核取代反应一般按 S_N1 机理进行。　　　　　　　（　　　）

36. S_N2 反应过程中常伴随着构型转变。　　　　　　　　　　　　（　　　）

37. 卤代烯烃中卤原子的化学活性大于卤代烷烃中的卤原子。　　　（　　　）

38. 在卤代烷的 S_N2 反应中，卤代烷的反应活性由大到小的顺序为：

$$R-I > R-Br > R-Cl > R-F$$

（　　　）

39. 卤代烷进行 S_N2 反应时，反应活性相对大小为：

叔卤代烷＞仲卤代烷＞伯卤代烷＞一卤甲烷　　　　　　　　（　　）

40. 在卤代烷的亲核取代反应中，溶剂的极性越大，对 S_N1 反应越有利。（　　）

五、化学方法鉴别

41. ①1-氯丁烷　　　　②1-溴丁烷　　　　③1-碘丁烷

42. ① 　　　② ⟨benzene⟩—CH₂Br　　　③ ⟨benzene⟩—CH₂CH₂Br

43. ①氯代环己烷　　　②氯苯　　　　　③苄基氯

44. ①$CH_2=CClCH_3$　　②$HC≡CCH_3$　　③$CH_3CH_2CH_2Cl$

六、合成题

45. $ClCH_2CH_2Cl \longrightarrow CH_3CHCl_2$

46. ⟨cyclohexane⟩—OH ⟶ ⟨cyclohexane with Br, Br⟩

47. 苯乙烯 ⟶ 2-苯丙酸

七、推导结构题

48. 溴代烷 A 的分子式为 C_3H_7Br，与氢氧化钾的乙醇溶液作用生成烯烃 B，B 与 HBr 加成主要生成 A 的异构体 C。试写出 A、B 和 C 的构造式。

49. 芳香族卤代烃 A 的分子式为 $C_7H_6Cl_2$，与 KOH 水溶液作用生成 B（C_7H_7ClO），B 氧化生成 2-氯苯甲酸。试推测 A 和 B 的构造式。

50. 某化合物 A，分子式为 C_4H_8，加溴后的产物与 KOH 的醇溶液加热，生成分子式为 C_4H_6 的化合物 B，B 能与硝酸银的氨溶液反应生成沉淀。试推测 A 和 B 的结构式。

● 参考答案 ●

一、命名或写结构式

1. 1-溴-2,3,3-三甲基戊烷　　　　2. (E)-5-氯-3-甲基戊-2-烯

3. 3-溴环戊烯　　　　　　　　　4. 2,4-二氯甲苯

5. 2-溴-6-氯-1-甲基萘

6. $CH_3CH-C-CHCH_3$（带 Cl、H_3C、Cl、CH_3 取代）

7. ⟨甲苯环，CH₃、Cl 取代⟩

8. ⟨环己烷⟩—CH₂Br

9. $CH_2=CHCH_2Br$

10. ⟨环己烯⟩—Cl

二、单项选择题

11. A；12. A；13. C；14. B；15. B；16. B；17. D；18. D；19. B；20. D

三、完成反应式

21. Cl—⟨苯环⟩—CH₂Br ＋NaOH $\xrightarrow{水}$ Cl—⟨苯环⟩—CH₂OH ＋NaBr

22. $\require{mhchem}$ cyclopentyl-Br + $CH_3CH_2ONa \longrightarrow$ cyclopentyl-OCH_2CH_3 + $NaBr$

23. phenyl-CH_2Cl + $KCN \longrightarrow$ phenyl-CH_2CN $\xrightarrow[H_2O]{H^+}$ phenyl-CH_2COOH

24. $CH_3CH_2\overset{\displaystyle Br}{\underset{\displaystyle CH_3}{\overset{|}{\underset{|}{C}}}HCHCH_3$ $\xrightarrow{NaOH/H_2O}$ $CH_3CH_2\overset{\displaystyle OH}{\underset{\displaystyle CH_3}{\overset{|}{\underset{|}{C}}}CH_2CH_3$ + $CH_3CH_2\overset{\displaystyle OH}{\overset{|}{C}}HCHCH_3$ $\underset{\displaystyle CH_3}{\overset{|}{}}$

25. 1-methyl-1-bromo-cyclohexene $\xrightarrow{NaOH/C_2H_5OH}$ methyl-benzene

26. Br-phenyl-$CHBrCH_2CH_3$ + $AgNO_3$ $\xrightarrow{乙醇}$ Br-phenyl-$\underset{\displaystyle ONO_2}{\overset{|}{C}}HCH_2CH_3$ + $AgBr\downarrow$

27. $(CH_3)_2CHCH_2CH_2Br + CH_3COONa$ $\xrightarrow{CH_3CH_2OH}$ $(CH_3)_2CHCH_2CH_2OOCCH_3$

28. $CH_3CH_2CH_2CH_2Br$ $\xrightarrow[\triangle]{KOH/C_2H_5OH}$ $CH_3CH_2CH=CH_2$

29. (methyl cyclohexene structure) + Cl_2 $\xrightarrow{500℃}$ (chloro methyl cyclohexene structure)

30. $CH_2=CHCH(CH_3)_2 + Cl_2$ $\xrightarrow{500℃}$ $CH_2=CHC\underset{\displaystyle Cl}{\overset{|}{(}}CH_3)_2$ $\xrightarrow[\triangle]{KOH/C_2H_5OH}$ $CH_2=CHC\underset{\displaystyle CH_3}{\overset{|}{=}}CH_2$

四、是非题

31. √；32. ×；33. √；34. ×；35. ×；36. √；37. ×；38. √；39. ×；40. √

五、化学方法鉴别

41.
① $\xrightarrow[C_2H_5OH,\triangle]{AgNO_3}$ 白色沉淀
② 浅黄色沉淀
③ 黄色沉淀

42.
① $\xrightarrow[C_2H_5OH]{AgNO_3}$ （—）
② 浅黄色沉淀
③ （—）

① $\xrightarrow{\triangle}$ （—）
③ 浅黄色沉淀

43.
① $\xrightarrow[C_2H_5OH]{AgNO_3}$ 加热生成白色沉淀
② （—）
③ 室温生成白色沉淀

44.
① $\xrightarrow{[Ag(NH_3)_2]OH}$ （—）
② 白色沉淀
③ （—）

① $\xrightarrow{Br_2/CCl_4}$ 褪色
③ （—）

六、合成题

45. $ClCH_2CH_2Cl$ $\xrightarrow[\triangle]{KOH,C_2H_5OH}$ $CH_2=CHCl$ $\xrightarrow{HCl}$ CH_3CHCl_2

46. cyclohexyl-OH $\xrightarrow[\triangle]{浓 H_2SO_4}$ cyclohexene $\xrightarrow{Br_2}$ 1,2-dibromocyclohexane

47.

七、推导结构题

48. A 为 $CH_3CH_2CH_2Br$；B 为 $CH_3CH=CH_2$；C 为 $CH_3CHBrCH_3$

49. A 为 ；B 为

50. A 为 $CH_3CH_2CH=CH_2$；B 为 $CH_3CH_2C\equiv CH$

阶段性测试题（二）

一、命名或写出结构式

1. H_3C—⟨benzene⟩—$CH(CH_3)_2$

2. H—$\overset{\displaystyle CH_3}{\underset{\displaystyle CH_2CH_2CH_3}{|}}$—$CH_2CH_3$

3. H—$\overset{\displaystyle CH_3}{\underset{\displaystyle CH_2CH_3}{\underset{\displaystyle CH_3}{|}}}$—$C_2H_5$

4. $\underset{H_3C}{\overset{Cl}{\diagup}}C\!=\!C\underset{H}{\overset{H}{\diagup}}\cdots C\!=\!C\underset{CH_2CH_3}{\overset{H}{}}$

5. Br—⟨benzene⟩—Cl

6. (S)-3-甲基戊-1-炔

7. (2R,3R)-2-溴-3-氯丁烷

8. 1,4-二烯丙基苯

9. (Z)-2-溴-3-叔丁基己-2-烯

10. 1,5-二氯-2-异丙基苯

二、单项选择题

11. 下列烷烃中沸点最高的是（　　）。

A. 正戊烷　　　　　B. 新戊烷　　　　　C. 异戊烷　　　　　D. 正丁烷

12. 下列化合物中，稳定性最大的是（　　）。

A. ⟨benzene⟩—$CH_2CH_2CH\!=\!CH_2$

B. ⟨benzene⟩—$CH\!=\!C(CH_3)_2$

C. ⟨benzene⟩—$CH\!=\!CHCH_2CH_3$

D. ⟨benzene⟩—$CH\!=\!CHCH\!=\!CH_2$

13. 用苯为原料制备下列化合物，其中需要通过两步反应制备的是（　　）。

A. 异丙苯　　　　　B. 硝基苯　　　　　C. 苯甲酸　　　　　D. 苯磺酸

14. 下列化合物分子中，属于手性分子的是（　　）。

A. $\begin{array}{c}COOH\\H\!-\!OH\\H\!-\!OH\\COOH\end{array}$

B. $\begin{array}{c}CH_2COOH\\H\!-\!OH\\CH_2COOH\end{array}$

C. $\underset{H}{\overset{CH_3}{\diagup}}\!\diagdown\underset{H}{\overset{CH_3}{\diagdown}}$

D. $\underset{Br}{\overset{H_3C}{\diagup}}C\!=\!C\underset{C(CH_3)_3}{\overset{CH_2CHCH_3(Cl)}{}}$

15. 下列化合物最易发生亲电取代反应的是（　　）。

A. 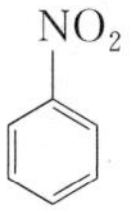 B. 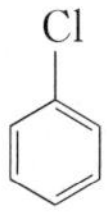 C. 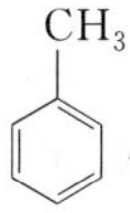 D.

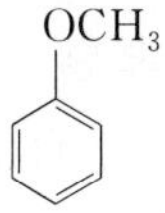

16. 下列有关对映异构现象的叙述，正确的是（　　）。

A. 含有一个手性碳原子的分子不一定具有手性

B. 具有旋光性的分子必定具有手性，一定有对映异构现象存在

C. 含有手性碳原子的分子一定具有旋光性

D. 不含有手性碳原子的分子一定不是手性分子

17. 下列分子构型为 R 构型的是（　　）。

A. 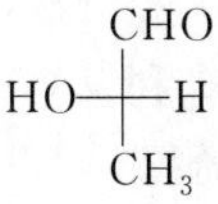 B. 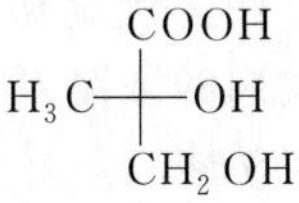 C. 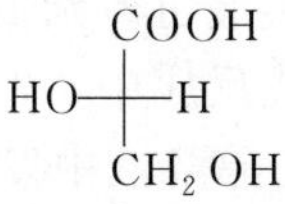 D.

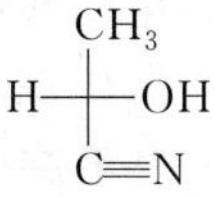

18. 1,2-二溴环己烷的对映异构体有（　　）。

A. 2 种 B. 3 种 C. 4 种 D. 5 种

19. 下列氯代烷进行 S_N1 反应时，反应活性最大的是（　　）。

A. 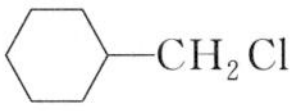 B. 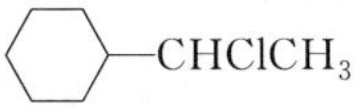 C. 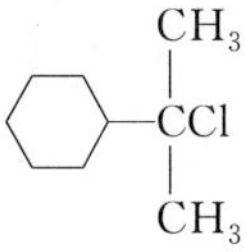 D.

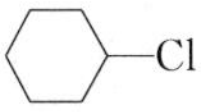

20. 下列卤代烷中，消除 HBr 后只能生成一种烯烃的是（　　）。

A. 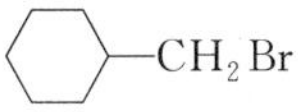 B. 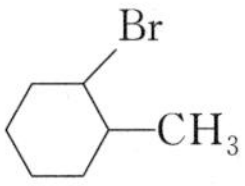 C. 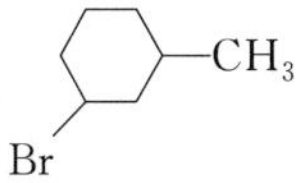 D.

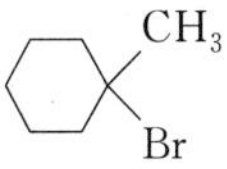

三、完成反应式

21.

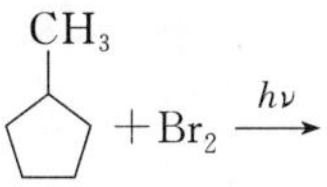

22. 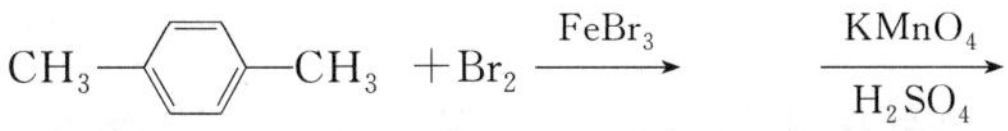 CH_3——CH_3 $+Br_2$ $\xrightarrow{FeBr_3}$ $\xrightarrow[H_2SO_4]{KMnO_4}$

23. 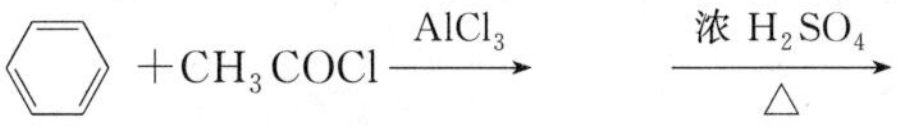 $+CH_3COCl$ $\xrightarrow{AlCl_3}$ $\xrightarrow[\triangle]{浓\ H_2SO_4}$

24. 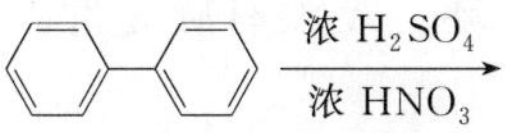 $\xrightarrow[浓\ HNO_3]{浓\ H_2SO_4}$

25. 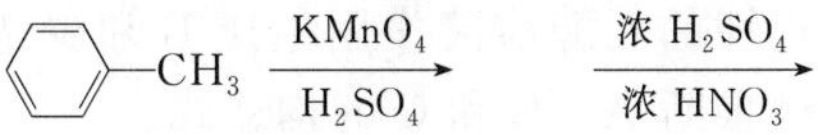 —CH_3 $\xrightarrow[H_2SO_4]{KMnO_4}$ $\xrightarrow[浓\ HNO_3]{浓\ H_2SO_4}$

26. $H_2C{=}CHCH_2C{\equiv}CH+Br_2$ （1mol）$\longrightarrow$

27. $CH_3CH{=}CH_2+H_2SO_4 \longrightarrow$ $\xrightarrow[\triangle]{H_2O}$

28. $CH_3CH_2C{\equiv}CH+H_2O$ $\xrightarrow[HgSO_4]{H_2SO_4}$

29. 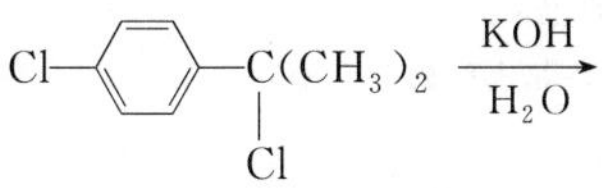 Cl——$C(CH_3)_2$ $\xrightarrow[H_2O]{KOH}$

30. 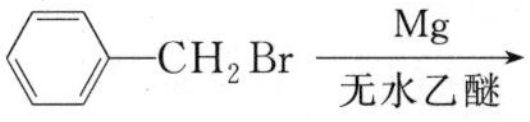 —CH_2Br $\xrightarrow[无水乙醚]{Mg}$

四、是非题

31. 在甲基自由基中，碳原子是 sp^3 杂化。 （ ）
32. 不饱和化合物中均存在共轭效应。 （ ）
33. 苯分子中的 6 个碳原子和 6 个氢原子都在同一个平面上。 （ ）
34. 甲苯硝化时主要生成间位取代产物。 （ ）
35. 具有 R 构型的手性化合物的旋光方向一定为左旋。 （ ）
36. 内消旋体没有旋光性，分子中没有手性碳原子。 （ ）
37. 在有机化学中，把具有芳香性气味儿的化合物称为芳香族化合物。 （ ）
38. 利用硝酸银的乙醇溶液可鉴别伯卤代烷、仲卤代烷和叔卤代烷。 （ ）
39. 在卤代烷的亲核取代反应中，增大亲核试剂的浓度对 S_N2 反应更有利。 （ ）
40. 2-溴丁烷在 KOH 乙醇溶液中发生消除反应时，主要产物是丁-1-烯。 （ ）

五、化学方法鉴别

41. ①1,2,3-三甲基环丙烷 ②乙基环丁烷 ③环己烷
42. ①环丙烷 ②丙烯 ③丙炔
43. ①氯苯 ②氯化苄 ③1-苯基-2-氯丙烷
44. ① ⟨⟩—CHClCH₃ ② ⟨⟩—CH₂CH₂Cl ③ ⟨⟩—CH=CHCl

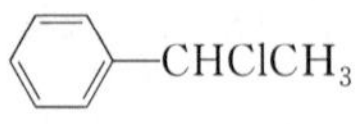

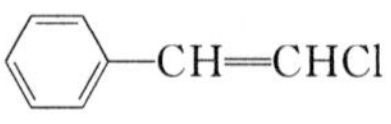

六、合成题

45.  ⬡ ⟶ ⬡

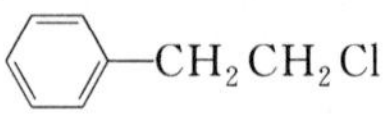

46. 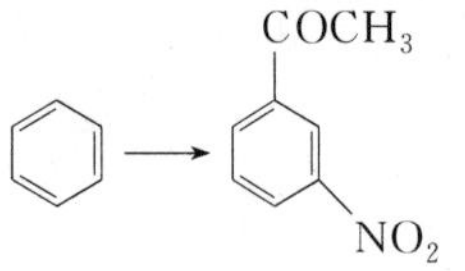 ⬡ ⟶ （带 COCH₃ 和 NO₂ 取代基的苯环）

47. CH₃CHCH₃ ⟶ CH₃CH₂CH₂Br
　　　|
　　　Br

七、推导结构题

48. 芳香烃 A 的分子式为 C_8H_{10}，与高锰酸钾酸性溶液反应生成二元羧酸 B。B 加热时脱水生成酸酐 C。试写出 A、B 和 C 的构造式。

49. 不饱和烃 A 的分子式为 C_6H_{10}，分子中具有一个五元环。A 没有旋光性，与高锰酸钾酸性溶液作用生成二元羧酸 B。试写出 A 和 B 的构造式。

50. 卤代烃 A 的分子式为 $C_7H_{13}Cl$，与氢氧化钾的乙醇溶液作用生成 B 和少量的 C，C 经臭氧氧化、锌粉还原水解生成环己酮和甲醛。试推断 A、B 和 C 的构造式。

◆ 参考答案 ◆

一、命名或写结构式

1. 1-异丙基-4-甲基苯
2. (R)-3-甲基己烷
3. ($3R,4R$)-3,4-二甲基己烷
4. ($2E,4E$)-2-氯庚-2,4-二烯
5. 1-溴-4-氯苯
6. 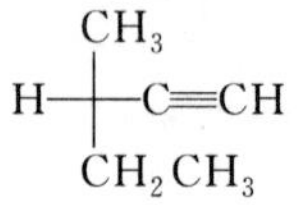
　　　　　CH₃
　　　　　|
　　H—C—C≡CH
　　　　　|
　　　　CH₂CH₃

7.
$$\begin{array}{c} CH_3 \\ Cl{-}\underset{|}{\overset{|}{C}}{-}H \\ H{-}\underset{|}{\overset{|}{C}}{-}Br \\ CH_3 \end{array}$$

8. $H_2C{=}CHCH_2{-}\langle\text{benzene ring}\rangle{-}CH_2CH{=}CH_2$

9.
$$\begin{array}{c} CH_3 \quad\quad CH_2CH_2CH_3 \\ \underset{Br}{\overset{}{}}C{=}C\underset{C(CH_3)_3}{\overset{}{}} \end{array}$$

10. $Cl{-}\langle\text{benzene ring, Cl, }CH(CH_3)_2\rangle$

二、单项选择题

11. A；12. D；13. C；14. D；15. D；16. B；17. B；18. B；19. C；20. A

三、完成反应式

21. 环戊烷（CH₃） + Br₂ $\xrightarrow{h\nu}$ 1-溴-1-甲基环戊烷（Br, CH₃）

22. $CH_3{-}\langle\text{benzene}\rangle{-}CH_3$ + Br₂ $\xrightarrow{FeBr_3}$ （CH₃, Br, CH₃ 取代苯）$\xrightarrow[H_2SO_4]{KMnO_4}$ （COOH, Br, COOH 取代苯）

23. 苯 + CH₃COCl $\xrightarrow{AlCl_3}$ （COCH₃ 取代苯）$\xrightarrow[\triangle]{\text{浓 } H_2SO_4}$ （COCH₃, SO₃H 取代苯）

24. 联苯 $\xrightarrow[\text{浓 } HNO_3]{\text{浓 } H_2SO_4}$ 4-硝基联苯（—NO₂）

25. 苯—CH₃ $\xrightarrow[H_2SO_4]{KMnO_4}$ 苯—COOH $\xrightarrow[\text{浓 } HNO_3]{\text{浓 } H_2SO_4}$ （O₂N, COOH 取代苯）

26. $H_2C{=}CHCH_2C{\equiv}CH$ + Br₂ (1mol) ⟶ $BrCH_2\underset{Br}{\overset{}{C}}HCH_2C{\equiv}CH$

27. $CH_3CH{=}CH_2$ + H₂SO₄ ⟶ $CH_3\underset{OSO_3H}{\overset{}{C}}HCH_3$ $\xrightarrow[\triangle]{H_2O}$ $CH_3\underset{OH}{\overset{}{C}}HCH_3$

28. $CH_3CH_2C{\equiv}CH$ + H₂O $\xrightarrow[HgSO_4]{H_2SO_4}$ $CH_3CH_2COCH_3$

29. $Cl{-}\langle\text{benzene}\rangle{-}\underset{Cl}{\overset{}{C}}(CH_3)_2$ $\xrightarrow[H_2O]{KOH}$ $Cl{-}\langle\text{benzene}\rangle{-}\underset{\overset{|}{C}(CH_3)_2}{\overset{OH}{}}$

30. 苯—CH₂Br $\xrightarrow[\text{无水乙醚}]{Mg}$ 苯—CH₂MgBr

四、是非题

31. ×；32. ×；33. √；34. ×；35. ×；36. ×；37. ×；38. √；39. √；40. ×

五、化学方法鉴别

41.
① 室温下褪色
② $\xrightarrow[CCl_4]{Br_2}$ 温热时褪色
③ （—）

①
42. ② $\xrightarrow[\text{NH}_3]{[\text{Ag}(\text{NH}_3)_2]\text{NO}_3}$
③

(—)
(—)
白色沉淀 $\xrightarrow[\text{H}_2\text{SO}_4]{\text{KMnO}_4}$ (—)
褪色

①
43. ② $\xrightarrow[\text{C}_2\text{H}_5\text{OH}]{\text{AgNO}_3}$
③

(—)
立即出现白色沉淀
加热出现白色沉淀

①
44. ② $\xrightarrow{\text{Br}_2/\text{CCl}_4}$
③

(—)
(—)
褪色
$\xrightarrow[\text{C}_2\text{H}_5\text{OH}]{\text{AgNO}_3}$ AgCl↓
(—)

六、合成题

45.

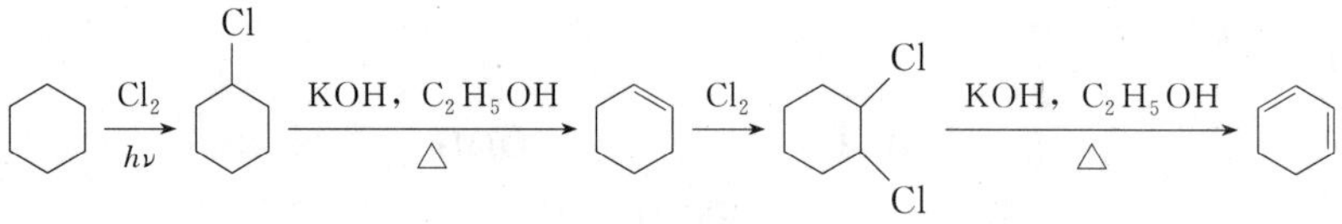

46.

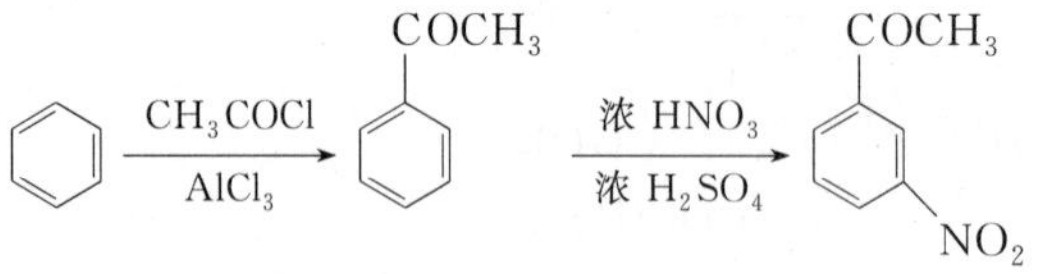

47. $\underset{\underset{\text{Br}}{|}}{\text{CH}_3\text{CHCH}_3} \xrightarrow[\triangle]{\text{KOH，C}_2\text{H}_5\text{OH}} \text{CH}_3\text{CH}=\text{CH}_2 \xrightarrow[\text{ROOR}]{\text{HBr}} \text{CH}_3\text{CH}_2\text{CH}_2\text{Br}$

七、推导结构题

48. A 为 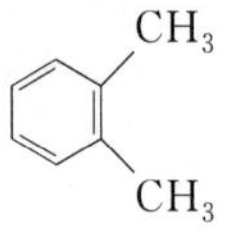 ；B 为 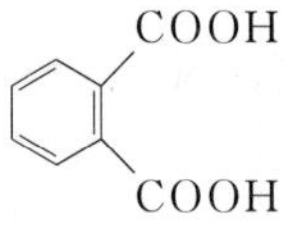 ；C 为

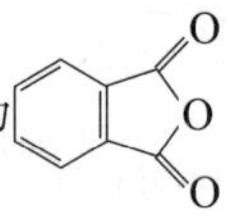

49. A 为 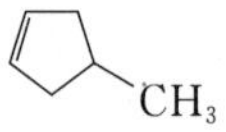 ；B 为 HOOCCH$_2$CHCH$_2$COOH
（CH$_3$）

50. A 为 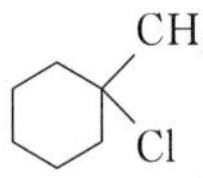 ；B 为 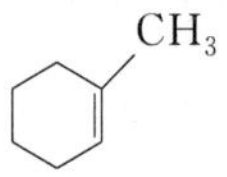 ；C 为

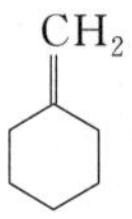

第七章

醇、酚和醚

---- **基本要求** ----

◎ 掌握醇、酚、醚的分类和命名方法。
◎ 理解醇和酚的结构特点及氢键对物理性质的影响。
◎ 掌握醇、酚、醚及环氧化合物的主要化学性质。

---- **知识点归纳** ----

一、醇

1. 醇的结构

醇是脂肪烃、脂环烃或芳香烃侧链上氢原子被羟基取代的化合物，它的官能团是羟基。

醇的结构特点：羟基直接和饱和碳原子结合，醇羟基中的氧是 sp^3 不等性杂化。

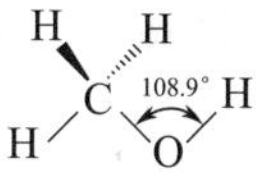

2. 醇的分类

按羟基所连的烃基结构不同分为：脂肪醇、脂环醇和芳香醇。

按羟基所连接的饱和碳原子类型分为：

伯醇（一级醇，1°醇）：RCH_2OH，例如 CH_3CH_2OH 乙醇。

仲醇（二级醇，2°醇）：R—CH—OH（R'），例如 CH_3—CH—OH（CH_3）异丙醇。

叔醇（三级醇，3°醇）：R'—C—OH（R、R''），例如 CH_3—C—OH（CH_3、CH_3）叔丁醇。

按分子中所含羟基数目的多少分为一元醇、二元醇和多元醇，含两个以上羟基的醇统称为多元醇，羟基连接在相邻碳原子上的多元醇又称为邻二醇类；两个羟基在同一碳原子上的二元醇称为偕二醇。偕二醇结构很不稳定，容易脱水变成羰基化合物。

$$\overset{OH}{\underset{OH}{\underset{|}{\overset{|}{C}}}} \xrightarrow{-H_2O} C=O$$

羟基连在双键上的醇称为烯醇，简单的烯醇不稳定，容易重排为羰基化合物。例如：

$$CH_2=CH-\ddot{O}H \xrightarrow{重排} CH_3-\overset{\overset{O}{\|}}{C}-H$$

乙烯醇　　　　　　　　　　乙醛

3. 醇的命名

结构简单的醇在"醇"字前面加上烃基名称，通常省去"基"字。例如：

$$CH_3OH \quad 甲醇 \qquad\qquad C_6H_5CH_2OH \quad 苄醇$$

结构复杂的醇用系统命名法，其原则为：①选择包含羟基所在碳原子的最长碳链为主链，主链母体醇的命名是由主链所对应碳链的烃基名称后加"醇"字构成；②主链从距羟基最近端开始编号。例如：

$$CH_3\underset{\underset{OH}{|}}{CH}CH_2CH_2\overset{\overset{CH_3}{|}}{\underset{\underset{CH_3}{|}}{C}}CH_2CH_3$$

5,5-二甲基庚-2-醇

4. 醇的物理性质

醇与醇之间可以形成氢键，因此，醇的沸点比分子量相近的烃类高得多。醇与水分子之间也能形成氢键，故醇的水溶性也较烃和卤代烃等大，小分子醇可与水互溶，随着醇分子中烃基的增大，疏水的烃基与水分子之间的排斥力逐渐占主导作用，醇在水中的溶解度明显下降。随着醇分子量的增大，烃基对整个醇分子的性质影响越来越大，醇的物理性质越来越接近烷烃。

5. 醇的化学性质

醇不但可发生 O—H 键断裂和 C—O 键断裂，其羟基的影响使 α-碳或 β-碳上的氢活泼，易发生氧化或脱氢反应：

$$\begin{array}{c} \overset{H}{\underset{H}{\overset{|}{\underset{|}{R-C}}}}\overset{H}{\underset{H}{\overset{|}{\underset{|}{C}}}}O\text{+}H \end{array}$$

- 羟基被取代
- 羟基上的氢被取代
- α-碳上的氧化反应
- β-碳上的脱氢反应

(1) 醇羟基的酸性　醇羟基的氢原子具有一定的酸性，可以和活泼金属反应，放出氢气：

$$ROH+Na \longrightarrow RONa+\frac{1}{2}H_2\uparrow$$

醇的反应活性为：甲醇＞伯醇＞仲醇＞叔醇。

(2) 醇羟基的取代反应

$$ROH+HCl \Longrightarrow RCl+H_2O$$

不同氢卤酸及不同醇的反应活性顺序为：

$$HI>HBr>HCl \qquad 叔醇>仲醇>伯醇$$

无水氯化锌和浓盐酸的混合物称为 Lucas 试剂，通常可用来鉴别 6 个碳以下的伯醇、仲醇和叔醇。

叔醇或烯丙醇的取代反应主要按 S_N1 机理进行，有碳正离子中间体产生，容易发生重排。伯醇的取代主要按 S_N2 机理进行。

醇羟基还可被卤化磷（PX_3、PX_5）或氯化亚砜（$SOCl_2$）所取代，生成卤代烃，且不发生重排。

$$3ROH + PBr_3 \longrightarrow 3RBr + H_3PO_3$$
$$ROH + SOCl_2 \longrightarrow RCl + SO_2\uparrow + HCl\uparrow$$

(3) 脱水反应

① 分子内脱水

$$\underset{\substack{|\quad\ |\\ H\ \ OH}}{H_2C-CH_2} \xrightarrow[170℃]{96\% \ H_2SO_4} H_2C=CH_2 + H_2O$$

不同醇的脱水活性顺序为：叔醇＞仲醇＞伯醇。

仲醇和叔醇分子内脱水也遵守 Saytzeff 规律，即生成双键上取代基多的烯烃；某些特殊结构的醇也可发生重排反应。

② 分子间脱水

$$CH_3CH_2 \overset{\ulcorner}{\underset{\lrcorner}{OH + H}} OCH_2CH_3 \xrightarrow[140℃]{浓 \ H_2SO_4} CH_3CH_2OCH_2CH_3 + H_2O$$

在此条件下反应，伯醇分子间脱水生成醚，叔醇主要发生分子内脱水生成烯烃，仲醇则生成醚与烯烃的混合物。

(4) 无机含氧酸酯的生成　醇与无机含氧酸（如硝酸、亚硝酸、硫酸和磷酸等）脱水，生成无机酸酯：

$$\underset{\substack{|\\H_2C-OH}}{\overset{\substack{H_2C-OH\\|}}{HC-OH}} + 3HONO_2 \xrightarrow{H_2SO_4} \underset{\substack{|\\H_2C-ONO_2}}{\overset{\substack{H_2C-ONO_2\\|}}{HC-ONO_2}} + 3H_2O$$

(5) 醇的氧化和脱氢反应

$$\underset{伯醇}{CH_3CH_2-OH} \xrightarrow{[O]} \underset{醛}{CH_3-\overset{O}{\overset{\|}{C}}-H} \xrightarrow{[O]} \underset{羧酸}{CH_3-\overset{O}{\overset{\|}{C}}-OH}$$

$$\underset{\substack{|\\CH_3-CH-OH}}{\overset{CH_3}{}} \xrightarrow{[O]} CH_3-\overset{O}{\overset{\|}{C}}-CH_3$$

氧化试剂：$KMnO_4$、$K_2Cr_2O_7$ 酸性溶液。伯醇在一般氧化条件下不能停留在醛的一步，最终产物是羧酸；仲醇氧化生成酮；叔醇 α-碳上无氢原子，通常不被氧化。

在无水条件下用 CrO_3-吡啶（称为 Sarrett 试剂或 Collins 试剂）氧化伯醇，反应可停留在醛的阶段，分子中的双键和三键不受影响。例如：

$$C_6H_5CH=CHCH_2OH \xrightarrow[CH_2Cl_2,25℃]{CrO_3\text{-}吡啶} C_6H_5CH=CHCHO$$

伯醇和仲醇还可脱氢生成醛或酮，叔醇无 α-氢，不能发生脱氢反应。

$$R-CH_2OH \xrightarrow{Cu,325℃} R-\overset{O}{\overset{\|}{C}}-H + H_2\uparrow$$

$$\underset{\text{R—CH—R}'}{\overset{\overset{\displaystyle OH}{|}}{}} \xrightarrow{\text{Cu,325℃}} \underset{\text{R—C—R}'}{\overset{\overset{\displaystyle O}{\|}}{}} + H_2\uparrow$$

(6) 邻二醇类的特性（鉴别反应）

① 与氢氧化铜的反应

$$\begin{array}{l} H_2C—OH \\ |\\ HC—OH \\ |\\ H_2C—OH \end{array} + Cu^{2+} \xrightarrow{OH^-} \begin{array}{l} H_2C—O \\ |\qquad\ \ \backslash \\ HC—O\qquad Cu \\ |\\ H_2C—OH \end{array}$$

甘油　　　　　　　　　甘油铜（深蓝色）

② 与高碘酸的反应

$$\underset{\overset{\displaystyle|}{OH}}{\overset{\overset{\displaystyle OH}{|}}{R—CH—CH—R'}} + HIO_4 \longrightarrow \underset{\overset{\displaystyle醛}{}}{\overset{\overset{\displaystyle O}{\|}}{R—C—H}} + \underset{\overset{\displaystyle醛}{}}{\overset{\overset{\displaystyle O}{\|}}{R'—C—H}} + HIO_3 + H_2O$$

$$\underset{\underset{\displaystyle R'\ OH}{}}{\overset{\overset{\displaystyle OH\quad OH}{|\qquad|}}{R—C—CH—CH_2}} + 2HIO_4 \longrightarrow \underset{\overset{\displaystyle酮}{}}{\overset{\overset{\displaystyle O}{\|}}{R—C—R'}} + \underset{\overset{\displaystyle甲酸}{}}{\overset{\overset{\displaystyle O}{\|}}{H—C—OH}} + \underset{\overset{\displaystyle甲醛}{}}{\overset{\overset{\displaystyle O}{\|}}{H—C—H}} + 2HIO_3 + 2H_2O$$

(7) 鉴别反应　醇羟基的氢可以被金属钠置换，放出氢气；伯醇和仲醇能被 $KMnO_4$ 氧化使之褪色；Lucas 试剂能区别 6 个碳以下的伯醇、仲醇和叔醇；$CH_3CH(OH)$—结构的醇可发生碘仿反应（详见第八章）。

二、酚

1. 酚的结构

羟基直接连在芳环上的化合物称为酚，酚羟基中氧原子呈 sp^2 杂化状态，处于未杂化的 p 轨道中的未共用电子对与苯环的大 π 键形成 p-π 共轭体系。

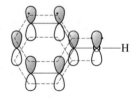

p-π 共轭体系

2. 酚的命名

简单的酚通常以酚为母体，多元酚及取代酚通常用邻、间、对（o-、m-、p-）标明取代基的位置；对于结构比较复杂的酚可以烃为母体；许多酚的衍生物还有俗名。例如：

2-甲苯酚(邻甲苯酚)　　　　苯-1,4-二酚(对苯二酚)　　　　苯-1,3,5-三酚(均苯三酚)

3. 酚的化学性质

(1) 酚羟基的酸性　酚羟基与苯环形成 p-π 共轭，羟基 O—H 键极性增大，氢容易电离，酚的酸性比醇强很多，$pK_a = 9.96$，可与 NaOH 反应成盐而溶于水。

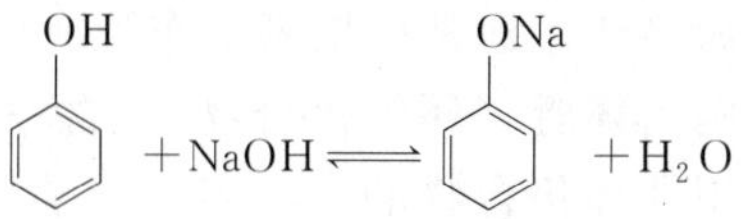

$$\text{（苯酚）} + NaOH \Longrightarrow \text{（苯酚钠）} + H_2O$$

（2）酚的氧化反应　空气中的氧就可以氧化酚，使酚由无色晶体变为粉红色、红色、暗红色等颜色。用重铬酸钾和硫酸溶液可将酚氧化成醌类化合物，多元酚更容易被氧化。

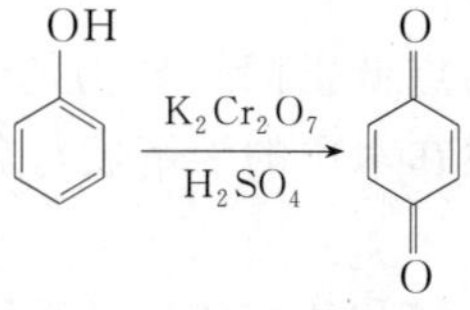

$$\xrightarrow[H_2SO_4]{K_2Cr_2O_7}$$

1,4-苯醌（对苯醌）

$$\xrightarrow[\text{无水乙醚}]{Ag_2O}$$

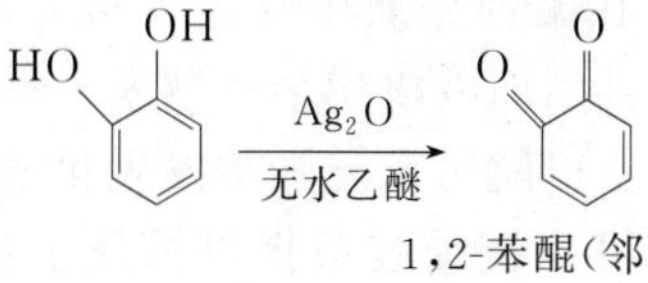

1,2-苯醌（邻苯醌）

（3）酚的鉴别反应　酚羟基及烯醇式结构 $\left(\begin{array}{c}-\!\!\overset{|}{C}\!\!=\!\!\overset{|}{C}\!\!-OH\end{array}\right)$ 能与三氯化铁水溶液起颜色反应；苯酚还可与溴水反应生成 2,4,6-三溴苯酚白色沉淀，用来鉴别苯酚。

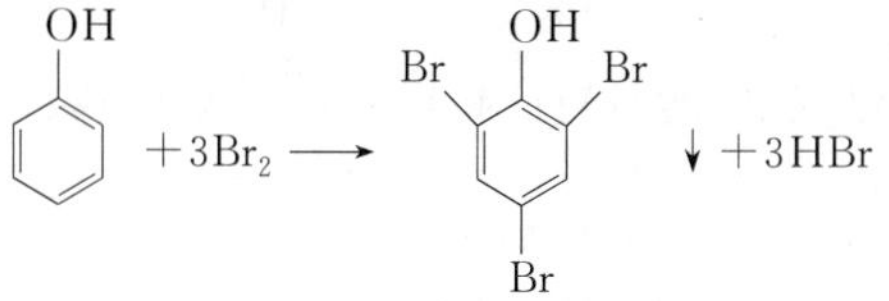

$$+3Br_2 \longrightarrow \qquad \downarrow +3HBr$$

2,4,6-三溴苯酚（白色）

三、醚

1. 醚的分类和命名

醚分子中的醚键 C—O—C 是醚的官能团。

根据醚键连接的烃基不同，醚可分为饱和醚、不饱和醚和芳醚。

两个烃基相同的醚称为单醚，ROR，例如：$CH_3CH_2OCH_2CH_3$（乙醚）。

两个烃基不同的醚称为混醚，例如：（苯甲醚）。

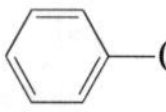

单醚命名时，如果连接的是两个饱和烃基，直接在烃基名称后面加"醚"字，通常"二"字可省略；如果是不饱和烃基或芳烃基，"二"字不可省略。例如：

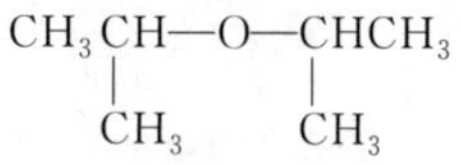

异丙（基）醚 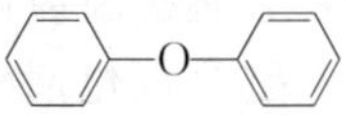　　　　　　　　　　二苯（基）醚

混醚命名时，分别写出两个烃基的名称，加上"醚"字，如果是两个脂肪烃基，较优基团放在后面，即"先小后大"，称"某某醚"；如果有芳烃基，则芳烃基放在前面，即"先芳香后脂肪"。例如：

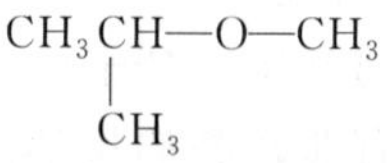

甲（基）异丙（基）醚 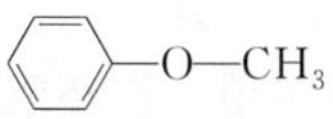　　　　　　　苯（基）甲（基）醚

结构复杂的醚，常用系统命名法，通常把烷氧基作为取代基。

如果氧原子与烃基连成环则为环醚（环氧化合物）。含三元环的环氧化合物，命名为环氧某烷，其他环氧化合物多采用杂环化合物的命法名。分子结构中含有多个—OCH_2CH_2—的环醚，称为冠醚。

2. 醚的性质

醚分子间不能形成氢键，因而沸点低于同分异构的醇，而与分子量相近的烷烃较接近。醚与水分子可形成氢键，所以低级醚在水中的溶解度与分子量相近的醇接近。乙醚是常用的有机溶剂。

从醚的结构可以看出，饱和脂肪醚和芳醚的化学性质都很稳定。一般情况下，醚与氧化剂、还原剂都不发生作用，而且在碱性介质中醚表现得尤为稳定。醚常作为有机反应的溶剂。在常温下醚不与金属钠作用，因而可以用金属钠来干燥液体醚。由于醚的氧原子上有未共用电子对，具有一定的碱性，所以醚可以与强酸发生化学反应。

(1) 盐的生成 醚的氧原子可以接受强酸提供的质子生成氧鎓离子，并以鎓盐的形式溶于强酸中。鎓盐是不稳定的强酸弱碱盐，将其置于冰水中便可分解释放出醚。

$$R-\overset{..}{\underset{..}{O}}-R'+H_2SO_4 \rightleftharpoons R-\overset{+}{\underset{H}{O}}-R'+HSO_4^-$$

(2) 醚键断裂反应 醚与氢卤酸（HI 和 HBr）一起加热，醚分子中的一个 C—O 键断裂，生成卤代烃和醇。例如：

$$CH_3CH_2-O-CH_2CH_3+HI \xrightarrow{\triangle} CH_3CH_2I+CH_3CH_2OH$$

$$CH_3CH_2OH+HI \xrightarrow{\triangle} CH_3CH_2I+H_2O$$

此类反应的特点如下：

① 反应活性 HI＞HBr≫HCl，HCl 几乎不能使醚键断裂。

② 含有两个不同烃基的混合醚与氢卤酸反应时，通常空间位阻小的烃基生成卤代烃，空间位阻大的烃基生成醇；烷基芳基醚在反应时，总是生成烷基卤代烃和酚类化合物。

③ 根据醚中烷基结构不同，反应可按 S_N1 或 S_N2 机理进行。一级烷基按照 S_N2 反应进行，三级烷基按照 S_N1 反应进行。

$$(CH_3)_2CH-O-CH_3+HI \xrightarrow{\triangle} (CH_3)_2CH-OH+CH_3I$$

$$\text{⬡}-O-CH_3+HI \xrightarrow{\triangle} \text{⬡}-OH+CH_3I$$

二芳基醚不与氢卤酸发生醚键断裂的反应。

(3) 醚的自动氧化 乙醚对氧化剂较稳定，但是乙醚长久与空气接触易被氧化生成乙醚的过氧化物。乙醚过氧化物极不稳定，受热易分解而发生剧烈爆炸。

$$CH_3CH_2-O-CH_2CH_3+O_2 \longrightarrow CH_3CH_2-O-\overset{\overset{O-O-H}{|}}{C}HCH_3$$

在蒸馏醚类时，要预先使用酸性碘化钾淀粉试纸检验是否含有醚的过氧化物，若试纸变蓝，表明过氧化物存在。在醚中加入 $FeSO_4$、KI 等还原剂可将醚中的过氧化物除去。

(4) 环氧乙烷的开环反应 环氧乙烷是最小的环醚，分子内存在着相当大的环张力，再加上氧原子的强吸电子诱导作用，使环氧乙烷具有非常高的化学活性，极易发生一系列的开环加成反应。例如：

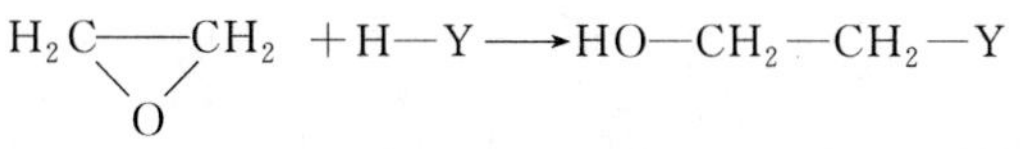

$$H_2C \underset{O}{\overset{}{\diagdown}} CH_2 + H-Y \longrightarrow HO-CH_2-CH_2-Y$$

$$Y = OH; OR; OC_6H_5; NH_2; SH; SR; CN; NHR; NR_2$$

有机合成上常用环氧乙烷与格氏试剂反应来增长碳链（产物比原化合物多两个碳原子）。例如：

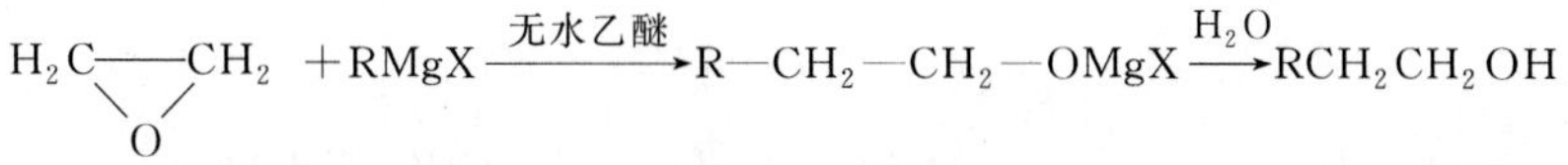

$$H_2C \underset{O}{\overset{}{\diagdown}} CH_2 + RMgX \xrightarrow{\text{无水乙醚}} R-CH_2-CH_2-OMgX \xrightarrow{H_2O} RCH_2CH_2OH$$

取代环氧乙烷在不同的反应条件和试剂作用下所得到的开环主产物是不同的。例如：

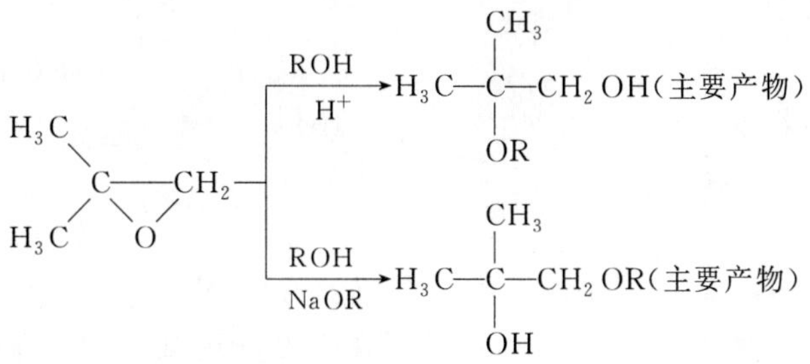

在碱性条件下环氧乙烷的开环反应可以看作是 S_N2 反应，在酸性条件下的开环反应可以看作是 S_N1 反应过程。

3. 冠醚

冠醚是大环多元醚类化合物，它们的结构特征是分子中含有多个—OCH_2CH_2—重复单元。冠醚的名称命名为 m-冠-n，m 表示冠醚环的总原子数目，n 表示冠醚环中的氧原子数目。

冠醚分子中心是一个空穴，其大小随着—OCH_2CH_2—单元的多少变化。在18-冠-6中，空穴的直径为 $260\sim320pm$，K^+ 可被18-冠-6的内层多个氧原子络合。利用这一特性，工业上用冠醚分离稀土金属及作为相转移催化剂。

由于冠醚的内层是亲水性的氧原子，外层是亲油性的碳原子，因此可作为相转移催化剂用于水-油两相体系的化学反应。例如，使用高锰酸钾氧化烯烃，在18-冠-6的存在下，反应可以进行得非常迅速，不但条件温和，收率也很高。

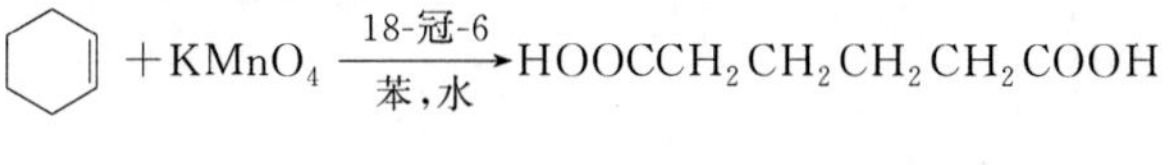

$$\bigcirc + KMnO_4 \xrightarrow[\text{苯,水}]{18\text{-冠-6}} HOOCCH_2CH_2CH_2CH_2COOH$$

● 典型例题解析 ●

1. 命名下列化合物。

(1) $(CH_3)_3CCH_2CH_2OH$

(2) 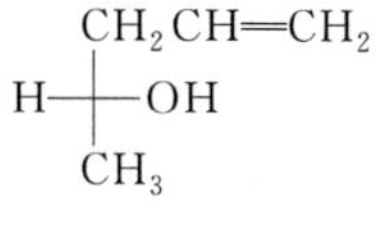
$$
\begin{array}{c}
CH_2CH\!=\!CH_2 \\
H-\!\!\!\!-\!\!\!\!-OH \\
CH_3
\end{array}
$$

(3)  [苯环]—CH_2CH_2OH

(4) 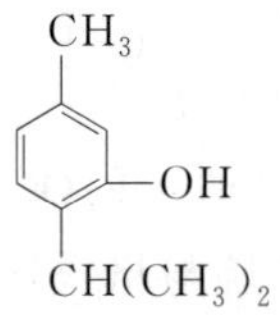 [苯环，顶部CH_3，右侧—OH，底部—$CH(CH_3)_2$]

(5) $CH_3CH_2OCH(CH_3)_2$

(6) 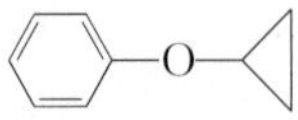 [苯环]—O—[环丙基]

(7) 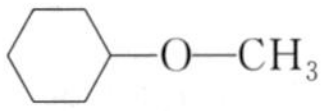 [环己基]—O—CH_3

(8) 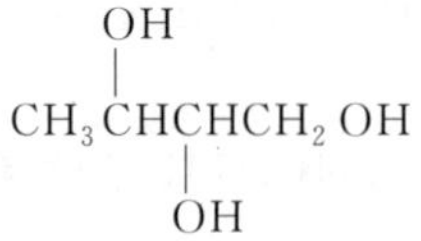 $CH_3CHCHCH_2OH$，带两个 OH

(9) 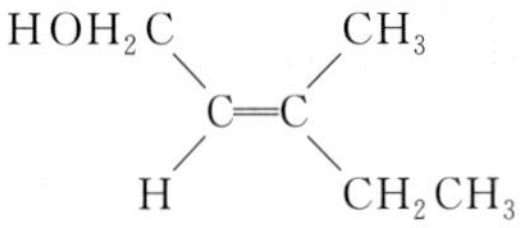 HOH_2C、CH_3，$C=C$，H、CH_2CH_3

(10) 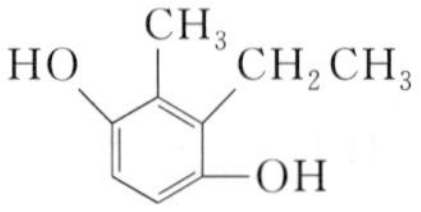 [苯环，顶部 CH_3、CH_2CH_3，左侧 HO，右下 OH]

解：

(1) 3,3-二甲基丁-1-醇
(2) (R)-戊-4-烯-2-醇
(3) 2-苯基乙醇
(4) 2-异丙基-5-甲基苯酚
(5) 乙基异丙基醚
(6) 苯基环丙基醚
(7) 环己基甲基醚
(8) 丁-1,2,3-三醇
(9) (E)-戊-2-烯-1-醇
(10) 2-乙基-3-甲基苯-1,4-二酚

注释：不饱和一元醇的命名，要从靠近羟基的一端依次给主链碳原子编号。

2. 写出下列化合物的结构式。

(1) 苦味酸
(2) 苄醇
(3) 1,2-二苯基乙醇
(4) β-萘酚
(5) 2-乙基-4-异丙基环己醇
(6) 5-乙基-3,5-二甲基庚-2-醇
(7) 反-环己-1,4-二醇
(8) 1-苯基丙-2-醇
(9) 2,4,6-三溴苯酚
(10) R-丙-1,2-二醇

解：

(1) 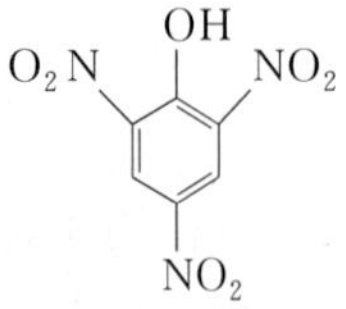 [苯环，OH 在顶部，O_2N 和 NO_2 在邻位，NO_2 在对位]

(2) [苯环]—CH_2OH

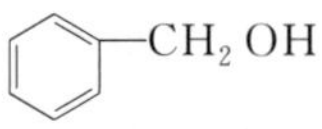

(3) 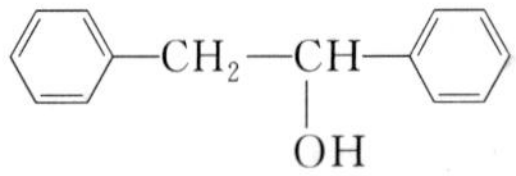 [苯环]—CH_2—CH—[苯环]，CH 带 OH

(4) 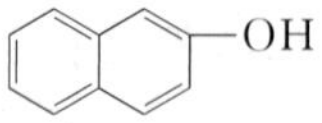 [萘环]—OH

(5) 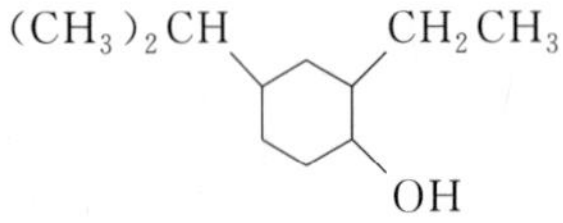 $(CH_3)_2CH$、CH_2CH_3 取代的环己醇，OH 在下方

(6) 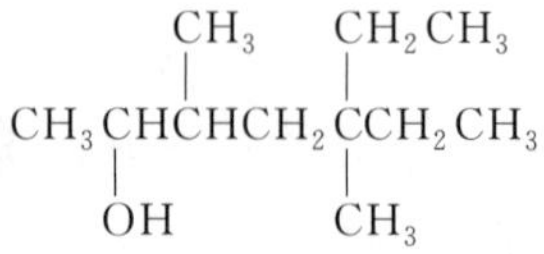 $CH_3CHCH_2CCH_2CH_3$，带 CH_3、OH、CH_2CH_3、CH_3

(7) 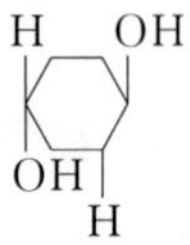 [环己环，H、OH 在上方，OH、H 在下方]

(8) 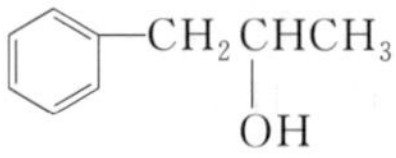 [苯环]—CH_2CHCH_3，CH 带 OH

(9)

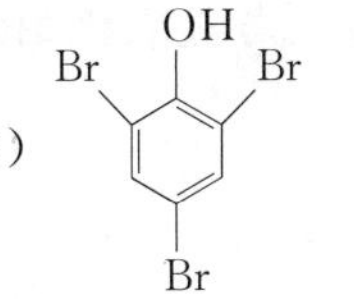

（10）$CH_3\underset{\underset{CH_3}{|}}{\overset{\overset{CH_2OH}{|}}{C}}OH$ （H center with CH₂OH top, OH right, CH₃ bottom）

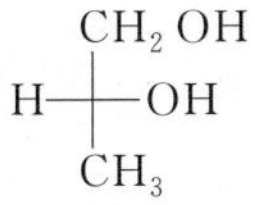

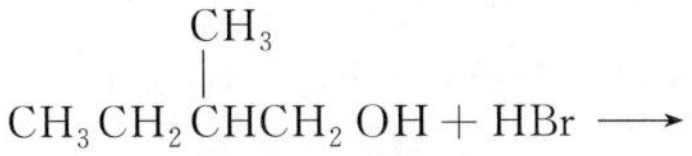

3. 完成下列反应式。

（1）$CH_3CH_2\underset{\underset{CH_3}{|}}{CH}CH_2OH + HBr \longrightarrow$

（2）$CH_3\underset{\underset{CH_3}{|}}{CH}—\underset{\overset{OH}{|}}{CH}CH_3 \xrightarrow[\triangle]{\text{浓 } H_2SO_4}$

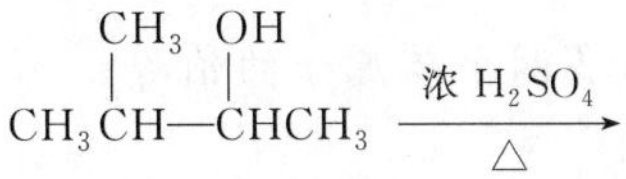

（3）$H_2C\!\!=\!\!CHCH_2CH_2CH_2CH_2OH \xrightarrow[CH_2Cl_2]{CrO_3(C_5H_5N)_2}$

（4）$CH_3(CH_2)_5CH_2OH \xrightarrow[H_2SO_4]{K_2Cr_2O_7}$

（5）$\text{⬡}\!-\!ONa + CH_3I \longrightarrow$

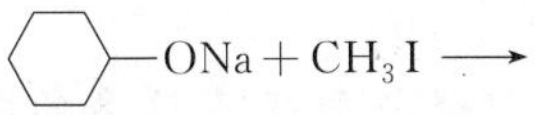

（6）$HO\!-\!\text{⬡}\!-\!CH_2OH + NaOH \longrightarrow$

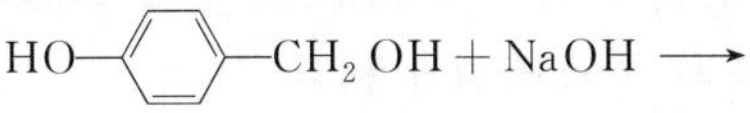

（7）$HO\!-\!\text{⬡} + Br_2 \xrightarrow[5℃]{CS_2}$

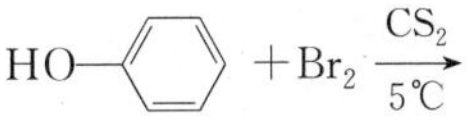

（8）$(CH_3CH_2CH_2)_2O + HI \text{（过量）} \longrightarrow$

（9）$CH_3CH_2\underset{\underset{OCH_3}{|}}{CH}CH_2CH_3 + HBr \longrightarrow$

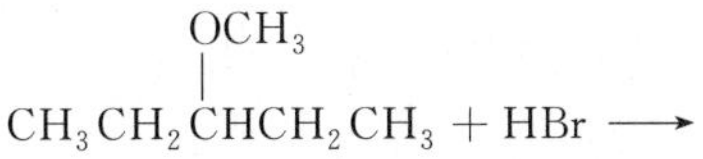

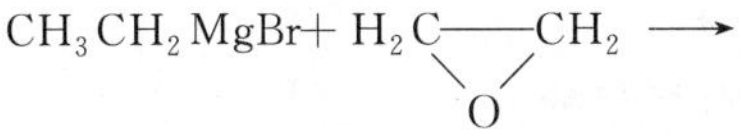

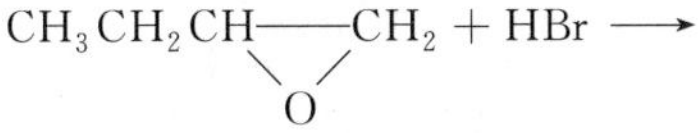

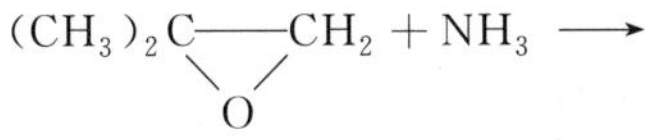

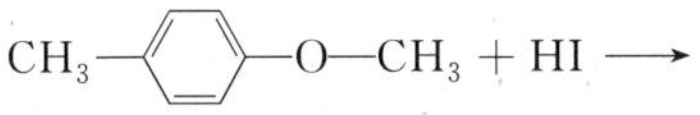

（10）$CH_3CH_2MgBr + H_2C\overset{\diagdown\diagup}{\underset{O}{}}CH_2 \longrightarrow$

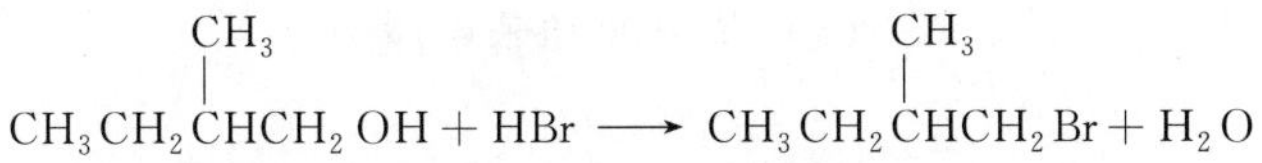

（11）$CH_3CH_2CH\overset{\diagdown\diagup}{\underset{O}{}}CH_2 + HBr \longrightarrow$

（12）$(CH_3)_2C\overset{\diagdown\diagup}{\underset{O}{}}CH_2 + NH_3 \longrightarrow$

（13）$CH_3\!-\!\text{⬡}\!-\!O\!-\!CH_3 + HI \longrightarrow$

解：

（1）$CH_3CH_2\underset{\underset{CH_3}{|}}{CH}CH_2OH + HBr \longrightarrow CH_3CH_2\underset{\underset{CH_3}{|}}{CH}CH_2Br + H_2O$

（2）$CH_3\underset{\underset{CH_3}{|}}{CH}—\underset{\overset{OH}{|}}{CH}CH_3 \xrightarrow[\triangle]{\text{浓 } H_2SO_4} CH_3\underset{\underset{CH_3}{|}}{C}\!\!=\!\!CHCH_3$

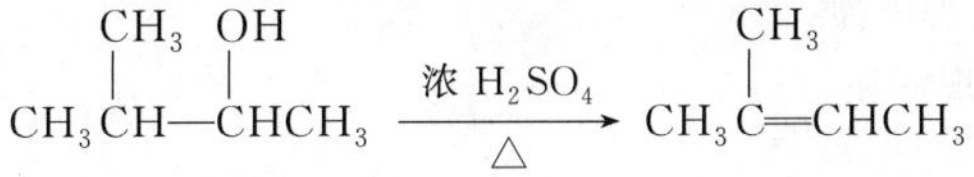

注释：醇的分子内脱水反应遵循札依采夫规律，主要生成双键两端连有烃基最多的烯烃。

（3）$H_2C\!\!=\!\!CHCH_2CH_2CH_2CH_2OH \xrightarrow[CH_2Cl_2]{CrO_3(C_5H_5N)_2} H_2C\!\!=\!\!CHCH_2CH_2CH_2CHO$

（4）$CH_3(CH_2)_5CH_2OH \xrightarrow[H_2SO_4]{K_2Cr_2O_7} CH_3(CH_2)_5COOH$

（5）$\text{⬡}\!-\!ONa + CH_3I \longrightarrow \text{⬡}\!-\!OCH_3 + NaI$

（6）$HO\!-\!\text{⬡}\!-\!CH_2OH + NaOH \longrightarrow NaO\!-\!\text{⬡}\!-\!CH_2OH$

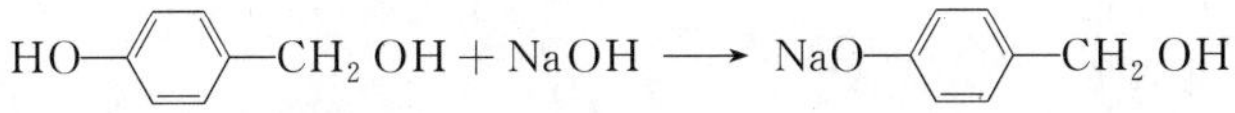

注释：酚羟基氧原子与苯环发生 p-π 共轭，其酸性大于醇羟基，酚能与氢氧化钠反应。

（7）HO—⟨⟩ + Br₂ $\xrightarrow[5℃]{CS_2}$ HO—⟨⟩—Br

（8）$(CH_3CH_2CH_2)_2O + HI$（过量）$\longrightarrow 2CH_3CH_2CH_2I$

（9）$\underset{\underset{\displaystyle}{}}{CH_3CH_2CHCH_2CH_3}$ + HBr $\longrightarrow$ $\underset{}{CH_3CH_2CHCH_2CH_3}$ + CH₃Br
其中取代基为 OCH₃，产物为 OH

（10）$CH_3CH_2MgBr + H_2C\!\!-\!\!CH_2$（环氧，O 桥）$\longrightarrow CH_3CH_2CH_2\!\!-\!\!CH_2OMgBr$

注释：格氏试剂与环氧乙烷反应可制备比其所连烃基多两个碳原子的伯醇。

（11）$CH_3CH_2CH\!\!-\!\!CH_2$（环氧，O 桥）+ HBr $\longrightarrow CH_3CH_2CHCH_2OH$（Br 取代在 CH 上）

（12）$(CH_3)_2C\!\!-\!\!CH_2$（环氧，O 桥）+ NH₃ $\longrightarrow$ $\underset{OH}{\overset{CH_3}{CH_3CCH_2NH_2}}$

注释：取代环氧乙烷在酸性条件下开环，试剂中的亲核部分与取代基较多的碳原子相连；在碱性条件下开环，试剂中的亲核部分与取代基较少的碳原子相连。

（13）$CH_3\!\!-\!\!⟨⟩\!\!-\!\!O\!\!-\!\!CH_3 + HI \longrightarrow CH_3\!\!-\!\!⟨⟩\!\!-\!\!OH + CH_3I$

4. 按酸性大小排列下列各组化合物。

（1）水、苯酚、碳酸和乙醇

（2）苄醇、苯甲酸和苯酚

（3）苯酚、间甲基苯酚、间氯苯酚和间硝基苯酚

（4）对硝基苯酚、2,4-二硝基苯酚和 2,4,6-三硝基苯酚

解：（1）碳酸＞苯酚＞水＞乙醇

（2）苯甲酸＞苯酚＞苄醇

（3）间硝基苯酚＞间氯苯酚＞苯酚＞间甲基苯酚

（4）2,4,6-三硝基苯酚＞2,4-二硝基苯酚＞对硝基苯酚

5. 用化学方法鉴别下列各组化合物。

（1）丁-2-醇和 2-甲基丁-2-醇　　　　（2）正丁醇、仲丁醇和叔丁醇

（3）苯甲醇和邻甲苯酚　　　　　　　（4）苯甲醇和苯甲醚

（5）乙二醇和丙醇

解：（1）丁-2-醇 $\xrightarrow{\text{卢卡斯试剂}}$ 5min 出现浑浊
2-甲基丁-2-醇　　　　　　　立即出现浑浊

（2）正丁醇 $\xrightarrow{\text{卢卡斯试剂}}$ 室温下不出现浑浊
仲丁醇　　　　5min 出现浑浊
叔丁醇　　　　立即出现浑浊

（3）苯甲醇 $\xrightarrow{\text{FeCl}_3\ \text{溶液}}$ 不显色
邻甲苯酚　　　　　　显　色

（4）苯甲醇 $\xrightarrow{\text{KMnO}_4/\text{H}^+}$ 褪色
苯甲醚　　　　　　不褪色

（5）乙二醇 $\xrightarrow{\text{新制 Cu(OH)}_2\ \text{溶液}}$ 深蓝色
丙醇　　　　　　　　无现象

6. 三种醇 A、B、C 经 HIO_4 氧化后得到下列产物，试写出醇的结构。

$$A + HIO_4 \longrightarrow 2HCOOH + 2HCHO$$
$$B + HIO_4 \longrightarrow CH_3COCH_3 + CH_3CHO$$
$$C + HIO_4 \longrightarrow PhCHO + CH_3CHO$$

解：将产物的羰基用 2 个羟基代替，然后将产物之间 2 个羟基去掉即得到原来醇的结构。

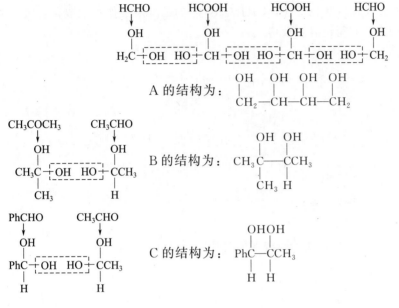

7. 用反应式表示下列转化过程。

（1）丙烯→丙酮　　　（2）丙烯→丙烯醛　　　（3）1-溴丁烷→丁-2-醇

解：（1）$CH_3CH=CH_2 \xrightarrow[\text{②}H_2O]{\text{①浓}H_2SO_4} CH_3\overset{\displaystyle OH}{\underset{}{C}}H-CH_3 \xrightarrow[H_2SO_4]{KMnO_4} CH_3\overset{\displaystyle O}{\underset{}{C}}-CH_3$

（2）$CH_3CH=CH_2 \xrightarrow[CCl_4]{NBS} BrCH_2CH=CH_2 \xrightarrow[H_2O]{NaOH} HOCH_2CH=CH_2 \xrightarrow[CH_2Cl_2]{CrO_3(C_5H_5N)_2} CH_2=CHCHO$

（3）$CH_3CH_2CH_2CH_2Br \xrightarrow[\triangle]{NaOH（乙醇）} CH_3CH_2CH=CH_2 \xrightarrow{HBr} CH_3CH_2\overset{\displaystyle Br}{\underset{}{C}}HCH_3 \xrightarrow{NaOH(H_2O)} CH_3CH_2\overset{\displaystyle OH}{\underset{}{C}}HCH_3$

8. 化合物 A 的分子式为 $C_6H_{10}O$，与卢卡斯试剂混合后立即产生浑浊；A 能被高锰酸钾溶液氧化，能使 Br_2 的 CCl_4 溶液褪色。A 经催化加氢后得分子式为 $C_6H_{12}O$ 的 B，B 经氧化得 C，C 的分子式与 A 相同。B 与浓 H_2SO_4 共热得 D，D 催化加氢生成环己烷。试推断 A、B、C 和 D 的结构式。

解：A、B、C 和 D 的结构式分别为

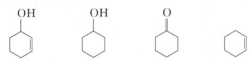

9. 化合物 A 的分子式为 C_7H_8O，溶于 NaOH 溶液，不溶于 $NaHCO_3$ 溶液，A 与 $FeCl_3$ 溶液反应生成有色物质；与溴水反应生成分子式为 $C_7H_5Br_3O$ 的 B。试写出 A 和 B 的结构式。

解：A 和 B 的结构式分别为

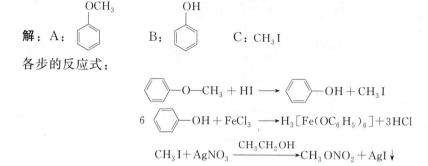

10. 化合物 A 的分子式为 C_7H_8O，不溶于 NaOH 水溶液，与浓 HI 反应生成化合物 B 和 C。B 能与 $FeCl_3$ 水溶液发生颜色反应，C 与 $AgNO_3$ 的乙醇溶液作用生成黄色沉淀。试写出 A、B 和 C 的结构式，并写出各步反应式。

解：A：(OCH₃—苯环)　B：(OH—苯环)　C：CH_3I

各步的反应式：

$$\text{（苯）}-O-CH_3 + HI \longrightarrow \text{（苯）}-OH + CH_3I$$

$$6\ \text{（苯）}-OH + FeCl_3 \longrightarrow H_3[Fe(OC_6H_5)_6] + 3HCl$$

$$CH_3I + AgNO_3 \xrightarrow{CH_3CH_2OH} CH_3ONO_2 + AgI\downarrow$$

本章测试题

一、命名或写结构式

1. $CH_3\overset{\underset{\displaystyle CH_3}{|}}{C}H-\overset{\underset{\displaystyle OH}{|}}{C}HCH_2CH_3$

2. $O_2N-\text{（苯环）}-OH$

3. $C_6H_5\overset{\underset{\displaystyle Cl}{|}}{C}=CHCH_2OH$

4. $CH_3CH_2-O-CH=CH_2$

5. （环己烷，CH₃、OH、H、H 取代）　（顺反命名法命名）

6. $Br-\overset{\overset{\displaystyle CH_3}{|}}{\underset{\underset{\displaystyle CH_2CH_2OH}{|}}{C}}-CH_2OH$　（R、S 命名法命名）

7. $\begin{array}{c} H_3C \\ H_3C \end{array}\!\!\diagdown\!\!\begin{array}{c} C \\ O \end{array}\!\!\diagup\!\!CH_2$

8. $H_3C-\text{（苯环）}-CH_2OH$，（Br 取代）

9. 3,4-二甲基己-2-醇

10. 3-甲基丁-3-烯-2-醇

11. 3-苯基丁-1-醇

12. 甲基环己基醚

13. 4-羟甲基苯-1,2-二酚

14. 己-3,4-二醇

15. （E）-2-甲基丁-2-烯-1-醇

16. R-戊-2-醇

二、单项选择题

17. 下列化合物中属于叔醇的是（　　）。

A. $H_3C-\overset{\overset{\displaystyle CH_3}{|}}{\underset{\underset{\displaystyle CH_3}{|}}{C}}-CH_2OH$

B. $H_3C-\overset{\overset{\displaystyle CH_3}{|}}{\underset{\underset{\displaystyle CH_3}{|}}{C}}-OH$

C. $H_3C-\overset{\overset{\displaystyle H}{|}}{\underset{\underset{\displaystyle OH}{|}}{C}}-CH_2CH_3$ D. $H_3C-\overset{\overset{\displaystyle H}{|}}{\underset{\underset{\displaystyle OH}{|}}{C}}-H$

18. 下列化合物与活泼金属反应活性最大的是（　　　）。

A. $CH_3\overset{\overset{\displaystyle OH}{|}}{C}HCH_3$ B. CH_3CH_2OH C. $(CH_3)_3COH$ D. CH_3OH

19. 下列化合物与卢卡斯试剂反应活性最大的是（　　　）。

A. $CH_3\overset{\overset{\displaystyle OH}{|}}{C}HCH_3$ B. CH_3CH_2OH C. $(CH_3)_3COH$ D. CH_3OH

20. 下列化合物中属于脂环醇的是（　　　）。

A. CH_3CH_2OH B. ⬡—CH_2OH

C. ⬡—CH_2OH D. H_3C—⬡—OH

21. 下列酚和取代酚中酸性最强的是（　　　）。

A. 对氯苯酚   B. 对硝基苯酚   C. 对氨基苯酚   D. 苯酚

22. 下列化合物分别与溴水反应，能使溴水褪色并生成白色沉淀的是（　　　）。

A. ⬡   B. ⬡—OH C. ⬡$=O$ D. ⬡

23. 4-甲基苯酚分子中存在的共轭体系为（　　　）。

A. π-π 共轭   B. p-π 共轭

C. π-π 共轭、p-π 共轭和 σ-π 超共轭   D. p-π 共轭和 σ-π 超共轭

24. 下列化合物中，既属于单醚，又属于芳香醚的是（　　　）。

A. 乙醚   B. 苯甲醚   C. 二苯醚   D. 甲基乙烯基醚

25. 下列化合物中能与新制的氢氧化铜沉淀生成深蓝色溶液的是（　　　）。

A. 丙-1,2-二醇   B. 丙-1,3-二醇   C. 苯-1,2-二酚   D. 苯-1,4-二酚

三、完成反应式

26. ⬡($-OH$, $-CH_3$) $\xrightarrow[\triangle]{\text{浓 } H_2SO_4}$

27. $CH_3CH_2CH_2OH + HNO_3 \longrightarrow$

28. ⬡$-Br + Mg \xrightarrow{\text{无水乙醚}}$ $\xrightarrow{\triangle(O)}$

29. ⬡$-OH \xrightarrow[H_2O]{NaOH}$ $\xrightarrow{CH_3I}$

30. $CH_3CH=CHCH_2OH \xrightarrow{CrO_3(C_5H_5N)_2}$

31. $H_3C-\overset{\overset{\displaystyle OH}{|}}{C}H-\overset{\overset{\displaystyle OH}{|}}{C}HCH_2OH + 2HIO_4 \longrightarrow$

32. ⬡$-O-CH_2CH_3 + HI \longrightarrow$

33. $CH_3CH_2\overset{\overset{\displaystyle OH}{|}}{C}HCH_3 \xrightarrow[H_2SO_4]{K_2Cr_2O_7}$

$$\overset{\text{OH}}{\underset{|}{}}$$

34. $CH_3\overset{\text{OH}}{\underset{|}{CH}}—CH_3 + SOCl_2 \longrightarrow$

35. $CH_3CH_2CH_2OH \xrightarrow[\text{140℃}]{\text{浓 } H_2SO_4}$

四、是非题

36. 乙醇和甲醚是同分异构体，因此它们的沸点相近。　　　　　　　　　　　（　　）

37. 新制备的氢氧化铜沉淀可以用来区别一元醇与二元醇。　　　　　　　　（　　）

38. 甲乙醚是一种混醚，它是由甲醚与乙醚组成的混合物。　　　　　　　　（　　）

39. 利用格氏试剂与环氧乙烷反应可以制备各种醇类化合物。　　　　　　　（　　）

40. 叔醇是羟基与叔碳原子相连的醇。　　　　　　　　　　　　　　　　　（　　）

41. 酚具有酸性，既能溶于氢氧化钠溶液中，也能溶于碳酸氢钠溶液中。　　（　　）

42. 卢卡斯试剂可用于鉴别分子中含 6 个碳原子以下的伯醇、仲醇和叔醇。　（　　）

43. 只有羟基直接与苯环相连的化合物才是酚类化合物。　　　　　　　　　（　　）

44. 烯醇式结构的化合物与酚类化合物均可以和 $FeCl_3$ 溶液发生显色反应。　（　　）

45. 如果醚使湿润的淀粉-碘化钾试纸变蓝，则表明醚中含有醚的过氧化物。　（　　）

五、填空题

46. 乙醇与甲醚属于 _____ 异构；伯醇为 _____ 的醇；仲醇为 _____ 的醇；叔醇为 _____ 的醇。

47. 甘油的沸点比乙醇的沸点高，是因为 _____。

48. 伯、仲、叔醇与钠的反应活性大小为 _____。

49. 醇与卤化氢的反应活性不同，其反应活性的大小为 _____。

50. _____ 称为卢卡斯试剂。

51. 醇的脱水反应有两种方式，一种方式是 _____ 脱水，生成 _____；另一种方式是 _____ 脱水，生成 _____。

52. 酚显弱酸性，是由于分子中形成 _____，使 O—H 键的极性 _____，在水中能解离出 ____ 离子。

53. 具有 _____ 结构的脂肪族化合物与 ____ 类化合物能与 $FeCl_3$ 溶液反应生成有色物质。

54. 分子量相近的醚的沸点远低于醇，是因为 _____。

55. 利用格氏试剂与环氧乙烷发生开环反应可制备 _____。

六、用化学方法鉴别

56. 戊-1-醇、戊-2-醇和 2-甲基丁-2-醇

57. 苄醇、苯酚和氯苯

58. 乙二醇、乙醇和乙二醇二甲醚

59. 环己醇、甲基环己基醚和苯酚

七、合成题

60. 以 $CH_2{=}CH_2$ 为原料合成 $CH_3CH_2CH_2CH_2OH$，其他试剂任选。

61. $CH_3\overset{\text{OH}}{\underset{|}{CH}}CH_3 \longrightarrow CH_3CH_2CH_2OH$

62. $CH_2{=}CH—CH{=}CH_2 \longrightarrow$ ⬠O

八、推导结构题

63. 化合物 A 的分子式为 $C_6H_{14}O$，与金属钠作用放出氢气，与 Lucas 试剂作用可在数分钟后反应，A 与浓 H_2SO_4 共热后再经 $KMnO_4$ 氧化可生成两种产物，一种为酸性物质，另一种为中性化合物，试推测 A 的可能结构。

64. 某化合物 A 的分子式为 $C_{10}H_{12}O_3$，能溶于 NaOH 水溶液，但不溶于 $NaHCO_3$ 水溶液，如用 CH_3I 碱性水溶液处理 A，得到分子式为 $C_{11}H_{14}O_3$ 的化合物 B，B 不溶于 NaOH 水溶液，但可与金属钠反应，也能和 $KMnO_4$ 反应，并能使 Br_2/CCl_4 褪色。A 经 O_3 氧化后水解，可得到 4-羟基-3-甲氧基苯甲醛。试写出 A、B 的结构式。

65. 化合物 A 的分子式为 C_3H_8O，与 $KMnO_4$ 酸性溶液作用生成酸。A 与三溴化磷作用生成 B；B 与氢氧化钾的乙醇溶液作用生成 C；C 与溴化氢作用生成 D；D 与氢氧化钾水溶液作用生成 E，而 E 是 A 的同分异构体。试写出 A、B、C、D 和 E 的构造式。

参考答案

一、命名或写结构式

1. 2-甲基戊-3-醇 2. 4-硝基苯酚 3. 3-苯基-3-氯丙-2-烯-1-醇 4. 乙基乙烯醚

5. 顺-4-甲基环己醇 6. R-2-溴-2-甲基丁-1,4-二醇 7. 2-甲基环氧丙烷 8. 2-溴-4-甲基苄醇

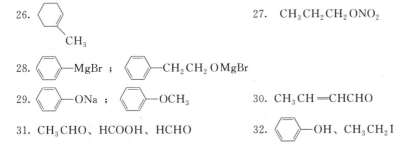

二、单项选择题

17. B；18. D；19. C；20. D；21. B；22. B；23. C；24. C；25. A

三、完成反应式

33.
$$CH_3\overset{\overset{\displaystyle O}{\|}}{C}-CH_2CH_3$$

34.
$$CH_3\overset{\overset{\displaystyle Cl}{|}}{CH}-CH_3$$

35. $CH_3CH_2CH_2OCH_2CH_2CH_3$

注：给出主要产物的结构式。

四、是非题

36. ×；37. ×；38. ×；39. ×；40. √；41. ×；42. √；43. √；44. √；45. √

五、填空题

46. 官能团；羟基与伯碳原子相连；羟基与仲碳原子相连；羟基与叔碳原子相连

47. 甘油分子中含有的羟基多，产生的氢键多

48. 伯醇＞仲醇＞叔醇　　　　49. 叔醇＞仲醇＞伯醇

50. 无水氯化锌的浓盐酸溶液　　51. 分子内；烯；分子间；醚

52. p-π 共轭体系，增加，氢　　53. 烯醇式；酚

54. 醚的氧原子上不连接氢原子，醚分子之间不能形成氢键

55. 比格氏试剂多两个碳原子的伯醇

六、用化学方法鉴别

56.
$$CH_3(CH_2)_3CH_2OH$$
$$CH_3\overset{\overset{\displaystyle OH}{|}}{CH}(CH_2)_2CH_3$$
$$CH_3\overset{\overset{\displaystyle OH}{|}}{\underset{\underset{\displaystyle CH_3}{|}}{C}}CH_2CH_3$$

卢卡斯试剂 → 室温下不出现浑浊 / 5min 后出现浑浊 / 立即出现浑浊

57.
苯-CH_2OH / 苯-OH / 苯-Cl
$FeCl_3$ 显色 (－)，(－)　Na → $H_2\uparrow$，(－)

58.
$HOCH_2CH_2OH$ / CH_3CH_2OH / $CH_3OCH_2CH_2OCH_3$
新制备 $Cu(OH)_2$ → 深蓝色溶液，(－)，(－)　Na → $H_2\uparrow$，(－)

59.
环己基-OH / 环己基-OCH_3 / 苯-OH
$FeCl_3$ (－)，(－) Na → $H_2\uparrow$，(－)；显色

七、合成题

60. $CH_2{=}CH_2 + HBr \longrightarrow CH_3CH_2Br \xrightarrow[\text{无水乙醚}]{Mg} CH_3CH_2MgBr \xrightarrow{\triangle O}$

$CH_3CH_2CH_2CH_2OMgBr \xrightarrow{H_3O^+} CH_3CH_2CH_2CH_2OH$

61. $CH_3\overset{\overset{\displaystyle OH}{|}}{CH}CH_3 \xrightarrow[\triangle]{\text{浓 }H_2SO_4} CH_3CH{=}CH_2 \xrightarrow[\text{过氧化物}]{HBr} CH_3CH_2CH_2Br \xrightarrow[H_2O]{NaOH} CH_3CH_2CH_2OH$

62. $CH_2\text{=}CH\text{--}CH\text{=}CH_2 \xrightarrow{Br_2} \underset{\underset{Br}{|}}{CH_2}CH\text{=}CH\underset{\underset{Br}{|}}{CH_2} \xrightarrow{[H]} \underset{\underset{OH}{|}}{CH_2}CH_2\text{--}CH_2\underset{\underset{OH}{|}}{CH_2} \xrightarrow{\triangle}$ ⬠O

八、推导结构题

63. A： $CH_3\underset{\underset{\underset{CH_3}{|}}{|}}{CH}CHCH_2CH_3$

         OH

64. $HO\text{--}\underset{\overset{OCH_3}{|}}{\bigcirc}\text{--}CH\text{=}CHCH_2OH$ （A）； $CH_3O\text{--}\underset{\overset{OCH_3}{|}}{\bigcirc}\text{--}CH\text{=}CHCH_2OH$ （B）

65. A 为 $CH_3CH_2CH_2OH$； B 为 $CH_3CH_2CH_2Br$； C 为 $CH_3CH\text{=}CH_2$；

D 为 $CH_3\underset{\underset{Br}{|}}{CH}CH_3$ E 为 $CH_3\underset{\underset{OH}{|}}{CH}CH_3$

第八章
醛、酮和醌

━━━━◆ 基本要求 ◆━━━━

◎ 掌握醛、酮的结构特点和分类。

◎ 掌握醛、酮的命名。

◎ 掌握醛、酮的化学性质：亲核加成反应（加氢氰酸、加亚硫酸氢钠、加醇、加氨的衍生物）、α-H 原子的反应（卤仿反应、羟醛缩合反应）、氧化反应（托伦试剂、斐林试剂、本尼迪特试剂）、还原反应（催化加氢、金属氢化物还原、克莱门森反应、黄鸣龙反应、坎尼扎罗反应）。

◎ 理解醌的结构、命名与化学性质。

━━━━◆ 知识点归纳 ◆━━━━

一、醛和酮的结构与分类

醛和酮分子中都含有羰基（ $\diagdown$ C=O ），都属于羰基化合物。

醛的通式：(H)R—$\overset{\overset{\displaystyle O}{\|}}{C}$—H   醛基 —$\overset{\overset{\displaystyle O}{\|}}{C}$—H   例如：$CH_3CHO$

酮的通式：R—$\overset{\overset{\displaystyle O}{\|}}{C}$—R′   酮基 —$\overset{\overset{\displaystyle O}{\|}}{C}$—   例如：$CH_3$—$\overset{\overset{\displaystyle O}{\|}}{C}$—$CH_3$

式中，R、R′可以是脂肪烃基，也可以是芳香烃基；可以相同，也可以不同。醛、酮结构上的共同点是都含有羰基，不同点是酮的羰基碳两边都连有烃基，醛的羰基碳一边至少连有一个氢原子，因此酮的空间位阻大于醛的空间位阻。

根据与羰基相连的烃基结构类型，可将醛、酮分类如下。

(1) 脂肪族醛酮 根据羰基所连接的烃基中是否含有不饱和键，可将脂肪族醛酮分为饱和醛酮与不饱和醛酮。

CH_3CH_2—$\overset{\overset{\displaystyle O}{\|}}{C}$—H	CH_3—$\overset{\overset{\displaystyle O}{\|}}{C}$—$CH_2CH_3$	CH_2=CHCHO	CH_2=CHC$\overset{\overset{\displaystyle O}{\|}}{C}CH_3
饱和醛	饱和酮	不饱和醛	不饱和酮

（2）脂环族醛酮

脂环醛   脂环酮

（3）芳香族醛酮

芳香醛   芳香酮

根据分子中羰基的数目，可将醛、酮分为一元醛、酮和多元醛、酮。

二元醛   二元酮

醛、酮中羰基的碳氧双键与烯烃中碳碳双键的结构相似，由一个 σ 键和一个 π 键组成，碳原子和氧原子均为 sp^2 杂化，不同之处是碳碳双键没有极性，碳氧双键有极性。

二、醛和酮的命名

1. 普通命名法

醛的普通命名法与伯醇相似，只是把"醇"改为"醛"即可，例如：

异戊醛   苯甲醛

酮按与羰基连接的两个烃基命名，烃基按其英文名称字母顺序依次排列，例如：

乙基甲基酮   苯基乙基酮

2. 醛和酮的系统命名法

与醇的系统命名法相似，选择含羰基碳的最长碳链作主链，从靠近羰基的一端开始，用阿拉伯数字给主链碳原子编号，根据碳原子数称为"某醛"或"某酮"，例如：

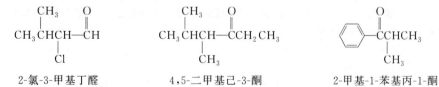

2-氯-3-甲基丁醛   4,5-二甲基己-3-酮   2-甲基-1-苯基丙-1-酮

不饱和醛酮命名时，要选择含有碳碳不饱和键和羰基碳在内的最长碳链作主链，从靠近羰基的一端开始编号，标明不饱和键的位次与羰基位次。例如：

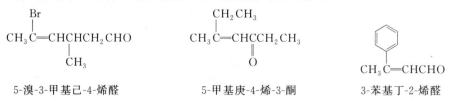

5-溴-3-甲基己-4-烯醛   5-甲基庚-4-烯-3-酮   3-苯基丁-2-烯醛

多元醛酮的命名，选择含羰基最多的最长碳链作主链，标明酮基的位次。例如：

$$
\underset{\text{2-甲基丁-1,4-二醛}}{\overset{\overset{\displaystyle CH_3}{|}}{OHCCH_2CHCHO}}
\qquad\qquad
\underset{\text{2-甲基己-2,4-二酮}}{\overset{\overset{\displaystyle O\qquad O}{\parallel\qquad\parallel}}{\underset{\underset{\displaystyle CH_3}{|}}{CH_3CCH-CCH_2CH_3}}}
$$

三、醛和酮的化学性质

醛、酮分子中的碳氧双键具有极性，能与亲核试剂发生亲核加成反应；由于羰基吸电子诱导效应的影响，α-氢变得活泼；由于醛基碳至少连有一个氢，因此更容易反应。可概括如下：

$$
\underset{\alpha\text{-H的反应}\ \text{------}\ \text{H}}{\overset{O^{\delta^-}}{-\underset{|}{C}-\underset{\delta^+}{C}-R(H)}}\quad
\begin{matrix}\text{------ 羰基的亲核加成反应}\\[6pt]\text{------ 醛的特性反应}\end{matrix}
$$

1. 羰基的亲核加成反应

烯烃中碳碳双键的加成反应属于亲电加成，而醛、酮羰基上发生的加成反应属于亲核加成。首先由亲核试剂提供一对电子与带部分正电荷的羰基碳结合，同时碳氧之间的一对 π 键电子转移到氧上，形成氧负离子。氧负离子接受一个质子完成反应。羰基碳原子由 sp^2 杂化、平面构型转化为 sp^3 杂化、四面体构型。醛、酮羰基的亲核加成反应分两步进行：

$$
R-\overset{\overset{\displaystyle O^{\delta^-}}{\|}}{\underset{\delta^+}{C}}-R'(H) + N\bar{u}: \Longrightarrow R-\overset{\overset{\displaystyle O^-}{|}}{\underset{\underset{\displaystyle Nu}{|}}{C}}-R'(H)
$$

$$
R-\overset{\overset{\displaystyle O^-}{|}}{\underset{\underset{\displaystyle Nu}{|}}{C}}-R'(H) + A:Nu \Longrightarrow R-\overset{\overset{\displaystyle OA}{|}}{\underset{\underset{\displaystyle Nu}{|}}{C}}-R'(H) + N\bar{u}:
$$

亲核加成反应的难易主要取决于亲核试剂亲核性的强弱及醛酮羰基的活性。羰基碳原子所带正电荷愈多，羰基所连基团的体积愈小，其反应活性愈强；反之愈弱。

醛、酮可与氢氰酸、Grignard 试剂、$NaHSO_3$ 饱和溶液、水、醇、氨的衍生物等发生亲核加成反应。可简单归纳如下：

$$
\underset{(H)R'}{\overset{R}{\diagdown}}C=O \ + \ H\ \vdots\ Y \ \longrightarrow \ \underset{(H)R'}{\overset{R}{\diagdown}}\overset{\overset{\displaystyle Y}{|}}{C}-OH
$$

$$
\begin{array}{ll}
H \vdots CN & Y = CN \\
H \vdots OSO_2Na & = OSO_2Na \\
H \vdots OR'' & = OR'' \\
H \vdots NHOH & = NHOH \\
H \vdots NHNHC_6H_5 & = NHNHC_6H_5 \\
XMg \vdots R'' \quad (H换成MgX) & = R''
\end{array}
$$

(1) 与氢氰酸加成

$$R-\overset{\overset{\displaystyle O}{\|}}{C}-H(CH_3) + HCN \rightleftharpoons R-\overset{\overset{\displaystyle OH}{|}}{\underset{\underset{\displaystyle CN}{|}}{C}}-H(CH_3) \xrightarrow{H_3O^+} R-\overset{\overset{\displaystyle OH}{|}}{\underset{\underset{\displaystyle COOH}{|}}{C}}-H(CH_3)$$

α-氰醇

醛、脂肪族甲基酮及小于 8 个碳的环酮可发生该反应。这个反应可增长碳链。

(2) 与亚硫酸氢钠加成

$$R-\overset{\overset{\displaystyle O}{\|}}{C}-H(CH_3) + NaHSO_3 \rightleftharpoons R-\overset{\overset{\displaystyle OH}{|}}{\underset{\underset{\displaystyle SO_3Na}{|}}{C}}-H(CH_3)$$

α-羟基磺酸钠

醛、脂肪族甲基酮及小于 8 个碳的环酮可发生该反应。α-羟基磺酸钠难溶于饱和亚硫酸氢钠水溶液而析出白色沉淀，在酸或碱的作用下分解为原来的醛或酮。

(3) 与醇加成

$$R-\overset{\overset{\displaystyle O}{\|}}{C}-H + HOR' \xrightleftharpoons{\text{干燥 HCl}} R-\overset{\overset{\displaystyle OH}{|}}{\underset{\underset{\displaystyle OR'}{|}}{C}}-H \xrightarrow{HOR'} R-\overset{\overset{\displaystyle OR'}{|}}{\underset{\underset{\displaystyle OR'}{|}}{C}}-H$$

半缩醛   缩醛

反应需在无水条件下进行。半缩醛不稳定，缩醛稳定。缩醛不易被氧化，对碱性溶液也相当稳定，在酸性溶液中水解为原来的醛和醇。缩醛常用来保护醛基。

酮不易生成缩酮，但在特殊装置中，设法将体系中的水除去可以得到缩酮。

(4) 与氨的衍生物加成

氨的衍生物：NH_2OH（羟胺）、NH_2NH_2（肼）、$C_6H_5NHNH_2$（苯肼）

$$\overset{\displaystyle R}{\underset{\displaystyle (H)R'}{}}C=O + H_2N-G \longrightarrow \overset{\displaystyle R}{\underset{\displaystyle (H)R'}{}}\overset{\overset{\displaystyle NHG}{|}}{C}-OH \longrightarrow \overset{\displaystyle R}{\underset{\displaystyle (H)R'}{}}C=NG$$

$G=OH$，NH_2，NHC_6H_5 等

醛、酮与氨的衍生物的加成产物大多是有固定熔点的晶体，在稀酸溶液中可水解得到原来的醛、酮。2,4-二硝基苯肼与醛、酮的反应生成物为黄色固体，可用于醛、酮的鉴别。

(5) 与格氏试剂加成

$$\overset{\displaystyle R}{\underset{\displaystyle (H)R'}{}}C=O + R''MgX \xrightarrow{\text{无水乙醚}} \overset{\displaystyle R}{\underset{\displaystyle (H)R'}{}}\overset{\overset{\displaystyle R''}{|}}{C}-OMgX \xrightarrow{H_3O^+} \overset{\displaystyle R}{\underset{\displaystyle (H)R'}{}}\overset{\overset{\displaystyle R''}{|}}{C}-OH$$

甲醛与格氏试剂反应可制得伯醇；其他醛与格氏试剂反应制得仲醇；酮与格氏试剂反应制得叔醇。这是一个增长碳链的反应。

2. α- 氢的反应

(1) 碘仿反应

羰基较强的吸电子作用，增强了 α-H 的活性，使 α-H 易于以质子的形式离去。含有 α-H 的酮与卤素作用，α-H 被取代，生成 α-卤代酮。甲基酮的三个 α-H 依次

被取代，生成 α，α，α-三卤代酮，它在碱作用下分解为三卤甲烷（卤仿）和羧酸盐，称为卤仿反应。碘作用下的碘仿反应，生成难溶于水的黄色碘仿，常用于结构鉴定。

$$\underset{\underset{H}{\overset{H}{|}}}{\overset{\overset{H}{|}}{H-C}}-\overset{O}{\overset{\|}{C}}-R(H) \xrightarrow{3I_2} \underset{\underset{H+ONa}{\overset{I}{|}}}{\overset{\overset{I}{|}}{I-C}}-\overset{O}{\overset{\|}{C}}-R(H) \longrightarrow CHI_3\downarrow + NaO-\overset{O}{\overset{\|}{C}}-R(H)$$

所有的甲基醛酮均可发生碘仿反应。如：CH_3CHO、CH_3COCH_3、$CH_3COC_6H_5$ 等。

具有 $CH_3CH(OH)$—结构的醇被卤素的碱溶液氧化为甲基酮，也能发生卤仿反应。如：CH_3CH_2OH、$(CH_3)_2CHOH$、$CH_3CH(OH)CH_2CH_3$。

（2）羟醛缩合反应 有 α-H 的醛、酮，在稀碱的作用下，分子间发生亲核加成反应，生成 β-羟基醛、酮。例如：

$$RCH_2-\overset{O}{\overset{\|}{C}}-H + RCH-\overset{O}{\overset{\|}{C}}-H \longrightarrow RCH_2-\underset{}{\overset{OH}{\overset{|}{CH}}}-\underset{R}{\overset{|}{CH}}CHO$$

β-羟基醛、酮受热失水，生成 α，β-不饱和醛、酮。通常可以采用适当提高温度、随时除去反应中生成的水等措施，以提高产率。

$$RCH_2-\underset{R}{\overset{OH}{\overset{|}{CH}}}-\overset{|}{CH}CHO \xrightarrow{\triangle} RCH_2-CH=\underset{R}{\overset{|}{C}}CHO$$

两种含有 α-H 的醛或酮之间进行羟醛缩合，可生成四种不同的缩合产物，实用意义不大。若用一个含有 α-H 的醛或酮和一个不含 α-H 的醛，进行交叉羟醛缩合反应，可得到单一产物。

$$H-\overset{O}{\overset{\|}{C}}-H + RCH-\overset{O}{\overset{\|}{C}}-H \longrightarrow H_2C-\underset{R}{\overset{|}{CH}}CHO$$

3. 氧化反应

醛的特殊反应：醛能被 Tollens 试剂、Fehling 试剂、Benedict 试剂等弱氧化剂氧化，而酮则不能。

$$RCHO + 2[Ag(NH_3)_2]_2OH \xrightarrow{\triangle} RCOONH_4 + 2Ag\downarrow + H_2O + NH_3$$

$$RCHO + 2CuSO_4 + 5NaOH \xrightarrow{\triangle} RCOONa + Cu_2O\downarrow + 2Na_2SO_4 + 3H_2O$$

利用 Tollens 试剂可区别醛和酮；Fehling 试剂只与脂肪醛反应，利用它不仅可以区别脂肪醛和酮，还能区别脂肪醛和芳香醛。

用 Schiff 试剂可以区别醛和酮、甲醛和其他醛。

无 α-氢的醛，在浓碱作用下发生歧化反应，一分子被氧化成羧酸，另一分子被还原成醇，称为 Cannizzaro（坎尼扎罗）反应。例如：

$$2 \bigcirc\!-CHO \xrightarrow{\text{浓 NaOH}} \bigcirc\!-CH_2OH + \bigcirc\!-COOH$$

4. 羰基的还原反应

在镍、钯、铂等金属催化剂存在下，醛、酮的羰基加氢还原，生成相应的醇；如果分子中有碳碳双键，同时也被还原。氢化铝锂（$LiAlH_4$）、硼氢化钠（$NaBH_4$）、$[(CH_3)_2-$

$CHO]_3Al$ 等还原剂有选择性，可将羰基还原，而不影响分子中的碳碳双键。Clemmensen 还原和黄鸣龙还原法可分别在酸性条件和碱性条件下将羰基还原为亚甲基。例如：

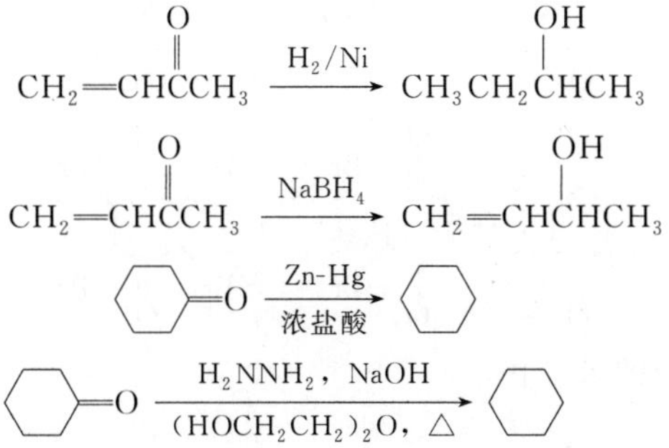

$$CH_2{=}CHCCH_3 \xrightarrow{\text{H}_2/\text{Ni}} CH_3CH_2CHCH_3$$

（上式左侧羰基O，右侧为OH）

$$CH_2{=}CHCCH_3 \xrightarrow{\text{NaBH}_4} CH_2{=}CHCHCH_3$$

（上式左侧羰基O，右侧为OH）

$$\text{环己酮} \xrightarrow[\text{浓盐酸}]{\text{Zn-Hg}} \text{环己烷}$$

$$\text{环己酮} \xrightarrow[\text{(HOCH}_2\text{CH}_2)_2\text{O, }\triangle]{\text{H}_2\text{NNH}_2,\ \text{NaOH}} \text{环己烷}$$

5. 醛酮的鉴别反应

本章涉及的鉴别试剂有：2,4-二硝基苯肼、希夫试剂、托伦试剂、斐林试剂、碘的氢氧化钠溶液（碘仿反应），具体应用如下：

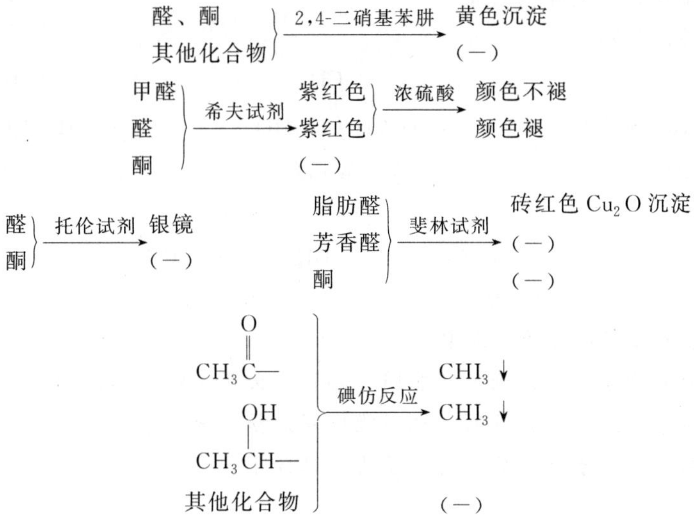

醛、酮 / 其他化合物 ——2,4-二硝基苯肼→ 黄色沉淀 / （—）

甲醛 / 醛 / 酮 ——希夫试剂→ 紫红色 / 紫红色 / （—） ——浓硫酸→ 颜色不褪 / 颜色褪

醛 / 酮 ——托伦试剂→ 银镜 / （—）

脂肪醛 / 芳香醛 / 酮 ——斐林试剂→ 砖红色 Cu_2O 沉淀 / （—） / （—）

$CH_3C{-}$（酮）/ $CH_3CH{-}$（OH）/ 其他化合物 ——碘仿反应→ $CHI_3\downarrow$ / $CHI_3\downarrow$ / （—）

四、醌的结构和命名

醌是具有共轭体系的环己二烯二酮类化合物，其基本结构单位是醌型结构，有对位和邻位两种结构。醌类通常是以相应芳烃的衍生物来命名，以苯醌、萘醌、蒽醌等为母体，两个羰基的位置可用阿拉伯数字注明，或用对、邻、远及 α,β 等标明。例如：

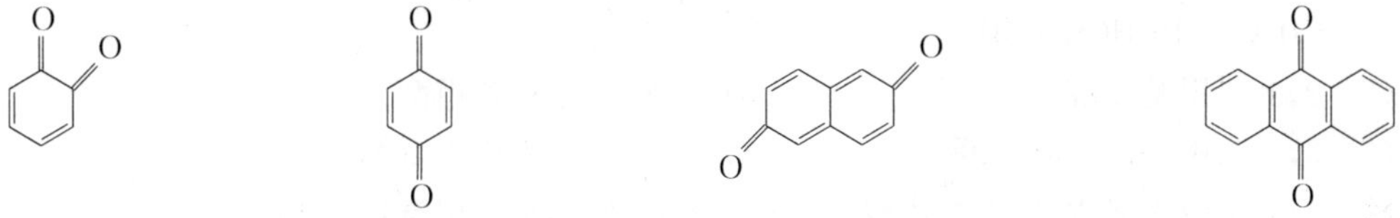

1,2-苯醌（邻苯醌）　　　1,4-苯醌（对苯醌）　　　2,6-萘醌（远萘醌）　　　9,10-蒽醌

五、醌的化学性质

醌可以发生烯键的加成反应，亦可发生羰基的亲核加成，还可以发生1,4-加成反应，即共轭加成。1,4-加成后常发生重排，得到相应的取代苯二酚产物。例如：

醌类化合物还原成对应的苯二酚。

● 典型例题解析 ●

1. 试写出分子式为 $C_5H_{10}O$ 的醛或酮的各种异构体的结构式，并用系统命名法命名。这些异构体中，哪些有对映异构现象?

解：共有 7 种，分别是

$$CH_3CH_2CH_2CH_2CHO$$
戊醛

$$CH_3CH_2\overset{\overset{\displaystyle CH_3}{|}}{C}HCHO$$
2-甲基丁醛

$$CH_3\overset{\overset{\displaystyle CH_3}{|}}{C}HCH_2CHO$$
3-甲基丁醛

$$(CH_3)_3CCHO$$
2,2-二甲基丙醛

$$CH_3\overset{\overset{\displaystyle O}{||}}{C}CH_2CH_2CH_3$$
戊-2-酮

$$CH_3CH_2\overset{\overset{\displaystyle O}{||}}{C}CH_2CH_3$$
戊-3-酮

$$CH_3\overset{\overset{\displaystyle O}{||}}{C}CH(CH_3)_2$$
3-甲基丁酮

其中，2-甲基丁醛有对映异构现象。

注释：写同分异构体时，先确定官能团，再将其余原子组成不同的烃基，连接在官能团上。严格按照逻辑顺序写，不能多写，也不能少写。根据分子中有无手性碳原子来判断有无对映异构现象。只含一个手性碳原子的分子为手性分子。

2. 命名或写结构式。

（1）$CH_3CH_2\overset{\overset{\displaystyle CH_2CH_3}{|}}{C}HCH_2\overset{\overset{\displaystyle CH_3}{|}}{C}H\underset{\underset{\displaystyle Br}{|}}{C}HCHO$

（2）$CH_3CH_2\overset{\overset{\displaystyle CH_2CH_3}{|}}{C}HCH_2\underset{\underset{\displaystyle CH_3}{|}}{\overset{\overset{\displaystyle CH_3}{|}}{C}}HCH_2\overset{\overset{\displaystyle O}{||}}{C}CH_2CH_3$

（3）$CH_3CH=CH\overset{\overset{\displaystyle Cl}{|}}{C}HCH_2\overset{\overset{\displaystyle O}{||}}{C}CH_3$

（4）（结构式：苯环上 HO—, NO₂, —COCH₃）

（5）2,3-二甲基戊醛

（6）4-氯-2-羟基苯甲醛

（7）3,5-二甲基己-2,4-二酮

（8）3,5-二甲基己-4-烯醛

解：（1）3-溴-5-乙基-2-甲基庚醛

（2）8-乙基-5,6-二甲基癸-3-酮

（3）4-氯-6-苯基庚-5-烯-2-酮

（4）3-羟基-2-硝基苯乙酮

（5）$CH_3CH_2\underset{\underset{\displaystyle CH_3}{|}}{\overset{\overset{\displaystyle CH_3}{|}}{C}}HCHCHO$

（6）（结构式：苯环上 Cl—, —OH, —CHO）

(7) 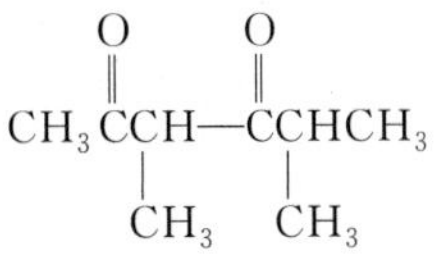 $CH_3\overset{O}{\underset{}{C}}CH\!-\!\overset{O}{\underset{}{C}}CHCH_3$ (8) 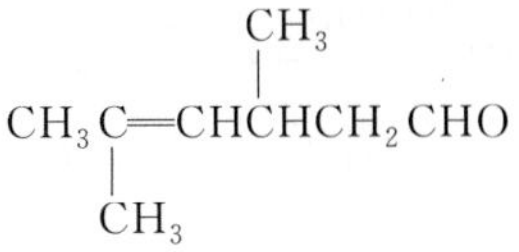 $CH_3\overset{CH_3}{\underset{}{C}}\!=\!CHCHCH_2CHO$

$\underset{CH_3}{}\ \underset{CH_3}{}$ $\underset{CH_3}{}$

注释：按命名规则，首先选择主链（即母体），从靠近羰基一端进行编号，如果羰基在碳链中间，则从首先遇见取代基的一端编号，命名时将烃基按其英文名称字母顺序依次排列，此外羰基和不饱和键的位置需表示清楚。

3. 将下列羰基化合物按发生亲核加成反应的难易顺序排列。

(1) $HCHO$、$C_6H_5COCH_3$、CH_3CHO、C_6H_5CHO、$C_6H_5COC_6H_5$

(2) $CH_3CHClCHO$、CH_3CCl_2CHO、CH_3CH_2CHO、CH_2ClCH_2CHO、CH_3CHO

解：发生亲核加成反应由易到难的顺序是

(1) $HCHO>CH_3CHO>C_6H_5CHO>C_6H_5COCH_3>C_6H_5COC_6H_5$

(2) $CH_3CCl_2CHO>CH_3CHClCHO>CH_2ClCH_2CHO>CH_3CHO>CH_3CH_2CHO$

注释：羰基化合物发生亲核加成反应的难易主要取决于两个因素：

① 羰基碳原子的正电性。羰基碳原子正电性愈强，亲核反应愈易进行。Cl 原子为吸电子基，它可增加羰基碳原子的正电性。β-碳原子上 Cl 原子对羰基碳原子正电性的影响小于 α-碳 Cl 原子的影响。甲基为给电子基团，其作用是降低了羰基碳原子的正电性。

② 空间效应。羰基碳原子上的空间位阻愈小，愈有利于亲核反应的进行。苯基所产生的空间位阻最大，其次是甲基。因此，当与羰基碳连接的烃基上的氢原子被这些基团取代后，便不利于亲核试剂进攻羰基碳原子而发生亲核加成反应。

4. 不查物理常数，试推测下列各对化合物中，哪一种具有较高的沸点？

(1) 丁-1-醇和丁醛   (2) 戊-2-醇和戊-2-酮

(3) 丙酮和丙烷   (4) 2-苯基乙醇和苯乙酮

解：各对化合物沸点的大小为

(1) 丁-1-醇＞丁醛   (2) 戊-2-醇＞戊-2-酮

(3) 丙酮＞丙烷   (4) 2-苯基乙醇＞苯乙酮

注释：碳原子数目相同的醛、酮的沸点比相应的醇低，因为醇分子间能形成氢键，使沸点升高。而醛酮羰基极性较烷烃大，增加了分子间的引力，故沸点比相应的烷烃高。

5. 试用简便的化学方法鉴别甲醛、乙醛、苯甲醛、戊-2-酮和戊-3-酮。

解：

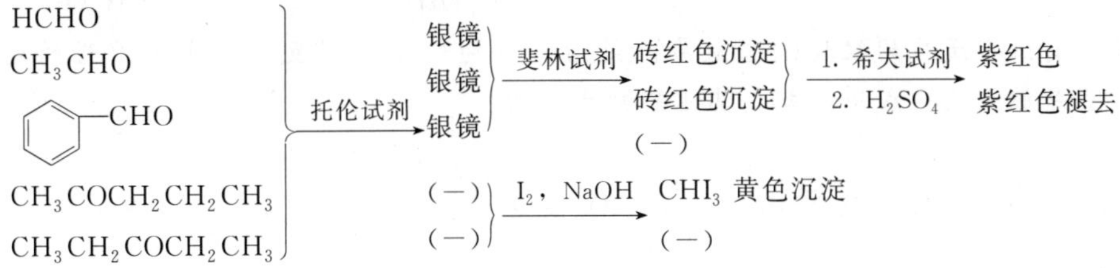

$\left.\begin{array}{l}HCHO\\CH_3CHO\\\text{⬡—CHO}\\CH_3COCH_2CH_2CH_3\\CH_3CH_2COCH_2CH_3\end{array}\right\}$ 托伦试剂 $\left.\begin{array}{l}\text{银镜}\\\text{银镜}\\\text{银镜}\\(-)\\(-)\end{array}\right\}$

$\left.\begin{array}{l}\text{斐林试剂}\\\end{array}\right.$ $\left.\begin{array}{l}\text{砖红色沉淀}\\\text{砖红色沉淀}\\(-)\end{array}\right\}$ $\begin{array}{l}1.\text{希夫试剂}\\2.\ H_2SO_4\end{array}$ $\begin{array}{l}\text{紫红色}\\\text{紫红色褪去}\end{array}$

$\xrightarrow{I_2,\ NaOH}$ $\begin{array}{l}CHI_3\ \text{黄色沉淀}\\(-)\end{array}$

6. 完成下列反应式。

(1) ⬡$=O + HCN \longrightarrow$ $\xrightarrow{H_3O^+}$

(2) $CH_2\!=\!CHCH_2CHO + HOCH_2CH_2OH \xrightarrow{\text{干燥 HCl}}$ $\begin{array}{l}1.\ KMnO_4/H_2O\\\xrightarrow{}\\2.\ H_3O^+\end{array}$

（3）$4HCHO + CH_3CHO \xrightarrow{Ca(OH)_2}$

（4）$CH_3COCH_2CH_3 + H_2NHN-$⟨苯环，O_2N邻位，NO_2对位⟩$\longrightarrow$

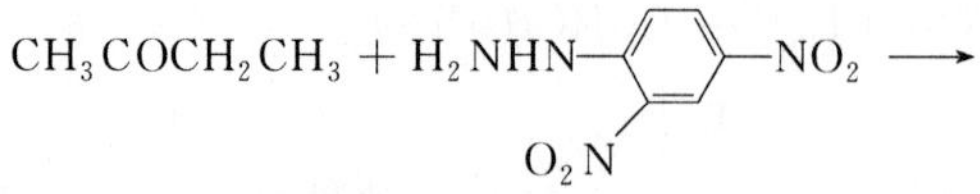

（5）$CH_3CH_2CHO + Cl_2 \longrightarrow$

（6）⟨苯基⟩$\overset{\overset{\displaystyle O}{\|}}{C}-CH_3 \xrightarrow{I_2, NaOH}$

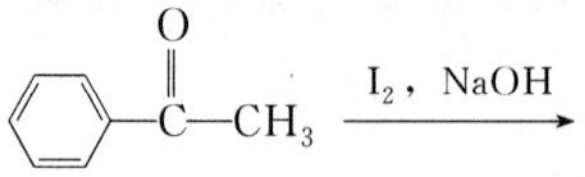

（7）$CH_3COCH_2CH(OCH_2CH_3)_2 \xrightarrow[HCl]{Zn-Hg}$

（8）$CH_3COCH_2CH(OCH_2CH_3)_2 \xrightarrow[(HOCH_2CH_2)_2O, \triangle]{H_2NNH_2, NaOH}$

（9）$CH_3CHO + C_2H_5MgBr \xrightarrow{无水乙醚} \quad \xrightarrow{H_3O^+}$

（10）⟨苯基⟩$-COCH_3 + C_2H_5MgBr \xrightarrow{无水乙醚} \quad \xrightarrow{H_3O^+}$

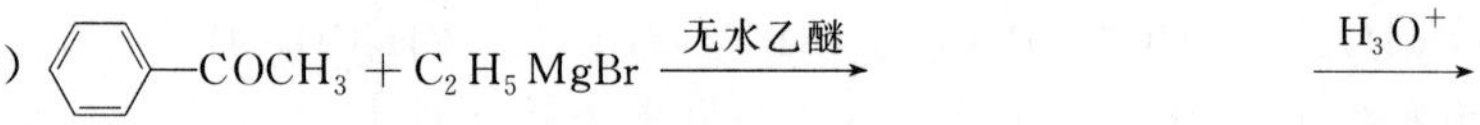

（11）⟨苯基⟩$-CHO + CH_3CHO \xrightarrow[\triangle]{稀\,NaOH\,溶液} \quad \xrightarrow{NaBH_4}$

解：

（1）⟨环己酮⟩$=O + HCN \longrightarrow$⟨环己基，CN，OH⟩$\xrightarrow{H_3O^+}$⟨环己基，COOH，OH⟩

（2）$CH_2=CHCH_2CHO + HOCH_2CH_2OH \xrightarrow{干燥\,HCl} CH_2=CHCH_2CH\overset{\displaystyle O-CH_2}{\underset{\displaystyle O-CH_2}{\big\langle}}$

$\xrightarrow[2.\ H_3O^+]{1.\ KMnO_4/H_2O} H_2C\overset{\displaystyle OH}{\underset{}{|}}-\overset{\displaystyle OH}{\underset{}{|}}CHCH_2CHO$

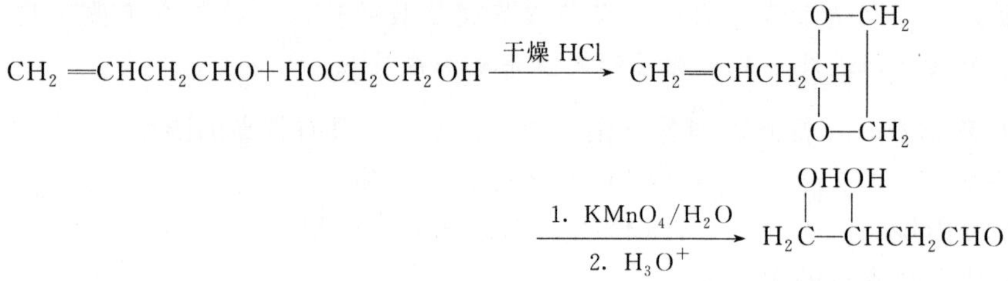

注释：醛基很易被氧化，因此在进行此反应时，首先要利用缩醛反应将醛基保护起来，在目标反应进行完毕后再水解释放醛基。

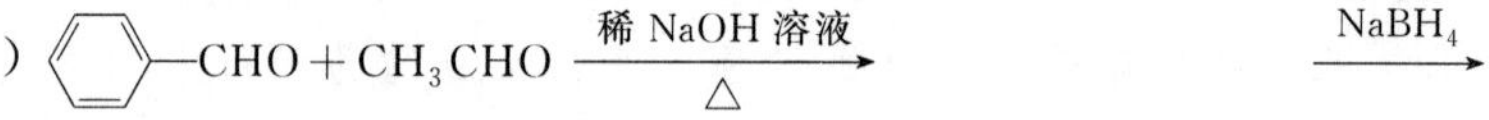

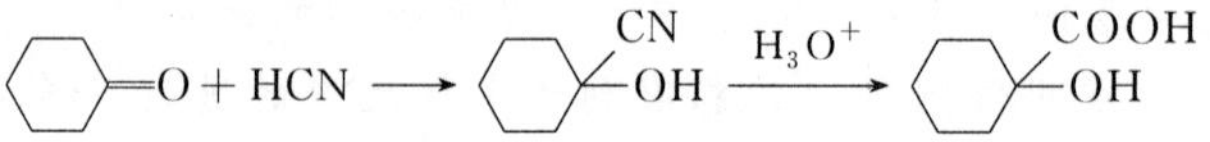

（3）$HCHO + CH_3CHO \xrightarrow{Ca(OH)_2} \overset{\displaystyle CH_2OH}{\underset{}{|}}_{CH_2CHO} \xrightarrow{HCHO} HOH_2C-\overset{\displaystyle CH_2OH}{\underset{}{|}}CHCHO \xrightarrow{HCHO}$

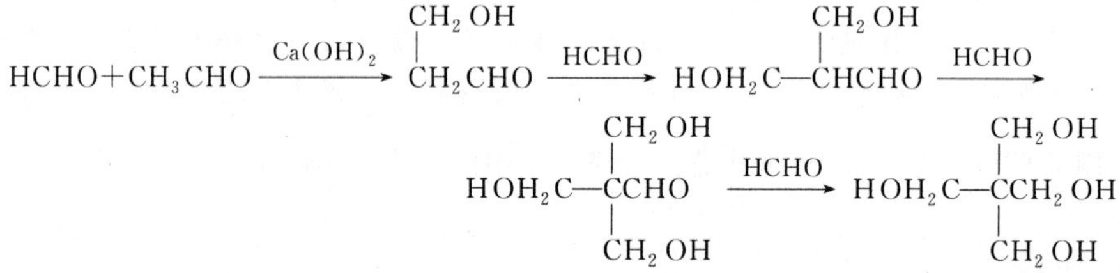

$HOH_2C-\overset{\displaystyle CH_2OH}{\underset{\displaystyle CH_2OH}{\overset{|}{\underset{|}{C}}}}CHO \xrightarrow{HCHO} HOH_2C-\overset{\displaystyle CH_2OH}{\underset{\displaystyle CH_2OH}{\overset{|}{\underset{|}{C}}}}CH_2OH$

注释：前三个反应为羟醛缩合反应，最后一个为坎尼扎罗反应，由于甲醛的还原性最强，故它总是被氧化生成甲酸盐，其他醛则生成醇。

（4）$CH_3COCH_2CH_3 + H_2NHN-$⟨苯环，O_2N，NO_2⟩$\longrightarrow CH_3CH_2\overset{\overset{\displaystyle CH_3}{|}}{C}=NHN-$⟨苯环，$O_2N$，$NO_2$⟩

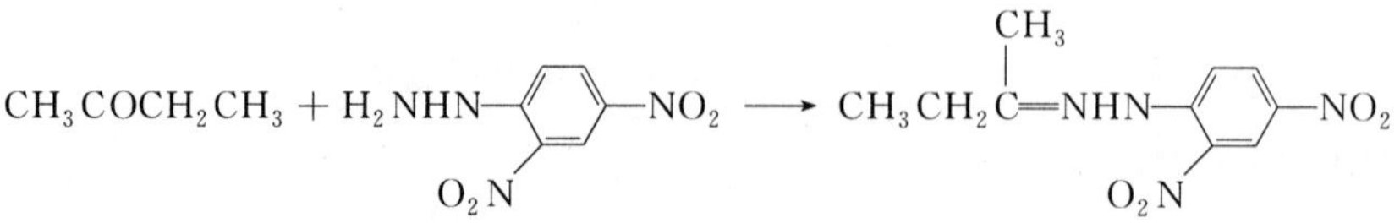

（5）$CH_3CH_2CHO + Cl_2 \longrightarrow CH_3\overset{\overset{\displaystyle Cl}{|}}{C}HCHO$

（6）⟨苯基⟩$\overset{\overset{\displaystyle O}{\|}}{C}-CH_3 \xrightarrow{I_2, NaOH}$⟨苯基⟩$-COONa + CHI_3\downarrow$

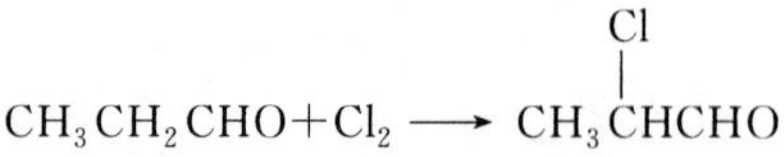

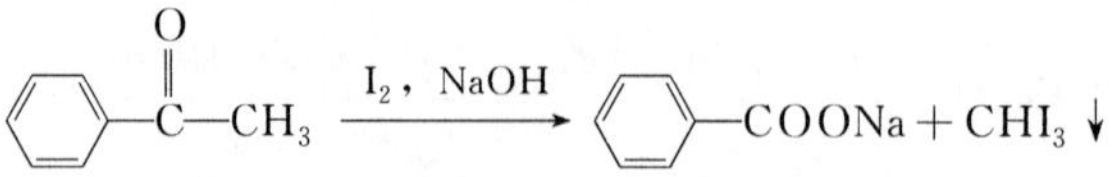

注释：醛、酮的 α-H 可发生卤代反应，甲基酮可发生碘仿反应。

（7）$CH_3COCH_2CH(OCH_2CH_3)_2 \xrightarrow[HCl]{Zn-Hg} CH_3CH_2CH_2CH_3$

（8）$CH_3COCH_2CH(OCH_2CH_3)_2 \xrightarrow[(HOCH_2CH_2)_2O,\ \triangle]{H_2NNH_2,\ NaOH} CH_3CH_2CH_2CH(OCH_2CH_3)_2$

注释：缩醛在酸性条件下不稳定，分解后游离出羰基，与分子中的另一个羰基一起被还原为亚甲基（该反应称 Clemmensen 还原）；而在碱性条件下稳定，不被还原。

（9）$CH_3CHO + C_2H_5MgBr \xrightarrow{无水乙醚} CH_3\overset{OMgBr}{\underset{}{C}}HCH_2CH_3 \xrightarrow{H_3O^+} CH_3\overset{OH}{\underset{}{C}}HCH_2CH_3$

（10）$\text{⬡—COCH}_3 + C_2H_5MgBr \xrightarrow{无水乙醚} \text{⬡—}\overset{OMgBr}{\underset{C_2H_5}{C}}CH_3 \xrightarrow{H_3O^+} \text{⬡—}\overset{OH}{\underset{C_2H_5}{C}}CH_3$

注释：醛、酮与 Grignard 试剂的亲核加成反应是制备各类醇的重要方法。以环氧乙烷、甲醛作原料可以制备伯醇，以醛制备仲醇，以酮制备叔醇。

（11）$\text{⬡—CHO} + CH_3CHO \xrightarrow[\triangle]{稀 NaOH 溶液} \text{⬡—CH=CHCHO} \xrightarrow{NaBH_4} \text{⬡—CH=CHCH}_2OH$

注释：$LiAlH_4$、$NaBH_4$ 是具有选择性的还原剂，它可将分子中的羰基还原为羟基，而碳碳双键则保留不被还原；催化加氢既可将羰基还原，也可将碳碳双键还原。

7. 预测下列各对化合物中，哪一个化合物的烯醇化程度更高？

（1）$CH_3COCH_2COCH_3$ 和 $CH_3COC(CH_3)_2COCH_3$

（2）$CH_3COCH_2CO_2C_2H_5$ 和 $CH_3COCH_2COCH_3$

（3）⬡=O 和 ⬡=O

（4）环己-1,3-二酮 和 环己-1,4-二酮

解：（1）$CH_3COCH_2COCH_3$ 烯醇化程度高于 $CH_3COC(CH_3)_2COCH_3$。

注释：分子中的两个羰基的吸电子作用使处于它们中间的亚甲基上的 H 原子高度活化。

（2）$CH_3COCH_2COCH_3$ 烯醇化程度高于 $CH_3COCH_2CO_2C_2H_5$。

注释：酮羰基对 α-H 的活化能力高于酯羰基，因为酮羰基的吸电子作用强于酯羰基。

（3）环己-2,4-二烯酮烯醇化程度高于环己酮。

（4）环己-1,3-二酮烯醇化程度高于环己-1,4-二酮。

注释：

（3）⬡=O ⇌ ⬡—OH   ⬡=O ⇌ ⬡—OH π-π 共轭，使体系的稳定性增加

（4）⬡=O ⇌ ⬡—OH π-π 共轭，使体系稳定性增加

O=⬡=O ⇌ O=⬡—OH

8. 下列化合物中，哪些可以和亚硫酸氢钠发生反应？

（1）苯乙酮   （2）环己酮   （3）环庚酮

（4）苯甲醛   （5）1-苯基丙-2-酮   （6）二苯酮

解：（2）、（3）（4）、（5）可以和亚硫酸氢钠反应。

注释：只有醛、脂肪族甲基酮及小于 C_8 的环酮才能和亚硫酸氢钠发生反应。

9. 下列化合物中哪些可以发生碘仿反应？

(1) CH_3CH_2CHO (2) $CH_3CH_2CH_2OH$ (3) $HCHO$

(4) $CH_3COCH_2CH_3$ (5) $C_6H_5CH(OH)CH_3$ (6) $C_6H_5COCH_2CH_3$

(7) CH_3CH_2OH (8) $C_6H_5CH_2OH$ (9) $CH_3CH(OH)CH_2CH_3$

(10) CH_3OH (11) $C_6H_5COCH_3$ (12) CH_3CHO

解：（4）、（5）、（7）、（9）、（11）、（12）可以发生碘仿反应。

注释：甲基酮和具有 $RCH(OH)CH_3$ 结构的醇类化合物可以发生碘仿反应，在碘的氢氧化钠溶液中，醇 $RCH(OH)CH_3$ 很容易被氧化成甲基酮 $RCOCH_3$。

10. 苯醌有邻苯醌和对苯醌，为什么不可能存在间苯醌？

解：含有共轭环己二烯二酮结构的一类化合物称为醌。苯醌分子中含有由两个羰基的碳氧双键和两个碳碳双键形成的 π-π 共轭体系，如果形成间苯醌，其中一个碳原子就要形成五条共价键，由于碳原子最多只能形成四条共价键，不可能形成五条共价键，因此不可能存在间苯醌。

11. 合成下列化合物，无机试剂任选。

(1) 写出由相应的羰基化合物和格氏试剂合成 2-甲基丁-2-醇的两条合成路线。

(2) 以乙醛为原料合成丁-2-烯醇。

(3) 以苯及四个碳以下的有机化合物为原料合成 2-苯基丁-2-醇。

(4) 以适当的醛酮和格氏试剂合成 1-环己基乙醇。

解：

(1) 目标化合物：

$$CH_3CH_2\underset{\underset{OH}{|}}{\overset{\overset{CH_3}{|}}{C}}CH_3$$

路线1：$CH_3COCH_3 + C_2H_5MgBr \xrightarrow{\text{无水乙醚}} CH_3CH_2\underset{\underset{OMgBr}{|}}{\overset{\overset{CH_3}{|}}{C}}CH_3 \xrightarrow{H_3O^+} CH_3CH_2\underset{\underset{OH}{|}}{\overset{\overset{CH_3}{|}}{C}}CH_3$

路线2：$CH_3CH_2COCH_3 + CH_3MgBr \xrightarrow{\text{无水乙醚}} CH_3CH_2\underset{\underset{OMgBr}{|}}{\overset{\overset{CH_3}{|}}{C}}CH_3 \xrightarrow{H_3O^+} CH_3CH_2\underset{\underset{OH}{|}}{\overset{\overset{CH_3}{|}}{C}}CH_3$

(2) 目标化合物：$CH_3CH{=}CHCH_2OH$

$CH_3CHO + CH_3CHO \xrightarrow[\triangle]{\text{稀 NaOH 溶液}} CH_3CH{=}CHCHO \xrightarrow{NaBH_4} CH_3CH{=}CHCH_2OH$

(3) 目标化合物：

$$\xrightarrow{\text{H}_3\text{O}^+} \text{C}_6\text{H}_5\text{—}\overset{\overset{\text{OH}}{|}}{\underset{\underset{\text{CH}_3}{|}}{\text{C}}}\text{CH}_2\text{CH}_3$$

（4）目标化合物：

$$\text{C}_6\text{H}_{11}\text{—}\overset{\overset{\text{OH}}{|}}{\text{CHCH}_3}$$

$$\text{C}_6\text{H}_{11}\text{—MgCl} + \text{CH}_3\text{CHO} \xrightarrow{\text{无水乙醚}} \text{C}_6\text{H}_{11}\text{—}\overset{\overset{\text{OMgCl}}{|}}{\text{CHCH}_3} \xrightarrow{\text{H}_3\text{O}^+} \text{C}_6\text{H}_{11}\text{—}\overset{\overset{\text{OH}}{|}}{\text{CHCH}_3}$$

注释：利用格氏试剂与醛酮合成醇类化合物，首先要将目标化合物进行拆分，通过拆分便可得到不同的合成原料。如果是连有三个不同基团的叔醇，可得到三组不同的原料；如果是连有两个不同基团的仲醇，可得到两组不同的原料；依次类推。如下所示：

$$\underset{\overset{|}{\underset{R''}{|}}\,c}{\overset{\overset{R}{|}\,a}{R'\overset{|}{\underset{|}{C}}\text{—OH}}}\,b \quad\begin{matrix}\xrightarrow{a}\\ \xrightarrow{b}\\ \xrightarrow{c}\end{matrix}\quad\begin{matrix}\text{R}'\text{—}\overset{\overset{\text{O}}{\|}}{\text{C}}\text{—R}'' + \text{RMgX}\\[6pt] \text{R}\text{—}\overset{\overset{\text{O}}{\|}}{\text{C}}\text{—R}'' + \text{R}'\text{MgX}\\[6pt] \text{R}\text{—}\overset{\overset{\text{O}}{\|}}{\text{C}}\text{—R}' + \text{R}''\text{MgX}\end{matrix}$$

12. 某未知化合物 A，Tollens 试验呈阳性，能形成银镜。A 与乙基溴化镁反应随即加稀酸得化合物 B，分子式为 $C_6H_{14}O$，B 经浓硫酸处理的化合物 C，分子式为 C_6H_{12}，C 与臭氧反应并接着在锌存在下与水作用，得到丙醛和丙酮两种产物。试写出 A、B、C 的结构。

解：A. $\text{CH}_3\overset{\overset{\text{CH}_3}{|}}{\text{CH}}\text{CHO}$　　　B. $\text{CH}_3\overset{\overset{\text{CH}_3}{|}}{\text{CH}}\underset{\underset{\text{OH}}{|}}{\text{CH}}\text{CH}_2\text{CH}_3$　　　C. $\text{CH}_3\overset{\overset{\,}{}}{\text{C}}\underset{\underset{\text{CH}_3}{|}}{}=\text{CHCH}_2\text{CH}_3$

13. 分子式为 $C_8H_{14}O$ 的化合物 A，不能发生银镜反应，但可与 2,4-二硝基苯肼反应，且可使溴水很快褪色，A 经高锰酸钾氧化得到分子式为 C_4H_8O 的化合物 B 和分子式为 $C_4H_6O_3$ 的化合物 C。B 不能发生银镜反应，但能与碘的氢氧化钠溶液作用生成碘仿和分子式为 $C_3H_5O_2Na$ 的化合物 D。C 具有酸性，受热放出 CO_2，生成分子式为 C_3H_6O 的化合物 E。E 可发生碘仿反应。试写出 A、B、C、D 和 E 的结构式。

解：A. $\text{CH}_3\text{CH}_2\overset{\overset{\text{CH}_3}{|}}{\text{C}}=\text{CHCH}_2\text{COCH}_3$　　　B. $\text{CH}_3\overset{\overset{\text{O}}{\|}}{\text{C}}\text{CH}_2\text{CH}_3$

C. $\text{CH}_3\overset{\overset{\text{O}}{\|}}{\text{C}}\text{CH}_2\text{COOH}$　　　D. $\text{CH}_3\text{CH}_2\text{COONa}$　　　E. $\text{CH}_3\overset{\overset{\text{O}}{\|}}{\text{C}}\text{CH}_3$

注释：由 C_3H_6O 可发生碘仿反应的事实推出 E 的结构为 CH_3COCH_3；根据 E 是由酸性化合物 $C_4H_6O_3$ 脱羧而得的事实推出 C 的结构为 $\text{CH}_3\text{COCH}_2\text{COOH}$；根据 B 不能发生银镜反应，而能发生碘仿反应的事实推出 B 为甲基酮 $\text{CH}_3\text{CH}_2\text{COCH}_3$；根据 B 发生碘仿反应的产物推出 D 的结构为 $\text{CH}_3\text{CH}_2\text{COONa}$；最后根据 A（$C_8H_{14}O$）不能发生银镜反应，但能与 2,4-二硝基苯肼反应、发生碘仿反应及可使溴水褪色的事实推出 A 是具有 C=C 的甲基酮。显然 B、C 是 A 碳碳双键被氧化的产物，也就是说 B 的羰基与 C 的羧基来源于 A 的碳碳双键，将这两部分合起来即可得出 A 的结构式。

一、命名或写结构式

1. $(CH_3)_3CCHO$

2. $CH_3-\overset{\displaystyle O}{\underset{||}{C}}-CH_2CH(CH_3)_2$

3. ⬡—CHO

4. $CH_3\underset{\underset{CH_3}{|}}{CH}-\underset{\underset{OH}{|}}{CH}-\overset{\overset{O}{||}}{C}-CH_2CH_3$

5. $CH_3CH_2-\underset{\underset{CH=CH_2}{|}}{\overset{\overset{CH_2CHO}{|}}{C}}-H$

6. $H-\underset{\underset{CH_2CH_2CHO}{|}}{\overset{\overset{CH_2CHO}{|}}{C}}-CH_2CH_2CH_3$

7. ⬡—$CH_2\overset{\overset{O}{||}}{C}-\underset{\underset{CH_3}{|}}{CH}CH_3$

8. [结构图：2-甲基-1,4-苯醌结构] CH_3

9. ⬡—$\overset{\overset{O}{||}}{C}-CH_3$

10. HO—⬡—CHO，CH_3O

11. 戊-2,4-二酮

12. β-羟基丙醛

13. 2,3-二甲基苯乙醛

14. (E)-丁-2-烯醛

15. 4-甲基环己酮

16. 2-乙基-1,4-萘醌

17. 丙酮苯腙

18. 戊-3-烯-2-酮

19. 3-苯基丙醛

20. 3-甲基丁酮

二、单项选择题

21. 在有机合成中常用于保护醛基的反应是（　　）。

A. 羟醛缩合反应　　　B. 坎尼扎罗反应　　　C. 碘仿反应　　　D. 缩醛生成的反应

22. 不能发生羟醛缩合反应的化合物是（　　）。

A. ⬡=O　　　B. ⬡—CHO　　　C. ⬡—CH_2CHO　　　D. CH_3CH_2CHO

23. 醇与醛加成常用的催化剂是（　　）。

A. 浓碱　　　B. 稀碱　　　C. 干燥 HCl　　　D. 浓 H_2SO_4

24. 醛酮的羰基与 HCN 反应，其反应机理是（　　）。

A. 亲核加成反应　　　B. 亲电加成反应　　　C. 自由基反应　　　D. 亲核取代反应

25. 既能与 Cl_2 发生加成反应，又能与氨的衍生物发生反应的化合物是（　　）。

A. ⬡—$CH(OH)CH_3$　　　B. ⬡—$\overset{\overset{O}{||}}{C}CH_3$　　　C. ⬡=O　　　D. O=⬡=O

26. 下列化合物中不能发生碘仿反应的是（　　）。

A. ⬡—$\overset{\overset{O}{||}}{C}CH_3$　　　B. ⬡—$\underset{\underset{CH_3}{|}}{\overset{\overset{OH}{|}}{CH}}$　　　C. ⬡—$\overset{\overset{O}{||}}{C}CH_3$　　　D. ⬡$\underset{\underset{CH_3}{|}}{\overset{\overset{OH}{|}}{}}$

27. 下列化合物中不能和饱和 $NaHSO_3$ 溶液反应的是（　　）。

A. （环己基）=O
B. （苯基）—CH_2CHO
C. （苯基）—$\overset{\overset{O}{\|}}{C}CH_3$
D. （环己基）—$\overset{\overset{O}{\|}}{C}CH_3$

28. 下列化合物中最易烯醇化的是（　　）。

A. CH_3CH_2CHO　　　B. $CH_3COCH_2CH_3$　　　C. $CH_3COCH_2COCH_3$　　　D. $CH_3COCH_2CO_2CH_3$

29. 下列化合物既能和 2,4-二硝基苯肼产生黄色沉淀，又能发生碘仿反应的是（　　）。

A. CH_3CH_2OH　　　B. CH_3CHO　　　C. $HCHO$　　　D. $CH_3CH(OH)CH_3$

30. 醛酮 α-C 原子上的氢原子较活泼的原因是（　　）。

A. 羰基的吸电子作用
B. 羰基的给电子作用
C. π-π 共轭效应
D. p-π 共轭效应

三、完成反应式

31. （环己基）=O + $NaHSO_3 \longrightarrow$

32. $(CH_3)_3CCHO + HCHO \xrightarrow{\text{浓 NaOH}}$

33. $(CH_3)_3C\overset{\overset{O}{\|}}{C}CH_3 + NaOI \xrightarrow[\triangle]{\text{NaOH 溶液}}$

34. （苯基）—$CHO + H_2NHN-\overset{\overset{O}{\|}}{C}-NH_2 \longrightarrow$

35. $CH_2=CHCHO + NaBH_4 \longrightarrow$

36. $CH_3\overset{\overset{OH}{|}}{C}HCH_2\overset{\overset{O}{\|}}{C}CH_3 + NaOI \xrightarrow[\triangle]{\text{NaOH 溶液}}$

37. （环）$\overset{CHO}{\underset{CHO}{|}}$ + $CH_3OH \xrightarrow{\text{干燥 HCl}}$

38. $CH_3\overset{\overset{CH_3}{|}}{C}HCHO \xrightarrow{\text{稀 NaOH 溶液}}$

39. （环己基）=O + $H_2NOH \longrightarrow$

40. $HOCH_2CH_2CH_2CH_2CHO \xrightarrow{\text{干燥 HCl}}$

41. （环己基）—$MgBr + HCHO \xrightarrow{\text{无水乙醚}}$ $\xrightarrow{H_3O^+}$

42. （苯基）$CH_2CH_2CH_2\overset{\overset{O}{\|}}{C}Cl \xrightarrow{AlCl_3}$ $\xrightarrow[HCl]{Zn-Hg}$

四、是非题

43. 利用斐林试剂可鉴别脂肪醛和芳香醛。　　　　　　　　　　　（　　）

44. 羰基化合物亲核取代反应的活性既取决于羰基碳原子的正电性，又与羰基碳原子上连接基团的空间位阻有关。　　　　　　　　　　　　　　　　　（　　）

45. 醛都可发生羟醛缩合反应。　　　　　　　　　　　　　　　　（　　）

46. 羟醛缩合反应与卤仿反应均为增加碳链的反应。　　　　　　　（　　）

47. 所有醛与格氏试剂反应均可制备仲醇。　　　　　　　　　　　（　　）

48. 所有醛、甲基酮、环酮均可与 HCN 和 NaHSO₃ 发生反应。 （　　）

49. 希夫试剂可鉴别醛与酮，但不能鉴别甲醛与其他醛。 （　　）

50. 酮与格氏试剂反应生成的醇一定是叔醇。 （　　）

五、填空题

51. 醛酮的加成反应机理为_____，烯烃与炔烃的加成反应机理为_____。

52. 体积分数为 36%～40% 的_____水溶液称为福尔马林，常用于_____。

53. 醛、_____酮及_____环酮可与 HCN 发生亲核加成反应。

54. 托伦试剂可区别_____，斐林试剂可区别_____。

55. 希夫试剂可区别_____。

56. 氨的衍生物如羟胺、肼等与醛酮反应，产物中都含有_____结构。

57. 醛与一分子醇进行加成，生成的产物称_____，与两分子醇的加成产物称为____。

58. 具有_____的醛酮及具有_____结构的醇可发生碘仿反应。

六、用化学方法鉴别

59. 丙醛、丙酮、丙醇和异丙醇

60. 戊醛、戊-2-酮和戊-3-酮

七、合成题

61. 由丙酮合成 4-甲基戊-3-烯-2-酮，无机试剂任选。

62. 由苯及丙烯合成 2-苯基丙-2-醇，无机试剂任选。

63. 由环己酮与适当的格氏试剂合成 1-甲基环己烯，无机试剂任选。

八、推导结构题

64. 化合物 A 的分子式为 $C_5H_{12}O$，其氧化产物 $C_5H_{10}O$ 不与托伦试剂反应，也不发生碘仿反应，但与苯肼生成苯腙。化合物 B 的分子式为 C_5H_8O，可与羟胺生成肟，B 通过克莱门森还原被还原成环戊烷。化合物 C 的分子式为 $C_5H_{10}O_2$，可被酸分解为 D(C_3H_6O) 和 E($C_2H_6O_2$)，D 可发生碘仿反应，E 可与氢氧化铜沉淀形成深蓝色溶液。试写出化合物 A、B、C、D 和 E 可能的构造式。

65. 化合物 A 的分子式为 $C_6H_{12}O$，不与托伦试剂或饱和亚硫酸氢钠溶液反应，但能与羟胺反应。A 经催化氢化得分子式为 $C_6H_{14}O$ 的化合物 B。B 与浓硫酸共热生成分子式为 C_6H_{12} 的化合物 C。C 经臭氧氧化再用锌粉还原水解，生成分子式均为 C_3H_6O 的 D 和 E。D 能发生碘仿反应，但不能发生银镜反应；E 能发生银镜反应，但不能发生碘仿反应。试推测 A、B、C、D 和 E 的结构。

66. 化合物 A 的分子式为 $C_5H_{12}O$，氧化后生成分子式为 $C_5H_{10}O$ 的化合物 B，B 能与 2,4-二硝基苯肼反应，也能发生碘仿反应。A 与浓硫酸共热生成分子式为 C_5H_{10} 的化合物 C，C 用酸性高锰酸钾溶液氧化生成丙酮和乙酸。试推测 A、B 和 C 的构造式，并写出各有关反应的反应式。

◆◆◆ 参考答案 ◆◆◆

一、命名或写结构式

1. 2,2-二甲基丙醛　　　　　　　　2. 4-甲基戊-2-酮

3. 环己基甲醛

4. 4-羟基-5-甲基己-3-酮

5. (R)-3-乙基戊-4-烯醛

6. (R)-3-丙基己二醛

7. 3-甲基-1-苯基丁-2-酮

8. 2-甲基-1,4-苯醌

9. 苯乙酮

10. 4-羟基-3-甲氧基苯甲醛

11. $CH_3CCH_2CCH_3$ (with two C=O groups)

12. $HOCH_2CH_2CHO$

13.

14.

15.

16.

17. $CH_3C=NNH-$ phenyl, with CH_3 below

18. $CH_3CH=CHCOCH_3$

19. phenyl$-CH_2CH_2CHO$

20. CH_3CCHCH_3 with CH_3 below and C=O above

二、单项选择题

21. D；22. B；23. C；24. A；25. D；26. D；27. C；28. C；29. B；30. A

三、完成反应式

31. cyclohexane with SO_3Na and OH

32. $(CH_3)_3CCH_2OH + HCOONa$

33. $(CH_3)_3CCOONa + CHI_3 \downarrow$

34. phenyl$-CH=NNH-C-NH_2 + H_2O$ (with C=O)

35. $CH_2=CHCH_2OH$

36. $NaOCCH_2CONa + 2CHI_3 \downarrow$ (with two C=O)

37. $\begin{array}{c} CH(OCH_3)_2 \\ | \\ CH(OCH_3)_2 \end{array} + 2H_2O$

38. $\begin{array}{c} CH_3 \quad CH_3 \\ | \quad\quad | \\ CH_3CHCH-CCHO \\ | \quad\quad | \\ OH \quad CH_3 \end{array}$

39. cyclohexane$=NOH$

40.

41. cyclohexyl$-CH_2OMgBr$ cyclohexyl$-CH_2OH$

42.

四、是非题

43. √；44. √；45. ×；46. ×；47. ×；48. ×；49. ×；50. √

五、填空题

51. 亲核加成；亲电加成

52. 甲醛；保护动物标本

53. 脂肪族甲基；小于8个碳原子的

54. 醛与酮；脂肪醛与酮、脂肪醛与芳香醛

55. 醛与酮、甲醛与其他醛

56. 碳氮双键

57. 半缩醛；缩醛

58. $CH_3CO—$；$CH_3CHOH—$

六、用化学方法鉴别

59.
$$\left.\begin{array}{l} CH_3CH_2CHO \\ CH_3COCH_3 \\ CH_3CH_2CH_2OH \\ CH_3CH(OH)CH_3 \end{array}\right\} \xrightarrow{2,4-二硝基苯肼}$$

$\left.\begin{array}{l}\text{黄色沉淀} \\ \text{黄色沉淀}\end{array}\right\} \xrightarrow[]{I_2, NaOH} \begin{array}{l}(-) \\ CHI_3 \text{ 黄色沉淀}\end{array}$

$\left.\begin{array}{l}(-) \\ (-)\end{array}\right\} \xrightarrow[]{I_2, NaOH} \begin{array}{l}(-) \\ CHI_3 \text{ 黄色沉淀}\end{array}$

60.
$$\left.\begin{array}{l} CH_3(CH_2)_3CHO \\ CH_3COCH_2CH_2CH_3 \\ CH_3CH_2COCH_2CH_3 \end{array}\right\} \xrightarrow{托伦试剂}$$

银镜

$\left.\begin{array}{l}(-) \\ (-)\end{array}\right\} \xrightarrow[]{I_2, NaOH} \begin{array}{l}CHI_3 \text{ 黄色沉淀} \\ (-)\end{array}$

七、合成题

61. $CH_3\overset{O}{\overset{\|}{C}}CH_3 + CH_3\overset{O}{\overset{\|}{C}}CH_3 \xrightarrow[\triangle]{稀\ NaOH\ 溶液} CH_3\overset{CH_3}{\underset{}{C}}=CHC\overset{O}{\overset{\|}{}}CH_3$

62. $CH_2{=}CHCH_3 \xrightarrow[2.\ H_2O,\ \triangle]{1.\ 浓\ H_2SO_4} CH_3\overset{OH}{\overset{|}{C}}HCH_3 \xrightarrow[H_2SO_4]{K_2Cr_2O_7} CH_3\overset{O}{\overset{\|}{C}}CH_3$

$\bigcirc + Cl_2 \xrightarrow{Fe} \bigcirc{-}Cl \xrightarrow[无水乙醚]{Mg} \bigcirc{-}MgCl$

$CH_3\overset{O}{\overset{\|}{C}}CH_3 + \bigcirc{-}MgCl \xrightarrow{无水乙醚} \bigcirc{-}\overset{CH_3}{\underset{CH_3}{\overset{OMgCl}{\overset{|}{C}}}}{-}CH_3 \xrightarrow{H_3O^+} \bigcirc{-}\overset{OH}{\underset{CH_3}{\overset{|}{C}}}{-}CH_3$

63. $\bigcirc{=}O + CH_3MgI \xrightarrow{无水乙醚} \bigcirc\overset{OMgI}{\underset{CH_3}{}} \xrightarrow{H_3O^+} \bigcirc\overset{OH}{\underset{CH_3}{}} \xrightarrow[\triangle]{浓\ H_2SO_4} \bigcirc{-}CH_3$

八、推导结构题

64. A. $CH_3CH_2\overset{OH}{\overset{|}{C}}HCH_2CH_3$ B. $\bigcirc{=}O$ C. $\overset{CH_3}{\underset{CH_3}{}}\overset{O{-}CH_2}{\underset{O{-}CH_2}{C}}$

D. $CH_3\overset{O}{\overset{\|}{C}}CH_3$ E. $\overset{HO{-}CH_2}{\underset{HO{-}CH_2}{}}$

65. A. $CH_3\overset{CH_3}{\overset{|}{C}}HCH_2CH_3$ B. $CH_3\overset{CH_3}{\overset{|}{C}}HCHCH_2CH_3 \atop \underset{OH}{}$

C. $CH_3\overset{}{\underset{CH_3}{C}}=CHCH_2CH_3$ D. $CH_3\overset{O}{\overset{\|}{C}}CH_3$ E. CH_3CH_2CHO

66. A. $CH_3\overset{CH_3}{\overset{|}{C}}H{-}\overset{OH}{\overset{|}{C}}HCH_3$ B. $CH_3\overset{CH_3}{\overset{|}{C}}H{-}\overset{O}{\overset{\|}{C}}CH_3$ C. $CH_3\overset{CH_3}{\underset{}{C}}=CHCH_3$

各步反应式为：

$$\underset{CH_3CH-CHCH_3}{\overset{CH_3\ OH}{|\qquad|}} \xrightarrow{[O]} \underset{CH_3CH-CCH_3}{\overset{CH_3\ O}{|\qquad\parallel}}$$

$$\underset{CH_3CH-CCH_3}{\overset{CH_3\ O}{|\qquad\parallel}} + H_2NHN-\underset{NO_2}{\overset{O_2N}{\bigcirc}} \longrightarrow \underset{CH_3CH-C}{\overset{CH_3\ CH_3}{|\qquad|}}=NNH-\underset{NO_2}{\overset{O_2N}{\bigcirc}}$$

$$\underset{CH_3CH-CCH_3}{\overset{CH_3\ O}{|\qquad\parallel}} + I_2 \xrightarrow[\triangle]{NaOH\ 溶液} \underset{CH_3CH-CONa}{\overset{CH_3\ O}{|\qquad\parallel}} + CHI_3\downarrow$$

$$\underset{CH_3CH-CHCH_3}{\overset{CH_3\ OH}{|\qquad|}} \xrightarrow{浓\ H_2SO_4} \underset{CH_3C=CHCH_3}{\overset{CH_3}{|}} \xrightarrow[H_2SO_4]{KMnO_4} CH_3COCH_3 + CH_3COOH$$

阶段性测试题（三）

一、命名或写结构式

1. 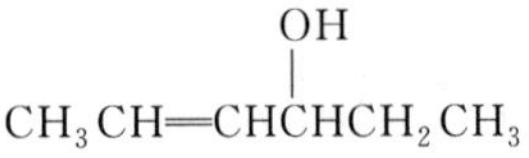 $CH_3CH=CHCH(OH)CH_2CH_3$

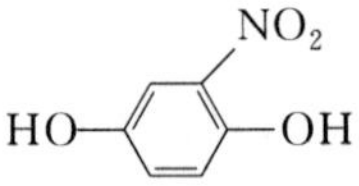

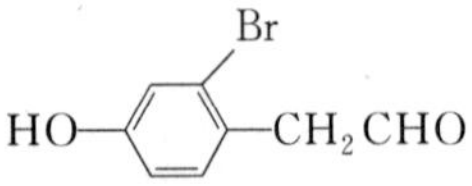

2. HO—$C_6H_3(NO_2)$—OH （2,4-二羟基硝基苯，见图）

HO 苯环 NO₂ OH 结构

3. 含 Br 的 HO—苯基—CH_2CHO 结构

4. 环己烷上带 H、CH_3、CH_3、Cl 的结构

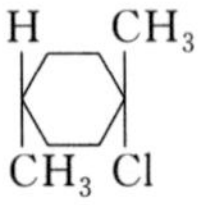

5. 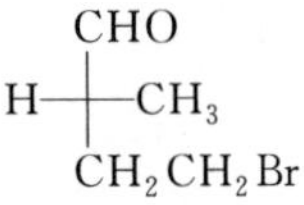
$$\begin{array}{c} CHO \\ H-\!\!\!\!-C-\!\!\!\!-CH_3 \\ CH_2CH_2Br \end{array}$$

6. 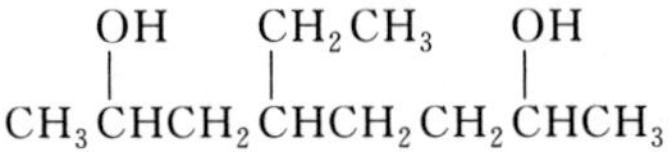 $CH_3CHCH_2CHCH_2CH_2CHCH_3$，带 OH、$CH_2CH_3$、OH 取代基

7. 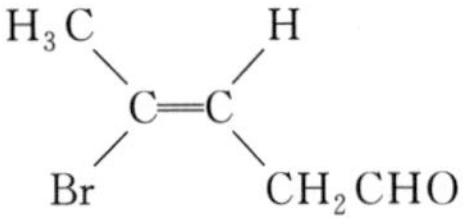
$$\begin{array}{c} H_3C \\ \ \ C=C \\ Br \quad CH_2CHO \end{array} \begin{array}{c} H \end{array}$$

8. 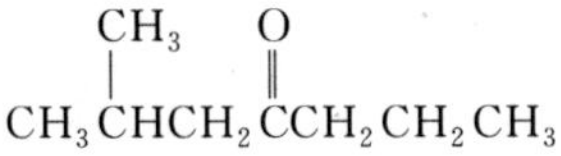 $CH_3CHCH_2CCH_2CH_2CH_3$，带 CH_3、O

9. 环己基甲醇

10. 苯基烯丙基醚

11. 3-异丙基苯酚

12. （2R,3S)-丁-2,3-二醇

13. 4-氯-3-甲氧基苯甲醛

14. 5-甲氧基-3-甲基庚-1-烯

二、单项选择题

15. 下列化合物中最易发生亲核加成的是（   ）。

A. 三氯乙醛　　　　　B. 乙醛　　　　　C. 丙酮　　　　　D. 甲醛

16. 属于亲核试剂的是（   ）。

A. HBr　　　　　B. Br_2　　　　　C. CH_3CH_2MgBr　　　D. 浓 H_2SO_4

17. 属于亲电试剂的是（   ）。

A. HCN　　　　　B. $CH_3CH_2O^-$　　　C. $CH_3CH_2^+$　　　D. $CH_3CH_2^-$

18. 在无水三氯化铝催化下，苯与乙酰氯作用生成苯乙酮的反应是（   ）。

A. 银镜反应　　　　　　　　　　B. 羟醛缩合反应

C. 坎尼扎罗反应　　　　　　　　D. 傅-克酰化反应

19. 下列化合物中既存在 π-π 共轭，又存在 σ-π 超共轭效应的是（   ）。

A. 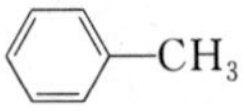 苯基—CH_3　　　B. 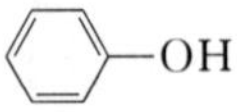 苯基—OH　　　C. 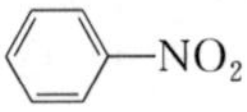 苯基—NO_2　　　D. 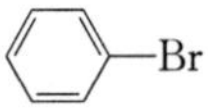 苯基—Br

20. 下列属于能够增长化合物碳链的反应是（   ）。

A. 羟醛缩合反应   B. 碘仿反应

C. 银镜反应   D. 醛酮与饱和亚硫酸氢钠的反应

21. 薄荷醇 CH_3—⟨环⟩—$CH(CH_3)_2$ 在理论上存在的对映异构体的数目是（   ）。
                     OH

A. 2 种   B. 4 种   C. 8 种   D. 16 种

22. 下列化合物中不存在内消旋异构体的是（   ）。

A. 丁-2,3-二醇   B. 戊-2,3-二醇   C. 戊-2,4-二醇   D. 戊-2,3,4-三醇

23. 下列化合物中发生 S_N2 反应速率最快的是（   ）。

          CH_3 CH_3

A. CH_3—$\overset{|}{\underset{|}{C}}$—$OH$ B. CH_3—$\overset{|}{CH}OH$ C. CH_3—CH_2OH D. ⟨苯环⟩—OH

          CH_3

24. 下列醇中不能发生 β-消除反应的是（   ）。

A. 2-甲基丁-1-醇   B. 新戊基醇

C. 叔丁基醇   D. 2-甲基丁-2-醇

25. 合成格氏试剂常用的溶剂是（   ）。

A. 醇类化合物   B. 醚类化合物   C. 醛类化合物   D. 石油醚

26. 下列反应能用于制备伯醇的是（   ）。

A. 甲醛与格氏试剂加成，然后水解   B. 乙醛与格氏试剂加成，然后水解

C. 丙酮与格氏试剂加成，然后水解   D. 苯甲醛与格氏试剂加成，然后水解

27. 制备混醚 $(CH_3)_2CHOCH_3$，在下列四组试剂中最好选用（   ）。

A. $CH_3I+(CH_3)_2CHONa$ B. $CH_3ONa+(CH_3)_2CHI$

C. $CH_3I+(CH_3)_2CHOH$ D. $CH_3OH+(CH_3)_2CHI$

28. 下列化合物与溴水反应，能使溴水褪色并生成白色沉淀的是（   ）。

A. ⟨环己烷⟩   B. ⟨苯环⟩   C. ⟨环己酮⟩=O   D. ⟨苯环⟩—OH

29. 下列羰基化合物与 HCN 加成时，生成的氰醇具有旋光性的是（   ）。

                                      O

A. ⟨环己酮⟩=O   B. HCHO   C. $CH_3\overset{\|}{C}CH_3$ D. ⟨苯环⟩—CHO

三、完成反应式

30. ⟨环己酮⟩=O + HCN ⟶

31. ⟨环己基⟩—Br + Mg $\xrightarrow{\text{无水乙醚}}$ $\underset{\text{无水乙醚}}{\xrightarrow{H_2C\overset{O}{\diagdown}CH_2}}$ $\xrightarrow{H_3O^+}$

32. ⟨苯环⟩—OH + NaOH ⟶ $\xrightarrow{⟨苯环⟩—CH_2Cl}$

33. $(CH_3)_2C{=}CHCH_3 + H_2SO_4 \longrightarrow$ $\xrightarrow{H_2O}$

34. ⟨苯环⟩—CHO + HCHO $\xrightarrow{\text{NaOH 浓溶液}}$

35. $CH_3CH_2CHO + CH_3CH_2CHO \xrightarrow{\text{NaOH 稀溶液}}$

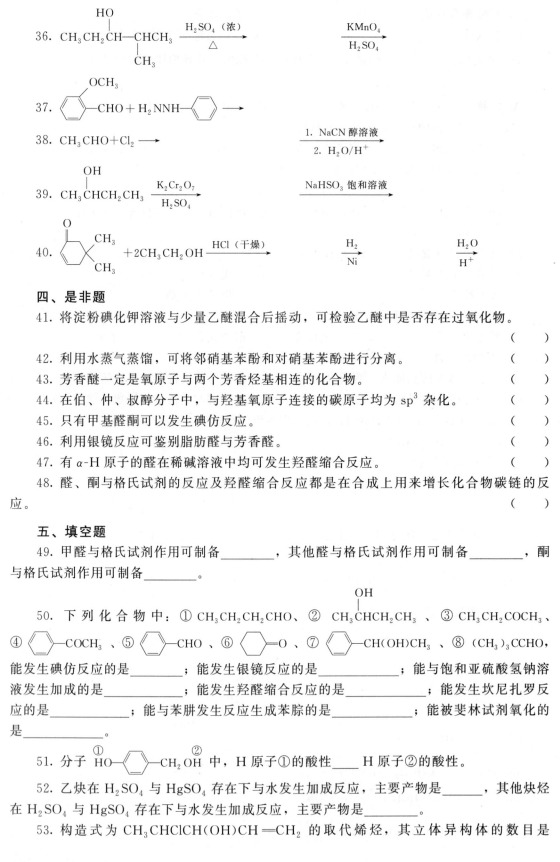

36.
$$CH_3CH_2 \overset{\overset{\displaystyle HO}{|}}{C}H—CHCH_3 \xrightarrow[\triangle]{H_2SO_4\ (浓)} \qquad \xrightarrow[H_2SO_4]{KMnO_4}$$
（其中 CH 上带 CH₃ 支链）

37.
邻甲氧基苯甲醛 $CHO + H_2NNH$苯基 $\longrightarrow$

38.
$CH_3CHO + Cl_2 \longrightarrow \qquad \xrightarrow[\text{2. }H_2O/H^+]{\text{1. NaCN 醇溶液}}$

39.
$$CH_3\overset{\overset{\displaystyle OH}{|}}{C}HCH_2CH_3 \xrightarrow[H_2SO_4]{K_2Cr_2O_7} \qquad \xrightarrow{\text{NaHSO}_3\ \text{饱和溶液}}$$

40.
（3,3-二甲基环己烯酮）$+ 2CH_3CH_2OH \xrightarrow{HCl（干燥）} \qquad \xrightarrow[Ni]{H_2} \qquad \xrightarrow[H^+]{H_2O}$

四、是非题

41. 将淀粉碘化钾溶液与少量乙醚混合后摇动，可检验乙醚中是否存在过氧化物。

（　　）

42. 利用水蒸气蒸馏，可将邻硝基苯酚和对硝基苯酚进行分离。（　　）

43. 芳香醚一定是氧原子与两个芳香烃基相连的化合物。（　　）

44. 在伯、仲、叔醇分子中，与羟基氧原子连接的碳原子均为 sp^3 杂化。（　　）

45. 只有甲基醛酮可以发生碘仿反应。（　　）

46. 利用银镜反应可鉴别脂肪醛与芳香醛。（　　）

47. 有 α-H 原子的醛在稀碱溶液中均可发生羟醛缩合反应。（　　）

48. 醛、酮与格氏试剂的反应及羟醛缩合反应都是在合成上用来增长化合物碳链的反应。（　　）

五、填空题

49. 甲醛与格氏试剂作用可制备_____，其他醛与格氏试剂作用可制备_____，酮与格氏试剂作用可制备_____。

50. 下列化合物中：① $CH_3CH_2CH_2CHO$、② $CH_3\overset{\overset{\displaystyle OH}{|}}{C}HCH_2CH_3$、③ $CH_3CH_2COCH_3$、④ 苯基—$COCH_3$、⑤ 苯基—CHO、⑥ 环己酮、⑦ 苯基—$CH(OH)CH_3$、⑧ $(CH_3)_3CCHO$，能发生碘仿反应的是_____；能发生银镜反应的是_____；能与饱和亚硫酸氢钠溶液发生加成的是_____；能发生羟醛缩合反应的是_____；能发生坎尼扎罗反应的是_____；能与苯肼发生反应生成苯腙的是_____；能被斐林试剂氧化的是_____。

51. 分子 HO①—苯基—CH_2OH② 中，H 原子①的酸性____ H 原子②的酸性。

52. 乙炔在 H_2SO_4 与 $HgSO_4$ 存在下与水发生加成反应，主要产物是_____，其他炔烃在 H_2SO_4 与 $HgSO_4$ 存在下与水发生加成反应，主要产物是_____。

53. 构造式为 $CH_3CHClCH(OH)CH=CH_2$ 的取代烯烃，其立体异构体的数目是

_____。

54. 乙醇与甲醚属于_____异构。

六、用化学方法鉴别

55. 甲醛、乙醛、甲醇和乙醇

56. 苯甲醇、苯酚、苯甲醛和苯乙酮

57. 乙二醛、乙二醇、丙酮和乙醇

58. 戊-1-炔、戊-1-烯、戊-2-醇和戊-2-酮

59. 苯、甲苯、苯酚和苯甲醇

七、合成题 （无机试剂任选）

60. 以苯及丙烯为原料合成 2-苯基丙-2-醇。

61. 由环己酮与适当的格氏试剂合成 1-甲基环己烯。

62. 以丙-1-醇为原料合成 2-甲基戊醛。

63. 以乙醇为原料合成 2,3-二羟基丁醛。

八、推导结构题

64. 化合物 A 的分子式为 $C_9H_{10}O_2$，能溶于 NaOH 溶液，并可与 $FeCl_3$ 及 2,4-二硝基苯肼作用，但不与 Tollens 试剂作用。A 用 $LiAlH_4$ 还原生成化合物 $B(C_9H_{12}O_2)$。A 和 B 均可与碘的 NaOH 溶液作用，有黄色沉淀生成。A 与 （Zn-Hg）/HCl 作用，得到化合物 $C(C_9H_{12}O)$。C 与 NaOH 成盐后，与 CH_3I 反应得到化合物 $D(C_{10}H_{14}O)$，后者用 $KMnO_4$ 处理，得到对甲氧基苯甲酸。试写出 A、B、C 和 D 的结构式。

65. 化合物 A 的分子式为 $C_{16}H_{16}$，可使 Br_2 的 CCl_4 溶液和冷的 $KMnO_4$ 水溶液褪色，A 可与等物质的量的 H_2 起加成反应。用热的 $KMnO_4$ 氧化得到二元羧酸 $C_6H_4(COOH)_2$，该酸只有一种一溴代产物。试推测 A 的结构式并写出有关反应式。

66. 化合物 A、B 和 C 的分子式均为 C_3H_6O，其中 A 和 B 能与 2,4-二硝基苯肼作用生成黄色沉淀，试写出 A、B 和 C 的可能结构式。

67. 化合物 A 的分子式为 $C_5H_{12}O$，氧化后生成分子式为 $C_5H_{10}O$ 的化合物 B，B 能与 2,4-二硝基苯肼反应，也能发生碘仿反应。A 与浓硫酸共热生成分子式为 C_5H_{10} 的化合物 C，C 用高锰酸钾酸性溶液氧化生成丙酮和乙酸。试推测 A、B 和 C 的构造式，并写出各有关反应的反应式。

◉ 参考答案 ◉

一、命名或写结构式

1. 己-4-烯-3-醇

2. 2-硝基苯-1,4-二酚

3. 2-溴-4-羟基苯乙醛

4. 反-1-氯-1,4-二甲基环己烷

5. (R)-4-溴-2-甲基丁醛

6. 4-乙基辛-2,7-二醇

7. (Z)-4-溴戊-3-烯醛

8. 2-甲基庚-4-酮

9.

10.

11.

12.

13. 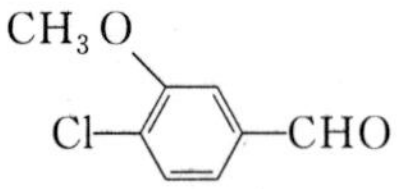　　14. $CH_3CH_2CH(OCH_3)CH_2CH(CH_3)CH{=}CH_2$

二、单项选择题

15. A；16. C；17. C；18. D；19. A；20. A；21. C；22. B；23. C；
24. B；25. B；26. A；27. A；28. D；29. D

三、完成反应式

30. 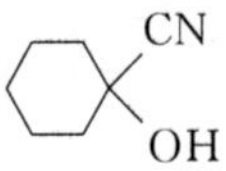

31. 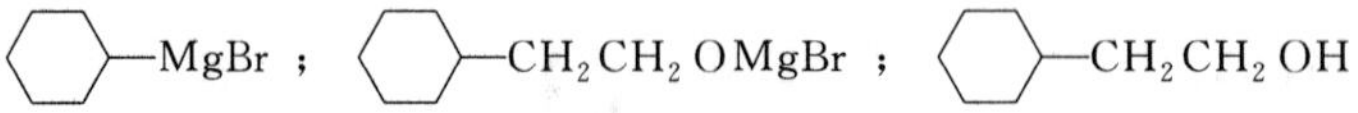

32. 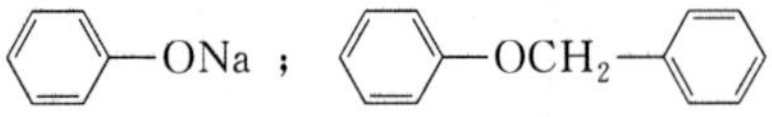

33. $(CH_3)_2C(OSO_3H)H—CH_2CH_3$ ； $(CH_3)_2C(OH)H—CH_2CH_3$

34. 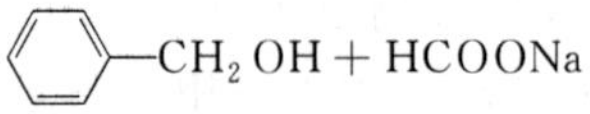　　35. $CH_3CH_2CH(OH)CH(CH_3)CHO$

36. $CH_3CH_2CH{=}C(CH_3)CH_3$ ；$CH_3CH_2COOH+CH_3COCH_3$

37. 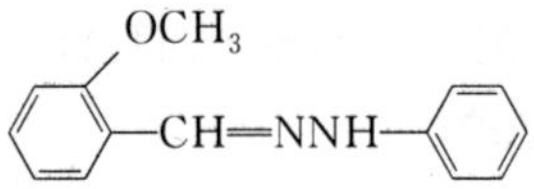　　38. CH_2ClCHO；$HOOCCH_2CHO$

39. $CH_3COCH_2CH_3$ ； $CH_3C(OH)(SO_3Na)CH_2CH_3$

40. 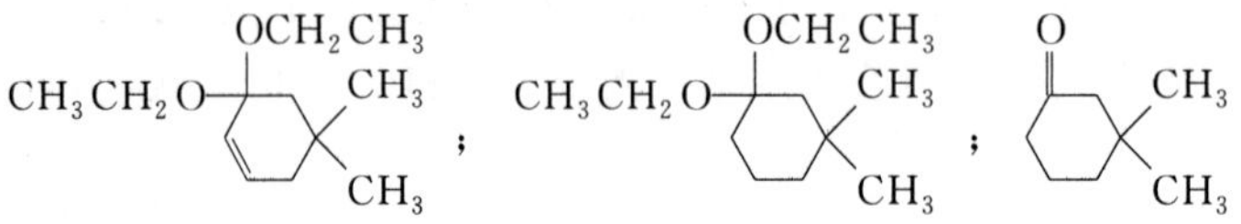

四、是非题

41. √；42. √；43. ×；44. √；45. ×；46. ×；47. √；48. √

五、填空题

49. 伯醇；仲醇；叔醇
50. ②③④⑦；①⑤⑧；①③⑤⑥⑧；①③④⑥；⑤⑧，①③④⑤⑥⑧；①⑧
51. 大于
52. 乙醛；酮
53. 4 个
54. 官能团

六、用化学方法鉴别

55. 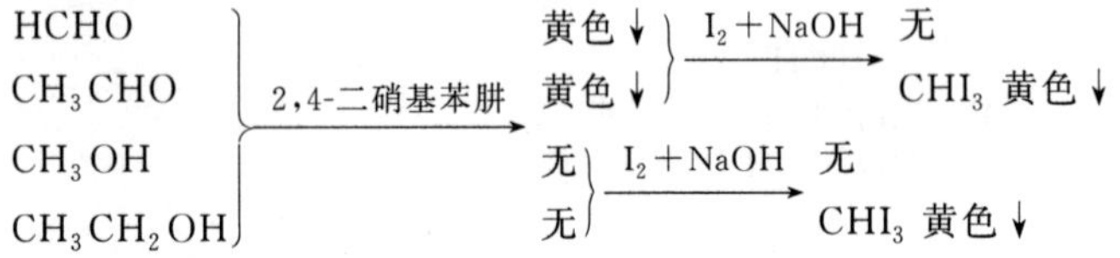

56.

$\begin{array}{l}\text{—CH}_2\text{OH}\\[6pt]\text{—OH}\\[6pt]\text{—CHO}\\[6pt]\text{—COCH}_3\end{array}$
（苯环）
$\xrightarrow{\text{2,4-二硝基苯肼}}$
$\left.\begin{array}{l}\text{无}\\\text{无}\end{array}\right\}\xrightarrow{\text{FeCl}_3}\begin{array}{l}\text{无}\\\text{显色}\end{array}$
$\left.\begin{array}{l}\text{黄色}\downarrow\\\text{黄色}\downarrow\end{array}\right\}\xrightarrow{\text{I}_2+\text{NaOH}}\begin{array}{l}\text{无}\\\text{CHI}_3\ \text{黄色}\downarrow\end{array}$

57.
$\begin{array}{l}\text{OHCCHO}\\\text{HOCH}_2\text{CH}_2\text{OH}\\\text{CH}_3\text{COCH}_3\\\text{CH}_3\text{CH}_2\text{OH}\end{array}$
$\xrightarrow{\text{I}_2+\text{NaOH}}$
$\left.\begin{array}{l}\text{无}\\\text{无}\end{array}\right\}\xrightarrow{\text{托伦试剂}}\begin{array}{l}\text{银镜}\\\text{无}\end{array}$
$\left.\begin{array}{l}\text{CHI}_3\ \text{黄色}\downarrow\\\text{CHI}_3\ \text{黄色}\downarrow\end{array}\right\}\xrightarrow{\text{2,4-二硝基苯肼}}\begin{array}{l}\text{黄色}\downarrow\\\text{无}\end{array}$

58.
$\begin{array}{l}\text{CH}_3\text{CH}_2\text{CH}_2\text{CH}_2\text{C}\!\equiv\!\text{CH}\\[4pt]\text{CH}_3\text{CH}_2\text{CH}_2\text{CH}_2\text{CH}\!=\!\text{CH}_2\\[4pt]\quad\quad\quad\quad\quad\ \overset{\text{OH}}{|}\\\text{CH}_3\text{CH}_2\text{CH}_2\text{CHCH}_3\\[4pt]\quad\quad\quad\quad\quad\ \overset{\text{O}}{\|}\\\text{CH}_3\text{CH}_2\text{CH}_2\text{CCH}_3\end{array}$
$\xrightarrow{\text{Br}_2/\text{H}_2\text{O}}$
$\left.\begin{array}{l}\text{褪色}\\\text{褪色}\end{array}\right\}\xrightarrow{[\text{Ag(NH}_3)_2]\text{NO}_3}\begin{array}{l}\text{白色}\downarrow\\\text{无}\end{array}$
$\left.\begin{array}{l}\text{无}\\\text{无}\end{array}\right\}\xrightarrow{\text{2,4-二硝基苯肼}}\begin{array}{l}\text{无}\\\text{黄色}\downarrow\end{array}$

59.
$\begin{array}{l}\text{（苯）}\\[4pt]\text{—CH}_3\\[4pt]\text{—OH}\\[4pt]\text{—CH}_2\text{OH}\end{array}$
$\xrightarrow{\text{KMnO}_4/\text{H}_2\text{SO}_4}$
$\begin{array}{l}\text{无}\\\text{褪色}\\\text{褪色}\\\text{褪色}\end{array}$
$\xrightarrow{\text{FeCl}_3}\begin{array}{l}\text{无}\\\text{显色}\\\text{无}\end{array}\xrightarrow{\text{Na}}\begin{array}{l}\text{无}\\\\\text{H}_2\uparrow\end{array}$

七、合成题（无机试剂任选）

60. $\bigcirc \xrightarrow[\text{Fe}]{\text{Cl}_2} \bigcirc\text{—Cl} \xrightarrow[\text{无水乙醚}]{\text{Mg}} \bigcirc\text{—MgCl}$

$\text{CH}_2\!=\!\text{CHCH}_3 \xrightarrow[\text{H}^+]{\text{H}_2\text{O}} \text{CH}_3\overset{\text{OH}}{\underset{|}{\text{CHCH}_3}} \xrightarrow[\text{H}_2\text{SO}_4]{\text{KMnO}_4} \text{CH}_3\overset{\text{O}}{\underset{\|}{\text{CCH}_3}}$

$\bigcirc\text{—MgCl} \xrightarrow[\text{无水乙醚}]{\text{CH}_3\text{COCH}_3} \bigcirc\text{—}\overset{\text{CH}_3}{\underset{\text{CH}_3}{\overset{|}{\underset{|}{\text{C}}}}}\text{—OMgCl} \xrightarrow{\text{H}_3\text{O}^+} \bigcirc\text{—}\overset{\text{CH}_3}{\underset{\text{CH}_3}{\overset{|}{\underset{|}{\text{C}}}}}\text{—OH}$

61. $\bigcirc\!\!=\!\!\text{O} \xrightarrow[\text{无水乙醚}]{\text{CH}_3\text{MgI}} \bigcirc\overset{\text{—OMgI}}{\underset{\text{CH}_3}{}} \xrightarrow[\text{H}^+,\ \triangle]{\text{H}_2\text{O}} \bigcirc\text{—CH}_3$

62. $\text{CH}_3\text{CH}_2\text{CH}_2\text{OH} \xrightarrow{\text{CrO}_3} \text{CH}_3\text{CH}_2\text{CHO} \xrightarrow[\triangle]{\text{NaOH 稀溶液}} \text{CH}_3\text{CH}_2\text{CH}\!=\!\overset{\overset{\text{CH}_3}{|}}{\text{C}}\text{CHO}$

$\xrightarrow[\text{干燥 HCl}]{\text{CH}_3\text{OH}} \text{CH}_3\text{CH}_2\text{CH}\!=\!\overset{\overset{\text{CH}_3}{|}}{\text{C}}\text{CH}(\text{OCH}_3)_2 \xrightarrow[\text{2. H}_2\text{O/H}^+]{\text{1. H}_2/\text{Ni}} \text{CH}_3\text{CH}_2\text{CH}_2\overset{\overset{\text{CH}_3}{|}}{\text{CH}}\text{CHO}$

63. $\text{CH}_3\text{CH}_2\text{OH} \xrightarrow{\text{CrO}_3} \text{CH}_3\text{CHO} \xrightarrow[\triangle]{\text{NaOH 稀溶液}} \text{CH}_3\text{CH}\!=\!\text{CHCHO} \xrightarrow[\text{干燥 HCl}]{\text{CH}_3\text{OH}} \text{CH}_3\text{CH}\!=\!\text{CHCH}(\text{OCH}_3)_2$

$\xrightarrow[\text{H}_2\text{O}]{\text{KMnO}_4} \text{CH}_3\overset{\overset{\text{OH}}{|}}{\text{CH}}\text{—}\overset{\overset{\text{OH}}{|}}{\text{CH}}\text{CH}(\text{OCH}_3)_2 \xrightarrow{\text{H}_2\text{O/H}^+} \text{CH}_3\overset{\overset{\text{OH}}{|}}{\text{CH}}\text{—}\overset{\overset{\text{OH}}{|}}{\text{CH}}\text{CHO}$

八、推导结构题

64. A. CH_3CCH_2—⟨benzene⟩—OH (with C=O) ;　B. CH_3CHCH_2—⟨benzene⟩—OH (with OH on CH)

C. $CH_3CH_2CH_2$—⟨benzene⟩—OH ;　D. $CH_3CH_2CH_2$—⟨benzene⟩—OCH_3

65. A. H_3C—⟨benzene⟩—CH=CH—⟨benzene⟩—CH_3

各步反应为：

$$H_3C-\text{⟨benzene⟩}-CH=CH-\text{⟨benzene⟩}-CH_3 \xrightarrow{Br_2/CCl_4} H_3C-\text{⟨benzene⟩}-\underset{Br}{CH}-\underset{Br}{CH}-\text{⟨benzene⟩}-CH_3$$

$$H_3C-\text{⟨benzene⟩}-CH=CH-\text{⟨benzene⟩}-CH_3 \xrightarrow[H_2O]{KMnO_4} H_3C-\text{⟨benzene⟩}-\underset{OH}{CH}-\underset{OH}{CH}-\text{⟨benzene⟩}-CH_3$$

$$H_3C-\text{⟨benzene⟩}-CH=CH-\text{⟨benzene⟩}-CH_3 \xrightarrow{H_2} H_3C-\text{⟨benzene⟩}-CH_2CH_2-\text{⟨benzene⟩}-CH_3$$

$$H_3C-\text{⟨benzene⟩}-CH=CH-\text{⟨benzene⟩}-CH_3 \xrightarrow[\triangle]{KMnO_4} HOOC-\text{⟨benzene⟩}-COOH \longrightarrow HOOC-\text{⟨benzene⟩}(Br)-COOH$$

66. A 和 B 为醛或酮：CH_3CH_2CHO 或 CH_3COCH_3

C 可能是不饱和醇、环醇或环氧化合物，即：$CH_2=CHCH_2OH$、⟨cyclopropyl⟩—OH 或 ⟨epoxide⟩

67. A、B 和 C 的构造式分别为：

$$\underset{\underset{OH}{|}}{CH_3CH-CHCH_3}(CH_3) \qquad \underset{\underset{O}{||}}{CH_3CH-CCH_3}(CH_3) \qquad CH_3C=CHCH_3(CH_3)$$

各步反应为：

$$\underset{\underset{OH}{|}}{CH_3CH-CHCH_3}(CH_3) \xrightarrow[H_2SO_4]{KMnO_4} \underset{\underset{O}{||}}{CH_3CH-CCH_3}(CH_3)$$

$$\underset{\underset{O}{||}}{CH_3CH-CCH_3}(CH_3) + H_2NNH-\text{⟨benzene⟩}(O_2N)-NO_2 \longrightarrow CH_3CH(CH_3)-C(CH_3)=NNH-\text{⟨benzene⟩}(O_2N)-NO_2$$

$$\underset{\underset{O}{||}}{CH_3CH-CCH_3}(CH_3) \xrightarrow{I_2+NaOH} CH_3CH(CH_3)-\underset{\underset{O}{||}}{C}-CONa + CHI_3 \downarrow$$

$$\underset{\underset{OH}{|}}{CH_3CH-CHCH_3}(CH_3) \xrightarrow[\triangle]{H_2SO_4 浓} CH_3C(CH_3)=CHCH_3 \xrightarrow[H_2SO_4]{KMnO_4} CH_3COCH_3 + CH_3COOH$$

第九章

羧酸和取代羧酸

● 基本要求 ●

◎ 熟悉羧酸、羟基酸和酮酸的分类。
◎ 掌握羧酸和取代羧酸的系统命名。
◎ 理解羧酸、羟基酸和酮酸的结构。
◎ 掌握羧酸和取代羧酸的化学性质。
◎ 理解酮式-烯醇式互变异构。
◎ 掌握酮体的概念。
◎ 熟悉重要羧酸、羟基酸和酮酸的俗名、结构及用途。

● 知识点归纳 ●

一、羧酸

1. 羧酸的结构

羧基是羧酸的官能团。羧基中羟基和羰基之间形成 p-π 共轭，导致的结果是：羧基中碳氧单键和碳氧双键键长平均化，羰基碳的正电性降低，羟基中氢氧键的极性增强。羧基为吸电子基团。

2. 羧酸的分类

按羧基所连烃基的种类，羧酸可分为脂肪酸、脂环酸和芳香酸；按烃基是否饱和可分为饱和酸和不饱和酸；按分子中羧基的数目可分为一元酸、二元酸和多元酸。

3. 羧酸的命名

从天然产物中得到的羧酸常用俗名，如醋酸、草酸和安息香酸等。羧酸的系统命名法是选择含羧基在内的最长碳链为主链，命名为"某酸"，编号从羧基碳原子开始；链上有取代基时，将取代基的位次号、数目及名称列于"某酸"之前。脂环酸和芳香酸以脂肪酸为母体。例如：

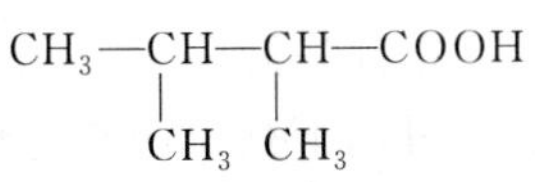

$$CH_3-CH-CH-COOH$$
$$\quad\quad\ \ |\quad\ \ |$$
$$\quad\quad CH_3\ CH_3$$

2,3-二甲基丁酸

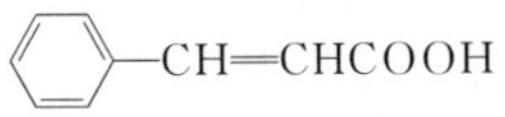

$$\bigcirc\!\!-CH=CHCOOH$$

3-苯基丙烯酸

$$\bigcirc\!\!-CH_2COOH$$

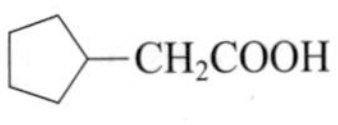

环戊基乙酸

4. 羧酸的物理性质

低级羧酸的沸点比分子量相近的醇还要高，是由于低级羧酸分子间通过两个氢键形成缔合体。

5. 羧酸的化学性质

(1) 酸性 由于羧基中羟基和羰基之间形成 p-π 共轭，羟基中氢氧键的极性增强，氢原子易于电离，使得羧酸具有酸性。

$$R-COOH+H_2O \longrightarrow R-COO^- +H_3O^+$$

羧酸的酸性比一般无机酸弱，但比碳酸和苯酚强，因此利用 $NaHCO_3$ 可鉴别羧酸和酚。

羧酸作为酸能与碱发生成盐反应，生成的盐属于弱酸强碱盐，当遇强酸时则羧酸又游离出来，利用此性质可分离、精制羧酸。

$$R-COOH \xrightarrow{NaHCO_3} R-COONa \xrightarrow{H_2SO_4} R-COOH$$

分子中存在吸电子基团时，使羧酸的酸性增强；而分子中存在给电子基团时，使羧酸的酸性减弱。二元羧酸的酸性比一元羧酸强。

(2) 羧基中羟基被取代的反应 羧基中的羟基可被—X、—OCOR、—OR、—NH$_2$ 取代，分别生成酰卤、酸酐、酯和酰胺等羧酸衍生物。

$$\underset{\overset{\|}{O}}{R-C}-OH+Y^- \longrightarrow \underset{\overset{\|}{O}}{R-C}-Y + OH^-$$

$$RCOOH \begin{cases} \xrightarrow[PX_3或PX_5]{SOCl_2} R-\overset{O}{\overset{\|}{C}}-X \\ \xrightarrow{脱水剂} (R-\overset{O}{\overset{\|}{C}}-)_2O \\ \xrightarrow[H^+]{R'OH} RCOOR' \\ \xrightarrow[\triangle]{NH_3} R-\overset{O}{\overset{\|}{C}}-NH_2 \end{cases}$$

羧酸的酯化反应，当伯醇或仲醇与羧酸进行酯化反应时，其反应历程为亲核加成-消除反应。

(3) 脱羧反应 羧基是吸电子基团，使羧酸能发生脱羧反应。饱和一元酸在一般条件下不易脱羧，需用无水碱金属盐与碱石灰共热才能脱羧。但当 α-碳上连有吸电子基团时，如硝基、卤素、氰基、羰基、羧基和芳基，羧酸较易脱羧。

$$R-COONa \xrightarrow{NaOH, CaO} R-H+Na_2CO_3$$

在生物体内酶的催化下，羧酸容易发生脱羧反应。

(4) α-H 的卤代反应 脂肪酸的 α-H 原子由于受到羧基吸电子诱导效应的影响，能被卤原子取代生成卤代酸，反应需要少量红磷作催化剂。

$$R-CH_2-COOH+Cl_2 \xrightarrow{红磷} R-\underset{\overset{|}{Cl}}{CH}-COOH + HCl$$

(5) 二元羧酸受热时的反应 由于分子中两个羧基和产物稳定性的影响，二元羧酸对热比较敏感，受热时，随着两个羧基间距离不同得到不同的产物。可用下列口诀来记忆：乙二酸、丙二酸受热脱羧成一元酸，丁二酸、戊二酸受热脱水成环酐，己二酸、庚二酸受热脱羧脱水成环酮，八个碳以上二元酸受热脱水成聚酐。

$$\underset{\text{COOH}}{\overset{\text{COOH}}{|}} \xrightarrow{\triangle} HCOOH + CO_2 \uparrow$$

$$H_2C \overset{CH_2COOH}{\underset{CH_2COOH}{\Big\langle}} \xrightarrow{\triangle} H_2C \overset{CH_2-C}{\underset{CH_2-C}{\Big\langle}} \overset{O}{\underset{O}{\Big\rangle}} O$$

$$H_2C \overset{CH_2CH_2COOH}{\underset{CH_2CH_2COOH}{\Big\langle}} \xrightarrow{\triangle} \bigcirc = O + CO_2 + H_2O$$

（6）羧酸的还原反应 氢化铝锂（LiAlH$_4$）能把羧酸还原成伯醇，且该还原剂具有选择性，不能还原碳碳不饱和键。

$$CH_2 = CHCH_2COOH \xrightarrow[\text{②}H_3O^+]{\text{①}LiAlH_4/Et_2O} CH_2 = CHCH_2CH_2OH$$

（7）甲酸的特殊反应 甲酸除具有羧酸所具有的性质外，因在结构上具有醛基的结构，所以甲酸具有醛的某些性质，如能发生银镜反应，体现出甲酸具有还原性。

二、羟基酸

1. 羟基酸的结构、分类和命名

（1）羟基酸的结构 羧酸分子中烃基上的氢原子被羟基取代的化合物称为羟基酸。

（2）羟基酸的分类 根据羟基种类的不同，羟基酸可分为醇酸和酚酸，即羟基为醇羟基的为醇酸，羟基为酚羟基的为酚酸。

（3）羟基酸的命名 醇酸的命名，以羧酸为母体，羟基为取代基，并标出羟基的位置。编号有两种方法：用阿拉伯数字编号，从羧基碳原子开始；用希腊字母编号，从与羧基相邻的碳原子开始。酚酸的命名，以芳香酸为母体，羟基为取代基，并用阿拉伯数字或相应的汉字标出羟基在芳环上的位置。一些来自自然界的羟基酸多用俗名。

$$CH_3-\underset{\underset{OH}{|}}{CH}-COOH$$

2-羟基丙酸
α-羟基丙酸
乳酸

$$HOOC-CH_2-\underset{\underset{OH}{|}}{CH}-COOH$$

羟基丁二酸
苹果酸

2-羟基苯甲酸
邻羟基苯甲酸
水杨酸

2. 羟基酸的化学性质

羟基酸具有醇、酚和羧酸的通性。由于羟基和羧基的相互影响又具有特殊性，而且这些特殊性质因两官能团的相对位置不同又表现出明显的差异。

（1）羟基酸的酸性 由于羟基具有吸电子诱导效应，所以醇酸的酸性强于相同碳原子数的羧酸，羟基离羧基越近，酸性越强。酚酸的酸性受诱导效应、共轭效应、邻位效应和分子内氢键的影响，其酸性随羟基与羧基的相对位置不同而表现出明显的差异，其酸性的强弱顺序为：邻羟基苯甲酸＞间羟基苯甲酸＞苯甲酸＞对羟基苯甲酸。

(2) 醇酸的脱水反应　α-醇酸受热两分子间脱水成交酯。

$$CH_3CH—C{\overset{O}{\big|}}[OH\ HO] \atop [OH\ HO]{\big|}C—CHCH_3{\overset{O}{\big|}} \xrightarrow{\triangle} \text{（交酯）} + 2H_2O$$

β-醇酸受热脱水成 α,β-不饱和酸。

$$CH_3CH—CHCOOH \atop [OH\ \ H] \xrightarrow{\triangle} CH_3CH=CHCOOH + H_2O$$

γ-或 δ-醇酸受热脱水成内酯。

$$H_2C—CH_2—C=O \atop CH_2O[H\ |\ OH] \xrightarrow{\triangle} \text{（内酯）} + H_2O$$

(3) 醇酸的氧化反应　醇酸中的羟基因受羧基吸电子诱导效应的影响，比醇中的羟基更易被氧化，如 α-醇酸能被弱氧化剂 Tollens 试剂氧化成 α-酮酸。

(4) 酚酸的脱羧反应　羟基在羧基的邻、对位的酚酸加热至熔点以上时，易脱羧分解成相应的酚。

$$\text{邻羟基苯甲酸} \xrightarrow{200\sim220℃} \text{苯酚} + ...$$

三、酮酸

1. 酮酸的结构、分类和命名

(1) 酮酸的结构　酮酸是分子中既含有酮基又含有羧基的复合官能团化合物。

(2) 酮酸的分类　根据酮基与羧基的相对位置，酮酸可分为 α-酮酸、β-酮酸和 γ-酮酸等。

(3) 酮酸的命名　酮酸的命名以羧酸为母体，酮基为取代基，称为"氧亚基"，并用阿拉伯数字标出其位置。

$$CH_3—\overset{O}{\underset{\|}{C}}—COOH \qquad CH_3—\overset{O}{\underset{\|}{C}}—CH_2—COOH \qquad HOOC—CH_2—\overset{O}{\underset{\|}{C}}—COOH$$

　　2-氧亚基丙酸　　　　　　3-氧亚基-丁酸　　　　　　　　　2-氧亚基丁二酸

2. 酮酸的化学性质

酮酸除了具有酮和羧酸的通性外，由于酮基和羧基的相互影响又具有一些特殊性质。

(1) 酸性　由于酮基的吸电子诱导效应大于羟基，酮酸的酸性比相应的醇酸强。

(2) 分解反应

① α-酮酸的分解反应

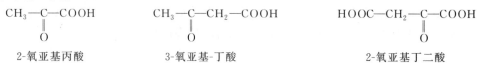

$$R—\overset{O}{\underset{\|}{C}}—COOH \begin{cases} \xrightarrow[\triangle]{\text{稀 } H_2SO_4} RCHO + CO_2\uparrow \quad \text{脱羧反应} \\ \xrightarrow[\triangle]{\text{浓 } H_2SO_4} RCOOH + CO\uparrow \quad \text{脱羰反应} \end{cases}$$

② β-酮酸的分解反应

酮式分解：在微热条件下即可发生，所以 β-酮酸比 α-酮酸易发生脱羧分解反应。

$$RCOCH_2COOH \xrightarrow{微热} RCOCH_3 + CO_2 \uparrow$$

酸式分解：在浓碱和加热条件下发生。

$$RCOCH_2COOH + 2NaOH（浓）\xrightarrow{\triangle} RCOONa + CH_3COONa$$

3. 酮式-烯醇式互变异构

具有 α-H 的酮、二酮和酮酸酯等化合物都有酮式和烯醇式两种异构体，异构体同时存在于一个动态平衡体系中，并可以互变，这种现象称为酮式-烯醇式互变异构现象。如乙酰乙酸乙酯（3-氧亚基丁酸乙酯）。

$$CH_3\overset{O}{\overset{\|}{C}}CH_2\overset{O}{\overset{\|}{C}}OC_2H_5 \rightleftharpoons CH_3\overset{O-H\cdots O}{\underset{}{C}}=CH-\overset{}{C}OC_2H_5$$

这些类别化合物存在酮式-烯醇式互变异构现象主要有三个原因：①酮式中存在活泼 α-H，有产生烯醇式的条件；②烯醇式中存在延伸的共轭体系，使烯醇式结构稳定；③烯醇式中分子内氢键的形成可增强烯醇式的稳定性。

4. 酮体的概念

在医学上把乙酰乙酸、β-羟基丁酸和丙酮总称为酮体。酮体与糖尿病有着重要的关系。

典型例题解析

1. 邻氯苯甲酸、间氯苯甲酸和对氯苯甲酸的酸性由强到弱的顺序为邻氯苯甲酸＞间氯苯甲酸＞对氯苯甲酸。试解释原因。

解：氯与芳环相连时，既有吸电子诱导效应又有给电子共轭效应，但吸电子诱导效应大于给电子共轭效应，所以上述三种氯代苯甲酸的酸性均大于苯甲酸。由于氯原子在羧基的邻位时吸电子诱导效应最强，在羧基的对位时吸电子诱导效应最弱，所以在三种氯代苯甲酸中邻氯苯甲酸的酸性最强，间氯苯甲酸的酸性次之，对氯苯甲酸的酸性最弱。

2. 乙醇分子中并不含 $CH_3-\overset{O}{\overset{\|}{C}}-$ 基团，但也能发生碘仿反应，而乙酸分子中含有 $CH_3-\overset{O}{\overset{\|}{C}}-$ 基团却不能发生碘仿反应，这是为什么？

解：乙醇分子中虽然不含 $CH_3-\overset{O}{\overset{\|}{C}}-$ 基团，但 I_2 具有氧化性，能将乙醇氧化成乙醛，因此乙醇能发生碘仿反应。乙酸分子中虽然含有 $CH_3-\overset{O}{\overset{\|}{C}}-$ 基团，但在 I_2 的 NaOH 溶液中，乙酸首先发生中和反应生成 CH_3COO^-，氧负离子与羰基形成 p-π 共轭体系，使羰基碳原子的电子云密度增大，正电性降低，导致羧基的吸电子诱导效应减弱，α-氢原子的活性降低，不易被碘原子取代，所以乙酸不易发生碘仿反应。

3. 将丙酸分别与甲醇、乙醇、异丙醇和叔丁醇发生酯化反应的反应活性按由大到小的顺序排列。

解：丙酸与叔丁醇的酯化反应是按 S_N1 机理进行的，丙酸与甲醇、乙醇和异丙醇的酯化反应是按亲核加成-消除机理进行的，按 S_N1 机理进行的酯化反应的反应速率比按亲核加成-消除机理进行的酯化反应的反应速率快。按亲核加成-消除机理进行的反应，空间位阻越小，反应的活性就越大。甲醇、乙醇和异丙醇与丙酸进行酯化反应的空间位阻由小到大的顺序为甲醇＞乙醇＞异丙醇。所以，丙酸与上述4种醇发生酯化反应的反应活性由大到小的顺序为叔丁醇＞甲醇＞乙醇＞异丙醇。

4. 试比较脂肪族二元羧酸与分子量相近的脂肪族一元羧酸的熔点高低，并解释理由。

解：脂肪族二元羧酸的熔点比分子量相近的脂肪族一元羧酸的高得多。原因是脂肪族二元羧酸分子链的两端都有羧基，分子之间形成氢键的能力增大，因此脂肪族二元羧酸的熔点较高。

5. 试比较 3-氯己二酸两个羧基的酸性大小。

解：3-氯己二酸的构造式为

$$HOOCCH_2CHCH_2CH_2COOH$$
$$|$$
$$Cl$$

由于氯原子的吸电子诱导效应，与氯原子较近的羧基上的氢较容易解离，酸性也就较强。

6. 丙二酸的 $pK_{a1}^{\ominus}$ 比丙酸的 $pK_a^{\ominus}$ 小，而丙二酸的 $pK_{a2}^{\ominus}$ 却比丙酸的 $pK_a^{\ominus}$ 大。试解释其原因。

解：丙二酸中—COOH 的吸电子诱导效应使另一个—COO⁻ 稳定，所以丙二酸的 $pK_{a1}^{\ominus}$ 比丙酸的 $pK_a^{\ominus}$ 小。由于丙二酸负离子 $HOOCCH_2COO^-$ 能形成分子内氢键

且—COO⁻ 有给电子诱导效应，都使第二个羧基的氢原子较难解离，因此丙二酸的 $pK_{a2}^{\ominus}$ 比丙酸的 $pK_a^{\ominus}$ 大。

7. 邻羟基苯甲酸的酸性（$pK_a^{\ominus} = 2.98$）明显强于邻甲氧基苯甲酸的酸性（$pK_a^{\ominus} = 4.09$），试说明理由。

解：由于邻羟基苯甲酸能形成分子内氢键，邻羟基苯甲酸负离子稳定，所以其酸性比较强。而邻甲氧基苯甲酸不能形成分子内氢键，因此其酸性比较弱。

8. 试比较顺丁烯二酸和反丁烯二酸在水中溶解度的大小，并解释原因。

解：顺丁烯二酸在水中的溶解度比反丁烯二酸在水中的溶解度大。顺丁烯二酸分子中的两个羧基在碳碳双键的同侧，分子不对称，偶极矩大，是极性分子，根据相似相溶原理，故在极性溶剂水中的溶解度较大。反丁烯二酸分子中的两个羧基在碳碳双键的两侧，分子为对称分子，偶极矩为零，是非极性分子，根据相似相溶原理，故在极性溶剂水中的溶解度就小。

9. 阿司匹林（乙酰水杨酸）是一种常见的解热镇痛、抗风湿药。

（1）为什么阿司匹林应置于干燥处密闭保存？

（2）怎样检查阿司匹林已潮解变质？

解：（1）阿司匹林在干燥环境下稳定，但在潮湿空气中缓慢发生水解，生成水杨酸和

乙酸：

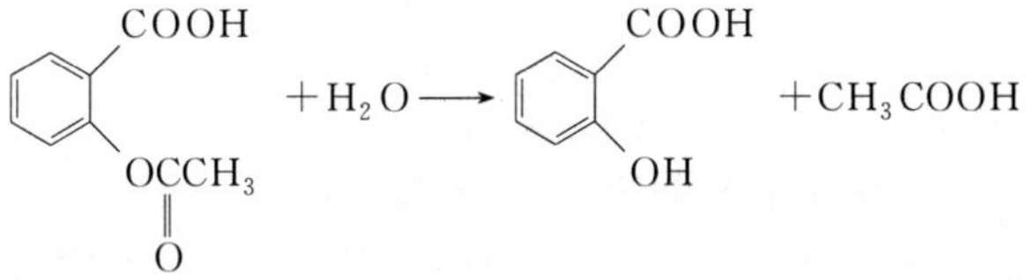

（2）用 $FeCl_3$ 乙醇溶液进行检验，如果阿司匹林已潮解变质，生成的水杨酸与 $FeCl_3$ 作用显紫红色。

10. 化合物

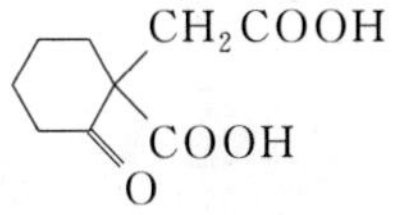

在加热时，为什么仅失去一个羧基？并写出相应的反应式。

解：该化合物分子中存在 β-酮酸和 γ-酮酸两种结构，β-酮酸不稳定，在加热时容易发生脱羧反应，而 γ-酮酸比较稳定，在加热时不发生脱羧反应。反应式如下：

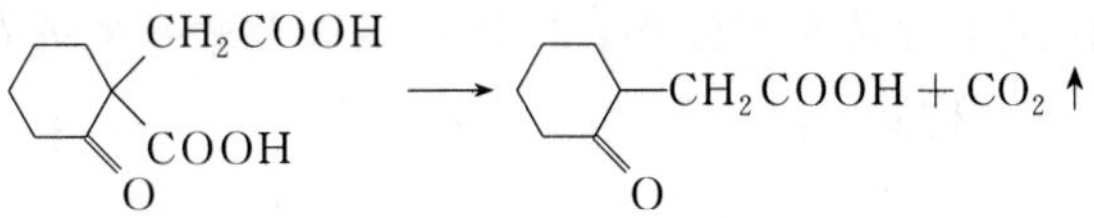

11. 将下列化合物按脱羧从易到难的次序排列：

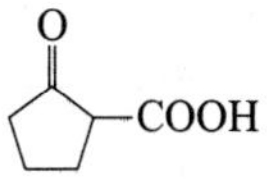

解：按脱羧从易到难的次序为：D＞B＞C＞A。

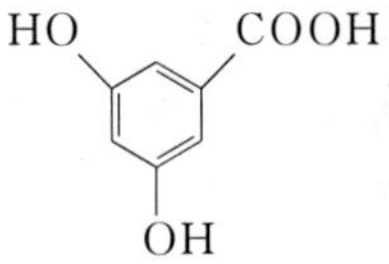

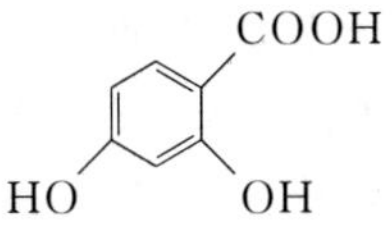

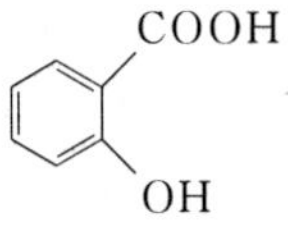

注释：β-酮酸由于酮基有较强的吸电子诱导效应，且酮基氧原子能与羧基中的氢原子形成分子内氢键，脱羧较易进行。在酚酸中，羟基在羧基的邻、对位时容易脱羧。

12. 按烯醇化程度从大到小的次序排列下列化合物：

A. $C_6H_5COCH_2COCH_3$ B. $CH_3COCH_2COCH_3$

C. $CH_3COCH_2COOCH_3$ D. $C_6H_5COCH_2COC_6H_5$

解：烯醇化程度从大到小的次序为：D＞A＞B＞C。

注释：α-H 越活泼，烯醇化程度越大；酮羰基对 α-H 的活化能力高于酯基；共轭体系的延伸使烯醇式结构稳定，烯醇化程度大。

13. 完成下列转变：

（1）$CH_3CH_2COOH \longrightarrow CH_3CH_2CH_2COOH$

（2）

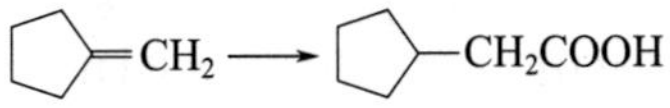

（3）$CH_3CH_2OH \longrightarrow$

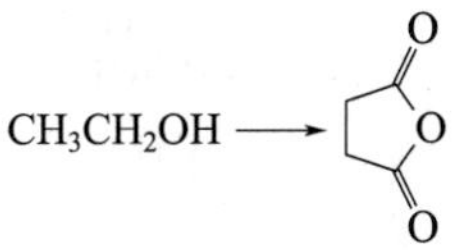

解：（1）$CH_3CH_2COOH \xrightarrow{LiAlH_4} CH_3CH_2CH_2OH \xrightarrow{HBr} CH_3CH_2CH_2Br$

$\xrightarrow[C_2H_5OH]{NaCN} CH_3CH_2CH_2CN \xrightarrow{H^+} CH_3CH_2CH_2COOH$

注释：产物比反应物增加了一个碳原子，可以用腈水解法或格氏试剂与二氧化碳反应来制备。

（2）$\underset{}{\bigcirc}=CH_2 \xrightarrow[\text{过氧化物}]{HBr} \bigcirc-CH_2Br \xrightarrow[\text{无水乙醚}]{Mg} \bigcirc-CH_2MgBr \xrightarrow[\text{②}H^+]{\text{①}CO_2} \bigcirc-CH_2COOH$

注释：烯烃在过氧化物存在下与 HBr 反应发生反马氏加成。

（3）$CH_3CH_2OH \xrightarrow[\triangle]{\text{浓 }H_2SO_4} CH_2=CH_2 \xrightarrow{Br_2} \underset{\underset{Br}{|}}{CH_2}-\underset{\underset{Br}{|}}{CH_2} \xrightarrow[C_2H_5OH]{NaCN} \underset{\underset{CN}{|}}{CH_2}-\underset{\underset{CN}{|}}{CH_2} \xrightarrow{H^+}$

$\underset{\underset{CH_2-COOH}{|}}{CH_2-COOH} \xrightarrow{\triangle}$ （酸酐结构）

注释：可通过二卤代物引入氰基再水解来合成。

14. 化合物 A 的分子式为 $C_6H_{12}O$，它与浓 H_2SO_4 共热生成 B（C_6H_{10}），B 与酸性 $KMnO_4$ 溶液作用得到 C（$C_6H_{10}O_4$）。C 可溶于碱，当 C 与脱水剂共热时，则得到化合物 D（C_5H_8O），D 与苯肼作用生成黄色沉淀物；D 用锌汞齐及浓盐酸处理得化合物 E（C_5H_{10}）。写出 A、B、C、D 和 E 的结构式。

解：A. $\bigcirc-OH$ B. $\bigcirc$ C. $\bigcirc\!\!\!\!\!\begin{array}{c}COOH\\COOH\end{array}$ D. $\bigcirc=O$ E. $\bigcirc$

注释：从 A 到 B 是一个分子内的脱水反应，比较 A 和 B 的分子组成，可知 A 为醇，B 为烯。从 B 到 C 是一个烯烃的氧化反应，比较两者的分子组成，可知 C 是一个二元羧酸；从 C 可溶于碱也可证实这一点。从 C 到 D 及从 D 到 E，可知 D 为有五个碳原子的酮，再比较 C 和 D 的分子组成及所发生的反应，可推出从 C 到 D 的反应是既脱羧又脱水，联想只有六个碳的直链二元羧酸受热时才能既脱羧又脱水，可知 C 为己二酸，D 为环戊酮。D 可用克莱门森法彻底还原，故 E 为环戊烷。通过从 C 反推，C 由 B 被酸性 $KMnO_4$ 溶液氧化而来，可知 B 为环己烯；同理 B 由 A 脱水而来，故 A 为环己醇。

15. 旋光性物质 A（$C_6H_{12}O_3$）分子中存在两对对映异构体，与 $NaHCO_3$ 作用放出 CO_2，A 微热后脱水生成 B。B 存在两种构型，但无光学活性，将 B 用酸性 $KMnO_4$ 溶液处理可得丙酸和 C。C 也能与 $NaHCO_3$ 反应放出 CO_2，C 还能发生碘仿反应。试写出 A、B、C 的结构式和 A 所有异构体的 Fischer 投影式及 B 的两种构型。

解：A 的构造式：$CH_3CH_2\underset{\underset{HO}{|}}{CH}\underset{\underset{CH_3}{|}}{CH}COOH$ B 的构造式：$CH_3CH_2CH=\underset{\underset{CH_3}{|}}{C}COOH$

C 的构造式：$CH_3\underset{\underset{O}{\|}}{C}COOH$

A 的 Fischer 投影式：

$$\begin{array}{c}COOH\\H-\!\!\!-OH\\H-\!\!\!-CH_3\\CH_2CH_3\end{array}\qquad\begin{array}{c}COOH\\HO-\!\!\!-H\\H_3C-\!\!\!-H\\CH_2CH_3\end{array}\qquad\begin{array}{c}COOH\\H-\!\!\!-OH\\H_3C-\!\!\!-H\\CH_2CH_3\end{array}\qquad\begin{array}{c}COOH\\HO-\!\!\!-H\\H-\!\!\!-CH_3\\CH_2CH_3\end{array}$$

B 的两种构型：

$$\underset{H}{\overset{CH_3CH_2}{\diagdown}}C=C\underset{CH_3}{\overset{COOH}{\diagup}}\qquad\qquad\underset{CH_3CH_2}{\overset{H}{\diagdown}}C=C\underset{CH_3}{\overset{COOH}{\diagup}}$$

注释：从 A 到 C 的过程可知 C 为含三个碳的羧酸，C 能和 $NaHCO_3$ 作用放出 CO_2，且能发生碘仿反应，可知 C 应是 2-氧亚基丙酸。B 用酸性 $KMnO_4$ 溶液处理可得丙酸和 2-氧亚基丙酸（C），可知 B 应是 2-甲基戊-2-烯酸，分子内存在顺反异构的条件，故有两种顺反构型。A 微热后脱水生成 2-甲基戊-2-烯酸（B），联想 β-醇酸易受热发生分子内脱水，可推出 A 应是 3-羟基-2-甲基戊酸，分子内有两个手性碳原子，故有两对对映异构体。

本章测试题

一、命名或写结构式

1. CH₃CHCH₂CHCOOH
     | |
    CH₃   OH

2. CH₃CH₂CHCOOH
           |
           CH=CH₂

3. ⬠—CH₂COOH

4. （萘环）—COOH

5. （结构式：CH₃ 和 H 在一个碳上，C=C 双键，另一碳上 H 与 CH₂—CH—COOH，CH₃）

6. 乙酰乙酸

7. 酒石酸

8. 水杨酸

9. 柠檬酸

10. 草酰乙酸

二、单项选择题

11. 羧酸①HCOOH、②CH_3COOH、③$(CH_3)_2CHCOOH$ 与丙醇发生酯化反应的活性大小顺序为（　　）。

  A. ①>②>③   B. ①>③>②   C. ②>③>①   D. ③>①>②

12. 实现 ⬡—COOH —→ ⬡—CH₂OH 转变，可采用的试剂是（　　）。

  A. $NaBH_4$ B. $LiAlH_4$ C. H_2，Pt   D. Na，NH_3

13. 乙酸与下列醇酯化时，反应活性最大的是（　　）。

  A. 丙醇   B. 2-甲基丙-1-醇   C. 2-甲基丙-2-醇   D. 丁醇

14. 下列化合物中酸性最强的是（　　）。

  A. CH₃CHCOOH   B. CH₃CHCOOH   C. CH₂CHCOOH   D. CH₃CHCOOH
     | | | |
    CH₃   Cl   Cl   NH₂

15. 下列化合物能发生银镜反应的是（　　）。

  A. COOH   B. CHCOOH   C. HCOOH   D. CH_3COOH
     | ‖
    COOH   CHCOOH

16. 下列二元酸中，受热后既脱羧又脱水的是（　　）。

  A. 丙二酸   B. 丁二酸   C. 戊二酸   D. 己二酸

17. 下列化合物中酸性最强的是（　　）。

  A. H₃C—⬡—COOH   B. HO—⬡—COOH

  C. O₂N—⬡—COOH   D. Br—⬡—COOH

18. 下列羧酸中，在水中溶解度最大的是（　　）。

A. C_6H_5COOH　　　　B. CH_3COOH　　　　C. CH_3CH_2COOH　　　D. $CH_3CH_2CH_2COOH$

19. 下列羟基酸受热脱水，生成物有顺反异构体的是（　　）。

A. $\underset{\underset{OH}{|}}{CH_3CHCH_2COOH}$

B. $\underset{\underset{OH}{|}}{CH_2CH_2CH_2COOH}$

C. $\underset{\underset{CH_3}{|}}{HOCH_2CHCOOH}$

D. $\underset{\underset{OH}{|}}{(CH_3)_2CCH_2COOH}$

20. 下列取代酸中，既能发生酮式分解又能发生酸式分解的是（　　）。

A. 丙酮酸　　　　　B. 2-氧亚基丁酸　　　C. 3-氧亚基丁酸　　　D. 丁醛酸

21. 下列化合物在酮式-烯醇式互变异构体系中烯醇式含量最高的是（　　）。

A. $CH_3-\underset{\underset{O}{\|}}{C}-CH_2-\underset{\underset{O}{\|}}{C}-OC_2H_5$

B. $C_2H_5O-\underset{\underset{O}{\|}}{C}-CH_2-\underset{\underset{O}{\|}}{C}-OC_2H_5$

C. $CH_3O-\underset{\underset{O}{\|}}{C}-CH_2-\underset{\underset{O}{\|}}{C}-CH_3$

D. $C_6H_5-\underset{\underset{O}{\|}}{C}-CH_2-\underset{\underset{O}{\|}}{C}-C_6H_5$

22. 下列试剂中，能将 β-羟基丁醛氧化成 β-羟基丁酸的是（　　）。

A. Tollens 试剂　　　　　　　　　B. $KMnO_4$ 酸性溶液

C. I_2 的 NaOH 溶液　　　　　　　D. $K_2Cr_2O_7$ 酸性溶液

23. 下列试剂中，不能用于鉴别苯酚和羧酸的是（　　）。

A. 溴水　　　　　B. $FeCl_3$ 乙醇溶液　　C. NaOH 溶液　　　D. $NaHCO_3$ 溶液

24. 羧酸分子中的羰基不易发生亲核加成反应，主要是由于羧基中存在（　　）。

A. 诱导效应　　　B. 空间效应　　　C. p-π 共轭效应　　D. π-π 共轭效应

25. 具有强大爆炸力的三硝酸甘油属于（　　）。

A. 醇　　　　　　B. 羧酸　　　　　C. 酯　　　　　　D. 脂

三、完成反应式

26. $\xrightarrow{\triangle}$

27. $\xrightarrow{\triangle}$

28. $\xrightarrow{\triangle}$

29. $+NaHCO_3 \longrightarrow$

30. $\xrightarrow{\triangle}$ $\xrightarrow{\triangle}$

31. $HOOCCH_2CH_2—\overset{\overset{O}{\|}}{C}—COOH \xrightarrow[\triangle]{稀\ H_2SO_4}$

32. $\begin{array}{c}\text{环戊基}\\ \overset{COOH}{\underset{OH}{}} \end{array} \xrightarrow{\triangle}$

33. $\begin{array}{c} COOH \end{array} \xrightarrow[\text{②}H_3O^+]{\text{①}LiAlH_4/无水乙醚}$

34. $\begin{array}{c} COOH \\ Cl \end{array} +SOCl_2 \longrightarrow \xrightarrow[AlCl_3]{\text{苯}}$

35. $CH_3COOH+Cl \xrightarrow{P} \xrightarrow[H^+,\ \triangle]{C_2H_5OH}$

四、是非题

36. β-酮酸比 α-酮酸更易发生脱羧反应。 （　　）

37. 羧酸分子中的 α-氢原子的活性与醛酮分子中的 α-氢原子的活性相同，也易发生卤代反应。 （　　）

38. 在苯甲酸分子中羧基的邻、间或对位引入硝基，均可使酸性增强。 （　　）

39. 羧酸分子中的氢原子被其他原子或基团取代后的产物称为取代羧酸。 （　　）

40. 乙酸分子中含有甲基酮结构，所以乙酸能发生碘仿反应。 （　　）

41. 酮酸的酸性比相应的醇酸的酸性强。 （　　）

42. 羧基由羟基和羰基组成，因此羧酸既有醇的性质，又有醛酮的性质。 （　　）

43. α-卤代酸分子中卤原子越多，其酸性就越强。 （　　）

44. 二元羧酸受热反应时的产物与两个羧基的相对位置有关。 （　　）

45. 阿司匹林是水杨酸的衍生物，所以可以与 $FeCl_3$ 乙醇溶液发生显色反应。 （　　）

五、填空题

46. 医学上的酮体指的是_____、_____和_____的总称。

47. 邻甲基苯甲酸的酸性比苯甲酸的酸性_____，是_____所导致的结果。

48. 酒石酸有_____个手性碳原子，有_____种光学异构体。

49. 饱和一元羧酸的通式为_____，羧基结构中存在_____共轭效应。

50. 乙酰乙酸乙酯存在_____和_____两种互变异构体。

六、用化学方法鉴别

51. ①甲酸　②乙酸　③草酸　④丙二酸

52. ①乳酸　②丙酮酸　③丙氨酸

53. ①草酸　②丙二酸　③丁二酸　④丁烯二酸

七、合成题

54. $CH_3CHO \longrightarrow CH_3CH_2CH_2COOH$

55. $H_3C—\bigcirc—CHO \longrightarrow HOOC—\bigcirc—CHO$

56. $CH_3COOH \longrightarrow HOOCCH_2COOH$

57. $CH_3CH=CH_2 \longrightarrow \underset{\underset{CH_3}{|}}{CH_3CH}COOH$

八、推导结构题

58. 化合物 A 和 B 的分子式均为 $C_4H_6O_4$。A 和 B 都可与 $NaHCO_3$ 作用放出 CO_2，A 受热失水形成酸酐 $C(C_4H_4O_3)$，B 受热脱羧生成一元羧酸 $D(C_3H_6O_2)$。试写出 A、B、C 和 D 的结构式。

59. 化合物 A 的分子式为 $C_8H_{12}O_3$，与 $NaHCO_3$ 作用放出 CO_2，与硝酸银氨溶液反应生成银镜，也能使溴水褪色。A 与高锰酸钾酸性溶液作用时，只生成一种二元酸 $B(C_4H_6O_4)$，B 受热脱水生成酸酐 $C(C_4H_4O_3)$。试写出 A、B 和 C 的结构式。

60. 旋光性化合物 $A(C_5H_{10}O_3)$ 能溶于 $NaHCO_3$ 溶液，加热脱水生成 $B(C_5H_8O_2)$。B 存在两种构型，均无光学活性。B 经高锰酸钾酸性溶液处理，得到 $C(C_2H_4O_2)$ 和 $D(C_3H_4O_3)$。C 和 D 均能与 $NaHCO_3$ 溶液作用放出 CO_2，且 D 还能发生碘仿反应。试写出 A、B、C 和 D 的结构式。

● 参考答案 ●

一、命名或写结构式

1. 2-羟基-4-甲基戊酸或 α-羟基-γ-甲基戊酸

2. 2-乙基丁-3-烯酸

3. 环戊-3-烯基乙酸

4. 2-萘甲酸或 β-萘甲酸

5. $(2R,4Z)$-2-甲基己-4-烯酸

6. $\underset{\quad\quad\;\;\overset{\displaystyle \|}{O}}{CH_3CCH_2COOH}$

7. $\underset{\quad\;\;\overset{\displaystyle |}{OH}\;\;\overset{\displaystyle |}{OH}}{HOOC\!-\!CH\!-\!CH\!-\!COOH}$

8.

9. $\underset{\quad\quad\quad\;\;\overset{\displaystyle |}{COOH}}{\overset{\overset{\displaystyle OH}{\displaystyle |}}{HOOCCH_2CCH_2COOH}}$

10. $\underset{\quad\quad\quad\;\overset{\displaystyle \|}{O}}{HOOC\!-\!C\!-\!CH_2COOH}$

二、单项选择题

11. A；12. B；13. A；14. B；15. C；16. D；17. C；18. B；
19. A；20. C；21. D；22. A；23. C；24. C；25. C

三、完成反应式

26. ![结构式] +H_2O

27. ![结构式] +$CO_2\uparrow$

28. ![结构式] +H_2O

29. ![结构式] +CO_2+H_2O

30. ![结构式]

31. $HOOCCH_2CH_2CHO$+CO_2

32. 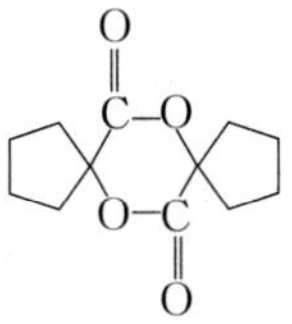 + H_2O

33. 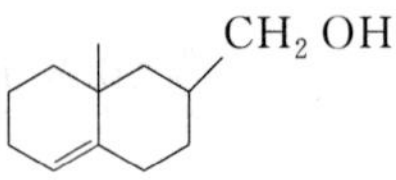

34. 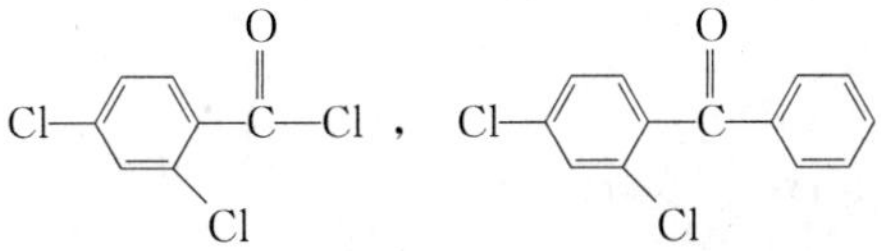

35. $ClCH_2COOH$，$ClCH_2COOCH_2CH_3$

四、是非题

36. √；37. ×；38. √；39. ×；40. ×；41. √；42. ×；43. √；44. √；45. ×

五、填空题

46. 乙酰乙酸；β-羟基丁酸；丙酮

47. 强；邻位效应

48. 2；3

49. R—COOH；p-π

50. 酮式；烯醇式

六、用化学方法鉴别

51. 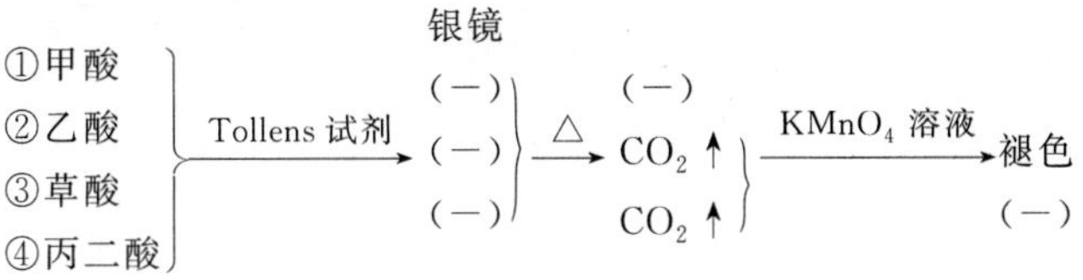

52. 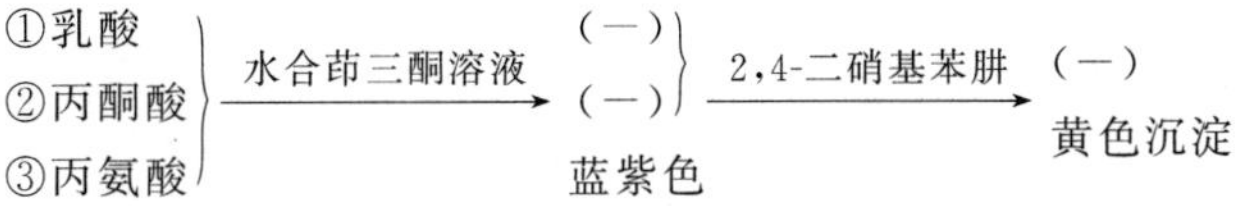

53. 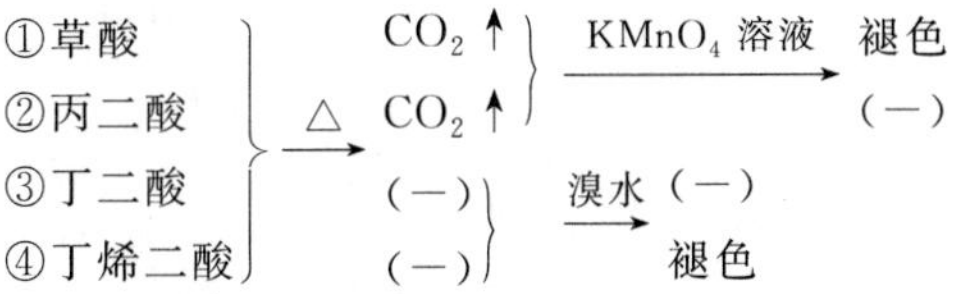

七、合成题

54. $2CH_3CHO \xrightarrow[\text{②}\triangle]{\text{①稀 NaOH}} CH_3CH{=}CHCHO \xrightarrow[Ni]{H_2} CH_3CH_2CH_2CH_2OH$

$\xrightarrow[H_2SO_4]{KMnO_4} CH_3CH_2CH_2COOH$

55. 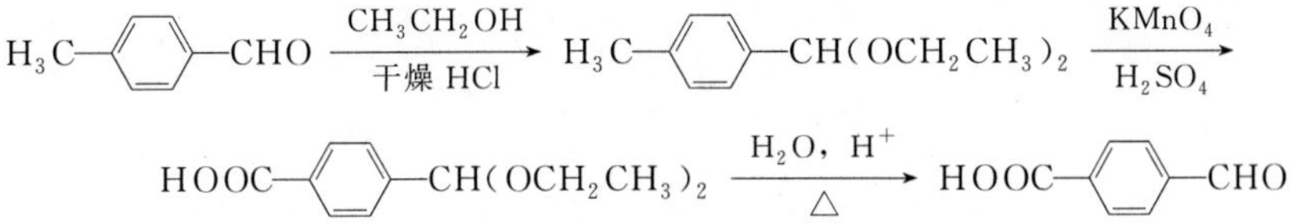

56. $CH_3COOH \xrightarrow[P]{Br_2} BrCH_2COOH \xrightarrow{NaHCO_3\text{ 溶液}} BrCH_2COONa \xrightarrow[CH_3CH_2OH]{NaCN}$

$NCCH_2COONa \xrightarrow[\triangle]{H_2O,\ H^+} HOOCCH_2COOH$

57. $CH_3CH{=}CH_2 \xrightarrow{HBr} CH_3\underset{\displaystyle Br}{\underset{|}{C}}HCH_3 \xrightarrow[\text{无水乙醚}]{Mg} CH_3\underset{\displaystyle CH_3}{\underset{|}{C}}HMgBr \xrightarrow[\text{②}H_2O,\ H^+]{\text{①}CO_2\text{，无水乙醚}} CH_3\underset{\displaystyle CH_3}{\underset{|}{C}}HCOOH$

八、推导结构题

58. A 为 $HOOCCH_2CH_2COOH$

    B 为 $HOOCCHCOOH$ 带 CH_3 支链

    $$B\ 为\quad HOOC\underset{\underset{\displaystyle CH_3}{|}}{C}HCOOH$$

    C 为 （五元环酸酐）

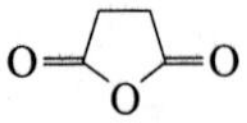

    D 为 CH_3CH_2COOH

59. A 为 $HOOCCH_2CH_2CH=CHCH_2CH_2CHO$

    $$B\ 为\quad \underset{\displaystyle CH_2COOH}{\overset{\displaystyle CH_2COOH}{|}}$$

    C 为 （五元环酸酐）

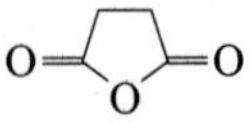

60.
    $$A\ 为\quad CH_3-\underset{\underset{\displaystyle OH}{|}}{C}H-\underset{\underset{\displaystyle CH_3}{|}}{C}H-COOH$$

    $$B\ 为\quad CH_3-CH=\underset{\underset{\displaystyle CH_3}{|}}{C}-COOH$$

    C 为 CH_3COOH

    $$D\ 为\quad CH_3\underset{\underset{\displaystyle O}{\|}}{C}COOH$$

第十章

羧酸衍生物

● 基本要求 ●

◎ 理解羧酸衍生物的结构。
◎ 熟悉羧酸衍生物的分类。
◎ 掌握羧酸衍生物的系统命名。
◎ 掌握羧酸衍生物的亲核取代反应、还原反应、Claisen 酯缩合反应和缩二脲反应。
◎ 理解羧酸衍生物亲核取代反应的反应机理。
◎ 熟悉酯与格氏试剂的反应和酰胺的特殊性质。
◎ 熟悉尿素的性质。
◎ 熟悉丙二酰脲的制备、互变异构和巴比妥类药物的通式。

● 知识点归纳 ●

一、羧酸衍生物的结构和分类

羧酸衍生物可以看作是羧酸分子中羧基上的羟基被其他的原子或基团取代的衍生物，其结构特点是分子中含有酰基结构，故也称酰基化合物。根据取代羟基基团的不同，羧酸衍生物可分为酰卤、酯、酸酐和酰胺。羧酸衍生物的通式为：

$$R-\overset{\overset{\displaystyle O}{\|}}{C}-L \qquad L=-X, \ -OR, \ -O-\overset{\overset{\displaystyle O}{\|}}{C}-R, \ -NH_2(NHR, NR_2)$$

酰基中羰基的 π 键可以与羰基直接相连的卤原子、氧原子或氮原子上的未共用 p 电子对形成 p-π 共轭体系。

二、羧酸衍生物的命名

1. 酰卤的命名

根据酰基和卤原子的名称命名为"某酰卤"。

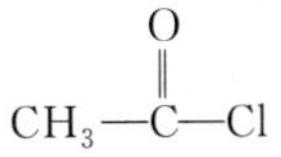

$$CH_3-\overset{\overset{\displaystyle O}{\|}}{C}-Cl$$

乙酰氯

$$\overset{\overset{\displaystyle O}{\|}}{\underset{}{C}}-Br$$

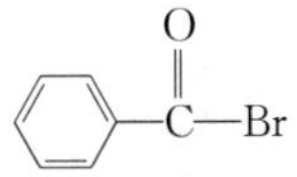

苯甲酰溴

2. 酯的命名

根据生成酯的羧酸和醇的名称，称"某酸某酯"。多元醇的酯则相反，称"某醇某酸酯"。

$$CH_3-\overset{\overset{\displaystyle O}{\|}}{C}-OCH_2CH_3 \qquad \begin{array}{c} COOCH_3 \\ | \\ COOCH_2CH_3 \end{array} \qquad \begin{array}{c} CH_2OCOCH_2CH_3 \\ | \\ CHOCOCH_2CH_3 \\ | \\ CH_2OCOCH_2CH_3 \end{array}$$

乙酸乙酯   乙二酸甲乙酯   丙三醇三丙酸酯

3. 酸酐的命名

根据形成酸酐的羧酸命名为"某酸酐"，简单的酸酐，"酸"字可以省略。

甲乙酐   丁烯二酸酐

4. 酰胺的命名

根据酰基的名称命名为"某酰胺"。两个酰基连在同一氮原子上的酰胺命名为某酰亚胺。氮原子上连有取代基时，命名时在取代基前冠以字母"N"。由同一分子内的酰基和氨基形成的酰胺称为内酰胺。

$$CH_3-\overset{\overset{\displaystyle O}{\|}}{C}-NH_2 \qquad\qquad \underset{}{\text{苯基}}-\overset{\overset{\displaystyle O}{\|}}{C}-NH-CH_2CH_3$$

乙酰胺 N-乙基苯甲酰胺

丁二酰亚胺 δ-戊内酰胺

三、羧酸衍生物的化学性质

1. 羧酸衍生物的取代反应

（1）取代反应   羧酸衍生物的水解、醇解和氨解反应，从表面上可看作亲核取代反应。

$$R-\overset{\overset{\displaystyle O}{\|}}{C}-L + Nu^- \longrightarrow R-\overset{\overset{\displaystyle O}{\|}}{C}-Nu + L^-$$

① 酰卤的取代反应

$$R-\overset{\overset{\displaystyle O}{\|}}{C}-X \begin{cases} \xrightarrow{H_2O} RCOOH \\ \xrightarrow{R'OH} RCOOR' \\ \xrightarrow{NH_3} RCONH_2 \end{cases}$$

② 酯的取代反应

$$R-\overset{\overset{\displaystyle O}{\|}}{C}-OR' \begin{cases} \xrightarrow{H_2O} RCOOH + R'OH \\ \xrightarrow{R''OH} RCOOR'' + R'OH\text{（酯交换反应）} \\ \xrightarrow{NH_3} RCONH_2 + R'OH \end{cases}$$

③ 酸酐的取代反应

$$\begin{matrix} R-\overset{\overset{\displaystyle O}{\|}}{C} \\ \quad\quad\quad O \\ R-\overset{\overset{\displaystyle }{}}{\underset{\|}{C}} \\ \overset{\displaystyle }{O} \end{matrix} \begin{cases} \xrightarrow{H_2O} 2RCOOH \\ \xrightarrow{R'OH} RCOOR' + RCOOH \\ \xrightarrow{NH_3} RCONH_2 + RCOOH \end{cases}$$

④ 酰胺的取代反应

$$R-\overset{\overset{\displaystyle O}{\|}}{C}-NH_2 \begin{cases} \xrightarrow{H_2O} RCOOH + NH_3\uparrow \\ \xrightarrow{R'OH} RCOOR' + NH_3\uparrow \\ \xrightarrow{NH_2R'} RCONHR' + NH_3\uparrow \end{cases}$$

（2）反应机理和反应活性

$$R-\overset{\overset{\displaystyle O}{\|}}{C}-L + Nu^- \rightleftharpoons \left[R-\overset{\overset{\displaystyle O^-}{|}}{\underset{\underset{\displaystyle Nu}{|}}{C}}-L \right] \longrightarrow R-\overset{\overset{\displaystyle O}{\|}}{C}-Nu + L^-$$

　　羧酸衍生物的水解、醇解和氨解表面上属于亲核取代反应，其反应机理的实质属于亲核加成-消除反应。

　　反应活性的次序为：酰卤＞酸酐＞酯＞酰胺。

2. 羧酸衍生物的还原反应

　　用 $LiAlH_4$ 作还原剂，分子中的碳碳不饱和键不受影响。

$$R-\overset{\overset{\displaystyle O}{\|}}{C}-X \xrightarrow{LiAlH_4} RCH_2OH + HX$$

$$R-\overset{\overset{\displaystyle O}{\|}}{C}-OR' \xrightarrow{LiAlH_4} RCH_2OH + R'OH$$

$$R-\overset{\overset{\displaystyle O}{\|}}{C}-O-\overset{\overset{\displaystyle O}{\|}}{C}-R' \xrightarrow{LiAlH_4} RCH_2OH + R'CH_2OH$$

$$R-\overset{\overset{\displaystyle O}{\|}}{C}-NH_2 \xrightarrow{LiAlH_4} RCH_2NH_2$$

3. Claisen 酯缩合反应

　　酯分子中的 α-H 因受酯基的影响具有弱酸性，在强碱醇钠作用下可与另一分子酯失去醇，生成 β-酮酸酯，此反应称为 Claisen 酯缩合反应。

$$\underset{\text{CH}_3\text{C}-\text{OC}_2\text{H}_5}{\overset{\text{O}}{\|}} + \underset{\text{H}-\text{CH}_2\text{COC}_2\text{H}_5}{\overset{\text{O}}{\|}} \xrightarrow{\text{NaOC}_2\text{H}_5} \underset{\text{CH}_3\text{CH}_2\text{COC}_2\text{H}_5}{\overset{\text{O}\quad\text{O}}{\|\quad\|}} + \text{C}_2\text{H}_5\text{OH}$$

Claisen 酯缩合反应也可以在同一分子内进行，生成环状 β-酮酸酯。两个都含 α-H 的不同酯发生的酯缩合，因反应产物复杂无意义。一个含 α-H 的酯和一个不含 α-H 的酯之间发生的酯缩合，因能得到一种主要产物具有实际意义。

4. 酯与格氏试剂的反应

酯和一分子的格氏试剂发生亲核取代反应生成酮，继续与另一分子格氏试剂反应生成叔醇，是制备酮或叔醇的方法。

$$\underset{R-C-OR'}{\overset{O}{\|}} \xrightarrow[\text{Et}_2\text{O}]{R''\text{MgBr}} \underset{R-C-R''}{\overset{O}{\|}} \xrightarrow[\text{②H}_2\text{O},\ \text{H}^+]{\text{①}R''\text{MgBr},\ \text{Et}_2\text{O}} \underset{\underset{R''}{\overset{|}{R-C-R''}}}{\overset{\overset{OH}{|}}{}}$$

5. 酰胺的特性

（1）酰胺的酸碱性　酰胺显中性。酰亚胺显弱酸性。

$$\text{NH} + \text{KOH} \longrightarrow \text{NK} + \text{H}_2\text{O}$$

（2）酰胺的脱水反应

$$\underset{R-C-NH_2}{\overset{O}{\|}} \xrightarrow[\triangle]{\text{P}_2\text{O}_5} RC\equiv N$$

（3）酰胺与亚硝酸反应

$$\underset{R-C-NH_2}{\overset{O}{\|}} + \text{HNO}_2 \longrightarrow \underset{R-C-OH}{\overset{O}{\|}} + \text{N}_2\uparrow + \text{H}_2\text{O}$$

（4）Hofmann 降解反应

$$\underset{R-C-NH_2}{\overset{O}{\|}} + \text{Br}_2 + 4\text{NaOH} \longrightarrow R-\text{NH}_2 + 2\text{NaBr} + \text{Na}_2\text{CO}_3 + 2\text{H}_2\text{O}$$

四、尿素

1. 尿素的弱碱性

$$\underset{\text{H}_2\text{N}-\text{C}-\text{NH}_2}{\overset{O}{\|}} + \text{HNO}_3 \longrightarrow \underset{\text{H}_2\text{N}-\text{C}-\text{NH}_2\cdot\text{HNO}_3}{\overset{O}{\|}}$$

2. 尿素的水解

$$\underset{\text{NH}_2-\text{C}-\text{NH}_2}{\overset{O}{\|}} + \text{H}_2\text{O} \begin{cases} \xrightarrow{\text{HCl}} \text{CO}_2\uparrow + \text{NH}_4\text{Cl} \\ \xrightarrow{\text{NaOH}} \text{Na}_2\text{CO}_3 + \text{NH}_3\uparrow \\ \xrightarrow{\text{酶}} \text{NH}_3\uparrow + \text{CO}_2\uparrow \end{cases}$$

3. 尿素的亚硝酸反应

$$H_2N-\overset{\underset{\|}{O}}{C}-NH_2 + HNO_2 \longrightarrow N_2\uparrow + CO_2\uparrow + H_2O$$

4. 缩二脲的生成反应和缩二脲反应

（1）缩二脲的生成反应

$$H_2N-\overset{\underset{\|}{O}}{C}-NH_2 + H_2N-\overset{\underset{\|}{O}}{C}-NH_2 \xrightarrow{\triangle} H_2N-\overset{\underset{\|}{O}}{C}-NH-\overset{\underset{\|}{O}}{C}-NH_2 + NH_3\uparrow$$

（2）缩二脲反应

缩二脲在碱性溶液中与微量硫酸铜作用显紫红色的反应称为缩二脲反应。分子中含有两个或两个以上酰胺键（在蛋白质的多肽链中称为肽键）的化合物都能发生缩二脲反应。

五、丙二酰脲

1. 丙二酰脲的制备

2. 丙二酰脲的酮式-烯醇式互变异构

3. 巴比妥类药物

丙二酰脲亚甲基上的氢被烃基取代后的产物即为巴比妥类药物，它有镇静催眠作用。巴比妥类药物的通式为：

◉ 典型例题解析 ◉

1. 在亲核试剂相同的情况下，羧酸衍生物的取代反应活性为 $RCOCl>(RCO)_2O>RCOOR>RCONH_2$。试解释其原因。

解：羧酸衍生物的取代反应机理为亲核加成-消除反应。

$$R-\overset{\overset{\displaystyle O}{\|}}{C}-L + Nu^- \rightleftharpoons \left[R-\overset{\overset{\displaystyle O^-}{|}}{\underset{\underset{\displaystyle Nu}{|}}{C}}-L \right] \longrightarrow R-\overset{\overset{\displaystyle O}{\|}}{C}-Nu + L^-$$

在亲核试剂相同的情况下，反应活性取决于 L 对羰基的诱导效应和 L 作为离去基团的离去能力。反应的第一步，L 的吸电子诱导效应越大，羰基碳的正电性越强，亲核加成越容易，反应活性越大。羧酸衍生物 L 的吸电子诱导效应从大到小的顺序为：$Cl^- > RCOO^- > RO^- > H_2N^-$。反应的第二步，离去基团 L 的碱性越弱，越易离去，反应活性越大。根据比较离去基团 L 共轭酸的 K_a 值，离去基团 L 的离去能力为：$Cl^- > RCOO^- > RO^- > H_2N^-$。综上两点，故羧酸衍生物的取代反应活性为 $RCOCl > (RCO)_2O > RCOOR > RCONH_2$。

2. 羧酸衍生物与亲核试剂发生亲核加成-消除反应，而同样具有羰基的醛和酮与亲核试剂却发生亲核加成反应。试解释其原因。

解：醛和酮相当于羧酸衍生物 RCOL 中的 L 为 H 和 R 的化合物，H 和 R 作为离去基团与 L 相比，是极强的碱，即 H_2 和 RH 是极弱的酸，故 H 和 R 的离去能力非常弱，反应只能进行到亲核加成反应一步，不能再继续发生消除反应。

3. 按羰基亲核加成的活性排列下列各组化合物。

① $C_6H_5COOC_2H_5$ $C_6H_5COOCOC_2H_5$ C_6H_5COCl $C_6H_5CONH_2$

② $C_6H_5COOCH_3$ $(C_6H_5CO)_2O$ C_6H_5COCl $C_6H_5CONHCH_3$ $p\text{-}ClC_6H_4COCl$
$p\text{-}CH_3OC_6H_4CONHCH_3$

解：① $C_6H_5COCl > C_6H_5COOCOC_2H_5 > C_6H_5COOC_2H_5 > C_6H_5CONH_2$

② $p\text{-}ClC_6H_4COCl > C_6H_5COCl > (C_6H_5CO)_2O > C_6H_5COOCH_3 > C_6H_5CONHCH_3 >$
$p\text{-}CH_3OC_6H_4CONHCH_3$

注释：羰基附近有吸电子基团时，增强羰基碳的正电性，吸电子诱导效应越强，羰基的正电性越强，亲核加成活性越强；反之，当有给电子基团存在时，给电子诱导效应越强，羰基的正电性越弱，亲核加成活性越弱。

4. 按水解反应的速率排列下列各组化合物。

① $Cl_3CCOOC_2H_5$ $CH_3COOC_2H_5$ $ClCH_2COOC_2H_5$

② CH_3COOCH_3 $CH_3COOC(CH_3)_3$ $CH_3COOC_2H_5$

解：① $Cl_3CCOOC_2H_5 > ClCH_2COOC_2H_5 > CH_3COOC_2H_5$

② $CH_3COOCH_3 > CH_3COOC_2H_5 > CH_3COOC(CH_3)_3$

注释：①中由于氯的吸电子诱导效应，羰基碳的正电性增强，吸电子诱导效应越强，羰基的正电性越强，水解反应越易进行。②中基团体积的增大，使反应不易形成四面体中间体，水解反应不易进行。

5. 按氨解的反应速率排列下列化合物。

① CH_3O—⟨⟩—$COCl$ ② O_2N—⟨⟩—$COCl$

③ ⟨⟩—$COOH$ ④ ⟨⟩—$\overset{\overset{\displaystyle O}{\|}}{C}$—$O$—$\overset{\overset{\displaystyle O}{\|}}{C}$—⟨⟩

解：②＞①＞④＞③。

注释：在亲核取代反应中，活性大小为酰卤＞酸酐＞酯＞羧酸，且苯环对位硝基的吸电子诱导效应使反应速率加快，而苯环对位甲氧基的共轭效应使反应速率减慢。

6. 按 α-H 活性排列下列化合物。

① CH_3CH_2COCl　　　　② $CH_3CH_2COOC_2H_5$　　　　③ $CH_3CH_2CON(CH_3)_2$

④ $CH_3COCH_2COCH_3$　　　　⑤ $CH_3COC_2H_5$

解：④＞①＞⑤＞②＞③。

注释：④的 α-H 受两个羰基的影响最活泼，各类羧酸衍生物和醛、酮，其 α-H 活性为酰卤＞醛、酮＞酯＞酰胺。

7. 下列化合物中，哪些能进行 Claisen 酯缩合反应？写出酯缩合反应的反应式。

(1) 甲酸乙酯　　　　　　　　　(2) 乙酸乙酯

(3) 丙酸乙酯　　　　　　　　　(4) 2,2-二甲基丙酸乙酯

解：(2) 乙酸乙酯和 (3) 丙酸乙酯能进行酯缩合反应，(1) 甲酸乙酯和 (4) 2,2-二甲基丙酸乙酯不能进行酯缩合反应，反应式如下：

$$2CH_3COOCH_2CH_3 \xrightarrow{CH_3CH_2ONa} CH_3COCH_2COOCH_2CH_3 + CH_3CH_2OH$$

$$2CH_3CH_2COOCH_2CH_3 \xrightarrow{CH_3CH_2ONa} \underset{\underset{CH_3}{|}}{CH_3CH_2COCHCOOCH_2CH_3} + CH_3CH_2OH$$

注释：分子中含有 α-H 的酯能进行酯缩合反应，否则不能。

8. 预测下列反应是否容易发生。

(1) $CH_3COCl + H_2O \longrightarrow CH_3COOH + HCl$

(2) $CH_3COOCH_3 + Br^- \longrightarrow CH_3COBr + CH_3O^-$

解：反应 (1) 容易发生，反应 (2) 不容易发生。

注释：在反应中，如果进攻基团的碱性强于离去基团的碱性，即进攻基团的共轭酸的酸性弱于离去基团的共轭酸的酸性，反应容易发生，反之不容易发生。反应 (1) 中 OH^- 的碱性强于 Cl^- 的碱性；反应 (2) 中 Br^- 的碱性弱于 CH_3O^- 的碱性。

9. 用酰卤和氨为原料制备酰胺时，当它们的物质的量之比为 1∶1 时产率很低，试解释其原因。

解：用酰卤和氨为原料制备酰胺的反应为：

$$RCOCl + NH_3 \longrightarrow RCONH_2 + HCl$$

生成的 HCl 与 NH_3 反应易生成 NH_4Cl，消耗了氨，使主反应的原料减少，因此酰胺的产率很低。

10. 完成下面反应常用什么试剂？这类反应称为什么反应？

解：完成上面反应常用 NaOX 的 NaOH 溶液或 X_2 的 NaOH 溶液作试剂。这类反应称为霍夫曼（Hofmann）降解反应。

11. 由苯合成苯甲酰胺。

解：

12. 由乙炔合成乙酸乙酯。

解：

$$CH \equiv CH + H_2O \xrightarrow[H_2SO_4]{HgSO_4} CH_3CHO \xrightarrow[Ni]{H_2} CH_3CH_2OH$$

$$CH_3CHO \xrightarrow[H_2SO_4]{KMnO_4} CH_3COOH \xrightarrow[H_2SO_4]{CH_3CH_2OH} CH_3COOCH_2CH_3$$

13. 由苄基溴合成肉桂酸。

解：

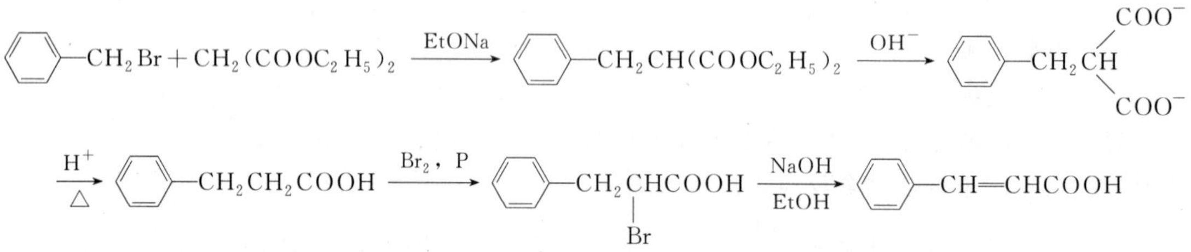

注释： 用丙二酸二乙酯增加两个碳，用羧酸的 α-H 被溴取代再消除溴化氢制得肉桂酸。

14. A、B、C 三种化合物的分子式都是 $C_3H_6O_2$。A 与 $NaHCO_3$ 溶液作用放出 CO_2；B 和 C 不能与 $NaHCO_3$ 溶液作用放出 CO_2，但在 $NaOH$ 水溶液中加热可水解，B 水解后的蒸馏产物能发生碘仿反应，而 C 的水解产物不能发生碘仿反应。写出 A、B、C 的结构式。

解：

A. CH_3CH_2COOH

B. $H-\overset{\displaystyle O}{\overset{\|}{C}}-OCH_2CH_3$

C. $CH_3\overset{\displaystyle O}{\overset{\|}{C}}-OCH_3$

注释： A、B、C 三种化合物的分子式相同，说明三者为同分异构体。A 与 $NaHCO_3$ 溶液作用放出 CO_2，说明 A 为羧酸；B 和 C 不能与 $NaHCO_3$ 溶液作用放出 CO_2，但在 $NaOH$ 水溶液中加热可水解，说明 B 和 C 为酯。B 水解后的蒸馏产物能发生碘仿反应，说明形成 B 这种酯的醇为乙醇，且 B 的分子式为 $C_3H_6O_2$，则 B 应为甲酸乙酯。C 的水解产物不能发生碘仿反应，且 C 与 B 为同分异构体，则 C 应为乙酸甲酯。

15. 化合物 A 的分子式为 $C_8H_8O_3$，具有香味。A 在酸性条件下水解后得到化合物 B，B 的分子式为 $C_7H_6O_3$，B 溶于 $NaOH$ 溶液和 $NaHCO_3$ 溶液；B 与乙酸酐作用生成 C，C 的分子式为 $C_9H_8O_4$。A 和 B 与 $FeCl_3$ 溶液发生颜色反应，而 C 则不发生此颜色反应。A 硝化时得到一种一硝基化合物。试写出化合物 A、B、C 的结构式。

解： A.、B.、C.

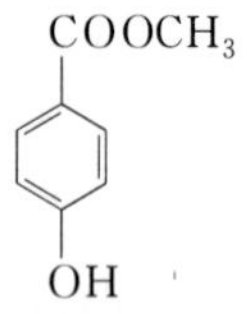

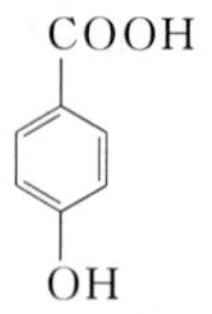

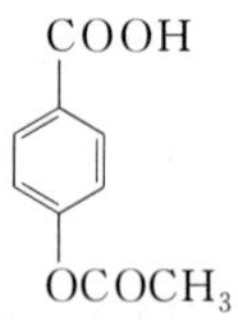

注释： 根据 A 的分子式和具有香味，初步判断 A 可能为含有苯环的酯；A 与 $FeCl_3$ 溶液发生颜色反应，说明含有酚羟基；A 水解产物 B 溶于 $NaOH$ 溶液和 $NaHCO_3$ 溶液和比较 A 和 B 的分子式，说明 A 为羟基苯甲酸甲酯；A 硝化时得到一种一硝基化合物，可判断 A 为对羟基苯甲酸甲酯。对羟基苯甲酸甲酯 A 在酸性条件下水解得对羟基苯甲酸 B，对羟基苯甲酸 B 与乙酸酐作用生成对乙酰氧基苯甲酸 C。

一、命名或写结构式

1. $CH_3CH-C-Cl$ (with cyclopropyl group and C=O)

2.

3.

4. $\begin{matrix} COOH \\ | \\ COOCH_2CH_3 \end{matrix}$

5. $HCOOCH_2-$

6. 乙酸异丁酸酐

7. 邻苯二甲酸甲乙酯

8. 巴比妥酸

9. α-甲基-γ-丁内酯

10. N-甲基丁二酰亚胺

二、单项选择题

11. 下列化合物中沸点最高的是（   ）。

A. CH_3COCl　　　　B. CH_3COOH　　　　C. CH_3CH_2OH　　　　D. CH_3OCH_3

12. 下列化合物与 $NaOH$ 水溶液反应，反应速率最快的是（   ）。

A. —Cl

B. —CH_2Cl

C. —CH_2CH_2Cl

D. —CH_2COCl

13. 下列化合物氨解时，反应速率最快的是（   ）。

A. CH_3——$COCl$

B. Cl——$COCl$

C. O_2N——$COCl$

D. CH_3O——$COCl$

14. 下列化合物中，α-H 活性最大的是（   ）。

A. CH_3CH_2CHO　　　B. CH_3COCl　　　　C. CH_3COOH　　　　D. $(CH_3CO)_2O$

15. 下列化合物可发生银镜反应的是（   ）。

A. $HCOOCH_2CH_3$　　B. $CH_3COOCH_2CH_3$　　C. $CH_3CH_2CH_2OH$　　D. CH_3CH_2COOH

16. 下列酯皂化时，反应速率最快的是（   ）。

A. $(CH_3)_3CCOOCH_3$　B. $(CH_3)_2CHCOOCH_3$　　C. $CH_3CH_2COOCH_3$　　D. $HCOOCH_3$

17. 用 $LiAlH_4$ 还原 $CH_2=$$-COOCH_3$ ，主要产物是（   ）。

A. $CH_2=$$-CH_2OH$

B. $CH_3-$$-COOCH_3$

C. $CH_3-$$-CH_2OH$

D. $CH_2=$$-CHO$

18. 酯 $CH_3\overset{①}{-}O\overset{O}{-}\overset{②}{C}-\overset{③}{C}H_2CH_3$ 分子中指定氢原子的酸性由强到弱的顺序为（   ）。

A. ①＞②＞③　　　B. ①＞③＞②　　　C. ②＞①＞③　　　D. ③＞②＞①

19. 下列化合物酸性最强的是（   ）。

A. $CH_3CH_2NH_2$　　　　　　　　　　　B. CH_3CONH_2

C.   D.

20. 羧酸衍生物的水解、醇解和氨解反应，其反应机理最确切的说法是（　　　）。

A. 亲核加成反应   B. 亲核加成-消除反应

C. 亲核取代反应   D. 亲核取代-消除反应

21. 下列化合物，在碱性条件下加热也不发生水解的是（　　　）。

A.   B.

C.   D.

22. 羧酸衍生物发生水解反应时，生成的共同产物是（　　　）。

A. 羧酸   B. 酸酐   C. 酯   D. 酰胺

23. 下列化合物能与稀的碱性硫酸铜溶液作用显紫色的是（　　　）。

A. 脲   B. 缩二脲   C. 氨基脲   D. 胍

24. $+CH_3CH_2OH$ 反应的产物是（　　　）。

A. 一种酸性酯   B. 一种中性酯   C. 两种酸性酯   D. 四种酸性酯

25. 在有机合成反应中，下列化合物中常用作乙酰化试剂的是（　　　）。

A. CH_3COOH B. CH_3CONH_2 C. CH_3COCl D. CH_3COOCH_3

三、完成反应式

26. $+(CH_3)_2CHOH \longrightarrow$

27. $HCOOCH_2CH_3 + NH_3 \longrightarrow$

28. $HO\!-\!\!\boxed{}\!\!-\!CH_2OH + (CH_3CO)_2O \longrightarrow$

29. $+ CH_3CH_2NH_2 \xrightarrow{\triangle}$

30. $+ (CH_3CO)_2O \xrightarrow[\triangle]{H_2SO_4}$

31. $CH_3CH_2COOCH\!=\!CH_2 + H_2O \xrightarrow[\triangle]{H^+}$

32. $\xrightarrow[\triangle]{KOH,\ H_2O}$

33. $ClCH\!=\!CHCH_2Cl \xrightarrow[H_2O]{KOH} \qquad \xrightarrow{CH_3COCl}$

34. $-COONH_4 \xrightarrow{\triangle} \qquad \xrightarrow{NaOH,\ Br_2}$

35. $\underset{}{\bigcirc}$—COOCH$_2CH_3$ + CH$_3$COOCH$_2$CH$_3$ $\xrightarrow{\text{CH}_3\text{CH}_2\text{ONa}}$

四、是非题

36. 酯在酸性或碱性条件下水解，反应的第一步都是形成带负电荷的四面体结构的中间体。 （ ）

37. 酰化反应能降低酚和芳胺的亲电取代活性。 （ ）

38. 羧酸衍生物的水解活性由大到小的顺序是酰卤＞酸酐＞酯＞酰胺。 （ ）

39. 尿素加热生成缩二脲的反应称为缩二脲反应。 （ ）

40. 苯甲酰乙酸苄酯能使溴水褪色。 （ ）

41. 利用酰化反应可以保护酚和芳胺不被氧化。 （ ）

42. 由于 HCOOC$_2$H$_5$ 分子不含 α-氢原子，所以不能与 CH$_3$COOC$_2$H$_5$ 在醇钠作用下发生克莱森酯缩合反应。 （ ）

43. 胍又称亚氨基脲，是一种有机碱，但丙二酰脲却显酸性。 （ ）

44. 羧酸衍生物的取代反应和卤代烃的取代反应历程相同。 （ ）

45. 常用的乙酰化试剂有乙酰氯和乙酸酐。 （ ）

五、填空题

46. 酯的水解反应取决于_____中间体的稳定性；碱催化水解时，该中间体带_____电荷。

47. 能提供_____的化合物称为酰化剂，由酰化剂与含_____的化合物发生的反应称为酰化反应。

48. 分子中含有两个或两个以上肽键的化合物都能发生_____反应，反应显_____色。

49. 丙二酰脲分子存在_____异构现象，由于其烯醇式表现出较强的酸性，因此常称为_____。

50. 用氢化铝锂还原酰卤、酸酐、酯生成_____，而还原酰胺则生成_____。

六、用化学方法鉴别

51. ①甲酸乙酯、②乙酸甲酯、③乙酸乙烯酯

52. ①乙酰氯、②乙酸酐、③乙酰胺

53. ①水杨酸、②水杨酸甲酯、③乙酰水杨酸

七、合成题

54. $\bigcirc$—NH$_2$ ⟶ O$_2$N—$\bigcirc$—NH$_2$

55. $\bigcirc$ ⟶ $\bigcirc$—COCl

56. 用苯和不超过 2 个碳原子的有机物为原料合成 $\bigcirc$—CHCONH$_2$ 。
|
CH_3

57. 丙烯合成丙酸异丙酯。

八、推导结构题

58. 化合物 A 的分子式为 C$_6$H$_{11}$O$_2$Br，具有旋光性，不溶于 NaHCO$_3$ 溶液，但与 NaOH 溶液加热时水解生成 B(C$_3$H$_6$O$_3$) 和 C(C$_3$H$_8$O)。B 可溶于 NaHCO$_3$ 溶液，能拆分为一对具有旋光性的物质；C 可发生碘仿反应。试写出 A、B 和 C 的结构式。

59. 酯 A 和 B 的分子式均为 $C_4H_6O_2$。A 在酸性条件下水解生成甲醇和化合物 C($C_3H_4O_2$)，C 可使 Br_2 的 CCl_4 溶液褪色。B 在酸性条件下水解生成羧酸和化合物 D，D 可发生碘仿反应，也可与托伦试剂作用。试写出 A、B、C 和 D 的结构式。

60. 有机化合物 A 的分子式为 $C_{10}H_{12}O_3$，不溶于水、稀硫酸和稀碳酸氢钠溶液。A 与稀氢氧化钠溶液共热后，在碱性介质中进行水蒸气蒸馏，所得馏出液可发生碘仿反应。把水蒸气蒸馏后剩下的碱性溶液酸化得到沉淀 B，其分子式为 $C_7H_6O_3$。B 溶于碳酸氢钠溶液，并放出气体；B 与氯化铁溶液发生显色反应；B 在酸性介质中可发生水蒸气蒸馏。试写出 A 和 B 的结构式。

参考答案

一、命名或写结构式

1. α-环丙烷丙酰氯

2. 邻苯二乙酸酐

3. *N*-甲基苯甲酰胺

4. 乙二酸氢乙酯

5. 甲酸苯甲酯或甲酸苄酯

6. $CH_3—C(=O)—O—C(=O)—CH(CH_3)—CH_3$

7. 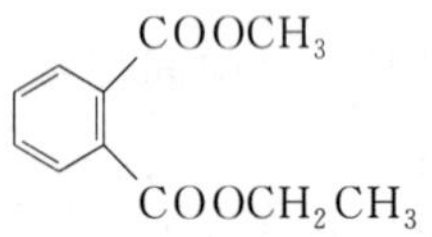

8. 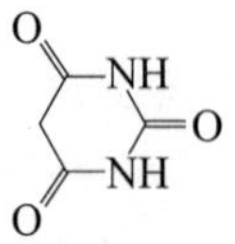

9. 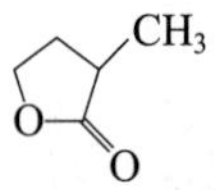

10. 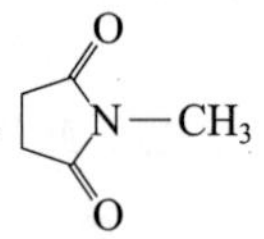

二、单项选择题

11. B；12. D；13. C；14. B；15. A；16. D；17. A；18. C；
19. D；20. B；21. D；22. A；23. B；24. C；25. C

三、完成反应式

26. 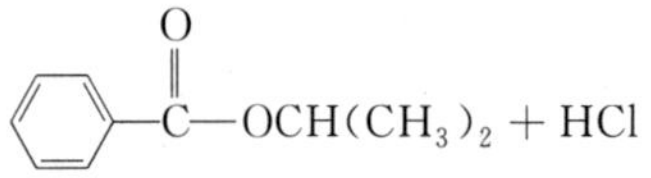

27. $H—C(=O)—NH_2 + CH_3CH_2OH$

28. 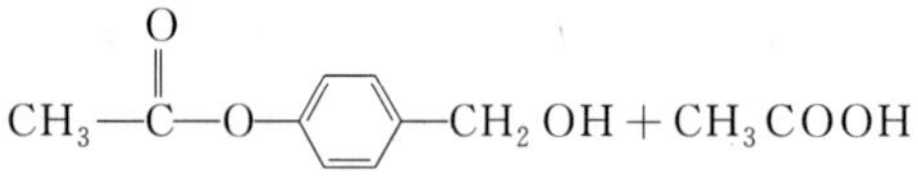

29. $HOCH_2CH_2CH_2CH_2C(=O)NHCH_2CH_3$

30. 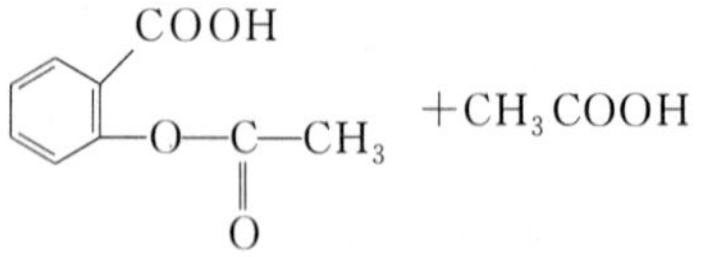

31. $CH_3CH_2COOH+CH_3CHO$

32. 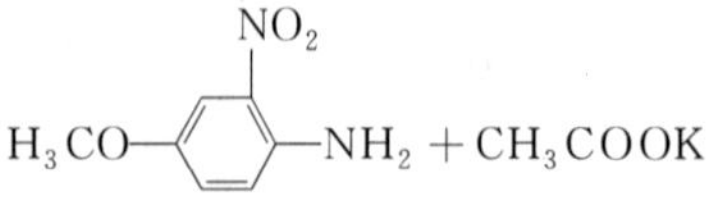

33. $ClCH=CHCH_2OH$，$ClCH=CHCH_2OOCCH_3$

34. 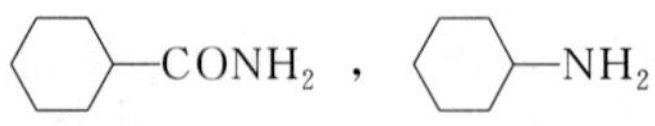

35. 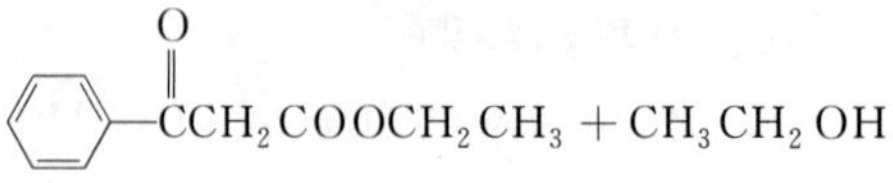

四、是非题

36. ×；37. √；38. √；39. ×；40. √；41. √；42. ×；43. √；44. ×；45. √

五、填空题

46. 四面体结构；负　　　　47. 酰基；活泼氢原子　　　　48. 缩二脲；紫

49. 酮式和烯醇式互变；巴比妥酸　　　　50. 伯醇；胺

六、用化学方法鉴别

51. ①甲酸乙酯　　　　　　　　　　银镜
②乙酸甲酯　$\xrightarrow{\text{Tollens 试剂}}$　（－）$\xrightarrow[\text{CCl}_4]{\text{Br}_2}$　（－）
③乙酸乙烯酯　　　　　　　　　（－）　　褪色

52. ①乙酰氯　冷水　冒白烟
②乙酸酐　$\xrightarrow{\text{冷水}}$（－）$\xrightarrow{\text{NaOH 溶液}}$ 溶解
③乙酰胺　　　　　　（－）　　　　　　溶解，放出氨气

53. ①水杨酸　　　　　　　　紫色　　NaHCO₃ 溶液　CO₂↑
②水杨酸甲酯　$\xrightarrow{\text{FeCl}_3}$　紫色　$\xrightarrow{\text{NaHCO}_3\text{ 溶液}}$ （－）
③乙酰水杨酸　　　　　　　（－）

七、合成题

54.

55.

56.

57. $CH_3CH=CH_2 \xrightarrow[\text{②H}_2\text{O}_2,\ \text{OH}^-]{\text{①B}_2\text{H}_6} CH_3CH_2CH_2OH \xrightarrow[\triangle]{\text{KMnO}_4} CH_3CH_2COOH \xrightarrow{\text{SOCl}_2} CH_3CH_2COCl$

$CH_3CH=CH_2 \xrightarrow{\text{H}_2\text{O}/\text{H}^+} (CH_3)_2CHOH$

$CH_3CH_2COCl + (CH_3)_2CHOH \longrightarrow CH_3CH_2COOCH(CH_3)_2$

八、推导结构题

58. A. $\underset{\underset{Br}{|}}{CH_3CHCOOCH(CH_3)_2}$　　　B. $\underset{\underset{OH}{|}}{CH_3CHCOOH}$　　　C. $\underset{\underset{OH}{|}}{CH_3CHCH_3}$

59. A. $CH_2=CHCOOCH_3$　　　B. $CH_3COOCH=CH_2$

C. $CH_2=CHCOOH$　　　D. CH_3CHO

60. A. 　　　B.

阶段性测试题（四）

一、命名或写结构式

1. 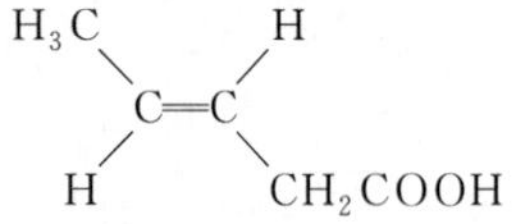
$$\underset{H}{\overset{H_3C}{}}C=C\underset{CH_2COOH}{\overset{H}{}}$$

2. 
$$\begin{array}{l} COOCH_3 \\ | \\ COOH \end{array}$$

3. （结构式：甲基取代的顺丁烯二酸酐）

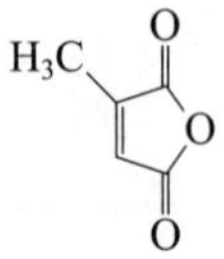

4. 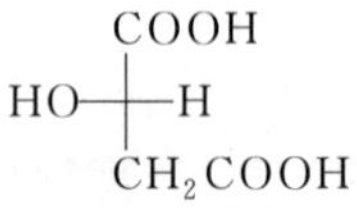
$$\begin{array}{l} COOH \\ | \\ HO-C-H \\ | \\ CH_2COOH \end{array}$$

5. 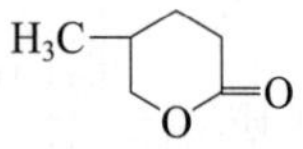 （结构式：甲基取代的六元内酯）

6. 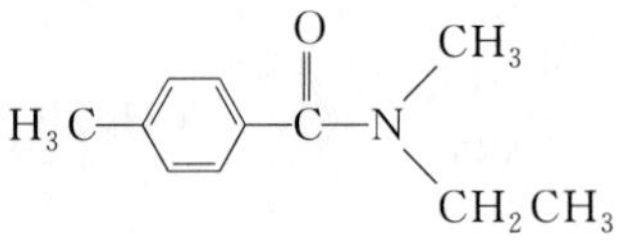
$$H_3C-\overset{O}{\underset{}{C}}-N\underset{CH_2CH_3}{\overset{CH_3}{}}$$

7. 丙二酰脲

8. 阿司匹林

9. 草酰乙酸

10. 柠檬酸

二、单项选择题

11. 环己烯经酸性高锰酸钾氧化后，再加热，生成的主要产物属（　　）。

A. 环酮　　　　　　B. 环酸酐　　　　　　C. 内酯　　　　　　D. 交酯

12. 下列化合物的分子量相近，其中沸点最高的是（　　）。

A. $CH_3(CH_2)_3CH_2OH$

B. $CH_3CH_2OCH_2CH_3$

C. $CH_3(CH_2)_2COOH$

D. $CH_3COOCH_2CH_3$

13. 下列化合物中 α-氢活性最低的是（　　）。

A. CH_3CHO

B. CH_3COCH_3

C. CH_3COOH

D. CH_3COOCH_3

14. 下列化合物中，经加热脱水能产生顺反异构体的是（　　）。

A. $\underset{\quad OH}{CH_3CH_2CHCOOH}$

B. $\underset{\quad\quad OH}{CH_2\text{—}CH_2COOH}$

C. $\underset{\quad\quad OH}{(CH_3)_2CCH_2COOH}$

D. $\underset{\quad\quad\quad\quad OH}{(CH_3)_2CHCHCH_2COOH}$

15. 水杨酸的酸性比苯甲酸强，最主要的原因是（　　）。

A. 诱导效应　　　　B. 共轭效应　　　　C. 分子内氢键　　　D. 分子间氢键

16. 下列化合物中酸性最强的是（　　）。

A. 甲酸　　　　　　　B. 草酸　　　　　　　C. 碳酸　　　　　　　D. 苯酚

17. 下列化合物中酸性最弱的是（　　）。

A. ⬡—COOH　　　　　　　　　　　B. HO—⬡—COOH

C. O_2N—⬡—COOH　　　　　　　　D. H_3C—⬡—COOH

18. 下列化合物中，不能与 $FeCl_3$ 溶液显色的是（　　）。

A. 苯酚　　　　　　B. 水杨酸　　　　　　C. 乙酰水杨酸　　　　D. 乙酰乙酸乙酯

19. 用 $LiAlH_4$ 还原 CH_2=⬡—$COOCH_3$ ，主要产物是（　　）。

A. CH_2=⬡—CH_2OH　　　　　　　　B. CH_3—⬡—$COOCH_3$

C. CH_3—⬡—CH_2OH　　　　　　　　D. CH_2=⬡—CHO

20. 羧酸衍生物的酰基转移反应，其反应机理最确切的说法是（　　）。

A. 亲核加成反应　　　　　　　　　　B. 亲核取代反应

C. 亲核取代-消除反应　　　　　　　　D. 亲核加成-消除反应

21. 下列羧酸衍生物中，最易发生水解的是（　　）。

A. CH_3COCl　　　　B. $(CH_3CO)_2O$　　　　C. CH_3COOCH_3　　　　D. CH_3CONH_2

22. 下列取代酸中，既能发生酮式分解，又能发生酸式分解的是（　　）。

A. α-酮酸　　　　B. β-酮酸　　　　C. α-羟基酸　　　　D. β-羟基酸

23. 下列化合物中，能溶于氢氧化钠溶液，且通入 CO_2 又产生沉淀的是（　　）。

A. ⬡—OH　　　B. ⬡—COOH　　　C. HO—⬡—COOH　　D. ⬡—OH

24. 下列化合物在酮式-烯醇式互变异构体系中，烯醇式含量最高的是（　　）。

A. $CH_3\underset{O}{\overset{\|}{C}}CH_2\underset{O}{\overset{\|}{C}}OC_2H_5$　　　　　　　　B. $C_2H_5O\underset{O}{\overset{\|}{C}}CH_2\underset{O}{\overset{\|}{C}}OC_2H_5$

C. $CH_3\underset{O}{\overset{\|}{C}}CH_2\underset{O}{\overset{\|}{C}}CH_3$　　　　　　　　D. $C_6H_5\underset{O}{\overset{\|}{C}}CH_2\underset{O}{\overset{\|}{C}}C_6H_5$

25. 羧酸分子中的羰基不易发生亲核加成反应，主要是由于羧基中存在（　　）。

A. 诱导效应　　　　B. 空间效应　　　　C. p-π 共轭效应　　　D. π-π 共轭效应

三、完成反应式

26. ⬡(COOH, OH)　＋NaHCO$_3$ —→

27. ⬡(COOH, COOH, COOH) $\overset{\triangle}{\longrightarrow}$　　　　　　　$\overset{\triangle}{\longrightarrow}$

28. ⬡(COOH, OH) $\overset{\triangle}{\longrightarrow}$

29. $CH_3\overset{O}{\overset{\|}{C}}CH_2COOH + NaOH(浓) \overset{\triangle}{\longrightarrow}$

30. ―COOH $\xrightarrow{SOCl_2}$ $\xrightarrow[AlCl_3]{}$

31. $CH_3CH_2OOC(CH_2)_5COOCH_2CH_3 \xrightarrow{CH_3CH_2ONa}$

32. $CH_3CH=CHCH_2COOCH_2CH_3 \xrightarrow[乙醚]{LiAlH_4}$

33. $(CH_3)_2CH-$$-NH_2 + (CH_3CO)_2O \longrightarrow$

34. ―COONH$_4$ $\xrightarrow{\triangle}$ $\xrightarrow[NaOH]{Br_2}$

35. $\xrightarrow[②H_2O, H^+]{①NaCN, CH_3CH_2OH}$

四、是非题

36. 羧酸不能和托伦试剂作用产生银镜。　　　　　　　　　　　　　　　（　　）

37. 缩二脲反应是两分子脲受热脱氨缩合成缩二脲的反应。　　　　　　　（　　）

38. β-酮酸比 α-酮酸更容易受热脱羧。　　　　　　　　　　　　　　（　　）

39. 酰亚胺可与 NaOH 反应。　　　　　　　　　　　　　　　　　　　（　　）

40. 丙烯酸与 HCl 的加成产物是 2-氯丙酸。　　　　　　　　　　　　　（　　）

41. 最常用的乙酰化试剂有乙酰氯和乙酸酐。　　　　　　　　　　　　　（　　）

42. 在苯甲酸分子中羧基的邻位、对位或间位引入硝基，均可使酸性增强。（　　）

43. 酮酸的酸性比相应的醇酸的酸性强。　　　　　　　　　　　　　　　（　　）

44. 利用酰化反应可以保护酚和芳胺不被氧化。　　　　　　　　　　　　（　　）

45. 由于 $HCOOC_2H_5$ 分子不含 α-氢原子，所以不能与 $CH_3COOC_2H_5$ 在醇钠作用下发生克莱森酯缩合反应。　　　　　　　　　　　　　　　　　　　　（　　）

五、填空题

46. 医学上的酮体指的是丙酮、_____和_____的总称。

47. 能提供_____的化合物称为酰化剂，由酰化剂与含_____的化合物发生的反应称为酰化反应。

48. 邻甲基苯甲酸的酸性比苯甲酸的酸性_____，是_____所导致的结果。

49. α-羟基酸受热脱水成交酯，β-羟基酸受热脱水成_____，γ-羟基酸受热脱水成_____。

50. 二元羧酸受热时，乙二酸、丙二酸脱羧成一元酸；丁二酸、戊二酸脱水成_____，己二酸、庚二酸脱羧脱水成_____。

六、用化学方法鉴别

51. ①苯甲醇、②对甲苯酚、③苯甲酸

52. ①乙醇、②乙醛、③甲酸、④乙酸

53. ①α-氨基丙酸、②丙酮酸、③α-羟基丙酸

七、合成题

54. 由苯胺合成对溴苯胺。

55. 由环己基甲酸合成环己基乙酸。

56. 由乙烯合成丁二酸酐。

57. 由乙炔合成乙酸乙酯。

八、推导结构题

58. 分子式为 $C_4H_4O_5$ 的化合物有 3 种异构体 A、B、C，都无旋光性，与 $NaHCO_3$ 作用放出 CO_2，A 与羰基试剂反应生成相应产物。B 和 C 既能与 $FeCl_3$ 溶液显色，也能与溴水反应；B 和 C 经催化氢化后生成一对对映体。试写出 A、B 和 C 的结构式。

59. 某化合物 A 的分子式为 C_5H_8O。A 可使溴水褪色，又可与 2,4-二硝基苯肼作用产生黄色结晶，若用酸性高锰酸钾氧化 A，可得到一分子丙酮及另一种具有酸性的化合物 B。B 加热后有 CO_2 放出，并生成化合物 C。C 可产生银镜反应。试写出 A、B 和 C 的结构式。

60. 环丙烷二羧酸有 A、B、C 和 D 四种异构体。A 和 B 具有旋光性，对热稳定。C 和 D 均无旋光性，C 受热脱羧得 E，D 受热脱水得 F。试写出 A、B、C、D、E 和 F 的结构式。

● 参考答案 ●

一、命名或写结构式

1. (E)-戊-3-烯酸

2. 乙二酸氢甲酯（草酸氢甲酯）

3. 2-甲基丁烯二酸酐

4. (S)-2-羟基丁二酸

5. γ-甲基-δ-戊内酯

6. N-乙基-N-甲基对甲苯甲酰胺

7.

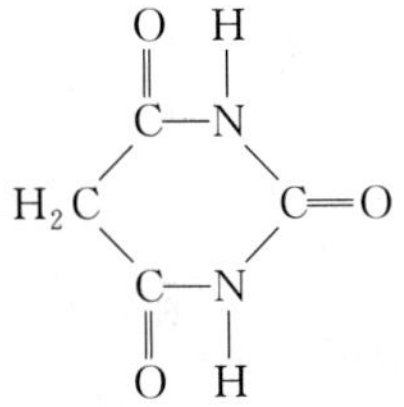

8.

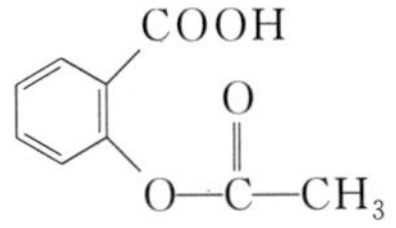

9. 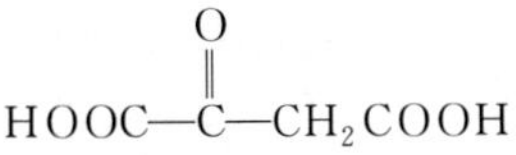 $HOOC-\overset{O}{\underset{}{C}}-CH_2COOH$

10. 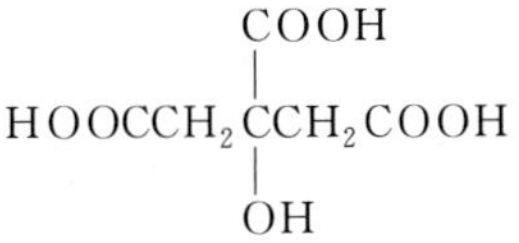 $HOOCCH_2\overset{COOH}{\underset{OH}{C}}CH_2COOH$

二、单项选择题

11. A；12. C；13. D；14. D；15. C；16. B；17. B；18. C；

19. A；20. D；21. A；22. B；23. A；24. D；25. C

三、完成反应式

26. 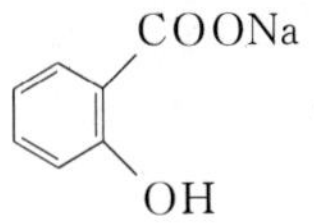 $+CO_2\uparrow+H_2O$

27.

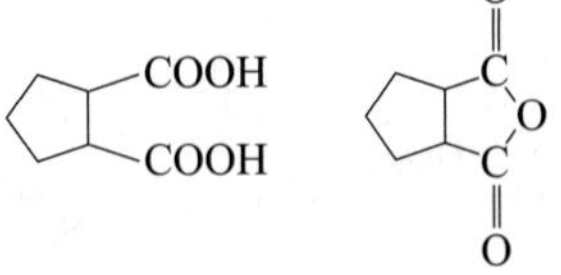

28. 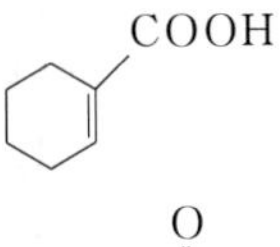 $+H_2O$

29. $2CH_3COONa$

30.

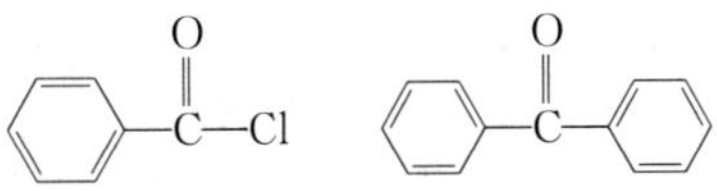

31. 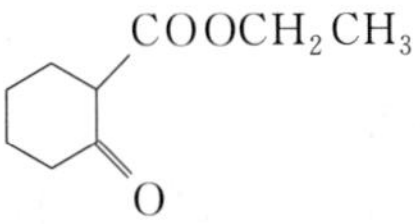 $+CH_3CH_2OH$

32. $CH_3CH{=}CHCH_2CH_2OH$

33. $(CH_3)_2CH$—⬡—$NHCCH_3$ (with C=O above)

34. ⬡—$CONH_2$ ⬡—NH_2

35. ⬡ (with CH_2COOH and OH substituents)

四、是非题

36. ×；37. ×；38. √；39. √；40. ×；41. √；42. √；43. √；44. √；45. ×

五、填空题

46. β-羟基丁酸；乙酰乙酸   47. 酰基；活泼氢原子   48. 强；邻位效应

49. α,β-不饱和酸；内酯   50. 环酐；环酮

六、用化学方法鉴别

51.
①苯甲醇 $\xrightarrow{NaHCO_3\ 溶液}$ （—） $\xrightarrow{FeCl_3}$ （—）
②对甲苯酚   （—）   显色
③苯甲酸   有气体放出

52.
①乙醇   黄色↓ $\xrightarrow{Na}$ 有气体放出
②乙醛 $\xrightarrow{I_2}$ 黄色↓   （—）
③甲酸 $\xrightarrow{NaOH}$ （—） $\xrightarrow{Tollens\ 试剂}$ 银镜
④乙酸   （—）   （—）

53.
①α-氨基丙酸   蓝紫色
②丙酮酸 $\xrightarrow{茚三酮溶液}$ （—） $\xrightarrow{2,4-二硝基苯肼}$ 黄色↓
③α-羟基丙酸   （—）   （—）

七、合成题

54. ⬡—NH_2 + $(CH_3CO)_2O$ $\xrightarrow{\triangle}$ ⬡—$NHCCH_3$ $\xrightarrow{溴水}$ Br—⬡—$NHCCH_3$ $\xrightarrow[\triangle]{H_2O/OH^-}$ Br—⬡—NH_2

55. ⬡—$COOH$ $\xrightarrow[②H_2O,\ H^+]{①LiAlH_4}$ ⬡—CH_2OH $\xrightarrow[吡啶]{PBr_3}$ ⬡—CH_2Br $\xrightarrow[CH_3CH_2OH]{NaCN}$ ⬡—CH_2CN $\xrightarrow[H^+]{H_2O}$ ⬡—CH_2COOH

56. $CH_2{=}CH_2$ $\xrightarrow{Cl_2}$ $\underset{Cl}{CH_2}{-}\underset{Cl}{CH_2}$ $\xrightarrow[CH_3CH_2OH]{NaCN}$ $\underset{CN}{CH_2}{-}\underset{CN}{CH_2}$ $\xrightarrow[\triangle]{H_2O,\ H^+}$ $\underset{CH_2{-}COOH}{CH_2{-}COOH}$ $\xrightarrow{300℃}$ $O{=}$⬠$={=}O$

57. $HC{\equiv}CH + H_2O$ $\xrightarrow[H_2SO_4]{HgSO_4}$ CH_3CHO $\xrightarrow{H_2\ /\ Ni}$ CH_3CH_2OH

CH_3CHO $\xrightarrow[H_2SO_4]{KMnO_4}$ CH_3COOH $\xrightarrow[H_2SO_4,\ \triangle]{CH_3CH_2OH}$ $CH_3COOCH_2CH_3$

八、推导结构题

58. A. $HOOCCCH_2COOH$ (with O above middle C)

B. $\underset{HO}{HOOC}C{=}C\underset{H}{COOH}$

C. $\underset{HO}{HOOC}C{=}C\underset{COOH}{H}$

59. A. $(CH_3)_2C{=}CHCHO$　　B. HOOCCOOH　　C. HCOOH

60. A. 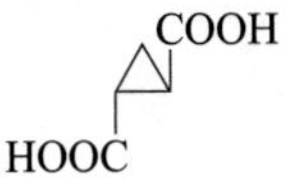

B. 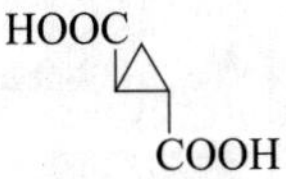

C. 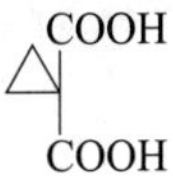

D. 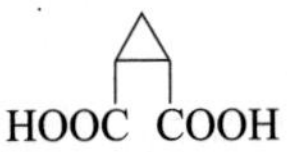

E. 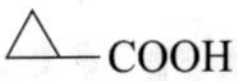

F. 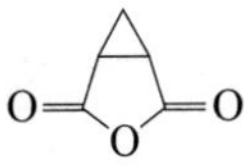

第十一章

含氮有机化合物

● 基本要求 ●

◎ 熟悉硝基化合物的分类和结构特点。

◎ 掌握硝基化合物的命名与理化性质。

◎ 熟悉胺类化合物的分类。

◎ 掌握胺类化合物的命名、结构。

◎ 掌握胺的酰化反应、与亚硝酸反应、重氮化反应及重氮化合物在合成上的应用。

◎ 理解生源胺的基本概念。

● 知识点归纳 ●

一、硝基化合物

1. 硝基化合物的结构

硝基化合物的结构主要掌握芳香族硝基化合物的结构，理解硝基直接连接在苯环上对苯环上其他位置电性效应的影响及对整个分子反应活性的影响，进一步理解结构决定性质这一原则。

2. 硝基化合物的命名和分类

硝基化合物的分类按所连接的烃基种类不同而分为脂肪族和芳香族硝基化合物。硝基化合物的命名以烃作为母体，把硝基看作取代基，按烃的命名原则命名。

3. 硝基化合物的理化性质

物理性质：硝基化合物大多为高沸点的液体，大多都有毒性。

化学性质：硝基化合物的化学性质主要熟悉掌握芳香族硝基化合物的化学性质，如硝基对芳环上亲电取代反应的影响、硝基对酚的酸性的影响。

二、胺类化合物

1. 胺的结构

氮原子的外层电子构型为 $2s^2 2p^3$，在形成 NH_3 时氮首先进行不等性 sp^3 杂化。氮用三个含一个电子的不等性 sp^3 杂化轨道与三个氢的 s 轨道重叠,形成三个 σ_{sp^3-s} 键,氮上尚有一对孤对电子占据另一个 sp^3 杂化轨道,这样便形成具有棱锥形结构的氨分子。

胺类化合物具有类似氨的结构。氨、三甲胺结构如下:

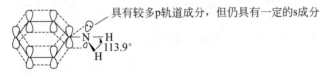

在芳香胺中,氮上孤对电子占据的不等性 sp^3 杂化轨道与苯环 π 电子轨道重叠,原来属于氮原子的一对孤对电子分布在由氮原子和苯环所组成的共轭体系中,如下图所示。

2. 胺的分类和命名

胺可视作 NH_3 的烃基衍生物。NH_3 中的一个氢被烃基取代所得的化合物称为伯胺(1°胺),两个氢被烃基取代所得的化合物称为仲胺(2°胺),三个氢被烃基取代所得的化合物称为叔胺(3°胺)。要注意的是:胺的伯、仲、叔的含义与醇的不同。相当于 NH_4^+ 中的四个氢被烃基取代所得的离子称为季铵离子。季铵离子与酸根结合形成季铵盐,与 OH^- 结合形成季铵碱。

NH_3	RNH_2	R_2NH	R_3N	$C_6H_5CH_2N^+(CH_3)_3Cl^-$	$C_6H_5CH_2N^+(C_2H_5)_3OH^-$
	$ArNH_2$	Ar_2NH	Ar_3N		
胺	1°胺	2°胺	3°胺	季铵盐	季铵碱

命名时,先写出连于氮上的烃基名,然后以胺字作词尾即可。对于复杂的胺,则可将 H_2N-(氨基)、$RNH-$(烷氨基)、R_2N-(二烷氨基)视作取代基而命名。

3. 胺的物理性质

分子量较低的胺如甲胺、二甲胺、三甲胺和乙胺等在常温下均是无色气体,丙胺以上为液体,高级胺为固体。

六个碳原子以下的低级胺可溶于水,这是因为氨基可与水形成氢键。但随着胺中烃基碳原子数的增多,水溶性减小,高级胺难溶于水。胺有难闻的气味,许多脂肪胺有鱼腥臭,丁二胺与戊二胺有腐烂肉的臭味,它们又分别被叫做腐胺与尸胺。

伯胺和仲胺可以形成分子间氢键,而叔胺的氮原子上不连氢原子,分子间不能形成氢键,故伯胺和仲胺的沸点要比碳原子数目相同的叔胺高。同样的道理,伯胺和仲胺的沸点较分子量相近的烷烃高。但是,由于氮的电负性不如氧的强,胺分子间的氢键比醇分子间的氢键弱,所以胺的沸点低于分子量相近的醇的沸点。

4. 胺的化学性质

胺中的氮原子是不等性 sp^3 杂化,其中的一个 sp^3 杂化轨道具有一对未共用电子对,在一定条件下给出电子,使胺中的氮原子成为碱性中心,胺的主要化学性质体现在这两个方面。

(1) 碱性

$$RNH_2 + H_2O \rightleftharpoons RNH_3^+ + OH^-$$

（2）烃基化

$$RNH_2 \xrightarrow{RX} R_2NH \xrightarrow{RX} R_3N \xrightarrow{RX} R_4\overset{+}{N}\overset{-}{X}$$

$$ArNH_2 \xrightarrow{RX} ArNHR \xrightarrow{RX} ArNR_2 \xrightarrow{RX} Ar\overset{+}{N}R_3\,X^-$$

$$\left.\begin{array}{c}\end{array}\right\} \xrightarrow{AgOH} \left\{\begin{array}{l} R_4\overset{+}{N}\overset{-}{OH} \\ Ar\overset{+}{N}R_3\,\overset{-}{OH} \end{array}\right.$$

（3）酰基化

$$RNH_2 \xrightarrow{R'COCl\ 或酐、酯} RNHCOR'$$

$$R_2NH \xrightarrow{R'COCl\ 或酐、酯} R_2NCOR'$$

$$R_3N \xrightarrow{R'COCl\ 或酐、酯} (-)$$

（4）Hinsberg 反应（鉴别伯胺、仲胺、叔胺）

$$RNH_2 \xrightarrow{PhSO_2Cl} \underset{(固体)}{RNHSO_2Ph} \xrightarrow{NaOH\ 溶液} \underset{溶于\ NaOH}{(RNSO_2Ph)^-\,Na^+}$$

$$R_2NH \xrightarrow{PhSO_2Cl} \underset{(固体)}{R_2NSO_2Ph} \xrightarrow{NaOH\ 溶液} 不溶于\ NaOH$$

$$R_3N \xrightarrow{PhSO_2Cl} (-)$$

（5）与 HNO$_2$ 反应

$$RNH_2 \xrightarrow{HNO_2} [R-\overset{+}{N}\equiv N] \xrightarrow{H_2O} N_2\uparrow + 醇等混合物$$

$$ArNH_2 \xrightarrow[HX]{HNO_2} Ar-\overset{+}{N}\equiv NX^- \quad (重氮盐)$$

$$R_2NH \xrightarrow{HNO_2} R_2N-N=O\ (N\text{-亚硝基胺})$$

$$ArNHR \xrightarrow{HNO_2} \underset{\underset{NO}{|}}{Ar-NR}(黄色油状物)$$

Ph—NR_2 $\xrightarrow{HNO_2}$ O=N—$\langle\ \rangle$—NR_2（对亚硝基化合物）

（6）芳胺的特殊反应

① 卤代反应

Ph—NH_2 + Br_2 $\xrightarrow{H_2O}$ （三溴苯胺结构）↓（白色沉淀）

② 磺化反应

$$\underset{NH_2}{\bigcirc} \xrightarrow{浓\ H_2SO_4} \underset{NH_3\,HSO_4^-}{\bigcirc} \xrightarrow{180\sim190℃} \underset{SO_3^-}{\overset{NH_3}{\bigcirc}}$$

③ 氧化反应

$$\underset{N(CH_3)_2}{\bigcirc} \xrightarrow{H_2O_2} \underset{O\leftarrow N(CH_3)_2}{\bigcirc}$$

$$\underset{\text{苯胺}}{\text{C}_6\text{H}_5\text{NH}_2} \xrightarrow{\text{MnO}_2,\ \text{H}_2\text{SO}_4} \text{对苯醌}$$

(7) 重氮盐的反应

① 重氮化反应

$$\text{C}_6\text{H}_5\text{—NH}_2 + \text{NaNO}_2 + 2\text{HCl} \xrightarrow{0\sim5\,℃} \text{C}_6\text{H}_5\overset{+}{\text{N}}_2\overset{-}{\text{Cl}} + \text{NaCl} + 2\text{H}_2\text{O}$$

② 亲核取代反应

$$\text{C}_6\text{H}_5\overset{+}{\text{N}}_2\text{HSO}_4^- + \text{H}_2\text{O} \xrightarrow{\text{H}_2\text{SO}_4} \text{C}_6\text{H}_5\text{OH} + \text{N}_2\uparrow + \text{H}_2\text{SO}_4$$

$$\text{C}_6\text{H}_5\overset{+}{\text{N}}_2\text{HSO}_4^- + \text{H}_2\text{O} \xrightarrow{\text{H}_3\text{PO}_2} \text{C}_6\text{H}_6 + \text{N}_2\uparrow + \text{H}_2\text{SO}_4 + \text{H}_3\text{PO}_3$$

$$\text{C}_6\text{H}_5\overset{+}{\text{N}}_2\overset{-}{\text{Cl}} + \text{KCN} \xrightarrow[\triangle]{\text{CuCN}} \text{C}_6\text{H}_5\text{CN} + \text{N}_2\uparrow + \text{KCl}$$

$$\text{C}_6\text{H}_5\overset{+}{\text{N}}_2\overset{-}{\text{Cl}} + \text{KI} \xrightarrow{\triangle} \text{C}_6\text{H}_5\text{I} + \text{N}_2\uparrow + \text{KCl}$$

$$\text{C}_6\text{H}_5\overset{+}{\text{N}}_2\overset{-}{\text{Cl}} + \text{HCl} \xrightarrow[\triangle]{\text{CuCl}} \text{C}_6\text{H}_5\text{Cl} + \text{N}_2\uparrow$$

$$\text{C}_6\text{H}_5\overset{+}{\text{N}}_2\overset{-}{\text{Cl}} + \text{HBr} \xrightarrow[\triangle]{\text{CuBr}} \text{C}_6\text{H}_5\text{Br} + \text{N}_2\uparrow + \text{HCl}$$

③ 偶联反应

$$\text{Ar}\overset{+}{\text{N}}_2\overset{-}{\text{X}} + \text{C}_6\text{H}_5\text{—G} \longrightarrow \text{Ar—N}=\text{N—C}_6\text{H}_4\text{—G}$$

（G 为强给电子基团，如—NH$_2$、—OH、—OR 等）

④ 还原反应

$$\text{Ar}\overset{+}{\text{N}}_2\overset{-}{\text{X}} + \text{Na}_2\text{SO}_3 \text{（或 SnCl}_2/\text{HCl）} \longrightarrow \text{ArNHNH}_2 + \text{HX}$$

5. 生源胺类和苯丙胺类化合物

生源胺（biogenic amine）包括肾上腺素（adrenaline）、去甲肾上腺素（noradrenalin）、多巴胺（dopamine）、乙酰胆碱（acetylcholine）及 5-羟基色胺（serotonin）等。

●●●●● 典型例题解析 ●●●●●

1. 命名下列各胺，并注明其属于 1°胺、2°胺还是 3°胺。

（1）CH$_3$CH$_2$CH$_2$NH$_2$ 　　　　　　　　（2）CH$_3$CH$_2$NHCH$_3$

（3）$CH_3CH_2CH_2NHCH_2CH_2CH_3$ 　　　　（4）$CH_3NHCH(CH_3)CH_2CH_3$

（5）$H_2NCH_2CH_2OH$ 　　　　　　　　　（6）$C_6H_5N(CH_3)_2$

（7）$C_6H_5\overset{+}{N}(CH_3)_3\overset{-}{Cl}$

解：（1）丙胺（1°胺）　　　　　　　（2）甲乙胺（2°胺）

（3）二丙胺（2°胺）　　　　　　　　　（4）N-甲基丁-2-胺（2°胺）

（5）2-氨基乙醇（1°胺）　　　　　　　（6）N,N-二甲基苯胺（3°胺）

（7）氯化三甲基苯基铵（季铵盐）

2. 写出下列反应的产物。

（1）$C_2H_5Br+NH_3$（过量）　　　　　（2）$H_2C{=}CHCN+H_2/Pt$

（3）丁酰胺+Br_2+KOH　　　　　　　（4）二甲胺+HONO

解：

（1）$C_2H_5Br+NH_3$（过量）$\longrightarrow C_2H_5NH_2$

（2）$H_2C{=}CHCN \xrightarrow{\dfrac{H_2}{Pt}} CH_3CH_2CH_2NH_2$

（3）$CH_3CH_2CH_2\underset{\underset{O}{\|}}{C}NH_2 \xrightarrow[KOH]{Br_2} CH_3CH_2CH_2NH_2$

（4）$\text{HN}\underset{CH_3}{\overset{CH_3}{\diagup}}+HONO \longrightarrow \text{ON}-\text{N}\underset{CH_3}{\overset{CH_3}{\diagup}}$

3. 根据以下的反应式推测该生物碱的结构式。

$$C_8H_{17}N \xrightarrow{2CH_3I} C \xrightarrow[\triangle]{Ag_2O} B \xrightarrow{CH_3I} \xrightarrow[\triangle]{Ag_2O} A \xrightarrow[②Zn,\ H_2O]{①O_3} HCHO+OHCCH_2CHO+CH_3CH_2CH_2CHO$$

　　解：从臭氧分解所得的最后产物来看，其前体 A 为 $CH_2{=}CHCH_2CH{=}CHCH_2{-}CH_2CH_3$。又因 CH_3I、Ag_2O 和加热这三步意味着季铵碱的 Hofmann 消除，因此 A 的前体 B 应是

　　　　　而 B 也是通过季铵碱的 Hofmann 消除而来的，故它的前体 C 应

是　　　　　。但第一步用了两分子 CH_3I，因此，化合物 C 的 N 上的—CH_3 是从

CH_3I 来的。于是可推出生物碱的结构式为　　　　　。

4. 指出下列化合物哪些是手性的，哪些是可拆分的，简要说明理由。

（1）$[C_6H_5N(C_2H_5)_2(CH_3)]^+Br^-$ 　　　（2）$C_6H_5N(CH_3)(C_2H_5)$

（3）$C_6H_{15}-\overset{\overset{CH_3}{|}}{\underset{\underset{C_2H_5}{|}}{\overset{+}{N}}}-H$ 　　　　　　（4）$CH_3CH_2\underset{\underset{CH_3}{|}}{CH}N(CH_3)(C_2H_5)$

　　解：（1）不是手性分子，因为有两个基团（—C_2H_5）相同。

（2）是手性分子，但构型之间转化所需的能垒很低，其对映体无法拆分。

（3）是手性分子，可拆分，因为有四个不同基团。N 上的一对未共用电子对成键后，阻碍了类似（2）中那种构型翻转。

（4）是手性分子，可拆分，因为分子中有一个手性碳原子：

$$CH_3CH_2\overset{\underset{\displaystyle |}{CH_3}}{C}HN(CH_3)(C_2H_5)$$

5. 叔丁胺可通过叔丁醇与 CH_3CN 在浓 H_2SO_4 中进行反应，然后将所得产物进行水解而得到。

（1）请解释此反应的机理。

（2）叔丁胺能否用通常适用于制备 1°胺的 Gabriel 法制得？

解：（1）$(CH_3)_3COH \xrightarrow[-H_2O]{H^+} (CH_3)_3C^+ \xrightarrow{CH_3CN} (CH_3)_3\overset{+}{C}N\equiv CCH_3 \xrightarrow[-H^+]{H_2O}$

$$(CH_3)_3C\overset{\underset{\displaystyle |}{H}}{N}-\overset{\underset{\displaystyle \parallel}{O}}{C}CH_3 \xrightarrow{H_2O} (CH_3)_3CNH_2$$

（2）反应中生成的 $(CH_3)_3CCl$ 遇到碱时将发生 E2 消除反应而不发生取代反应，故不能用 Gabriel 法制备。

6. 将下列化合物的碱性按由强到弱的次序排列。

（1）① CH_3NHNa ② $C_2H_5NH_2$ ③ $(CH_3CH)_3N$ ④ CH_3CONH_2
                   |
                   CH_3

（2）① $PhNH_2$ ② $p\text{-}O_2NPhNH_2$ ③ $m\text{-}O_2NPhNH_2$ ④ $p\text{-}CH_3OPhNH_2$

解：（1）①＞②＞③＞④。

注释：CH_3NH^- 是 CH_3NH_2（极弱的酸）的共轭碱，碱性很强。对③而言，三个体积较大的异丙基连在 N 上造成空间张力，但由于 N 上没有第四个键而只有一对未共用电子对，C—N—C 键可以从正常的 109.5°增大至 112°，从而部分解除了上述张力。如果未共用电子对与 H 形成一个键，例如 $R_3\overset{+}{N}H$ 通过键间扩张而使张力解除的作用就被制止了。3°胺抵制形成第四个键，从而造成其碱性下降。对④而言，酰基是强吸电子基团，N 上电子云密度被离域至羰基的 O 上，从而降低碱性。

（2）④＞①＞③＞②。

注释：强吸电子的 NO_2 基团降低了 N 上的电子云密度，这样在间位的 NO_2 通过诱导效应降低碱性。当在邻、对位时，借助吸电子共轭和诱导效应使碱性程度大大降低。由于 OCH_3 通过给电子共轭效应可增强 N 上的电子云密度，从而增强胺的碱性。

7. 磺胺类药物的基本母体结构为对氨基苯磺酰胺，它可以由对氨基苯磺酸制得。对氨基苯磺酸 $H_2N-\!\!\!\!\bigcirc\!\!\!\!-SO_3H$ 具有如下性质：（1）熔点较高（290～300℃）；（2）难溶于水和有机溶剂；（3）溶于 NaOH 水溶液；（4）不溶于盐酸。如何解释上述现象？

解：对氨基苯磺酸分子内部有一个碱性基团"—NH_2"和一个酸性基团"—SO_3H"，因此，它本身是一个偶极离子：

$$H_3\overset{+}{N}\!-\!\!\!\!\bigcirc\!\!\!\!-SO_3^-$$

据此对上述现象可作如下解释：

（1）对氨基苯磺酸是离子型化合物，而离子型化合物一般具有较高的熔点。

（2）由于是离子型化合物，故难溶于有机溶剂，而难溶于水则是偶极盐的典型性质，并非所有盐都能溶于水。

（3）$H_3\overset{+}{N}$—中的 H^+ 被 OH^- 夺走，生成可溶性盐 $H_2N\!-\!\!\!\!\bigcirc\!\!\!\!-SO_3Na$。

（4）—SO_3^- 的碱性太弱，不能从一般的强酸中获得 H^+。

8. 某化合物 A 的分子式为 $C_5H_{10}N_2$，能溶于水，其水溶液呈碱性，可用盐酸滴定。A 经催化加氢得到 $B(C_5H_{14}N_2)$。A 与苯磺酰氯不发生反应，但 A 和较浓的 HCl 溶液一起煮沸时则生成 $C(C_5H_{12}O_2NCl)$。试推测 A、B、C 的可能结构式。

解：A 的水溶液呈碱性且能用盐酸滴定说明是胺；A 经氢化后变成 B 增加了四个氢，说明 A 有两个不饱和键断裂；而 A 在酸溶液中水解得到 $C(C_5H_{12}O_2NCl)$，增加了两个氧原子、一个氯原子，少了一个氮原子和两个氢原子说明 A 中含有—CN。综合分析便得到 A、B、C 的可能结构式和各个反应如下：

9. 指出下列化合物哪些能发生缩二脲反应。

（1）$CH_3CONHC_2H_5$　　　（2）$H_2NCONHCONH_2$　　　（3）$H_2NCH_2CONHCHCONH_2$
　　　　　　　　　　　　　　　　　　　　　　　　　　　　　　　　　　　$\underset{CH_3}{|}$

（4）$C_6H_5NHCOCH_3$　　（5）邻苯二甲酰亚胺结构　　　（6）H_2NCONH_2

解：凡分子中含有两个或两个以上酰胺键（肽键）的化合物均可发生缩二脲反应。（2）和（3）能发生缩二脲反应。

10. 化合物 A 的分子式为 $C_5H_{11}O_2N$，具有旋光性，用稀碱处理发生水解可生成 B 和 C。B 也具有旋光性，它既能与酸成盐，也能与碱成盐，并与 HNO_2 反应放出 N_2。C 没有旋光性，但能与金属钠反应放出氢气，并能发生碘仿反应。试写出 A、B、C 的结构式，并写出有关反应式。

解：A 分子式含有一个氮原子，说明是含氮化合物，A 水解生成的 B 能与酸成盐，并与 HNO$_2$ 反应放出 N$_2$，说明是 1°胺类化合物，也能与碱成盐说明具有酸性基团；另一水解产物 C 含有活泼氢，且能发生碘仿反应，故 C 为乙醇。综上所述，A、B、C 的结构式为：

A：CH$_3$CHCOOCH$_2$CH$_3$ B：CH$_3$CHCOO$^-$ C：CH$_3$CH$_2$OH
           │   │
           NH$_2$ NH$_2$

反应式：

$$CH_3\underset{\underset{NH_2}{|}}{C}HCOOCH_2CH_3 \xrightarrow{OH^-} CH_3\underset{\underset{NH_2}{|}}{C}HCOO^- + CH_3CH_2OH$$

$$CH_3\underset{\underset{NH_2}{|}}{C}HCOO^- \xrightarrow{HNO_2} CH_3\underset{\underset{OH}{|}}{C}HCOO^- + N_2\uparrow$$

$$CH_3CH_2OH + Na \longrightarrow CH_3CH_2ONa + H_2\uparrow$$

$$CH_3CH_2OH + I_2 \xrightarrow{NaOH} CH_3I + HCOONa$$

11. 分子式为 C$_7$H$_8$ 的烃 A，硝化后生成分子式为 C$_7$H$_7$O$_2$N 的化合物 B。B 在酸和碱中均不溶解，若以 KMnO$_4$ 及 H$_2$SO$_4$ 作用，则生成可溶于碱性水溶液的化合物 C，其分子式为 C$_7$H$_5$O$_4$N。当化合物 C 与铁和盐酸作用后，生成 D。D 在酸性或碱性水溶液中均能溶解，并知道它是 B 的同分异构体。试推测 A、B、C、D 的可能结构式，并用反应式表示上述反应。

解：A 的分子式为 C$_7$H$_8$，由分子式可知，它是不饱和度较大的化合物，结合前面所学知识，可知它的结构可能为甲苯。甲苯硝化后得到化合物 B，B 为邻或对硝基甲苯，用 Fe 和 HCl 还原可将硝基还原为氨基，甲基氧化可生成羧基，由此可推测 A、B、C、D 的结构式为：

反应式：

12. 分子式同为 C$_7$H$_7$O$_2$N 的化合物 A、B、C、D 都含有苯环。A 能溶于酸和碱；B 能溶于酸而不溶于碱；C 能溶于碱而不溶于酸；D 不能溶于酸和碱。试写出 A、B、C、D 的可能结构式。

解：根据题意，四种化合物 A、B、C、D 都含有苯环，故可去 C$_6$H$_5$，余下 CH$_2$O$_2$N，按题目中给定的性质，可推知：A 能溶于酸和碱，故应是既含有酸性基团，又含有碱性基团；B 能溶于酸而不溶于碱，故应含有碱性基团；C 能溶于碱而不溶于酸，说明含有酸性基团；而 D 既不溶于酸又不溶于碱，所以是中性基团。结合以前学过的知识，即可推测 A、B、C、D 的可能结构，但两个基团在苯环的相对位置无法确定，因此，A、B、C、D 可能各有几种异构体存在。

A：（COOH，NH₂ 取代苯） B：（O—C—H/O，NH₂ 取代苯） C：（CONH₂，OH 取代苯） D：（NO₂，CH₃ 取代苯）

13. 以苯为原料合成下列化合物。

（1）HOOC— —COOH （间位）

（2）O₂N— —N=N— —N(CH₃)₂

解：（1）

苯 $\xrightarrow[\text{AlCl}_3]{\text{CH}_3\text{Cl}}$ 甲苯 $\xrightarrow[\text{H}^+]{\text{KMnO}_4}$ 苯甲酸 $\xrightarrow[\text{H}_2\text{SO}_4]{\text{HNO}_3}$ 间硝基苯甲酸 $\xrightarrow{\text{Zn/HCl}}$

间氨基苯甲酸 $\xrightarrow[0\sim5℃]{\text{NaNO}_2/\text{HCl}}$ 重氮盐 $\xrightarrow{\text{KCN}}$ 间氰基苯甲酸 $\xrightarrow[\text{H}^+]{\text{H}_2\text{O}}$ 间苯二甲酸

（2）① 苯 $\xrightarrow[\text{H}_2\text{SO}_4]{\text{HNO}_3}$ 硝基苯 $\xrightarrow[\text{Fe}]{\text{HCl}}$ 苯胺 $\xrightarrow{\text{CH}_3\text{CCl}/\text{O}}$ 乙酰苯胺

$\xrightarrow[\text{H}_2\text{SO}_4]{\text{HNO}_3}$ O₂N—（NHCCH₃/O） $\xrightarrow[\text{H}^+]{\text{H}_2\text{O}}$ O₂N—（NH₂） $\xrightarrow[\text{HCl}]{\text{NaNO}_2}$ O₂N—（N₂Cl⁺⁻）

② 苯胺—NH₂ + 2CH₃Cl → 苯基—N(CH₃)₂

③ O₂N—（N₂Cl⁺⁻） + （N(CH₃)₂ 苯基） $\xrightarrow[0℃]{\text{弱酸}}$ O₂N— —N=N— —N(CH₃)₂

14. 用化学方法区别对甲苯胺、N-甲基苯胺和 N,N-二甲基苯胺。

解：可分别向三种试样中加入亚硝酸钠和盐酸，对甲苯胺重氮化，生成溶于水的重氮盐；N-甲基苯胺生成黄色油状的 N-亚硝基化合物；N,N-二甲基苯胺发生芳环上亚硝化反应，加碱后得翠绿色固体产物。除此之外，也可以用 Hinsberg 反应来区别：

对甲苯磺酰氯（CH₃— —SO₂Cl）

+ H₃C— —NH₂ → H₃C— —SO₂NH— —CH₃ → （NaOH 溶液）溶于碱

+ —NHCH₃ → H₃C— —SO₂N(CH₃)— 苯基 → 不溶于碱

+ 苯基—N(CH₃)₂ → （—）

15. 甲乙胺、三甲胺和正丙胺是同分异构体，试将其按沸点由高到低的顺序排列，并说明理由。

解：三种胺的沸点由高到低的顺序为

$$正丙胺＞甲乙胺＞三甲胺$$

叔胺分子中氮原子上没连接氢原子，不能形成分子间氢键，分子之间只存在分子间作用力。伯胺和仲胺分子中氮原子上连接氢原子，能形成分子间氢键，分子之间存在氢键和分子间作用力。甲乙胺为仲胺，正丙胺为伯胺，而三甲胺为叔胺，其中甲乙胺和正丙胺均能形成分子间氢键，而三甲胺不能形成分子间氢键，因此甲乙胺和正丙胺的沸点均比三甲胺高。甲乙胺分子的氮原子上只连接一个氢原子，分子之间只能形成一条氢键，而正丙胺分子的氮原子上连接两个氢原子，分子之间能形成两条氢键，因此正丙胺的沸点高于甲乙胺。

本章测试题

一、命名或写结构式

1. 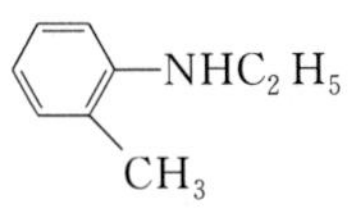 ⌬—NHC₂H₅ 带CH₃

2.  $H-\overset{O}{\overset{\|}{C}}-NHCH_2CH_3$

3. $(C_2H_5)_3N$

4. $NH_2CH_2CH_2NH_2$

5. $CH_3NHCH(CH_3)_2$

6.  ⌬—NHCH₂CH₂CH₃

7. 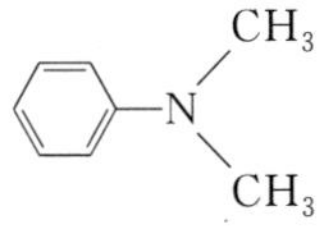 ⌬—N(CH₃)(CH₃)

8. 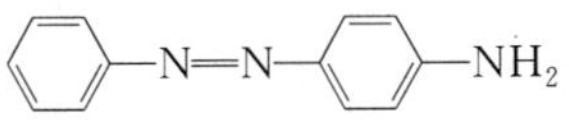 ⌬—N=N—⌬—NH₂

9. 间溴-N-乙基苯胺

10. 氯化乙铵

11. δ-己内酰胺

12. 对硝基苄胺

二、单项选择题

13. 下列胺类中，与 $NaNO_2$ 和 HCl 溶液反应生成黄色油状物的是 （ ）。

A. 伯胺 　　　　B. 仲胺 　　　　C. 叔胺 　　　　D. 季铵盐

14. 下列化合物中碱性最强的是 （ ）。

A.  H_3C—⌬—NH_2

B. 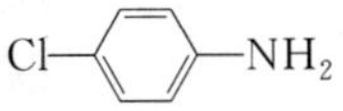 Cl—⌬—NH_2

C. 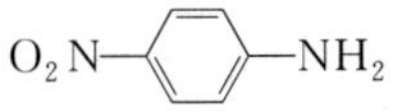 O_2N—⌬—NH_2

D. 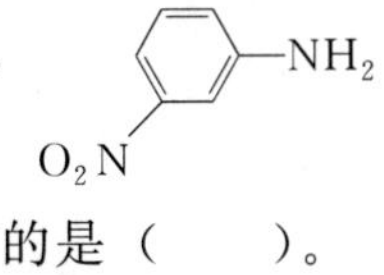 ⌬—NH_2 （O_2N）

15. 下列化合物硝化时主要生成间位产物的是 （ ）。

A. 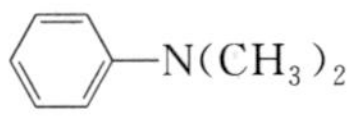 ⌬—$N(CH_3)_2$

B. 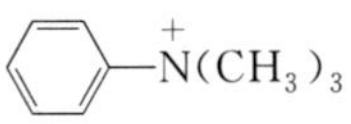 ⌬—$\overset{+}{N}(CH_3)_3$

C. 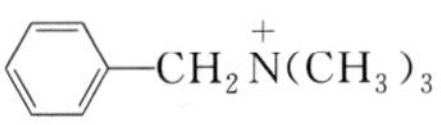 ⌬—$CH_2\overset{+}{N}(CH_3)_3$

D. 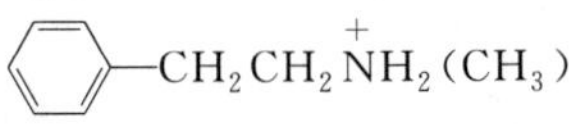 ⌬—$CH_2CH_2\overset{+}{N}H_2(CH_3)$

16. 下列化合物中，在低温下（0～5℃）与 HNO_2 反应放出氮气的是 （ ）。

A. $CH_3CH_2CH_2CH_2NH_2$

B. 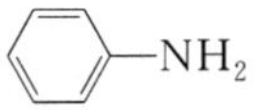 ⌬—NH_2

C. 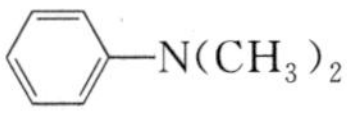 ⌬—$N(CH_3)_2$

D. 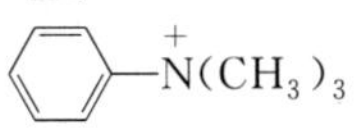 ⌬—$\overset{+}{N}(CH_3)_3$

17. 下列 4 类胺中，与 HNO_2 反应能生成强致癌物 N-亚硝基胺的是（　　）。
   A. 伯胺　　　　　　B. 仲胺　　　　　　C. 脂肪叔胺　　　D. 芳香叔胺

18. 化合物① 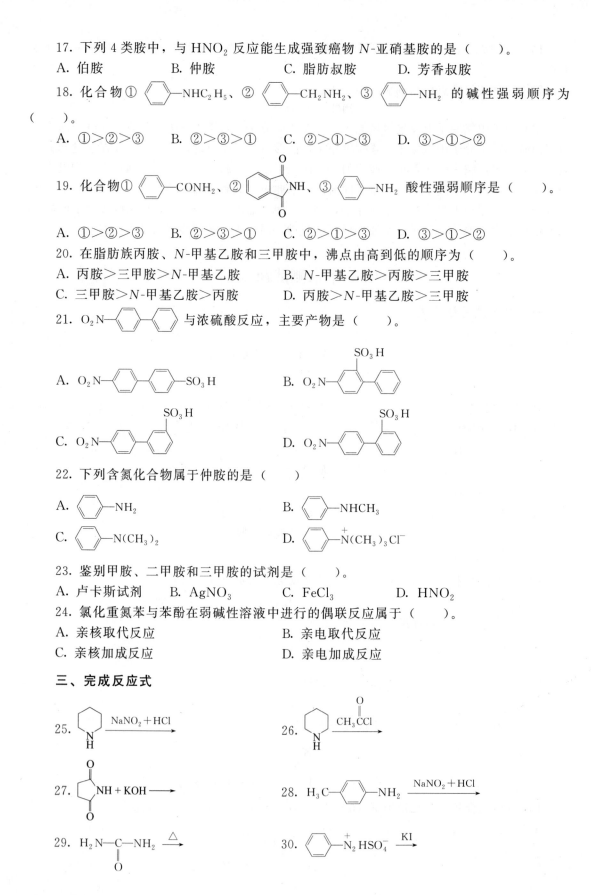—NHC_2H_5、② —CH_2NH_2、③ —NH_2 的碱性强弱顺序为（　　）。

   A. ①＞②＞③　　　B. ②＞③＞①　　　C. ②＞①＞③　　　D. ③＞①＞②

19. 化合物① —$CONH_2$、② ，③ —NH_2 酸性强弱顺序是（　　）。

   A. ①＞②＞③　　　B. ②＞③＞①　　　C. ②＞①＞③　　　D. ③＞①＞②

20. 在脂肪族丙胺、N-甲基乙胺和三甲胺中，沸点由高到低的顺序为（　　）。
   A. 丙胺＞三甲胺＞N-甲基乙胺　　　　B. N-甲基乙胺＞丙胺＞三甲胺
   C. 三甲胺＞N-甲基乙胺＞丙胺　　　　D. 丙胺＞N-甲基乙胺＞三甲胺

21. O_2N— — 与浓硫酸反应，主要产物是（　　）。

   A. O_2N— —SO_3H　　　　　　　B.

   C.　　　　　　　　　　　　　　　　D.

22. 下列含氮化合物属于仲胺的是（　　）

   A. —NH_2　　　　　　　　　　　　B. —$NHCH_3$

   C. —$N(CH_3)_2$　　　　　　　　　　D. —$\overset{+}{N}(CH_3)_3Cl^-$

23. 鉴别甲胺、二甲胺和三甲胺的试剂是（　　）。
   A. 卢卡斯试剂　　　B. $AgNO_3$　　　C. $FeCl_3$　　　D. HNO_2

24. 氯化重氮苯与苯酚在弱碱性溶液中进行的偶联反应属于（　　）。
   A. 亲核取代反应　　　　　　　　　B. 亲电取代反应
   C. 亲核加成反应　　　　　　　　　D. 亲电加成反应

三、完成反应式

25. —$\xrightarrow{NaNO_2+HCl}$

26. —$\xrightarrow{CH_3\overset{O}{C}Cl}$

27. —$NH+KOH \longrightarrow$

28. H_3C— —$NH_2 \xrightarrow{NaNO_2+HCl}$

29. $H_2N—\overset{O}{\underset{}{C}}—NH_2 \xrightarrow{\triangle}$

30. —$\overset{+}{N_2}HSO_4^- \xrightarrow{KI}$

31. $\underset{}{\bigcirc}\overset{+}{N_2}\overset{-}{Cl}+$ 苯胺 $\longrightarrow$

32. $\underset{}{\bigcirc}\overset{+}{N_2}HSO_4^- \xrightarrow[\triangle]{H_2O/H_2SO_4}$

33. $CH_3NH_2+\underset{}{\bigcirc}-SO_2Cl \longrightarrow$

34. $\underset{}{\bigcirc}-NO_2 \xrightarrow[HCl]{Sn}$

四、是非题

35. 用亚硝酸可鉴别脂肪伯胺、脂肪仲胺和脂肪叔胺。

36. 季铵碱是强碱，其碱性与 NaOH 相近。

37. 分子量相同的脂肪胺的沸点由高到低的顺序为伯胺＞仲胺＞叔胺。

38. 重氮盐在低温下与酚或芳胺作用生成偶氮化合物。

39. N-亚硝基化合物具有强烈的致癌作用。

40. 苯胺乙酰化后可保护氨基不被氧化。

41. 脂肪族硝基化合物均呈现弱酸性，可溶于 NaOH 溶液中。

42. 在脂肪族一元硝基化合物中，氮原子采取 sp^2 杂化。

43. 尿素加热后生成缩二脲，因此尿素也能发生缩二脲反应。

44. 芳香胺在低温下都能与亚硝酸发生重氮化反应。

五、填空题

45. 按氮原子连接烃基的数目不同，胺类可分为_____、_____、_____和_____。

46. 按氮原子连接烃基的不同，胺类可分为_____和_____。

47. 根据分子中氨基的数目不同，胺类可分为_____和_____。

48. 芳胺酰化通常用于保护_____。

49. 区别脂肪伯胺、脂肪仲胺和叔胺，可采用的试剂是_____。

六、用化学方法鉴别

50. ①对甲苯胺　②N-甲基苯胺　③N,N-二甲基苯胺

51. ①苯胺　②二乙胺　③乙酰苯胺

52. ①$CH_3CH_2CH_2CH_2NO_2$　②$(CH_3)_3CNO_2$　③$CH_3CH_2CH_2CH_2ONO$

七、合成题

53. 由苯合成间苯二甲酸。

54. 由苯合成 4-乙基苯胺。

55. 用对硝基甲苯和 N,N-二甲基苯胺为原料合成 $H_3C-\underset{}{\bigcirc}-N=N-\underset{}{\bigcirc}-N(CH_3)_2$。

八、推导结构题

56. 某化合物的分子式为 $C_7H_7O_2N$，无碱性，还原后变为 C_7H_9N，有碱性；使 C_7H_9N 的盐酸盐与亚硝酸作用，生成 $C_7H_7N_2Cl$，加热后能放出氮气而生成对甲苯酚。在碱性溶液中上述 $C_7H_7N_2Cl$ 与苯酚作用生成具有鲜艳颜色的化合物 $C_{13}H_{12}ON_2$。写出原化合物 $C_7H_7O_2N$ 的结构式，并写出各有关反应式。

57. 化合物 A 和 B 的分子式都是 $C_7H_6N_2O_4$，分别用发烟硝酸和浓硫酸硝化得到同一种主要产物，把 A 和 B 分别氧化得到两种酸，将两种酸分别与碱石灰加热，得到分子式为 $C_6H_4N_2O_4$ 的同一种产物，该产物用硫化钠还原生成间硝基苯胺。试写出 A 和 B 的结构式及各步反应。

58. 有机化合物 A 的分子式为 C_7H_9N，具有碱性，A 与亚硝酸作用生成分子式为

$C_7H_7N_2Cl$的化合物B，B加热放出氮气生成对甲苯酚。在碱性溶液中，B与苯酚作用生成有颜色的化合物C($C_{13}H_{12}ON_2$)。试写出A、B和C的结构式及各步反应式。

参考答案

一、命名或写结构式

1. *N*-乙基-邻甲基苯胺
2. *N*-乙基甲酰胺
3. 三乙胺
4. 乙二胺
5. 异丙基甲胺
6. *N*-丙基苯胺
7. *N*,*N*-二甲基苯胺
8. 对氨基偶氮苯

9. 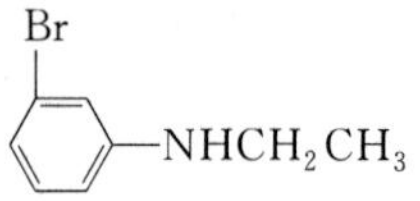

10. $CH_3CH_2\overset{+}{N}H_3\overset{-}{Cl}$

11. 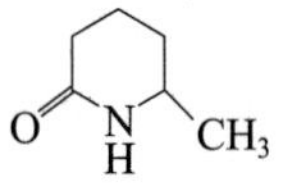

12. 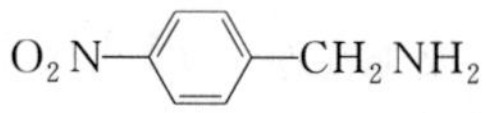

二、单项选择题

13. B；14. A；15. B；16. A；17. B；18. C；19. C；20. D；21. A；22. B；23. D；24. B

三、完成反应式

25. 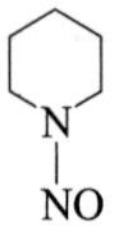

26. 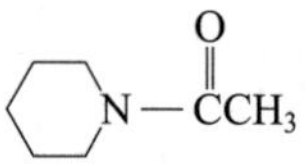

27. 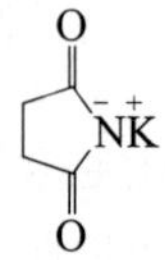

28. 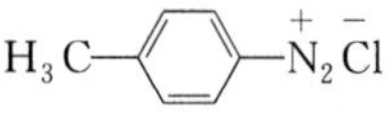

29. 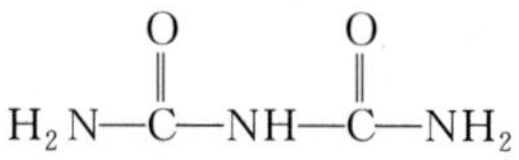

30. 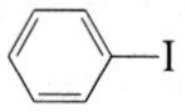

31. 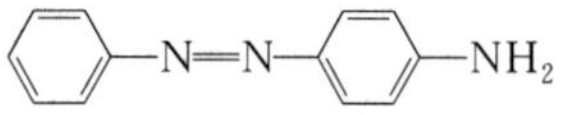

32. 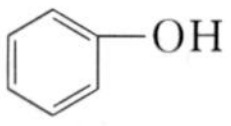

33. 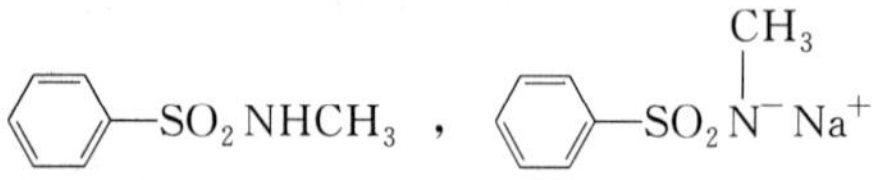

34. 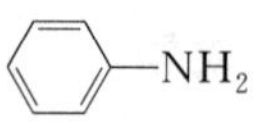

四、是非题

35. √；36. √；37. √；38. √；39. √；40. √；41. ×；42. √；43. ×；44. ×

五、填空题

45. 伯胺、仲胺、叔胺、季铵盐（碱）
46. 脂肪胺、芳香胺
47. 一元胺、多元胺
48. 芳香胺的氨基
49. $NaNO_2$ 和 HCl

六、用化学方法鉴别

50. ①②③ $\xrightarrow[0\sim5℃]{NaNO_2,\ HCl溶液}$
① 重氮盐溶液，加入β-萘酚显红色
② 黄色不溶物
③ 绿色结晶

51. ①②③ $\xrightarrow{溴水}$
① 白色沉淀
② （－） $\xrightarrow[HCl溶液]{NaNO_2}$ 黄色
③ （－） （－）

52. ①②③ $\xrightarrow{稀盐酸}$
① （－） $\xrightarrow{NaOH溶液}$ 溶解
② （－） （－）
③ 水解成均相溶液

七、合成题

53.

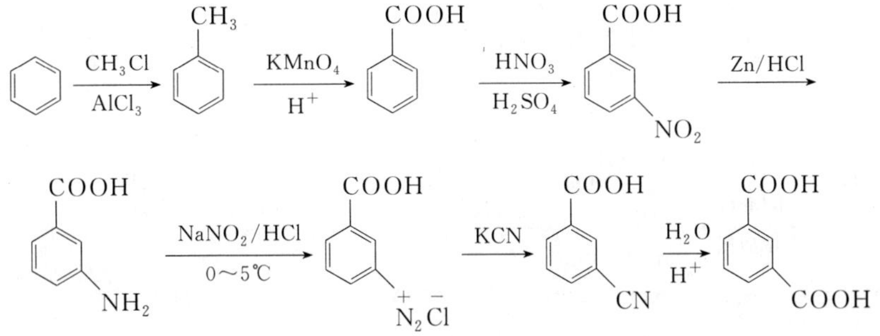

54.

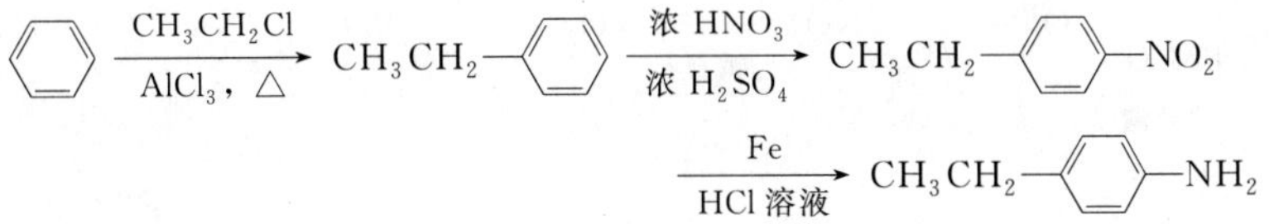

55.

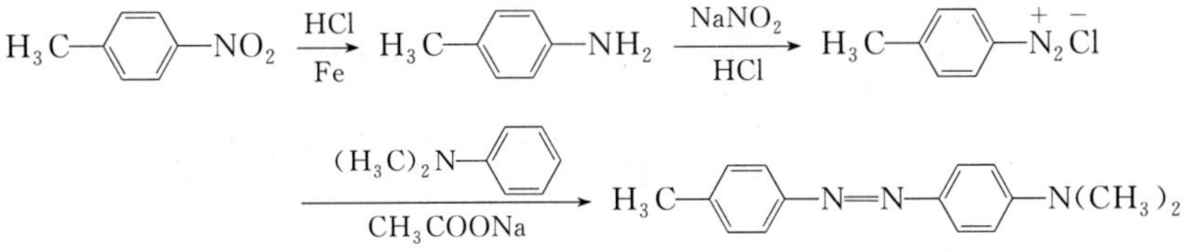

八、推导结构题

56. 结构式为： $H_3C-\!\!\!\langle\ \rangle\!\!\!-NO_2$

各步反应式为：

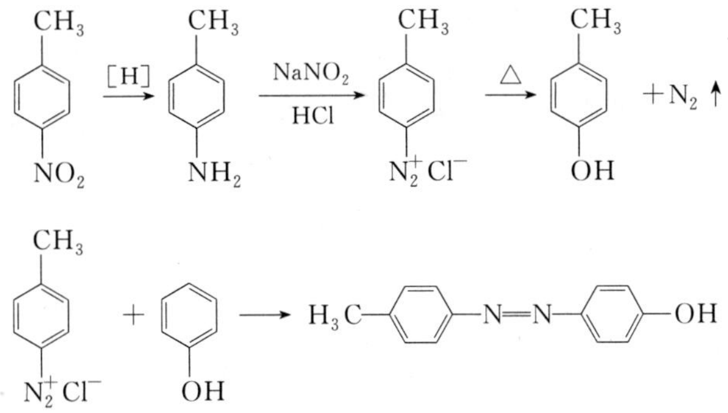

57. A、B 的结构式分别为：

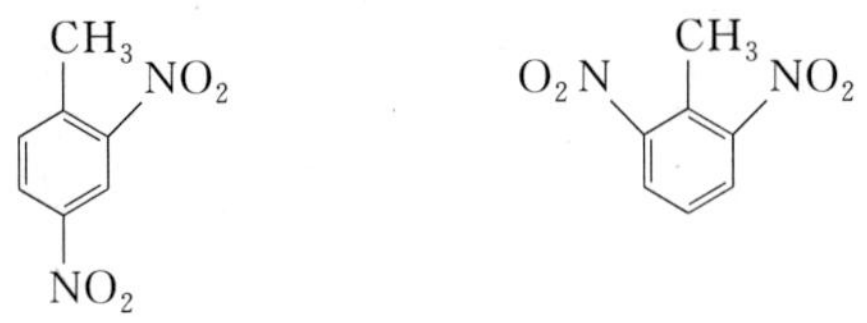

各步反应式为：

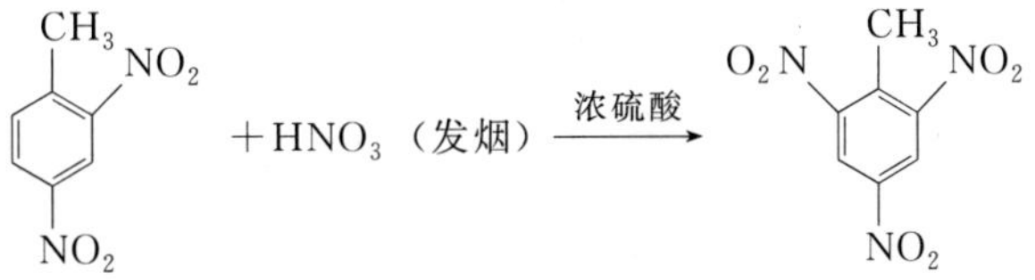

58. A、B、C 的结构式分别为：

各步反应式为：

$$H_3C-\underset{}{\bigcirc}-NH_2 + NaNO_2 + 2HCl \longrightarrow H_3C-\underset{}{\bigcirc}-\overset{+}{N_2}\overset{-}{Cl} + NaCl + 2H_2O$$

$$H_3C-\underset{}{\bigcirc}-\overset{+}{N_2}\overset{-}{Cl} \xrightarrow{\triangle} H_3C-\underset{}{\bigcirc}-OH + N_2\uparrow + HCl$$

$$H_3C-\underset{}{\bigcirc}-\overset{+}{N_2}\overset{-}{Cl} + \underset{}{\bigcirc}-OH \xrightarrow{NaOH} H_3C-\underset{}{\bigcirc}-N=N-\underset{}{\bigcirc}-OH$$

第十二章

含硫和磷的有机化合物

基本要求

◎ 熟悉硫醇、硫醚的结构、分类和命名。
◎ 熟悉硫醇、硫醚的化学性质：硫醇的酸性、硫醇的氧化、硫醚的氧化。
◎ 熟悉重金属中毒解毒剂的作用原理，了解辅酶 A 的组成成分及生物学功能。
◎ 熟悉磺胺类药物的基本结构及构效关系。
◎ 了解含磷、砷有机化合物的结构、分类和命名。
◎ 了解生物体中磷酸酯的生物学意义。
◎ 了解有机磷杀虫剂的结构、分类、命名和化学性质及有机磷杀虫剂的中毒防治。

知识点归纳

一、含硫有机化合物的分类

氧和硫的价电子结构相似，因此硫能形成与含氧化合物相当的一系列含硫化合物，并且具有相似的化学性质，见表 12-1。

表 12-1　含氧与含硫有机化合物

含氧有机化合物		含硫有机化合物	
醇	ROH	硫醇	RSH
酚	ArOH	硫酚	ArSH
醚	R—O—R	硫醚	R—S—R
醛	$\underset{\text{R—C—H}}{\overset{\text{O}}{\parallel}}$	硫醛	$\underset{\text{R—C—H}}{\overset{\text{S}}{\parallel}}$
酮	$\underset{\text{R—C—R}}{\overset{\text{O}}{\parallel}}$	硫酮	$\underset{\text{R—C—R}}{\overset{\text{S}}{\parallel}}$
过氧化物	R—O—O—R	二硫化物	R—S—S—R
羧酸	$\underset{\text{R—C—OH}}{\overset{\text{O}}{\parallel}}$	硫羰酸	$\underset{\text{R—C—OH}}{\overset{\text{S}}{\parallel}}$
		硫羟酸	$\underset{\text{R—C—SH}}{\overset{\text{O}}{\parallel}}$

硫的原子半径较大，可利用 3d 轨道形成四价或六价化合物，而氧则没有对应的化合物。例如，硫的四价有机化合物——亚砜和亚磺酸；六价有机化合物——砜和磺酸。

二、硫醇和硫醚的结构和命名

硫醇通式为 RSH，—SH 称为巯基。硫醚通式为 R—S—R，硫醚键（C—S—C）是硫醚的官能团。硫醇和硫醚分子中的硫均采用 sp^3 杂化。

硫醇和硫醚的命名与醇和醚相似，只是把"醇"改为"硫醇"，"醚"改为硫醚。在含有巯基的化合物中，巯基可作为取代基命名。

$$CH_3CH_2SH \qquad\qquad CH_3CH_2SCH_2CH_3$$
乙硫醇 　　　　　　　　　　乙硫醚

三、硫醇和硫醚的化学性质

1. 硫醇的酸性

硫醇和氢氧化钠或重金属的氧化物（或盐）作用形成硫醇盐。

$$CH_3CH_2SH + NaOH \longrightarrow CH_3CH_2SNa + H_2O$$
$$2RSH + HgO \longrightarrow Hg(SR)_2 \downarrow + H_2O$$

2. 硫醇的氧化反应

硫醇可被碘、稀过氧化氢氧化成二硫化物。二硫化物可以用 $NaHSO_3$ 或 $Zn + HAc$ 还原成硫醇。

$$2RSH \underset{[H]}{\overset{[O]}{\rightleftharpoons}} R—S—S—R$$

硫醇用强氧化剂（如高锰酸钾、硝酸、高碘酸、浓硫酸）等氧化成磺酸。

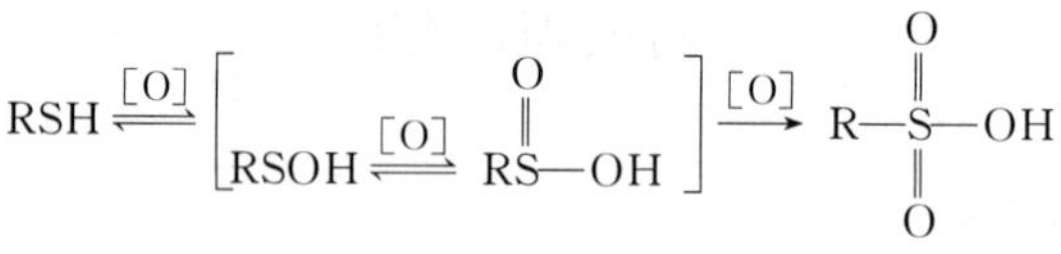

次磺酸　　　　亚磺酸　　　　　磺酸

3. 硫醇的酯化反应

硫醇与羧酸作用生成羧酸硫醇酯。

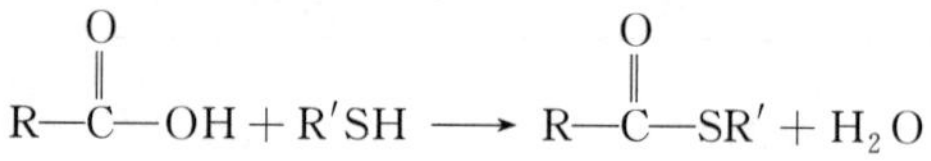

4. 硫醚的氧化

在室温下，硫醚可被硝酸、三氧化铬或过氧化氢氧化成亚砜。

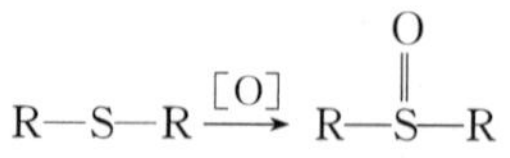

亚砜

在高温下，硫醚被发烟硝酸、高锰酸钾等强氧化剂氧化成砜。

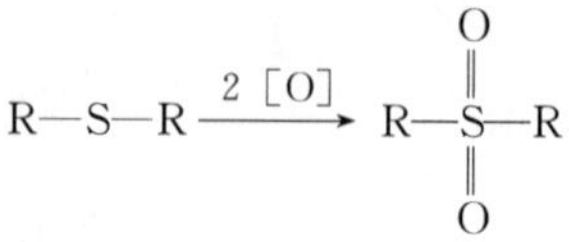

砜

5. 磺胺类药物

对氨基苯磺酰胺（简称磺胺）是磺胺类药物的基本结构。磺酰胺基中的氮原子称为 N^1，对氨基中的氮原子称为 N^4。

$$H_2\overset{4}{N}--SO_2\overset{1}{N}H_2$$

四、含磷、砷有机化合物的分类

氮、磷、砷是 VA 族元素，磷和砷可形成类似胺的有机化合物，见表 12-2。

表 12-2　氮、磷、砷的有机化合物

氮		磷		砷	
氨	NH_3	磷化氢	PH_3	砷化氢	AsH_3
伯胺	RNH_2	伯膦	RPH_2	伯胂	$RAsH_2$
仲胺	R_2NH	仲膦	R_2PH	仲胂	R_2AsH
叔胺	R_3N	叔膦	R_3P	叔胂	R_3As
季铵盐	R_4NX	季䗠盐	R_4PX	季钾盐	R_4AsX

磷和砷可利用 d 轨道形成五价化合物，而氮却不能。例如磷和砷的无价化合物——磷酸（H_3PO_4）和砷酸（H_3AsO_4）。

五、含磷有机化合物的结构、分类和命名

1. 结构

磷可采取 sp^3d 杂化状态而形成 5 个共价单键，或者磷原子采取 sp^3 杂化，d 电子参与形成 π 键，而构成结构形式为 $-\overset{|}{\underset{|}{P}}=$ 的五价化合物。

2. 分类

(1) 三价磷化合物　三价磷化合物主要是磷化氢或亚磷酸的烃基衍生物。

$$2RSH \underset{[H]}{\overset{[O]}{\rightleftharpoons}} R-S-S-R$$

硫醇用强氧化剂（如高锰酸钾、硝酸、高碘酸、浓硫酸）等氧化成磺酸。

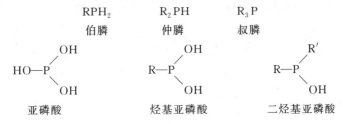

(2) 五价磷化合物

磷烷：

五苯膦　　　　　　　三乙基亚甲基膦

膦酸：

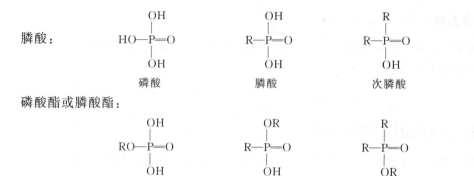

磷酸　　　　　　　　　膦酸　　　　　　　　　次膦酸

磷酸酯或膦酸酯：

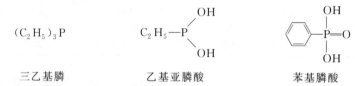

磷酸烷基酯　　　　　　膦酸烷基酯　　　　　　次膦酸酯

3. 命名

膦、亚膦酸、膦酸的命名是在类名前加上烃基的名称，例如：

三乙基膦　　　　　　　乙基亚膦酸　　　　　　苯基膦酸

凡是含氧的酯基，都用前缀 O-烃基表示。例如：

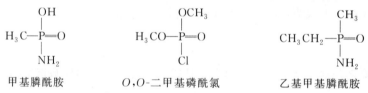

O,O-二乙基磷酸酯　　　　　　　　　O,O 二乙基甲基膦酸酯

膦酸和次膦酸可形成酰卤和酰胺，其名称按羧酸衍生物命名法命名。

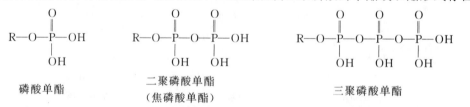

甲基膦酰胺　　　　　　O,O-二甲基磷酰氯　　　　　　乙基甲基膦酰胺

六、生物体内的磷酸酯

生物体内的含磷有机化合物均以磷酸、二聚磷酸或三聚磷酸的单酯或双酯形式存在。

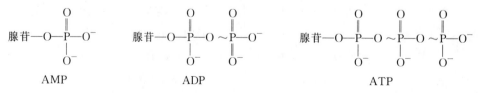

磷酸单酯　　　　　　　二聚磷酸单酯　　　　　　三聚磷酸单酯
　　　　　　　　　　　（焦磷酸单酯）

生物体内以单酯形式存在的有辅酶腺苷一磷酸（AMP）、腺苷二磷酸（ADP）和腺苷三磷酸（ATP）。

腺苷—O—P（...）　　　腺苷—O—P～P（...）　　　腺苷—O—P～P～P（...）

AMP　　　　　　　　　ADP　　　　　　　　　ATP

在生物化学上，通常将释放出 20kJ/mol 能量以上的化学键称为"高能键"，一般用"～P"符号表示。以磷酸二酯形式存在的有卵磷脂、脑磷脂等。

七、有机磷杀虫剂的结构与分类

有机磷杀虫剂可用下列通式表示：

$$\begin{array}{c} R^1 \quad O(S) \\ \diagdown \ \diagup \\ P \\ \diagup \ \diagdown \\ R^2 \quad A \end{array}$$

R^1，R^2＝烷基、烷氧基、氨基
A＝—OR 或—SR

按照化学结构的不同，有机磷杀虫剂可以分为以下几种主要类型。例如：

敌百虫（膦酸酯型）
O,O-二甲基-(2,2,2-三氯-1-羟基乙基)膦酸酯

敌敌畏（磷酸酯型）
O,O-二甲基-O-(2,2-二氯乙烯基)膦酸酯

对硫磷（硫代磷酸酯型）
O,O-二乙基-O-(对硝基苯基)硫代磷酸酯

甲胺磷（磷酰胺型）
O,S-二甲基硫代磷酰胺

乐果（二硫代磷酸酯型）
O,O-二甲基-S-(N-甲基氨基甲酰甲基)二硫代磷酸酯

八、有机磷杀虫剂的化学性质

1. 水解反应

在酸性或碱性条件下，有机磷杀虫剂进行水解反应，可使杀虫剂失去活性。

磷酸酯在酸催化下水解 C—O 键断裂，而在碱催化下水解 P—O 键断裂。

2. 氧化

在氧化剂作用下或酶催化下，P＝S 氧化成 P＝O，此反应的结果可使氧化所得产物的生物活性增加。例如：

$$\underset{\substack{\text{H}_3\text{CH}_2\text{CO}}}{\overset{\substack{\text{H}_3\text{CH}_2\text{CO}}}{}} \text{P} \overset{\text{S}}{\underset{}{}} \text{O} \text{—} \underset{}{} \text{NO}_2 \quad \xrightarrow{[\text{O}]} \quad \underset{\substack{\text{H}_3\text{CH}_2\text{CO}}}{\overset{\substack{\text{H}_3\text{CH}_2\text{CO}}}{}} \text{P} \overset{\text{O}}{\underset{}{}} \text{O} \text{—} \underset{}{} \text{NO}_2$$

九、有机磷解毒剂的解毒反应过程

临床上常用氯磷定和解磷定作为有机磷的解毒剂，它是恢复胆碱酯酶活性的药物。其反应过程如下：

$$\underset{\text{胆碱酯酶}}{\text{E—OH}} + \underset{\text{农药}}{\overset{\text{R}^1}{\underset{\text{R}^2}{}}\text{P}\overset{\text{O(S)}}{\underset{\text{A}}{}}} \longrightarrow \underset{\substack{\text{磷酰化胆碱酯酶}\\\text{中毒酶}}}{\overset{\text{R}^1}{\underset{\text{R}^2}{}}\text{P}\overset{\text{O(S)}}{\underset{\text{OE}}{}}} + \text{HA}$$

$$\underset{\text{中毒酶}}{\overset{\text{R}^1}{\underset{\text{R}^2}{}}\text{P}\overset{\text{O(S)}}{\underset{\text{OE}}{}}} + \underset{\text{氯磷定}}{\overset{\text{CH}_3}{}\text{N}^+\text{—CH=NOH·Cl}^-} \longrightarrow \overset{\text{CH}_3}{}\text{N}^+\text{—CH=N—O—P}\overset{\text{O(S)}}{\underset{\text{R}^1\quad\text{R}^2}{}} + \text{E—OH} + \text{Cl}^-$$

活化酶

十、含砷有机化合物的命名

三价砷化氢的有机衍生物称为胂，可参照胺的命名法来命名。含氧有机砷化物的命名与磷的含氧有机化合物命名相似。例如：

$$\underset{\text{甲胂}}{\text{CH}_3\text{AsH}_2} \qquad \underset{\text{二甲基亚胂酸}}{(\text{CH}_3)_2\text{As—OH}} \overset{\text{O}}{}$$

●●● 典型例题解析 ●●●

1. 命名下列化合物。

(1) HS—⬡—COOH

(2) $\text{CH}_3\text{CH}_2\overset{\text{S}}{\text{CH}}$

(3) $\text{CH}_3\text{CH}_2\overset{\text{S}}{\text{C}}\text{CH}_2\text{CH}_3$

(4) $\text{H}_2\text{NCH}_2\text{CH}_2\text{SO}_3\text{H}$

(5) $\text{H}_2\text{N}\text{—}⬡\text{—SO}_2\text{NH}_2$

(6) $\text{C}_6\text{H}_5\overset{\text{O}}{\underset{\text{NH}_2}{}}\text{P—OH}$

(7) $\text{C}_6\text{H}_5\text{O—}\overset{\text{O}}{\underset{\text{Cl}}{}}\text{P—OCH}_2\text{CH}_3$

解：(1) 对巯基苯甲酸   (2) 丙硫醛   (3) 戊-3-硫酮

    (4) 2-氨基乙烷磺酸   (5) 对氨基苯磺酰胺   (6) 苯基膦酰胺

    (7) O-乙基-O-苯基磷酰氯

2. 写出下列化合物的结构。

(1) 丙虫磷（O,O-二丙基-O-对甲硫苯基磷酸酯）

（2）氧乐果［O,O-二甲基-S-（N-甲基氨基甲酰甲基）硫代磷酸酯］

（3）对甲氧基苯基甲基硫醚

（4）α-萘基膦酸

解：（1）$H_3CH_2CH_2CO$—$\overset{\overset{O}{\parallel}}{P}$—$O$—〈苯环〉—$SCH_3$，$CH_3CH_2CH_2O$

（2）H_3CO—$\overset{\overset{O}{\parallel}}{P}$—$S$—$CH_2CNHCH_3$，$H_3CO$

（3）H_3CO—〈苯环〉—SCH_3

（4）HO—$\overset{\overset{O}{\parallel}}{P}$—$OH$，〈萘环〉

3. 完成下列反应。

（1）〈苯环〉—SH $\xrightarrow{?}$ 〈苯环〉—SNa $\xrightarrow{?}$ 〈苯环〉—SCH_2CH_3

（2）$\underset{SH}{CH_2}$$\underset{}{CH_2}$$\underset{SH}{CH_2}$ $\xrightarrow{稀\ H_2O_2}$

（3）〈苯环〉—SCH_2CH_3 $\xrightarrow[室温]{H_2O_2}$ $\xrightarrow[加热]{H_2O_2}$

（4）$\underset{H_3CH_2CO}{H_3CH_2CO}$$\overset{\overset{S}{\parallel}}{P}$—$O$—〈苯环〉 $\xrightarrow{[O]}$

解：（1）$NaOH$，$BrCH_2CH_3$

（2）〈五元环 S—S〉

（3）〈苯环〉—$\overset{\overset{O}{\parallel}}{S}$—$CH_2CH_3$，〈苯环〉—$\overset{\overset{O}{\parallel}}{\underset{\underset{O}{\parallel}}{S}}$—$CH_2CH_3$

（4）$\underset{CH_3CH_2O}{CH_3CH_2O}$$\overset{\overset{O}{\parallel}}{P}$—$O$—〈苯环〉

注释：（1）卤代烃与硫醇钠反应可用于硫醚的制备。（2）1,3-或1,4-二巯基化合物可被氧化成五元或六元环状二硫化物。（3）热的双氧水可把硫醚氧化成砜。（4）有机磷杀虫剂的 $P=S$ 键被氧化成 $P=O$ 键。

4. 用化学方法鉴别乙硫醇和乙硫醚。

解：$\begin{cases} 乙硫醇 \\ 乙硫醚 \end{cases} \xrightarrow{HgO} \begin{cases} 白色\downarrow \\ （—） \end{cases}$

注释：乙硫醇与 HgO 反应可生成白色沉淀物。

5. 什么叫膦和膦酸？

解：磷化氢（PH_3）分子中的氢被烃基取代生成的化合物称为膦。磷酸分子中的羟基被烃基取代的衍生物称膦酸。

6. 有机磷杀虫剂是如何引起中毒的？

解：有机磷农药进入机体后，与胆碱酯酶作用，有机磷杀虫剂脱去辅酶中的 A 部分而生成磷酰化胆碱酯酶，从而使胆碱酯酶丧失了水解乙酰胆碱的能力，引起乙酰胆碱在体内累积，造成神经功能过度兴奋，引发中毒现象。

一、命名或写结构式

1. $H_2C\overset{\displaystyle S}{\diagdown\!\!\diagup}CH_2$

2. [苯环]—SH

3. $\underset{\underset{\displaystyle SH}{|}}{CH_2}CH\underset{\underset{\displaystyle SHOH}{|}}{CH_2}$

4. $(CH_3)_3CSH$

5. $CH_3CH_2CH_2\overset{\overset{\displaystyle CH_3}{|}}{\underset{\underset{\displaystyle SH}{|}}{C}}CH_3$

6. $CH_3SCH(CH_3)_2$

7. $(CH_3)_2PCH_2CH_3$

8. H_3CO—[苯环]—$\overset{\overset{\displaystyle O}{\|}}{P}\overset{OH}{\underset{OH}{}}$

9. H_3CO—$\overset{\overset{\displaystyle O}{\|}}{\underset{\underset{\displaystyle OCH_3}{|}}{P}}$—$CH_3$

10. [苯环]—$\overset{\overset{\displaystyle O}{\|}}{\underset{\underset{\displaystyle OH}{|}}{P}}$—Cl

11. 二乙砜

12. O,O-二甲基苯膦酸酯

13. O-乙基二磷酸酯

14. 氯化三甲基苯基镃

15. 丙硫酮

16. 3-膦基丁酸

17. 苯磺酰氯

18. 亚甲基三丙基膦

二、完成反应式

19. $2CH_3CH_2SH + HgO \longrightarrow$

20. $NaOOCCHCHCOONa + HgO \longrightarrow$ 下方 $\underset{\displaystyle SH\,SH}{|\ \ |}$

21. $\begin{matrix} CH_2-SH \\ | \\ CH-SH \\ | \\ CH_2-OH \end{matrix} \quad +2NaOH \longrightarrow$

22. $\begin{matrix} CH_2-CH_2 \\ | \qquad \ \ | \\ CH_2 \quad CH_2 \\ | \qquad \ \ | \\ SH \qquad SH \end{matrix} \quad +I_2 \longrightarrow$

23. $CH_3CH_2SSCH_2CH_3 + NaHSO_3 \longrightarrow$

三、问答题

24. 治疗有机磷农药中毒的胆碱酯酶复活剂分子中含有什么基团？它可对有机磷的磷原子发生什么反应？

25. 可作用重金属或路易氏气中毒的解毒剂是什么化合物？试写出重金属或路易氏气与此化合物的反应式。

● 参考答案 ●

一、命名或写结构式

1. 环硫乙烷

2. 硫酚

3. 2,3-二硫基丙醇

4. 叔丁硫醇

5. 2-甲基戊-2-硫醇

6. 异丙基甲硫醚

7. 乙二甲膦   8. 对甲氧基苯膦酸

9. O,O-二甲基甲膦酸酯   10. 苯膦酰氯

11. $CH_3CH_2\overset{\displaystyle O}{\underset{\displaystyle O}{\overset{\|}{\underset{\|}{S}}}}CH_2CH_3$

12. $C_6H_5\overset{\displaystyle O}{\overset{\|}{\underset{\displaystyle OCH_3}{P}}}-OCH_3$

13. $CH_3CH_2O-\overset{\displaystyle O}{\overset{\|}{\underset{\displaystyle OH}{P}}}-O-\overset{\displaystyle O}{\overset{\|}{\underset{\displaystyle OH}{P}}}-OH$

14. $C_6H_5P(CH_3)_3Cl$

15. $H_3C-\overset{\displaystyle S}{\overset{\|}{C}}-CH_3$

16. $CH_3\overset{\displaystyle PH_2}{\overset{|}{C}}HCH_2COOH$

17. $\langle benzene \rangle-SO_2Cl$

18. $CH_3CH_2CH_2-\overset{\displaystyle CH_2CH_2CH_3}{\underset{\displaystyle CH_2CH_2CH_3}{P}}=CH_2$

二、完成反应式

19. $2CH_3CH_2SH+HgO\longrightarrow(CH_3CH_2S)_2Hg\downarrow+H_2O$

20. $NaOOCCH\underset{\displaystyle SH}{\overset{|}{C}}H\underset{\displaystyle SH}{\overset{|}{C}}COONa+HgO\longrightarrow \overset{\displaystyle COONa}{\underset{\displaystyle COONa}{\overset{|}{CH-S}\atop\underset{|}{CH-S}}}Hg\downarrow+H_2O$

21. $\overset{\displaystyle CH_2-SH}{\underset{\displaystyle CH_2-OH}{\overset{|}{CH-SH}\atop\underset{|}{}}}+2NaOH\longrightarrow \overset{\displaystyle CH_2-SNa}{\underset{\displaystyle CH_2-OH}{\overset{|}{CH-SNa}\atop\underset{|}{}}}+2H_2O$

22. $\overset{\displaystyle CH_2-CH_2}{\underset{\displaystyle SH\quad SH}{\overset{|\qquad|}{CH_2\;\;CH_2}\atop\underset{|\qquad|}{}}}+I_2\longrightarrow$ (六元环硫化物)

23. $CH_3CH_2SSCH_2CH_3+NaHSO_3\longrightarrow 2CH_3CH_2SH$

三、问答题

24. 治疗有机磷农药中毒的胆碱酯酶复活剂是解磷定（1-甲基-2-甲醛肟吡啶碘化物）或氯磷定（1-甲基-2-甲醛肟吡啶氯化物），分子中都含有肟基，可以对有机磷的磷原子发生亲核取代反应，夺走已与胆碱酯酶结合的磷酰基，解除有机磷对酶的抑制作用而使酶复活。

25. 二硫基丙醇

$\overset{\displaystyle CH_2-SH}{\underset{\displaystyle CH_2-OH}{\overset{|}{CH-SH}\atop\underset{|}{}}}+Hg^{2+}\longrightarrow \overset{\displaystyle CH_2-S}{\underset{\displaystyle CH_2-OH}{\overset{|}{CH-S}\atop\underset{|}{}}}Hg+H_2O$

$\overset{\displaystyle CH_2-SH}{\underset{\displaystyle CH_2-OH}{\overset{|}{CH-SH}\atop\underset{|}{}}}+ClCH=CH-\overset{\displaystyle Cl}{\underset{\displaystyle Cl}{As}}\longrightarrow ClCH=CH-As\overset{\displaystyle S-CH_2}{\underset{\displaystyle S-CH}{}}\underset{\displaystyle CH_2OH}{}$

第十三章

杂环化合物

====● 基本要求 ●====

◎ 掌握杂环化合物的命名。
◎ 掌握五元杂环、六元杂环和稠杂环的结构与性质。

====● 知识点归纳 ●====

一、杂环化合物的概念

由碳原子和非碳原子构成的环状有机化合物称为杂环化合物，环上的非碳原子称为杂原子，常见的杂原子有氧、硫、氮等。芳杂环是指环较为稳定，符合 Hückel 规则，具有一定程度芳香性的杂环化合物。杂环化合物根据环的数目不同，可分为单杂环与稠杂环；根据环的大小，可分为五元杂环与六元杂环；根据杂原子数目的多少，分为单杂原子与多杂原子的杂环化合物。

二、杂环化合物的命名

杂环化合物的命名较为复杂，目前常用"音译法"，即按杂环化合物的英文名称的汉字译音加上"口"字偏旁表示。下面为常见杂环化合物的名称及编号：

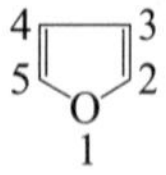

| 呋喃 | 噻吩 | 吡咯 | 噻唑 | 吡唑 | 咪唑 |

| 吡啶 | 哒嗪 | 嘧啶 | 吡嗪 | 吡喃 |

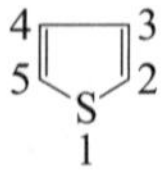

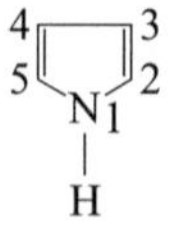

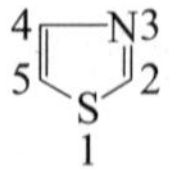

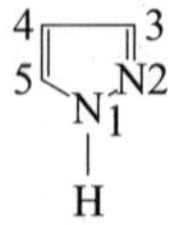

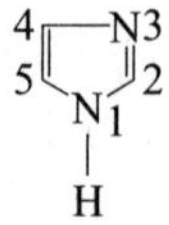

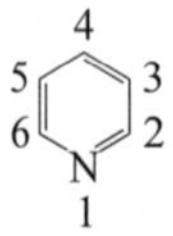

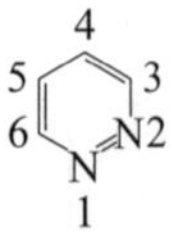

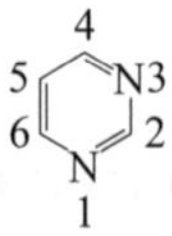

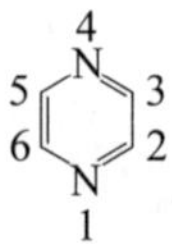

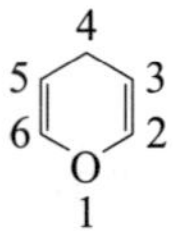

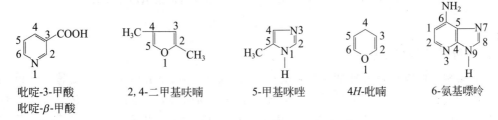

喹啉   异喹啉   吲哚

吖啶   嘌呤   喋啶

当杂环化合物上有取代基时，通常以杂环为母体，对环上原子进行编号。

编号原则是：从杂原子开始，杂原子编为1号，依次为1，2，3，…，或从杂原子相邻的碳原子编为 α，依次为 α，β，γ，…。当环上有两个或两个以上杂原子时，则按 O、S、NH、N 的次序编号，并使其他杂原子的位次尽可能小；对于不同饱和程度的杂环化合物，命名时要标明氢化（饱和）程度和氢化的位置（用大写斜体 H 及其位置编号）；稠杂环的编号，一般和稠环芳烃相同，但少数稠杂环有固定的编号次序，例如，吖啶、嘌呤、异喹啉。当环上有不同取代基时，编号时遵守次序规则及最低系列原则。例如：

吡啶-3-甲酸   2,4-二甲基呋喃   5-甲基咪唑   4H-吡喃   6-氨基嘌呤
吡啶-β-甲酸

三、五元杂环的结构与性质

1. 吡咯、呋喃、噻吩的结构与性质

(1) 结构

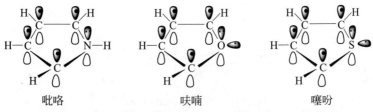

吡咯   呋喃   噻吩

吡咯、呋喃、噻吩均为五原子六电子的富电子闭合共轭体系，符合 Hückel 的 $4n+2$ 规则，具有芳香性。杂原子的第三个 sp^2 杂化轨道中，吡咯有一个电子，与氢原子形成 N—H σ 键，呋喃和噻吩为一对未共用电子对。由于环上电子云密度高于苯环，其稳定性较苯差（芳香性强弱次序为：苯＞噻吩＞吡咯＞呋喃），亲电取代反应比苯容易进行，主要取代在电子云密度高的 α 位，亲电取代的活性是吡咯＞呋喃＞噻吩＞苯。

(2) 性质 亲电取代。

$$\text{（吡咯）} + I_2 + NaOH \longrightarrow \text{（四碘吡咯）} + NaI + H_2O$$

$$\text{呋喃} + SO_3 \xrightarrow{\text{吡啶}} \text{呋喃-}SO_3H$$

$$\text{呋喃} + CH_3COONO_2 \xrightarrow{-30\sim-5\,^\circ\text{C}} \text{呋喃-}NO_2$$

$$\text{噻吩} + C_2H_5\underset{O}{C}Cl \xrightarrow{AlCl_3} \text{噻吩-}COCH_2CH_3$$

此外，吡咯和呋喃还能发生一些特殊反应。例如：

$$\text{吡咯} + CHCl_3 \xrightarrow{25\%KOH} \text{吡咯-}CHO \qquad \text{Reimer-Timann 反应}$$

$$\text{吡咯} + PhN_2^+Cl^- \xrightarrow{\text{乙醇-水}} \text{吡咯-}N=N-Ph \qquad \text{偶联反应}$$

$$\text{呋喃} + \text{马来酸酐} \longrightarrow \text{环加成产物} \qquad \text{Diels-Alder 反应}$$

2. 咪唑的结构与性质

(1) 结构 咪唑可视为吡咯环上 3 位 CH 被氮取代，仍是五原子六电子闭合共轭体系，具有芳香性，3 位氮原子具有弱碱性，1 位氮原子具有弱酸性，存在互变异构体（当环上有取代基时则很明显），分子间能形成氢键，有缔合现象；亲电取代反应活性较苯低，取代主要在 4（5）位；在 2 位可发生偶联反应和亲核取代反应。

(2) 性质

四、六元杂环的结构与性质

1. 吡啶的结构与性质

(1) 结构 吡啶为六原子六电子的闭合共轭体系，符合 Hückel 的 $4n+2$ 规则，具有芳香性。氮上的一对未共用电子对，可使吡啶表现出碱性和亲核性。由于氮的电负性较碳大，环上电子云密度较苯低，故吡啶环较苯环稳定，难氧化，亲电取代反应活性较苯低（主要取代在 β 位），并可发生亲核取代反应（主要取代在 α 位和 γ 位）。

（2）性质

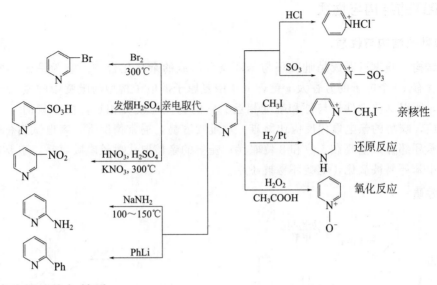

2. 嘧啶的结构与性质

（1）结构　嘧啶为六原子六电子的闭合共轭体系，符合 Hückel 的 $4n+2$ 规则，具有芳香性。氮上的未共用电子对，使嘧啶表现出碱性和亲核性，但其碱性较吡啶弱；由于两个氮原子的强吸电子作用，嘧啶环难发生亲电取代反应，难氧化，但能发生亲核取代反应（发生在 2、4、6 位），易氢化。除 5-烷基嘧啶外，其他烷基嘧啶侧链上的 α-H 能发生类似羟醛缩合、烷基化等反应。

（2）性质

五、稠杂环的结构与性质

1. 喹啉的结构与性质

（1）结构　喹啉可看成是吡啶环与苯环稠合而成的杂环化合物。它为平面型分子，含有 10 个电子的芳香大 π 键，分子中氮原子的电子构型与吡啶中的氮原子相同，所以其化学性质与萘和吡啶相近。它的碱性与吡啶相近，由于氮的吸电子效应，喹啉的亲电取代反应比萘难，比吡啶容易，通常情况下，亲电试剂总是优先进攻喹啉的苯环部分，主要在 5 位和 8 位取代；喹啉的亲核取代也较吡啶容易，主要在 2 位取代；喹啉中苯环易被氧化，吡啶环易被还原。

（2）性质

2. 嘌呤的结构与性质

嘌呤可看成是由一个嘧啶和一个咪唑相互稠合而成。嘌呤环中的咪唑部分可发生三原子体系的互变异构现象，嘌呤是两个互变异构体形成的平衡体系，平衡偏向于 $9H$ 的形式。

由于嘌呤环有四个电负性大的氮原子，环很难与亲电试剂反应。嘌呤既有弱碱性又具有弱酸性，受到分子中氮的吸电子诱导作用的影响，其酸性比咪唑强，碱性比咪唑弱，但比嘧啶强。

1. 写出下列化合物的结构式，并用系统命名法命名。

(1) 吡多醇　　(2) 烟酸　　(3) 异烟肼　　(4) 磺胺嘧啶

(5) 胞嘧啶　　(6) 5-FU　　(7) 鸟嘌呤　　(8) 安替比林

解：(1)

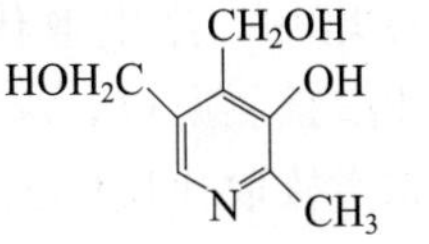

3-羟基-4, 5-二羟甲基-2-甲基吡啶

(2)

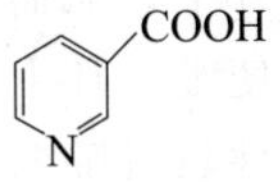

吡啶-3-甲酸

(3)

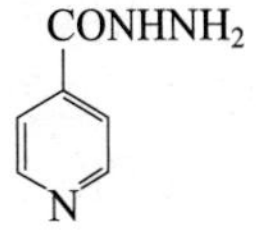

吡啶-4-甲酰肼

(4)

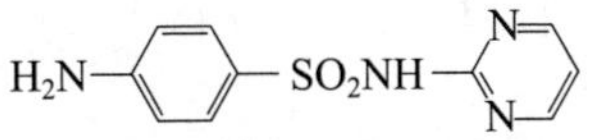

2-(对氨基苯磺酰氨基)嘧啶

(5)

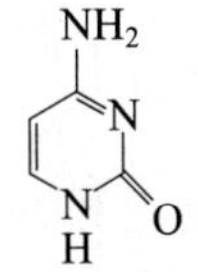

4-氨基-2-氧嘧啶

(6)

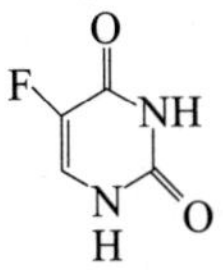

5-氟-2, 4-二氧嘧啶

(7)

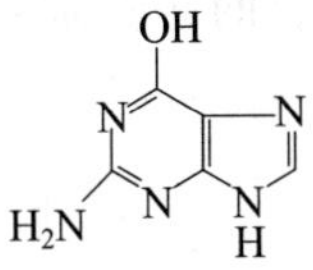

2-氨基-6-羟基嘌呤

(8)

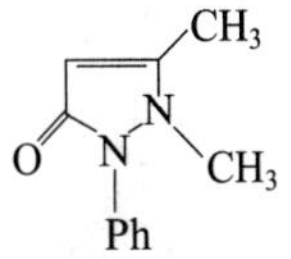

2, 3-二甲基-1-苯基-5-氧吡唑

2. 比较组织胺中三个氮原子的碱性。

解：组织胺中三个氮原子的碱性强弱次序是 (1)＞(2)＞(3)。因为 (1) 氮为 sp^3 杂化，s 成分最少，碱性最强；(2) 氮和 (3) 氮均为 sp^2 杂化，所以碱性小于 (1) 氮；由于 (3) 氮的未共用电子对参与共轭，所以难以接受质子，碱性最弱。

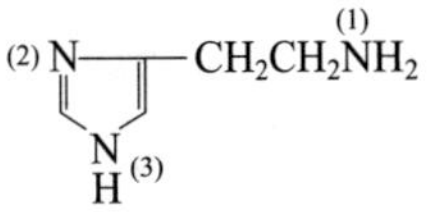

组织胺

3. 简要回答下列问题：

(1) 为什么咪唑、吡唑的水溶性比吡咯大？

(2) 为什么吡咯的硝化反应、磺化反应不能在强酸性条件下进行，而吡啶卤代反应时一般不使用 FeX_3 等 Lewis 酸作催化剂？

(3) 为什么嘧啶分子含有两个碱性氮原子，却为一元碱，且碱性较吡啶弱？

(4) 为什么嘧啶的亲电取代反应活性比吡啶弱，而亲核取代反应活性比吡啶强？

(5) 为什么喹啉的碱性比吡啶弱，但亲电取代反应和亲核取代反应比吡啶容易？

解：(1) 因为咪唑、吡唑比吡咯在环结构上多了一个带有一对未共用电子对未参与形成闭合共轭体系的氮原子，这对未共用电子对可通过氢键与水缔合，而使水溶性增大。

(2) 因为吡咯是多 π 芳杂环，环上电子云密度较高，在强酸性条件下，易质子化而发生聚合、氧化、开环等反应，所以吡咯不能在强酸性条件下进行硝化和磺化反应。

吡啶分子中的氮原子有一对未共用电子对而显碱性，能与缺电子的 FeX_3 等 Lewis 酸作用成盐，使催化剂失活；同时也使氮原子带上正电荷，降低了环上的电子云密度，使亲电取代反应更难进行。所以吡啶卤代反应时一般不使用 FeX_3 等 Lewis 酸作催化剂。

(3) 嘧啶环上有两个氮原子，当第一个氮原子质子化后，它的吸电子能量增强，使另一个氮原子的电子云密度降低而难以接受质子，因此嘧啶为一元碱；而第一个氮原子质子化后，第二个氮原子对质子化的氮正离子的吸电子诱导效应和共轭效应使质子化的氮正离子不稳定，质子易于离去，所以其碱性比嘧啶弱。

（4）嘧啶与吡啶同为六原子六电子的闭合共轭体系，但嘧啶环比吡啶环多一个氮原子，其氮原子的吸电子诱导效应比吡啶强，使得嘧啶环上电子云密度比吡啶环低，因此亲电取代反应活性比吡啶弱，而亲核取代反应活性比吡啶强。

（5）喹啉可看成是苯环与吡啶环的稠合。由于喹啉分子中氮原子直接与苯环相连，氮上的未共用电子对可分散到苯环上，从而使苯环上电子云密度增加，亲电取代反应活性增强，吡啶环上电子云密度减小，使吡啶环上的亲核取代反应活性增强。所以，喹啉分子中氮原子接受质子能力比吡啶差，碱性较吡啶弱，但亲电取代反应和亲核取代反应比吡啶容易。

4. 判断下列化合物中哪些具有芳香性。

（1）　　　（2）　　　（3）　　　（4）

解：（2）、（3）、（4）具有芳香性，（1）无芳香性。因为（2）、（3）中具有 6 个 π 电子，（4）中有 10 个 π 电子，且都能形成闭合的共轭体系，符合 Hückel 规则，具有芳香性；（1）中虽然有 6 个 π 电子，但不能形成闭合的共轭体系，故无芳香性。

5. 完成下列反应。

（1） $\xrightarrow{\text{浓NaOH}}$　　　（2） $+ CH_3COONO_2 \longrightarrow$

（3） $\xrightarrow[\text{HCl}]{\text{N·SO}_3}$

（4） $+ C_6H_5COOH \longrightarrow$ $\xrightarrow{Br_2}$ $\xrightarrow[\text{CHCl}_3]{\text{PCl}_5}$

解：（1） $\xrightarrow{\text{浓NaOH}}$ $+$

（2） $+ CH_3COONH_2 \longrightarrow$

（3） $\xrightarrow[\text{HCl}]{\text{N·SO}_3}$

（4） $+ C_6H_5COOH \longrightarrow$ $\xrightarrow{Br_2}$ $\xrightarrow[\text{CHCl}_3]{\text{PCl}_5}$

注释：由于吡咯与呋喃遇强酸时，杂原子易质子化，杂环易开环、氧化、聚合，故不能直接进行硝化和磺化反应，需采用温和的非质子试剂。五元杂环的亲电取代较苯容易进行，取代基多进入 α 位。呋喃甲醛的性质与苯甲醛相似。喹啉的吡啶环与吡啶相似。在氧化剂作用下可形成氮氧化物，氮氧化物的亲电取代和亲核取代反应较易进行。

6. 写出 2-甲基吡啶与下列试剂反应的主产物。

（1）$NaNH_2/NH_3$　　　　　　　　　　　　　　（2）HNO_3/H_2SO_4

(3) CH_3CHO/C_2H_5ONa 　　　　　　　　　　(4) H_2O_2/HAc

解：（1）

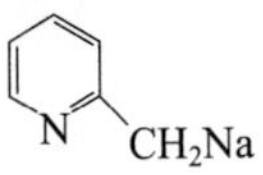

（2）

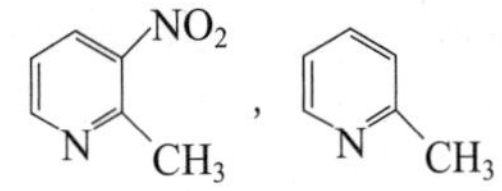

（3）

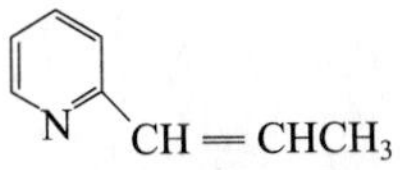

（4）

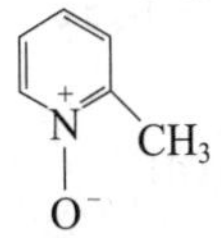

注释：由于吡啶环是一个缺电子的芳杂环，因此，吡啶的侧链类似苯的侧链，其 α-H 较为活泼，可与碱、有机锂化合物等反应；侧链还可被氧化剂氧化为甲酸。同时烷基的存在使吡啶环上的亲电取代反应变得容易。

7. 用化学方法区别下列各组化合物。

（1）苯和噻吩　　　　　　（2）吡咯和四氢吡咯　　　　　　（3）糠醛和苯甲醛

解：

化合物		试剂	现象
（1）	苯	靛红-硫酸，加热	（—）
	噻吩		蓝色
（2）	吡咯	松木片＋浓 H_2SO_4	红色
	四氢吡咯		（—）
（3）	糠醛	$PhNH_2$，HAc	红色
	苯甲醛		（—）

注释：鉴别反应是利用了噻吩、吡咯和糠醛的显色反应。

8. 完成下列转化。

（1）

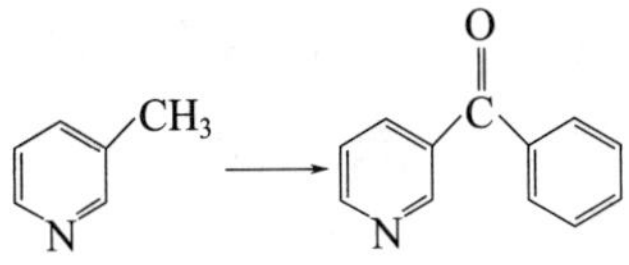

（2）

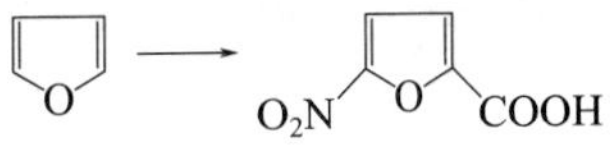

解：（1）

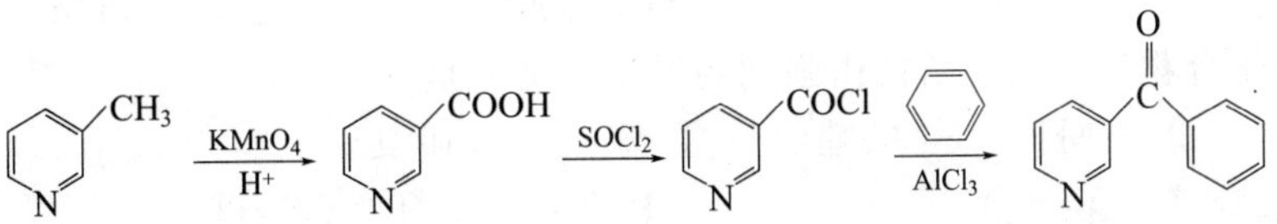

（2）

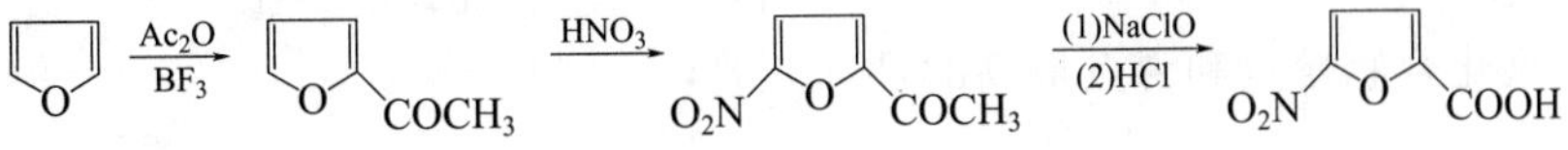

9. 某杂环化合物 C_6H_6OS 能生成肟，但不能发生银镜反应，它与次溴酸反应生成 2-噻吩甲酸，试推测其结构。

解：由于杂环化合物能生成肟，但不能发生银镜反应，则应是酮，与次溴酸作用后生成 2-噻吩甲酸，则含杂环为噻吩环，且为 2 位取代，再结合分子式，可推测杂环化合物的结构为：

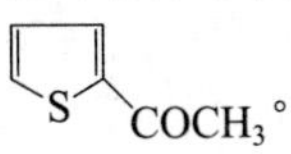

一、命名或写结构式

1. S—CH₂CH₂OH

2. （4-羟基嘧啶结构式）

3. H₃C—（咪唑结构式）—N—H

4. H₃C—（噻唑结构式）—C₂H₅—S

5. （吲哚结构式）—CH₂COOH—N—H

6. （吡嗪结构式）—CONH₂

7. （腺嘌呤结构式）NH₂

8. （喹啉结构式）NO₂

9. 4，6-二甲基-2-吡喃酮

10. 糠醛

11. 8-溴异喹啉

12. 吡啶-β-甲酰胺

13. 5-甲基-2-苯基吡嗪

14. 4-氯噻吩-2-甲酸

15. 溴化-N，N-二甲基四氢吡咯

16. 尿酸

二、单项选择题

17. 下列化合物中糠醛的结构式是（　　）。

A. （呋喃）O—CH₂OH　　B. （呋喃）O—CHO　　C. H₃C—（噻唑）S—NH₂　　D. （环戊烷）—CHO

18. 下列化合物中碱性最强的是（　　）。

A. （吡啶）N　　B. （吡咯）N—H　　C. （苯胺）NH₂　　D. （哌啶）N—H

19. 下列化合物中碱性最弱的是（　　）。

A. 甲胺　　B. 吡啶　　C. 苯胺　　D. 吡咯

20. 下列化合物亲电反应活性由强到弱顺序正确的是（　　）。

① 吡咯　　② 噻吩　　③ 呋喃　　④ 苯　　⑤ 吡啶

A. ①>②>③>④>⑤　　B. ①>②>④>⑤>③

C. ①>③>②>④>⑤　　D. ②>④>⑤>③>①

21. 下列化合物熔点和沸点最高的是（　　）。

A. （呋喃）O　　B. （噻吩）S　　C. （吡咯）N—H　　D. （吡唑）N—N—H

　　呋喃　　　　　　噻吩　　　　　　吡咯　　　　　　吡唑

22. 下列化合物芳香性最强的是（　　）。

A. （呋喃）O　　B. （噻吩）S　　C. （苯）　　D. （吡咯）N—H

23. 化合物 ![结构式] 中 3 个氮原子的碱性由强至弱的顺序是（　　）。

A. ①＞②＞③　　　　B. ②＞③＞①　　　C. ③＞②＞①　　　　　D. ③＞①＞②

24. 化合物 ![结构式] 的名称为（　　）。

A. 1-氨基-5-甲基嘧啶　　　　　　　　B. 5-氨基-1-甲基嘧啶

C. 4-氨基-6-甲基嘧啶　　　　　　　　D. 6-氨基-4-甲基嘧啶

25. 下列化合物碱性最强的是（　　）。

A. 苄胺　　　　　　　B. 苯胺　　　　　　　C. 吡啶　　　　　　　D. 吡咯

26. 除去甲苯中的少量吡啶，可采用的措施是加入（　　）。

A. NaOH 溶液　　　B. HCl 溶液　　　C. NaHCO$_3$ 溶液　　　D. KMnO$_4$ 溶液

三、完成反应式

27. ![呋喃] + Br$_2$ $\xrightarrow[0℃]{}$

28. ![呋喃] + Ac$_2$O $\xrightarrow[BF_3]{(C_2H_5)_2O}$

29. ![呋喃] + CH$_3$OOCC≡CCOOCH$_3$ ⟶

30. ![呋喃-CHO] $\xrightarrow{H_2NNHCONH_2}$

31. ![噻吩] + 浓H$_2$SO$_4$ ⟶

32. ![噻吩] + Br$_2$ $\xrightarrow{HOAc}$

33. ![吡咯] + CH$_3$COONO$_2$ $\xrightarrow[5℃]{NaOH}$

34. ![噻唑啉] + Ac$_2$O $\xrightarrow{150\sim200℃}$

四、是非题

35. 杂环化合物命名时一般从杂原子开始编号，含多个杂原子时按 O、S、NH 和 N 的顺序编号。　　　　　　　　　　　　　　　　　　　　　　　　　　　　　　（　　）

36. 噻吩、吡咯、呋喃都具有芳香性，而且它们的芳香性都比苯强。　　　　（　　）

37. 吡咯、噻吩、呋喃的亲电取代反应活性都比苯大。　　　　　　　　　　（　　）

38. 呋喃、吡咯、噻吩的亲电取代反应活性主要发生在 α 位上。　　　　（　　）

39. 吡啶通常在强烈条件下才能发生亲电取代反应，且主要发生在 α 位上。（　　）

40. 吡啶具有碱性，其碱性比吡咯强。　　　　　　　　　　　　　　　　　（　　）

41. 嘧啶环上有两个氮原子，因此它比吡啶容易发生亲电取代反应。　　　　（　　）

42. 杂环化合物是指分子中除碳原子和氢原子外，还含有其他元素原子的有机化合物。
　　　　　　　　　　　　　　　　　　　　　　　　　　　　　　　　　（　　）

43. 生物碱是存在于植物中的含氮碱性有机化合物。　　　　　　　　　　　（　　）

44. 利用生物碱的碱性可以鉴别生物碱。　　　　　　　　　　　　　　　　（　　）

五、填空题

45. 利用生物碱的_____可以鉴别生物碱。

46. 奎宁存在于_____中。

47. 利用咖啡因的_____性可以从茶叶中提取它。

48. 杂环化合物是有机化合物中_____最庞大的一类有机化合物。

49. 呋喃的英文词为_____。

六、用化学方法鉴别

50. ① 呋喃　　② 吡咯　　③ 噻吩

51. 　　② $\bigcirc$—CHO　　③ $\bigcirc$—COOH

52. ① 吡咯　　② 吡啶　　③ 六氢吡啶

七、合成题

53. 完成转化

$$\bigcirc\text{—CHO} \longrightarrow \bigcirc\text{—CH==C—CHO}$$
$$\qquad\qquad\qquad\qquad\qquad | $$
$$\qquad\qquad\qquad\qquad\qquad \text{CH}_3$$

54. 完成转化

八、推导结构题

55. 化合物 A 的分子式为 C_6H_6OS，不与硝酸银的氨溶液反应，但能生成肟，与 I_2 的 NaOH 溶液作用后酸化生成 α-噻吩甲酸。试推测 A 的结构式。

56. 杂环化合物 A 分子式为 $C_5H_4O_2$，与托伦试剂作用后酸化生成 B（$C_5H_4O_3$），加热 B 生成 C（C_4H_4O）并放出 CO_2。B 能与 $NaHCO_3$ 作用；C 不显酸性，也不发生醛和酮的反应，但遇盐酸浸过的松木片呈绿色。试推测 A、B 和 C 的结构式。

◈◈ 参考答案 ◈◈

一、命名或写结构式

1. 2-噻吩乙醇（α-噻吩乙醇）　　2. 4-羟基嘧啶　　3. 4-甲基咪唑

4. 2-乙基-4-甲基噻唑　　5. 吲哚-2-乙酸　　6. 吡嗪-2-甲酰胺

7. 6-氨基嘌呤　　8. 5-硝基喹啉

9. [结构式]　　10. [结构式] $\bigcirc$—CHO　　11. [结构式]

12. [结构式]　　13. [结构式]　　14. [结构式]

15. [结构式]　　16. [结构式]

二、单项选择题

17. B；18. D；19. D；20. C；21. D；22. C；23. D；24. C；25. A；26. B

三、完成反应式

27. 呋喃 + Br_2 $\xrightarrow[0℃]{\text{二氧六环}}$ 2-溴呋喃

28. 呋喃 + Ac_2O $\xrightarrow[BF_3]{(C_2H_5)_2O}$ 2-乙酰基呋喃($COCH_3$)

29. 呋喃 + $CH_3OOCC\equiv CCOOCH_3$ $\longrightarrow$ 7-氧杂双环加成产物（$COOCH_3$，$COOCH_3$）

30. 糠醛（CHO）$\xrightarrow{H_2NNHCONH_2}$ $CH=NNHCONH_2$

31. 噻吩 + 浓H_2SO_4 $\longrightarrow$ 2-噻吩磺酸（SO_3H）

32. 噻吩 + Br_2 $\xrightarrow{HOAc}$ 2-溴噻吩（Br）

33. 吡咯（$\overset{N}{\underset{H}{}}$）+ CH_3COONO_2 $\xrightarrow[5℃]{NaOH}$ 2-硝基吡咯（NO_2）

34. 噻吩（$\overset{S}{\underset{H}{}}$）+ Ac_2O $\xrightarrow{150\sim200℃}$ $COCH_3$ + $H_3COC\overset{S}{\underset{H}{}}COCH_3$

四、是非题

35. √；36. ×；37. √；38. √；39. ×；40. √；41. ×；42. ×；43. √；44. ×

五、填空题

45. 颜色反应　　46. 金鸡纳树皮　　47. 升华　　48. 数量　　49. Furan

六、用化学方法鉴别

50. ① 绿色
② $\xrightarrow{\text{浸过盐酸的松木片}}$ 红色
③ （－）

51. ① （－）　　（－）
② $\xrightarrow{NaHCO_3 \text{溶液}}$ （－）$\xrightarrow{\text{托伦试剂}}$ $Ag\downarrow$
③ $CO_2\uparrow$

52. ① 红色
② $\xrightarrow{\text{浸过盐酸的松木片}}$ （－）$\xrightarrow[HCl \text{溶液}]{NaNO_2}$ （－）
③ （－）　　黄色油状物

七、合成题

53. 糠醛（CHO）+ CH_3CH_2CHO $\xrightarrow{\text{稀NaOH溶液}}$ $CH-CHCHO$（OH，CH_3）$\xrightarrow{\triangle}$ $CH=CCHO$（CH_3）

54. 3-甲基吡啶（CH_3）$\xrightarrow[H_2SO_4]{KMnO_4}$ $COOH$ $\xrightarrow{SOCl_2}$ $COCl$ $\xrightarrow{NH_3}$ $CONH_2$

八、推导结构题

55. A 的构造式为

56. A 为 CHO   B 为 COOH   C 为

阶段性测试题（五）

一、命名或写结构式

1. $H_3C\text{—}\langle\text{苯环}\rangle\text{—}CH_2NH_2$

2. $(H_3C)_2CHCH_2CH_3$ （带 NH_2 取代基）

3. N-甲基吡咯

4. （噻吩）$\text{—}CH_2CH_2OH$

5. （吡啶环带 COOH）

6. （喹啉环带 CH_2CH_3）

7. N-乙基环己胺

8. 2-甲基吡咯

9. 2,5-二甲基噻吩

10. 8-羟基喹啉

二、单项选择题

11. 硝基苯在 90℃与浓 HNO_3 和浓 H_2SO_4 作用，主要产物是（　　）。

A. 邻二硝基苯　　　B. 间二硝基苯　　　C. 对二硝基苯　　　D. 间硝基苯磺酸

12.  与 Br_2 发生反应，生成的主要产物是（　　）。

A. （联苯，2,4-二溴，对位 NH_2）

B. （联苯，2',6'-二溴，对位 NH_2）

C. （联苯，2,6-二溴，4-NH_2）

D. （苯基，3,5-二溴-4-NH_2）

13. （苯环带 $CONH_2$，3,5-二硝基）与 Br_2 的 NaOH 溶液反应的主要产物是（　　）。

A. （$CONH_2$，4-Br，3,5-二硝基）

B. （$CONH_2$，2-Br，3,5-二硝基）

C. （NH_2，3,5-二硝基）

D. （CH_2NH_2，3,5-二硝基）

14. 下列胺类在 0～5℃时与 HNO_2 反应放出 N_2 的是（　　）。

A. 芳香伯胺   B. 芳香仲胺   C. 脂肪伯胺   D. 脂肪仲胺

15. 伯胺与仲胺作为亲核试剂，可与酰氯或酸酐作用发生酰基化反应。

① 〔苯基〕—NH₂、② O₂N—〔苯基〕—NH₂、③ H₃CO—〔苯基〕—NH₂ 发生酰基化反应时，活性由大到小的排列顺序为（   ）。

A. ①＞②＞③   B. ②＞①＞③   C. ③＞②＞①   D. ③＞①＞②

16. 下列化合物，芳环亲电取代反应活性由大到小的排列顺序为（   ）。

①〔萘〕   ②〔NO₂NO₂-萘〕   ③〔NH₂-萘〕

A. ①＞②＞③   B. ①＞③＞②   C. ②＞③＞①   D. ③＞①＞②

17. 下列含氮化合物中，属于脂肪族伯胺的是（   ）。

A. CH_3NH_2 B. $(CH_3CH_2)_2NH$ C. $(CH_3CH_2)_3N$ D. 〔苯基〕—NH_2

18. 下列化合物，能溶于稀盐酸的是（   ）。

A. 〔苯基〕—NH_2 B. Cl—〔苯基〕—$NHCOCH_3$ C. 〔苯基〕—N(CH₃)—$COCH_3$ D. $(C_6H_5)_3N$

19. 脂肪胺在水溶液中的碱性强弱顺序是（   ）。

A. 脂肪叔胺＞脂肪仲胺＞脂肪伯胺   B. 脂肪伯胺＞脂肪仲胺＞脂肪叔胺

C. 脂肪仲胺＞脂肪叔胺＞脂肪伯胺   D. 脂肪仲胺＞脂肪伯胺＞脂肪叔胺

20. 局部麻醉药沙夫卡因分子中 3 个氮原子的碱性由强到弱的顺序是（   ）。

A. ①＞②＞③   B. ①＞③＞②

C. ③＞①＞②   D. ③＞②＞①

②CONHCH₂CH₂N(C₂H₅)₂① 2-OC₄H₉ 沙夫卡因

21. 甲胺在室温下与 HNO_3 反应，观察到的现象是（   ）。

A. 产生黄色油状物   B. 溶液呈橘黄色   C. 溶液呈翠绿色   D. 放出 N_2

22. 下列化合物属于季铵盐类的是（   ）。

A. 〔苯基〕—$\overset{+}{N}_2Cl^-$ B. 〔苯基〕—$NHCH_3$

C. 〔苯基〕—$\overset{+}{N}(CH_3)_3Cl^-$ D. 〔苯基〕—$\overset{+}{N}(CH_3)_2OH^-$

23. 下列化合物碱性最强的是（   ）。

A. 〔咪唑〕   B. 〔吡咯〕   C. 〔丁二酰亚胺〕   D. 〔吡咯烷〕

24. 下列化合物没有芳香性的是（   ）。

A. 〔噻吩〕   B. 〔呋喃〕   C. 〔吡咯〕   D. 〔哌啶〕

25. 杂环化合物①吡啶、②呋喃、③吡咯、④噻吩的亲电取代反应活性的相对大小是（   ）。

A. ①＞③＞②＞④   B. ②＞③＞④＞①

C. ③＞②＞④＞①   D. ④＞③＞②＞①

26. 吡啶硝化时。硝基主要进入（　　）。

A. α 位碳原子   B. β 位碳原子   C. γ 位碳原子   D. 氮原子

27. 下列含氮杂环化合物中具有弱酸性的是（　　）。

A. 吡啶   B. 喹啉   C. 吡咯   D. 异喹啉

28. 2-甲基呋喃硝化时，硝基主要进入（　　）。

A. 5 位   B. 4 位   C. 3 位   D. 3 位和 4 位

29. 为了使呋喃或噻吩与溴反应只生成一溴代物，应采用的反应条件是（　　）。

A. 高温   B. 高压   C. 高温和高压   D. 溶剂稀释及低温

30. 鉴别吡啶和 α-甲基吡啶，可采用的试剂是（　　）。

A. $KMnO_4$ 酸性溶液   B. 托伦试剂   C. H_2SO_4 溶液   D. $NaHCO_3$ 溶液

31. 除去甲苯中的吡啶，可加入的试剂是（　　）。

A. NaOH 溶液   B. 稀盐酸   C. 乙醚   D. $KMnO_4$ 溶液

32. 下列杂环化合物属于富电子芳杂环的化合物是（　　）。

A. 喹啉   B. 异喹啉   C. 吡啶   D. 吡咯

33. 下列化合物能发生亲核取代反应的是（　　）。

A. 吡啶   B. 苯   C. 吡咯   D. 噻吩

34. 在同一杂环化合物中，杂原子编号由小到大的顺序是（　　）。

A. N，O，S   B. O，S，N   C. S，O，N   D. N，S，O

35. 呋喃和吡咯发生磺化反应时，可采用的磺化试剂是（　　）。

A. 浓 H_2SO_4 B. 浓 HNO_3 和浓 H_2SO_4 C. 稀 H_2SO_4 D. SO_3-吡啶

三、完成反应式

36. $+2HNO_3$（浓） $\xrightarrow[\triangle]{浓\ H_2SO_4}$ $\xrightarrow{Fe}{HCl\ 溶液}$

37. $\xrightarrow{AlCl_3}$ $\xrightarrow[Fe]{Br_2}$

38. $\xrightarrow[H_2SO_4,\ \triangle]{KMnO_4}$ $\xrightarrow[\triangle]{NH_3}$ $\xrightarrow[\triangle]{P_2O_5}$

39. $\xrightarrow[H_2SO_4]{KMnO_4}$ $\xrightarrow{\triangle}$

40. $\xrightarrow[H_2SO_4,\ \triangle]{KMnO_4}$ $\xrightarrow{SOCl_2}$ $\xrightarrow[\triangle]{NH_3}$ $\xrightarrow[NaOH,\ \triangle]{Br_2}$

四、是非题

41. N,N-二甲基甲酰胺不与水混溶，是一种很好的有机溶剂。 （　　）

42. 酰基化反应能降低酚和芳胺的亲电取代活性。 （　　）

43. 酰基亲核取代反应历程与卤代烃的亲核取代历程完全相同。 （　　）

44. 脂肪胺的碱性比芳香胺的碱性弱。 （　　）

45. 重氮盐比较稳定，受热也很难分解。 （　　）

46. 在脂肪胺分子中，氮原子均为 sp^3 等性杂化。 （　　）

47. 脂肪伯胺在 0～5℃时与亚硝酸反应生成重氮盐。 （　　）

48. 吡啶环碳原子上的电子密度比苯环小，它比苯难发生亲电取代反应。 （　　）

49. 嘧啶是含两个氮原子的六元杂环化合物，它的碱性比吡啶强得多。 （　　）

50. 喹啉比吡啶容易发生亲电取代反应，取代基进入吡啶环。 （　　）

五、填空题

51. 胺的碱性强弱与_____效应、_____效应和_____程度有关。

52. 芳香族重氮化合物是_____型化合物。

53. 烟酸参与机体组织的氧化还原过程，促进细胞新陈代谢机能，用于防治与癞皮病相类似的_____缺乏症。

54. 广泛分布于自然界中的吡咯衍生物中的两个典型化合物是_____和_____。

55. 根据环上原子数，单杂环化合物可分为_____杂环化合物和_____杂环化合物。

六、用化学方法鉴别

56. ① 对甲苯胺 　　② N-甲基苯胺 　　③ N,N-二甲基苯胺

57. ① ⟨　⟩—NH_2 　　② ⟨　⟩—NHC_2H_5 　　③ ⟨　⟩—$N(C_2H_5)_2$

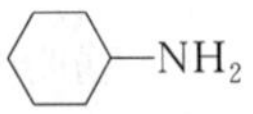

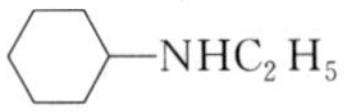

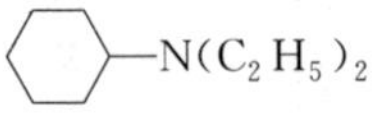

58. ① 吡咯 　　② 吡啶 　　③ 六氢吡啶

七、合成题

59. 完成转化：

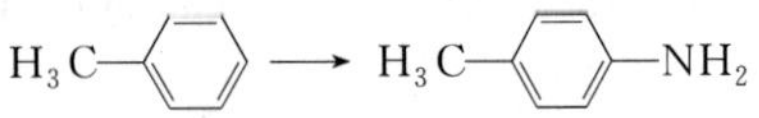

H_3C—⟨　⟩ ⟶ H_3C—⟨　⟩—NH_2

60. 用乙醛为原料合成乙胺。

61. 用乙醛为原料合成戊-1-胺。

62. 用苯和吡啶为原料（无机试剂任选）合成 [结构式]。

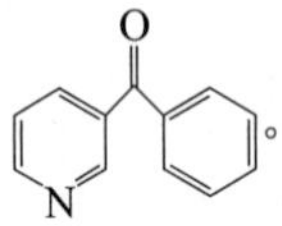

八、推导结构题

63. 化合物 A 的分子式为 $C_4H_3Cl_2N$，水解时生成丁二酰亚胺，试推测 A 的构造式。

64. 化合物 A 的分子式为 $C_5H_3ClO_2$ 与托伦试剂发生银镜反应后酸化生成 B（$C_5H_3ClO_3$），加热生成氯代呋喃并放出 CO_2。试推测 A 和 B 的构造式。

65. 吡啶甲酸 A、B 和 C 三种异构体，其熔点分别为 137℃、234～237℃、310～315℃。喹啉氧化时生成二元酸 D（$C_7H_5O_4N$），D 加热时生成 B。异喹啉氧化时生成二元酸 E（$C_7H_5O_4N$），E 加热时生成 B 和 C。试推测 A、B、C、D 和 E 的构造式。

● 参考答案 ●

一、命名或写结构式

1. 4-甲基苯甲胺　　　　　　2. 2-甲基丁-2-胺　　　　　　3. N-甲基吡咯

4. 2-噻吩乙醇（α-噻吩乙醇）　5. 4-吡啶甲酸　　　　　　6. 3-乙基喹啉

7. (cyclohexyl)—NHCH₂CH₃ 写作 —NHCH₂CH₃ 8. 2-甲基吡咯 N-H, CH₃ 9. H₃C—[噻吩]—CH₃ (2,5-二甲基噻吩) 10. 8-羟基喹啉 OH

二、单项选择题

11. B；12. D；13. C；14. C；15. D；16. D；17. A；18. A；19. D；20. B；21. D；22. C；23. D；

24. D；25. C；26. B；27. C；28. A；29. D；30. A；31. B；32. D；33. A；34. B；35. D

三、完成反应式

36. [间二硝基苯 NO₂, O₂N] ； [间苯二胺 NH₂, H₂N]

37. [呋喃基苯甲酮 O] ； [5-溴呋喃基苯甲酮 Br···O]

38. [异烟酸 COOH, N] ； [异烟酰胺 CONH₂, N] ； [4-氰基吡啶 CN, N]

39. [喹啉二甲酸 COOH, COOH, N] ； [酸酐 O, O, N]

40. [烟酸 COOH, N] ； [烟酰氯 COCl, N] ； [烟酰胺 CONH₂, N] ； [3-氨基吡啶 NH₂, N]

四、是非题

41. ×；42. √；43. ×；44. ×；45. ×；46. ×；47. ×；48. √；49. ×；50. ×

五、填空题

51. 电子效应；空间效应；溶剂化 52. 离子型 53. 维生素

54. 叶绿素；血红素 55. 五元；六元

六、用化学方法鉴别

56.
① $\xrightarrow[0\sim5℃]{NaNO_2,HCl溶液}$ 重氮盐溶液，加入 β-萘酚显红色
② 黄色不溶物
③ 绿色结晶

57.
① $\xrightarrow[HCl溶液]{NaNO_2}$ N₂↑
② 黄色不溶物
③ （—）

58.
① 浸过盐酸的松木片 → 红色 $\xrightarrow[HCl溶液]{NaNO_2}$
② （—）（—）
③ （—）黄色油状物

七、合成题

59. [甲苯] $\xrightarrow[H_2SO_4]{HNO_3}$ O₂N—[ ]—CH₃ $\xrightarrow{Fe/HCl}$ H₂N—[ ]—CH₃

60. $CH_3CHO \xrightarrow[H_2SO_4]{KMnO_4} CH_3COOH \xrightarrow{NH_3} CH_3CONH_2 \xrightarrow[② H_2O, H^+]{① LiAlH_4} CH_3CH_2NH_2$

61. $2CH_3CHO \xrightarrow{稀NaOH溶液} CH_3\underset{OH}{CH}CH_2CHO \xrightarrow{\triangle} CH_3CH=CHCHO \xrightarrow[Ni]{H_2} CH_3CH_2CH_2CH_2OH$

$\xrightarrow[\triangle]{SOCl_2} CH_3CH_2CH_2CH_2Cl \xrightarrow{} CH_3CH_2CH_2CH_2CN \xrightarrow[C_2H_5OH, \triangle]{NaCN} CH_3CH_2CH_2CH_2CH_2NH_2$

62.

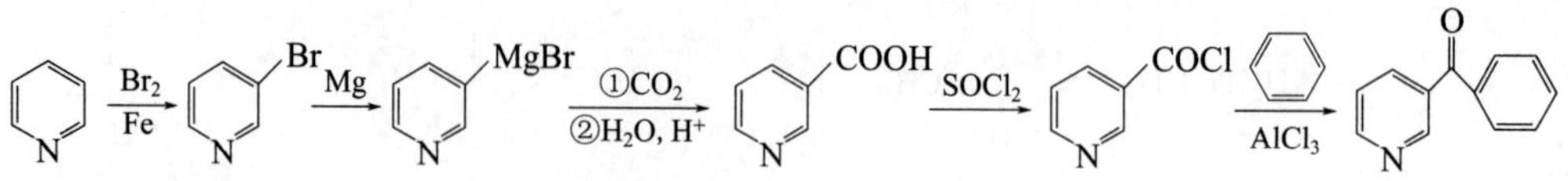

八、推导结构题

63. A 的构造式为

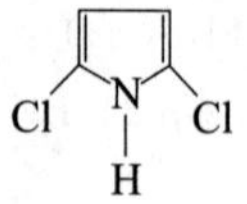

64. A 为 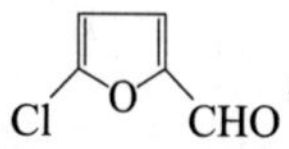 ；B 为

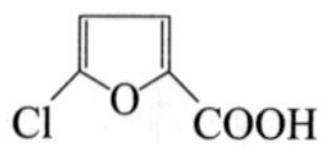

65. A. 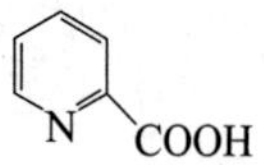 B. 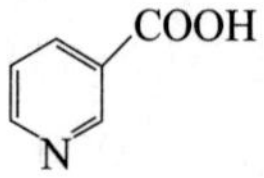 C.

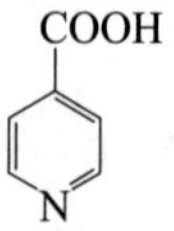

D. 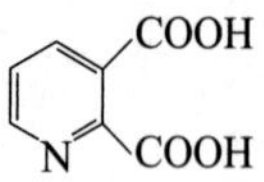 E.

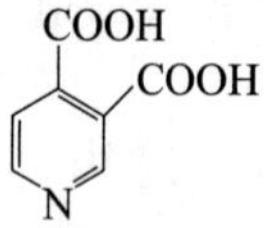

第十四章
糖　类

■ **基本要求** ■

◎ 掌握糖类化合物的概念和分类以及单糖的化学性质，氧化、还原、成脎、脱水、成酯、成苷等反应。

◎ 理解 D、L、（＋）、（－）、α、β 等符号的意义。

◎ 熟悉双糖的结构、性质，多糖的组成和结构，成苷的方式，苷键的生成。

■ **知识点归纳** ■

一、单糖的结构

单糖为多羟基醛或多羟基酮，结构中存在多个 C^*，所以用 Fischer 投影式表示其构型。如 D-葡萄糖的构型可表示为：

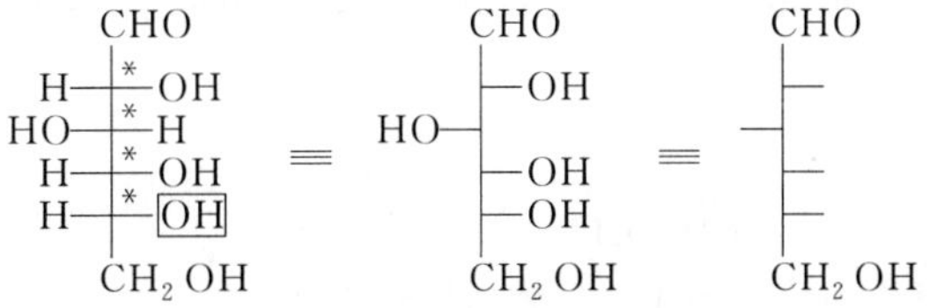

D-葡萄糖

单糖的构型是以编号最大的手性碳原子上的羟基的构型确定的，羟基在右侧为 D 型，在左侧为 L 型。自然界中存在的单糖大多是 D 型糖。

由于单糖分子中同时存在羰基和羟基，因此在分子内便能生成半缩醛（或半缩酮）而成环。单糖的环状结构以 Haworth 式表示，成环后所生成的羟基叫半缩醛（酮）羟基，又称苷羟基。对 D 型糖而言，苷羟基在环平面下方称 α-型，在环平面上方称 β-型。

单糖在结晶状态时以环状结构存在，但在水溶液中，两种环状结构可以通过链状结构互变，最后形成三者的平衡混合物，故单糖具有变旋光现象。例如：

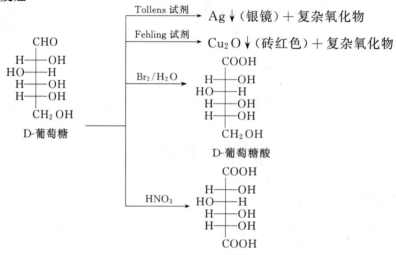

α-D-吡喃葡萄糖　　　　　　　　β-D-吡喃葡萄糖

36%　　　　0.024%　　　　63.7%

$[\alpha]_D^t = +112°$　　　　　　　$[\alpha]_D^t = +18.7°$

二、单糖的化学性质

单糖在水溶液中以链状和环状结构的平衡混合物存在，所以单糖既有链状结构的反应，也有环状结构的反应。主要反应如下。

1. 氧化反应

能与 Tollens 试剂、Fehling 试剂、Benedict 试剂作用的糖叫还原糖，否则为非还原糖。所有单糖都是还原糖。

2. 还原反应

3. 成脎反应

4. 脱水反应

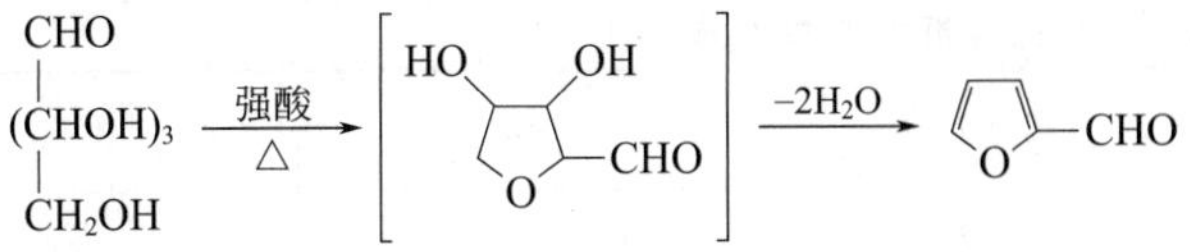

戊醛糖 → 呋喃甲醛(糠醛)

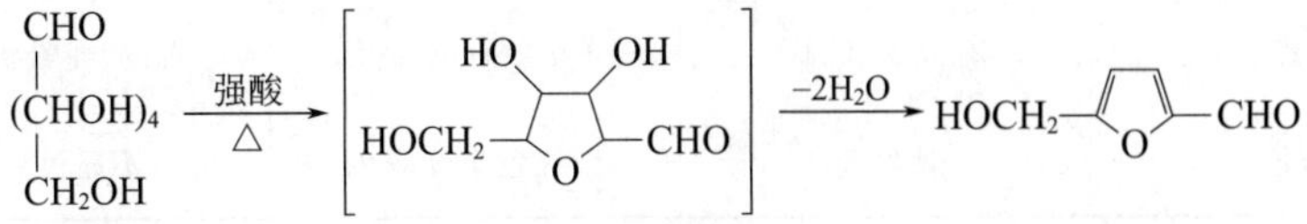

己醛糖 → 5-羟甲基呋喃甲醛

以上生成的糠醛或糠醛衍生物可与酚类缩合生成有色化合物，常用于糖的鉴别。

5. 成酯反应

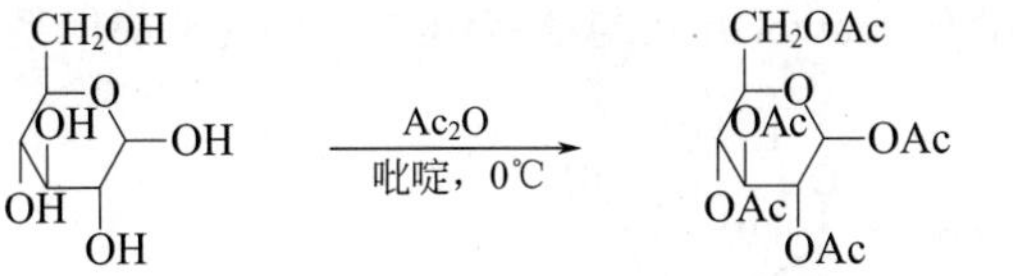

1, 2, 3, 4, 6-五-O-乙酰基-D-吡喃葡萄糖

6. 成苷反应

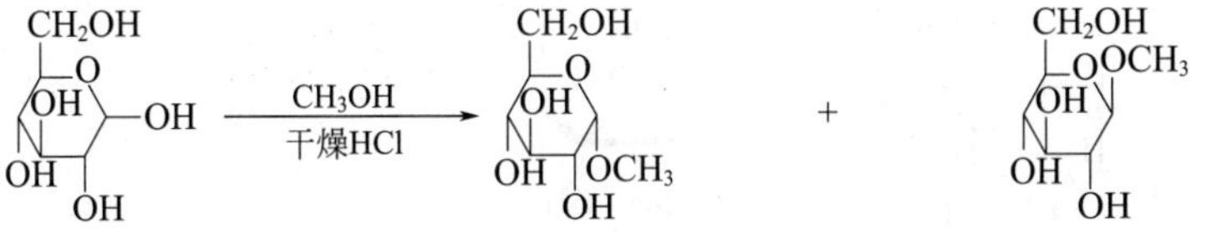

α-D-甲基吡喃葡萄糖甲苷　　β-D-甲基吡喃葡萄糖甲苷

糖的苷羟基与含活泼氢化合物（如醇、酚等）的脱水产物称为糖苷，糖苷无还原性及变旋光现象。酸性条件下可水解。

三、双糖的结构与性质

双糖是由两分子单糖形成的糖苷，在酸或酶的作用下水解可生成两分子单糖。常见双糖的基本结构及性质见表 14-1。

表 14-1　常见双糖的基本结构及性质

名称	结构单位	苷键类型	苷羟基	还原性及变旋光现象
麦芽糖	两分子 D-葡萄糖	α-1,4-苷键	有	有
纤维二糖	两分子 D-葡萄糖	β-1,4-苷键	有	有
乳糖	D-半乳糖、D-葡萄糖	β-1,4-苷键	有	有
蔗糖	D-葡萄糖、D-果糖	α,β-1,2-苷键	无	无

四、多糖的组成与结构

多糖是由许多单糖以苷键相连而成的天然高分子化合物，无还原性及变旋光现象，完全水解可得单糖及单糖衍生物。常见多糖的结构组成见表14-2。

表14-2　常见多糖的结构组成

名称	直链淀粉	支链淀粉	糖原	纤维素
基本结构单位		D-葡萄糖		
苷键类型	α-1,4-	α-1,4-、α-1,6-	α-1,4-、α-1,6-	β-1,4-
分子形状	直链、螺旋状	有分支、链状	分支多而短、链状	直链、绳索状
与碘显色	蓝色	紫红色	紫红色至红褐色	不显色

● 典型例题解析 ●

1. 写出 D-半乳糖的吡喃环及 D-核糖的呋喃环 Haworth 式与链状结构的互变平衡体系。

解：

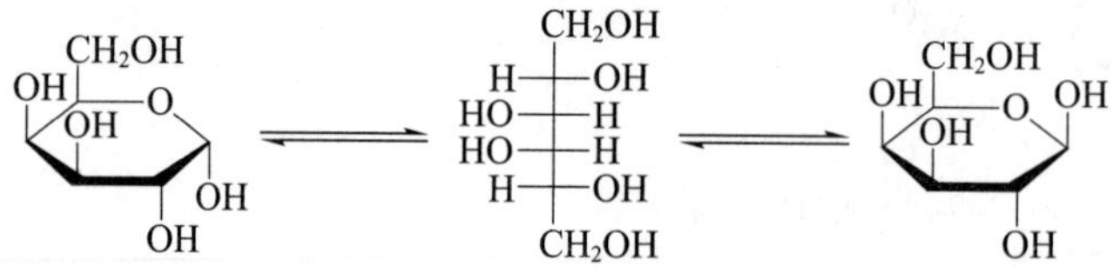

α-D-吡喃半乳糖　　　　　　　　　　β-D-吡喃半乳糖

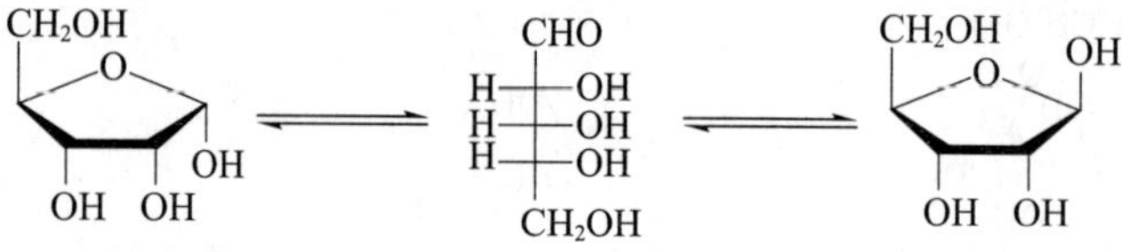

α-D-呋喃核糖　　　　　　　　　　β-D-呋喃核糖

注释：凡是分子中存在半缩醛（酮）羟基的糖在水溶液中均有以上互变平衡体系，因此具有变旋光现象。

2. 写出下列化合物所有立体异构体的 Fischer 投影式，并用 D/L 命名法命名。
（1）丁醛糖　　　　（2）丁酮糖

解：（1）丁醛糖

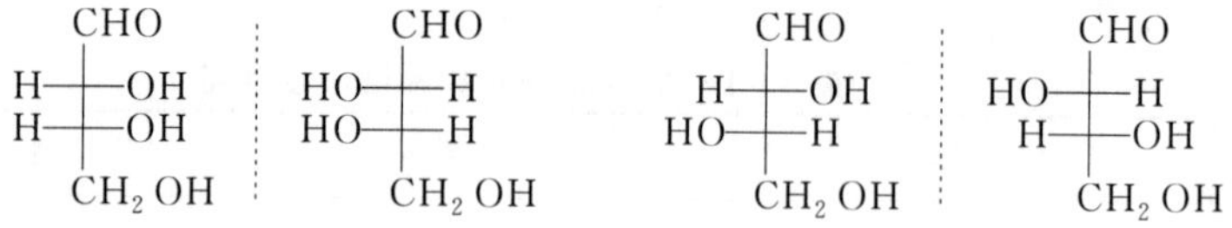

（2）丁酮糖

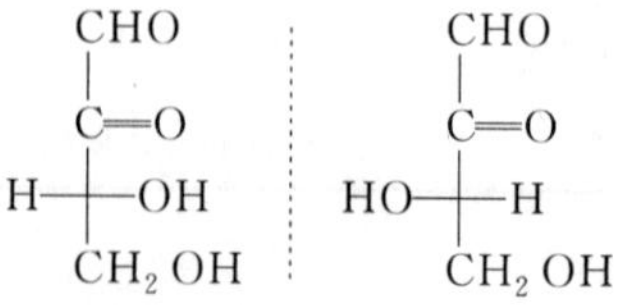

注释：利用镜像对映关系写对映异构体不易出错。

3. 根据下列单糖和单糖衍生物的结构，写出它们的命名，指出这些糖有无还原性、变旋光现象及水解反应。

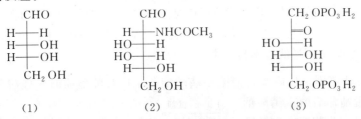

(1)   (2)   (3)

解：(1) D-脱氧核糖，有还原性，有变旋光现象，无水解反应。

(2) N-乙酰基-2-氨基-D-半乳糖，有还原性，有变旋光现象，有水解反应。

(3) D-果糖-1,6-二磷酸，有还原性，有变旋光现象，有水解反应。

注释：分子中存在半缩醛（酮）的单糖及其衍生物均有还原性和变旋光现象。

4. 写出只有 C_5 的构型与 D-葡萄糖相反的己醛糖的链状投影式及名称以及 L-甘露糖、L-果糖的开链投影式。

解：

```
   CHO              CHO             CH2OH
H ─── OH         H ─── OH            === O
HO ── H          H ─── OH         H ─── OH
H ─── OH         HO ── H          HO ── H
HO ── H          HO ── H          HO ── H
   CH2OH            CH2OH            CH2OH
 L-艾杜糖          L-甘露糖          L-果糖
```

注释：相同名称的 D 型糖与 L 型糖为对映异构体。

5. 写出下列两个异构体与苯肼作用的反应式，二者产物有何区别？

```
        CHO                  CHO
        CH2                  CHOH
(1)     CHOH          (2)    CHOH
        CHOH                 CH2
        CH2OH                CH2OH
```

解：(1)
```
  CHO                          CH==NNHC6H5
  CH2                          CH2
  CHOH    ── C6H5NHNH2 ──→     CHOH
  CHOH                         CHOH
  CH2OH                        CH2OH
```

(2)
```
  CHO                          CH==NNHC6H5
  CHOH                         C==NNHC6H5
  CHOH    ── C6H5NHNH2 ──→     CHOH
  CH2                          CH2
  CH2OH                        CH2OH
```

（1）生成苯腙，（2）生成糖脎。

注释：具有 α-羟基醛（酮）结构的化合物才能与过量苯肼作用生成糖脎。

6. 醛糖能与 Fehling 试剂、苯肼等反应，表现出醛基的典型性质，但它却不能与 Schiff 试剂、亚硫酸氢钠饱和溶液反应，为什么？

解：醛糖与 Fehling 试剂、苯肼等的反应是不可逆的，尽管开链结构在平衡体系中浓度很低，但平衡破坏后，开链结构会不断产生，直至反应完全；而醛糖与 Schiff 试剂、亚硫酸氢钠饱和溶液的反应是可逆的，不易发生。

7. 用化学方法鉴别 α-D-吡喃葡萄糖-1-磷酸酯和 α-D-吡喃葡萄糖-6-磷酸酯。

解：
$$\left.\begin{array}{l} \alpha\text{-D-吡喃葡萄糖-1-磷酸酯} \\ \alpha\text{-D-吡喃葡萄糖-6-磷酸酯} \end{array}\right\} \xrightarrow{\text{Tollens 试剂}} \left\{\begin{array}{l} (-) \\ \text{银镜} \downarrow \end{array}\right.$$

注释：α-D-吡喃葡萄糖-1-磷酸酯分子中无半缩醛羟基，所以没有还原性，而 α-D-吡喃葡萄糖-6-磷酸酯分子中有半缩醛羟基，具有还原性，可用 Tollens 试剂及 Benedict 试剂鉴别。

8. 蔗糖是右旋的，$[\alpha]^{20} = +66.5°$，水解产物则为左旋的，所以通常把蔗糖的水解产物叫做转化糖，它是 D-(+)-葡萄糖（$[\alpha]^{20} = +52.7°$）和 D-(−)-果糖（$[\alpha]^{20} = -92.4°$）的混合物。试计算此转化糖的比旋光度。

解：$[\alpha]^{20} = \alpha/\rho_B L$，$\rho_B$ 的单位是 g/mL。因为 1mol 蔗糖水解产生葡萄糖和果糖各 1mol，即 1g 蔗糖产生葡萄糖和果糖各约 0.5g。因此该转化糖的比旋光度即为这两种单糖的比旋光度之和的一半，为 $\frac{1}{2} \times [(+52.7°) + (-92.4°)] = -19.9°$。

9. 写出 β-D-呋喃果糖的 Haworth 式离开纸平面从右向左翻转 180° 的式子，以及 D-吡喃葡萄糖的 Haworth 式离开纸平面从上向下翻转 180° 的式子。

解：

注释：凡是离开纸平面翻转（左右或上下）180°，各原子或基团的位置与原来正相反。

10. 写出 D-核糖与下列试剂反应的主要产物。

（1）CH_3OH + 无水 HCl；　　（2）由（1）得到的产物与硫酸二甲酯及氢氧化钠作用；

（3）HCN，再酸性水解。

解：

（3）

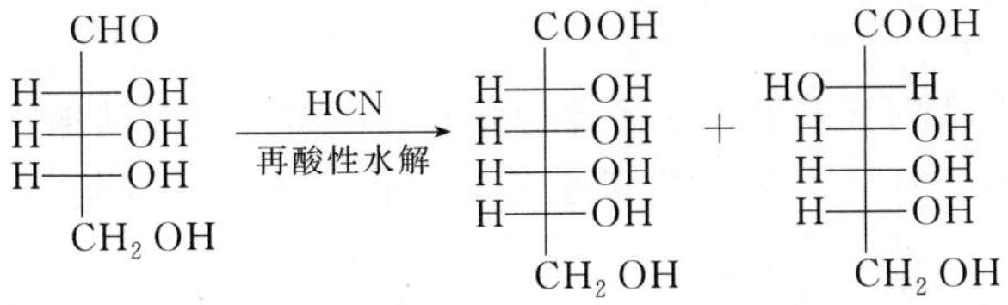

注释：反应（2）是糖的甲基化反应，生成的产物叫 2,3,5-三-O-甲基-D-核糖甲苷，经稀酸水解后可生成 2,3,5-三-O-甲基-D-核糖。反应（3）中 HCN 与羰基加成时，CN—可以由羰基所处平面的两侧进攻羰基碳，所以就形成了两种不同的产物，水解后也就得到两种糖酸。糖酸经内酯化、还原最终可得到比原来的糖增加了一个碳原子的糖，故又称糖的升级。

11. 海藻糖和异海藻糖是非还原糖，它们经酸水解均生成 D-葡萄糖。但前者可被 α-葡萄糖苷酶水解，而后者则被 β-葡萄糖苷酶水解；两者经甲基化和酸水解后，均得到两分子的 2,3,4,6-四-O-甲基-D-葡萄糖。试写出它们的结构。

解： 两种糖的水解产物说明，它们是由两分子 D-葡萄糖组成的；从被甲基化的羟基的位置看，组成这两种糖的是六元环的吡喃葡萄糖；又根据它们都是非还原糖及酶催化水解的特异性可知，海藻糖是由两分子的 α-D-吡喃葡萄糖以半缩醛羟基脱水而成的，而异海藻糖则是由两分子 β-D-吡喃葡萄糖以半缩醛羟基脱水而成的。结构如下：

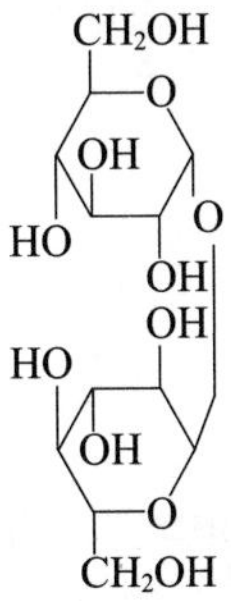

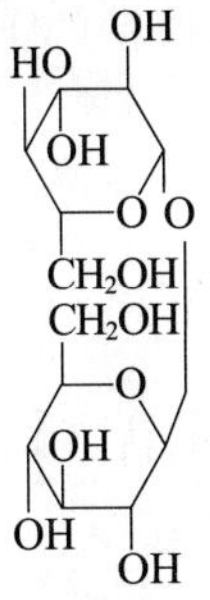

12. 某 D 型己醛糖是 D-葡萄糖的差向异构体，用硝酸氧化生成内消旋糖二酸，试推导该 D 型己醛糖的结构式。

解： 由于是 D 型的己醛糖，故 C_5 的羟基在右侧；用硝酸氧化生成内消旋糖二酸，则分子内有对称面，C_2 的羟基也应在右侧；又因为与 D-葡萄糖是差向异构体，所以得出以下结构：

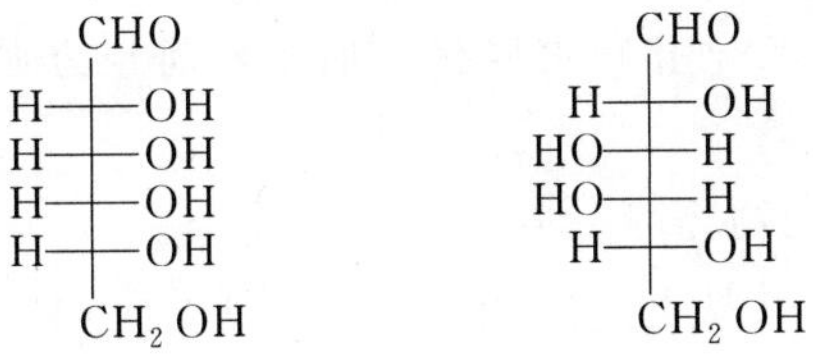

13. 写出 D-核糖在稀碱作用下异构糖的结构式并命名。

解：

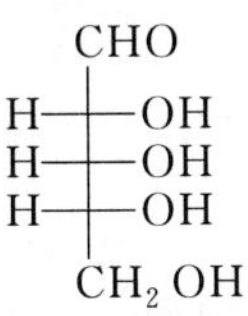

D-(—)-核糖 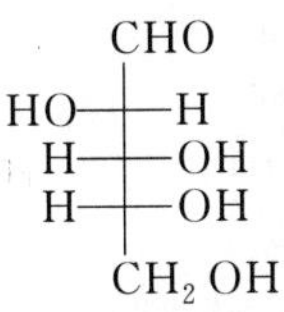　　　　D-(—)-阿拉伯糖 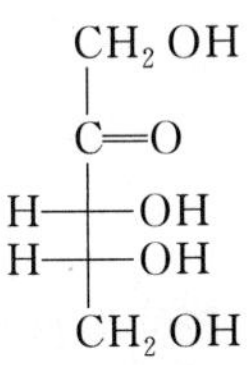　　　　D-核酮糖

14. 问答题

（1）1,3,4,5,6-五羟基-2-己酮有多少种立体异构体？其中有几对对映体？有几种 D 型？

解：1,3,4,5,6-五羟基-2-己酮有 3 个手性碳原子，故有 8 种立体异构体；4 对对映体；4 种 D 型。

（2）写出 D-半乳糖的链状结构，它与 D-葡萄糖是 C_4 差向异构体吗？

解：D-半乳糖与 D-葡萄糖是 C_4 差向异构体，其链状结构为：

$$\begin{array}{c}
CHO \\
H\!-\!\!\!-\!OH \\
HO\!-\!\!\!-\!H \\
HO\!-\!\!\!-\!H \\
H\!-\!\!\!-\!OH \\
CH_2OH
\end{array}$$

（3）写出 β-D-吡喃半乳糖的 Haworth 式。

解：

（4）写出 β-D-呋喃-2-脱氧核糖的 Haworth 式。

解：

β-D-呋喃-2-脱氧核糖

（5）写出 α-D-吡喃艾杜糖的优势构象式。

解：

（Ⅰ）⇌（Ⅱ）

（Ⅱ）为 α-D-吡喃艾杜糖的优势构象式。

注释：（Ⅱ）式中虽然 C_5 上的羟甲基处于 a 键，但环上其他四个碳原子上较大的取代基—OH 均以 e 键与环相连，且（Ⅱ）中取代基间的空间斥力也比（Ⅰ）小，因而（Ⅱ）为优势构象式。

（6）写出 D-果糖的还原产物。

解：

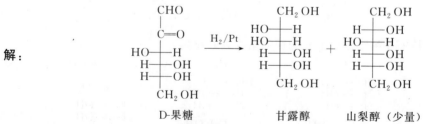

D-果糖   甘露醇   山梨醇（少量）

（7）糖苷在酸性溶液中长时间放置或加热也有变旋光现象，为什么？

解：糖苷在酸性溶液中水解成原来的单糖，所以有变旋光现象。

一、解释下列名词

1. 变旋光现象　　2. 端基异构体　　3. 差向异构体

4. 苷键　　　　　5. 还原糖与非还原糖

二、问答题

6. 写出下列化合物的 Haworth 式，并指出有无还原性及变旋光现象，能否水解。

(1) β-D-呋喃-2-脱氧核糖　　　　(2) β-D-呋喃果糖-1,6-二磷酸酯

(3) α-D-吡喃葡萄糖　　　　　　(4) N-乙酰基-α-D-吡喃-2-氨基半乳糖

(5) β-D-吡喃甘露糖苄基苷

7. 写出 D-甘露糖与下列试剂反应的主要产物。

(1) Br_2/H_2O　　　(2) 稀 HNO_3　　(3) CH_3OH＋HCl（干燥）

(4) $NaBH_4$　　　　(5) 过量苯肼　　(6) 乙酐/吡啶

8. 写出 β-D-吡喃半乳糖的优势构象式。

9. 用简便化学方法鉴别下列各组化合物。

(1) 葡萄糖和果糖　(2) 蔗糖和麦芽糖　(3) 淀粉和纤维素

(4) β-D-吡喃葡萄糖甲苷和 2-O-甲基-β-D-吡喃葡萄糖

10. 写出麦芽糖的链式结构和环式结构的互变平衡体系。

11. 写出下列戊糖的名称、构型（D 或 L）。哪些互为对映体？哪些互为差向异构体？

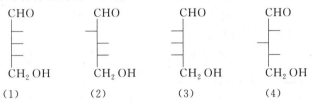

(1)　　　　　(2)　　　　　(3)　　　　　(4)

三、是非题

12. 凡分子式符合通式 $C_n(H_2O)_m$ 的化合物都属于糖类。　　　　　　　　（　　）

13. 凡在理论上可由 D-甘油醛衍生出来的单糖皆为 D 型糖。　　　　　　　（　　）

14. D-葡萄糖和 L-葡萄糖结构中，只有 C_5 上的羟基构型相反，其余手性碳原子的构型都相同。　　　　　　　　　　　　　　　　　　　　　　　　　　　　　（　　）

15. 利用溴水可以鉴别醛糖和酮糖。　　　　　　　　　　　　　　　　　　（　　）

16. 天然的葡萄糖和果糖都是 D 型右旋糖。　　　　　　　　　　　　　　　（　　）

17. 相对构型 D 和 L 与单糖的旋光方向没有固定的关系。　　　　　　　　　（　　）

18. 二糖都具有还原性，都能被托伦试剂氧化。　　　　　　　　　　　　　（　　）

19. 在具有两个和两个以上手性碳原子的分子中，只有一个手性碳原子的构型不同的两种化合物互称为差向异构体。　　　　　　　　　　　　　　　　　　　　　（　　）

20. 端基异构体属于差向异构体的一种。　　　　　　　　　　　　　　　　（　　）

21. D-葡萄糖和 D-果糖是差向异构体。　　　　　　　　　　　　　　　　　（　　）

四、填空题

22. 最简单的醛糖的构造式是＿＿＿＿＿＿；最简单的酮糖构造式是＿＿＿＿＿＿。

23. 根据糖类化合物的水解情况，可将其分为_____、_____和_____三类。

24. 蔗糖水解后生成的单糖是_____和_____。

25. 乳糖水解后生成的单糖是_____和_____。

26. 纤维素是由许多_____通过_____结合起来的。

27. 糖原是由 α-D-吡喃葡萄糖单体通过_____和_____结合而成的多糖。

五、单项选择题

28. 下列 4 种试剂中，能区别葡萄糖和果糖的是（　　）。

A. 斐林试剂　　　　B. 托伦试剂　　　　C. 溴水　　　　D. 2,4-二硝基苯肼

29. 下列糖中，属于由 α-D-葡萄糖缩合成的二糖是（　　）。

A. 蔗糖　　　　B. 麦芽糖　　　　C. 乳糖　　　　D. 糖原

30. 下列糖中，属于还原糖的是（　　）。

A. 乳糖　　　　B. 蔗糖　　　　C. 淀粉　　　　D. 纤维素

31. D-葡萄糖在水溶液中的存在形式是（　　）。

A. 开链结构　　　　　　　　　　B. 环状结构

C. 环状结构和开链结构　　　　　D. α-D-葡萄糖和 β-D-葡萄糖

32. 下列糖中，属于由 α-D-葡萄糖单元形成的多糖的是（　　）。

A. 淀粉　　　　B. 纤维素　　　　C. 半乳糖　　　　D. 麦芽糖

33. 糖原是属于（　　）。

A. 单糖　　　　B. 双糖　　　　C. 低聚糖　　　　D. 多糖

34. 将 D-葡萄糖溶解在稀碱溶液中得到的是混合物，但混合物中不可能存在的是（　　）。

A. D-果糖　　　　B. D-甘露糖　　　　C. D-葡萄糖　　　　D. L-葡萄糖

35. 下列糖中不存在 β-苷键的是（　　）。

A. 淀粉　　　　B. 纤维二糖　　　　C. 乳糖　　　　D. 纤维素

36. 人体不能消化纤维素，是由于人体缺乏（　　）。

A. 水解 α-1,4-苷键的酶　　　　B. 水解 β-1,4-苷键的酶

C. 水解 α-1,2-苷键的酶　　　　D. 水解 α-1,6-苷键的酶

37. 下列 4 种化合物中，能还原托伦试剂的是（　　）。

A. 葡萄糖二酸　　B. 糖原　　C. 麦芽糖　　D. 甲基-α-D-吡喃葡萄糖苷

38. 龙胆二糖的结构式为 ，其分子中的苷键为（　　）。

A. α-1,4-苷键　　B. α-1,6-苷键　　C. β-1,4-苷键　　D. β-1,6-苷键

39. 下列化合物溶于水中，能产生变旋光现象的是（　　）。

A. 　　B. 　　C. 　　D.

40. L-葡萄糖开链式的结构是（　　）。

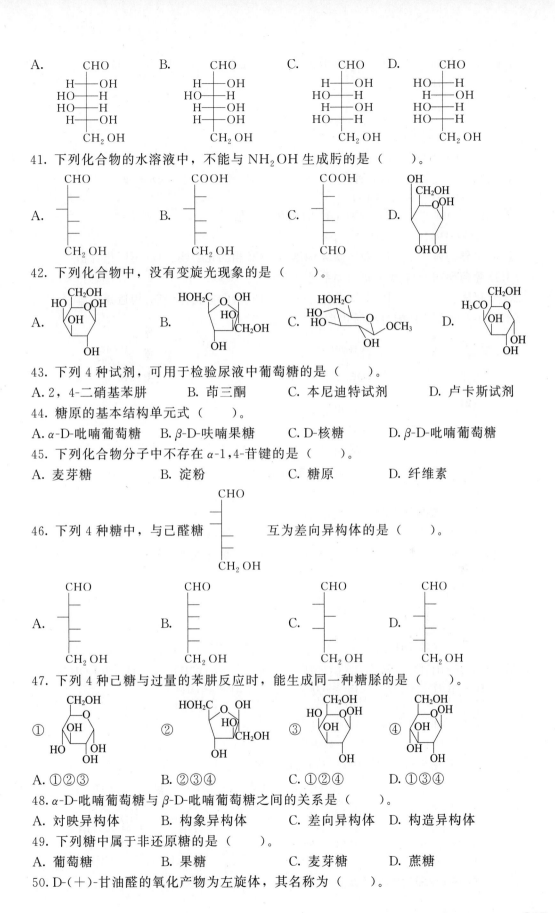

A. CHO / H—OH / HO—H / HO—H / H—OH / CH₂OH

B. CHO / H—OH / HO—H / H—OH / H—OH / CH₂OH

C. CHO / H—OH / HO—H / HO—H / HO—H / CH₂OH

D. CHO / HO—H / H—OH / HO—H / HO—H / CH₂OH

41. 下列化合物的水溶液中，不能与 NH_2OH 生成肟的是（　　）。

A. CHO / ... / CH₂OH　　B. COOH / ... / CH₂OH　　C. COOH / ... / CHO　　D. (环状结构)

42. 下列化合物中，没有变旋光现象的是（　　）。

A.　　B.　　C.　　D.

43. 下列 4 种试剂，可用于检验尿液中葡萄糖的是（　　）。

A. 2，4-二硝基苯肼　　B. 茚三酮　　C. 本尼迪特试剂　　D. 卢卡斯试剂

44. 糖原的基本结构单元式（　　）。

A. α-D-吡喃葡萄糖　　B. β-D-呋喃果糖　　C. D-核糖　　D. β-D-吡喃葡萄糖

45. 下列化合物分子中不存在 α-1,4-苷键的是（　　）。

A. 麦芽糖　　B. 淀粉　　C. 糖原　　D. 纤维素

46. 下列 4 种糖中，与己醛糖（CHO / ... / CH₂OH）互为差向异构体的是（　　）。

A.　　B.　　C.　　D.

47. 下列 4 种己糖与过量的苯肼反应时，能生成同一种糖脎的是（　　）。

① ② ③ ④

A. ①②③　　B. ②③④　　C. ①②④　　D. ①③④

48. α-D-吡喃葡萄糖与 β-D-吡喃葡萄糖之间的关系是（　　）。

A. 对映异构体　　B. 构象异构体　　C. 差向异构体　　D. 构造异构体

49. 下列糖中属于非还原糖的是（　　）。

A. 葡萄糖　　B. 果糖　　C. 麦芽糖　　D. 蔗糖

50. D-(＋)-甘油醛的氧化产物为左旋体，其名称为（　　）。

A. D-（＋）-甘油酸　　　B. D-（－）-甘油酸　　　C. L-（＋）-甘油酸　　　　D. L-（－）-甘油酸

51. 丁醛糖

$$\begin{array}{c} CHO \\ | \\ CHOH \\ | \\ CHOH \\ | \\ CH_2OH \end{array}$$

的旋光异构体有（　　　）。

A. 2 种　　　　　　　B. 3 种　　　　　　　C. 4 种　　　　　　D. 5 种

52. $\begin{array}{c} CHO \\ H \!-\!\!\!-\! OH \\ CH_2OH \end{array}$ 与 $\begin{array}{c} CHO \\ HO \!-\!\!\!-\! CH_2OH \\ H \end{array}$ 的相互关系是（　　　）。

A. 对映异构体　　　　　B. 非对映异构体　　　　C. 相同化合物　　　D. 不同化合物

53. D-葡萄糖和 D-果糖之间的关系是（　　　）。

A. 对映体　　　　　　　B. 非对映体　　　　　　C. 差向异构体　　　D. 构造异构体

54. α-D-吡喃葡萄糖的哈沃斯式是（　　　）。

A. 　　　B. 　　　C. 　　　D.

55. 下列 4 种糖中属于单糖的是（　　　）。

A. 蔗糖　　　　　　　　B. 半乳糖　　　　　　　C. 乳糖　　　　　　D. 麦芽糖

56. 下列 4 种糖中不能产生变旋光现象的是（　　　）。

A. 蔗糖　　　　　　　　B. 麦芽糖　　　　　　　C. 乳糖　　　　　　D. 果糖

57. 下列 4 种情况下不能产生变旋光现象的是（　　　）。

A. 葡萄糖溶于水中　　　　　　　　　　　　　B. 果糖溶于水中

C. 蔗糖在酸性溶液中　　　　　　　　　　　　D. 蔗糖在碱性溶液中

58. 反应 $\begin{array}{c} CHO \\ H \!-\!\!\!-\! OH \\ HO \!-\!\!\!-\! H \\ H \!-\!\!\!-\! OH \\ H \!-\!\!\!-\! OH \\ CH_2OH \end{array} \xrightarrow{HNO_3}$ 的主要产物是（　　　）。

A. $\begin{array}{c} COOH \\ H \!-\!\!\!-\! OH \\ HO \!-\!\!\!-\! H \\ H \!-\!\!\!-\! OH \\ H \!-\!\!\!-\! OH \\ CH_2OH \end{array}$　　B. $\begin{array}{c} COOH \\ H \!-\!\!\!-\! OH \\ HO \!-\!\!\!-\! H \\ H \!-\!\!\!-\! OH \\ H \!-\!\!\!-\! OH \\ COOH \end{array}$　　C. $\begin{array}{c} COOH \\ H_2 \!-\!\!\!-\! OH \\ CH_2OH \end{array}$　　D. 6HCOOH

59. 下列 4 种糖生成的糖脎中，与葡萄糖脎相同的是（　　　）。

A. $\begin{array}{c} CHO \\ H \!-\!\!\!-\! OH \\ H \!-\!\!\!-\! OH \\ H \!-\!\!\!-\! OH \\ H \!-\!\!\!-\! OH \\ CH_2OH \end{array}$　　B. $\begin{array}{c} CHO \\ H \!-\!\!\!-\! OH \\ OH \!-\!\!\!-\! H \\ OH \!-\!\!\!-\! H \\ H \!-\!\!\!-\! OH \\ CH_2OH \end{array}$　　C. $\begin{array}{c} CHO \\ HO \!-\!\!\!-\! H \\ H \!-\!\!\!-\! OH \\ H \!-\!\!\!-\! OH \\ H \!-\!\!\!-\! OH \\ CH_2OH \end{array}$　　D. $\begin{array}{c} CHO \\ HO \!-\!\!\!-\! H \\ HO \!-\!\!\!-\! H \\ H \!-\!\!\!-\! OH \\ H \!-\!\!\!-\! OH \\ CH_2OH \end{array}$

60. 由 β-D-吡喃葡萄糖通过 β-1,4-苷键形成的高分子化合物是（　　　）。

A. 直链淀粉   B. 支链淀粉   C. 纤维素   D. 糖原

六、推导结构题

61. 单糖衍生物 A，分子式为 $C_8H_{16}O_6$，没有变旋光现象，也不被 Benedict 试剂氧化，A 在酸性条件下水解得到 B 和 C 两种产物。B 的分子式为 $C_6H_{12}O_6$，有变旋光现象和还原性，被溴水氧化得 D-半乳糖酸。C 的分子式为 C_2H_6O，能发生碘仿反应，试写出 A、B、C 的结构式及有关反应。

● 参考答案 ●

一、解释下列名词

1. 糖在水溶液中自行改变比旋光度的现象称为变旋光现象。

2. 例如 α-D-葡萄糖和 β-D-葡萄糖，二者只是半缩醛羟基的构型不同，其余手性碳原子的构型均相同，互称为端基异构体或异头物。

3. 含多个手性碳原子，仅有一个手性碳原子构型不同的非对映异构体称为差向异构体。例如 D-葡萄糖和 D-甘露糖互为 C_2 差向异构体。

4. 糖苷中连接糖与非糖部分的键称为苷键。

5. 能被弱氧化剂（Tollens、Fehling、Benedict 试剂）氧化的糖称还原糖；反之则为非还原糖。

二、问答题

6. （1）β-D-呋喃-2-脱氧核糖，有还原性及变旋光现象，不能水解。

（2）β-D-呋喃果糖-1,6-二磷酸酯，无还原性及变旋光现象，能水解。

（3）α-D-吡喃葡萄糖，有还原性及变旋光现象，不能水解。

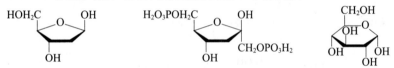

β-D-呋喃-2-脱氧核糖 β-D-呋喃果糖-1,6-二磷酸酯 α-D-吡喃葡萄糖

（4）N-乙酰基-α-D-吡喃-2-氨基半乳糖，有还原性及变旋光现象，能水解。

（5）β-D-吡喃甘露糖苄基苷，无还原性及变旋光现象，能水解。

N-乙酰基-α-D-吡喃-2-氨基半乳糖 β-D-吡喃甘露糖苄基苷

7.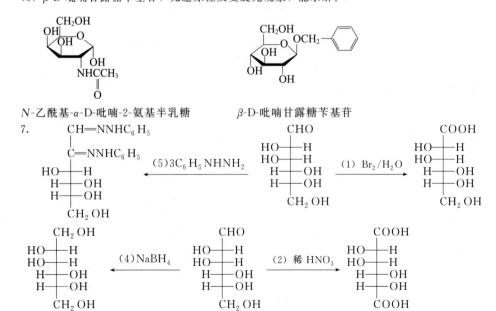

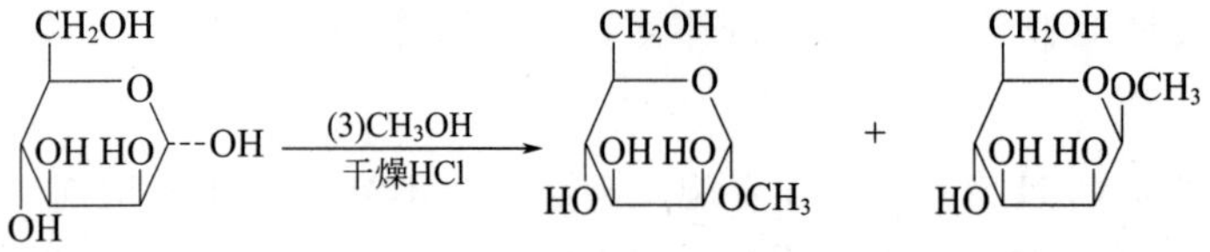

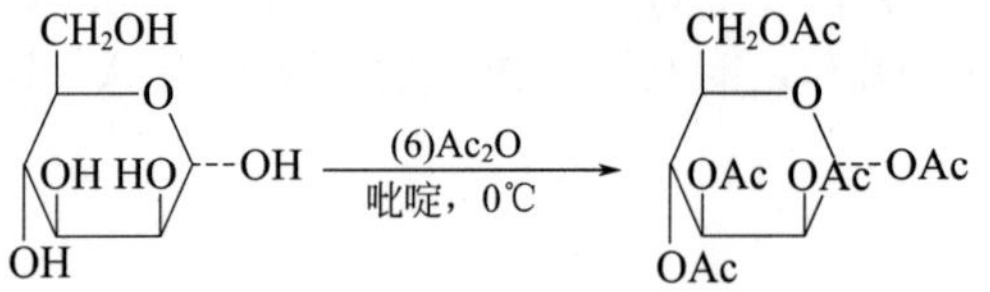

$$\xrightarrow[\text{干燥HCl}]{(3)CH_3OH}$$

$+$

$$\xrightarrow[\text{吡啶，0℃}]{(6)Ac_2O}$$

8.

β-D-吡喃半乳糖：

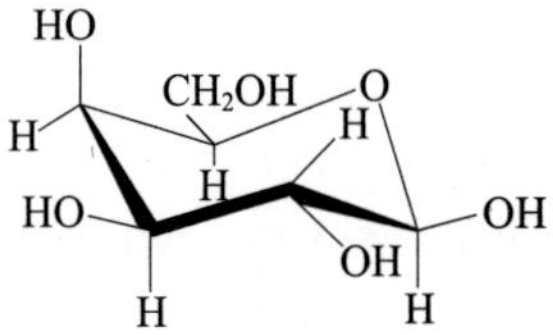

9.

(1) 葡萄糖 / 果糖 $\xrightarrow{Br_2/H_2O}$ 溴水褪色 / （—）

(2) 蔗糖 / 麦芽糖 $\xrightarrow{\text{Tollens 试剂 或 Fehling 试剂}}$ （—） / 银镜或砖红色沉淀

(3) 淀粉 / 纤维素 $\xrightarrow{I_2}$ 蓝色 / （—）

(4) β-D-吡喃葡萄糖甲苷 / 2-O-甲基-β-D-吡喃葡萄糖 $\xrightarrow{\text{Tollens 试剂 或 Fehling 试剂}}$ （—） / 银镜或砖红色沉淀

10.

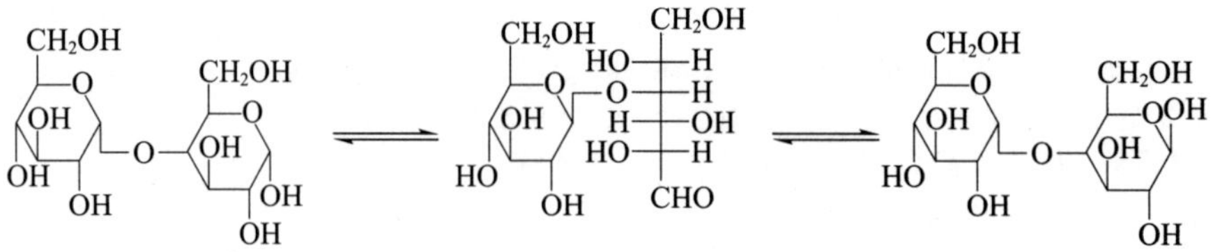

11. （1）D-核糖 　（2）D-阿拉伯糖 　（3）L-核糖 　（4）D-木糖

（1）和（3）互为对映体；（1）和（2）、（1）和（4）互为差向异构体。

三、是非题

12. ×；13. √；14. ×；15. √；16. ×；17. √；18. ×；19. √；20. √；21. ×

四、填空题

22. $CH_2{-}CH{-}CHO$ ；　$HOH_2C{-}C{-}CH_2OH$
　　　　$|\quad\ |$ 　　　　　　　　　　　　　$\|$
　　　　$OH\ OH$ 　　　　　　　　　　　　　　O

23. 单糖；低聚糖；多糖

24. 葡萄糖；果糖

25. 葡萄糖；半乳糖

26. β-D-吡喃葡萄糖；β-1,4-苷键

27. α-1,4-苷键；α-1,6-苷键

五、单项选择题

28. C；29. B；30. A；31. C；32. A；33. D；34. D；35. A；36. B；37. C；38. D；39. D；40. D；41. B；
42. C；43. A；44. A；45. D；46. A；47. C；48. C；49. D；50. B；51. C；52. C；53. D；54. A；55. B；
56. A；57. D；58. B；59. D；60. C

六、推导结构题

61.

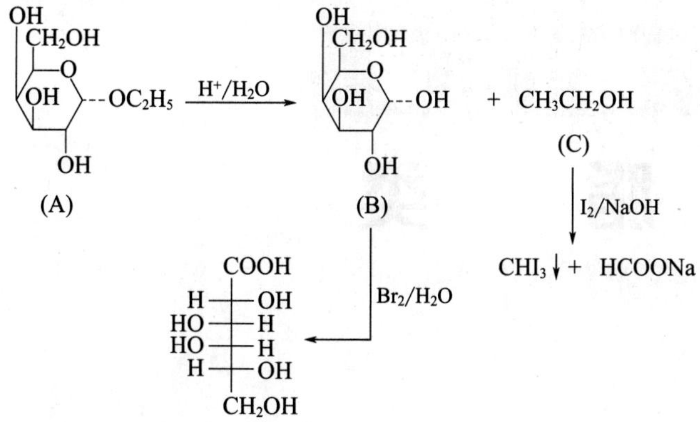

$$\text{(A)} \xrightarrow{\text{H}^+/\text{H}_2\text{O}} \text{(B)} + \text{CH}_3\text{CH}_2\text{OH}$$

(C)

$$\text{(C)} \xrightarrow{\text{I}_2/\text{NaOH}} \text{CHI}_3\downarrow + \text{HCOONa}$$

(B) $\xrightarrow{\text{Br}_2/\text{H}_2\text{O}}$

COOH
H——OH
HO——H
HO——H
H——OH
CH₂OH

第十五章

脂 类

━━━ 基本要求 ━━━

◎ 掌握油脂的概念、组成、命名和化学性质。
◎ 掌握脂肪酸的分类和命名。
◎ 掌握磷脂的组成和结构。
◎ 了解多不饱和脂肪酸的生物活性及糖脂的结构。

━━━ 知识点归纳 ━━━

$$
\text{脂类} \begin{cases} \text{油脂} \begin{cases} \text{油：室温下为液体} \\ \text{脂肪：室温下为固体} \end{cases} \\ \text{类脂} \begin{cases} \text{磷脂、糖脂、蜡} \\ \text{甾族化合物} \end{cases} \end{cases}
$$

一、油脂的组成、结构与命名

油脂是油和脂肪的总称，是由三分子高级脂肪酸与一分子甘油所形成的酯，称为三酰甘油。在油脂分子中，若三个脂肪酸相同称为单三酰甘油；若不同则称为混三酰甘油。

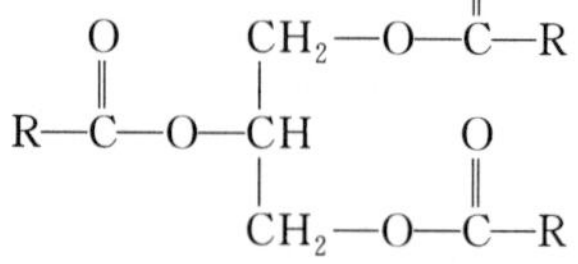

单三酰甘油 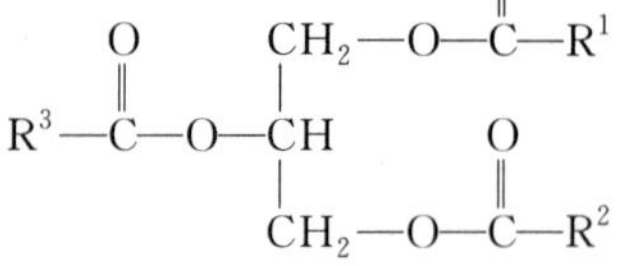　　　　　　　　　　混三酰甘油

油脂命名时一般将脂肪酸名称放在前面，甘油的名称放在后面，叫做"某脂酰甘油"；也可将甘油的名称放在前面，脂肪酸名称放在后面，叫做"甘油某脂酸酯"。如果是混三脂酰甘油，则需用 α、β 和 α' 分别标明脂肪酸的位次。例如：

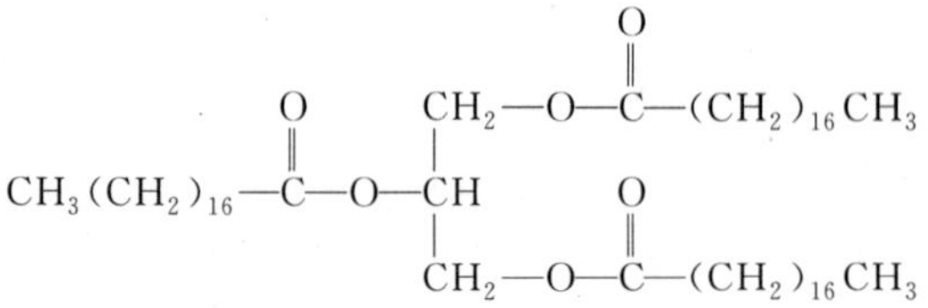

三硬脂酰甘油（甘油三硬脂酸酯）

$$\text{CH}_3(\text{CH}_2)_{14}-\overset{\displaystyle O}{\overset{\|}{C}}-O-\overset{\beta}{C}H\begin{cases}\overset{\alpha}{C}H_2-O-\overset{\displaystyle O}{\overset{\|}{C}}-(\text{CH}_2)_{16}\text{CH}_3\\[3mm]\overset{\alpha'}{C}H_2-O-\overset{\displaystyle O}{\overset{\|}{C}}-(\text{CH}_2)_7\text{CH}=\text{CH}(\text{CH}_2)_7\text{CH}_3\end{cases}$$

α-硬脂酰-β-软脂酰-α'-油酰甘油（甘油-α-硬脂酸-β-软脂酸-α'-油酸酯）

二、油脂中的脂肪酸的特性

① 直链、很少带支链，多含偶数碳原子，尤以含 16 和 18 个碳原子的脂肪酸最多。

② 不饱和脂肪酸的双键均为顺式构型，多不饱和脂肪酸为非共轭多烯结构。

③ 不饱和脂肪酸的熔点低于同碳数的饱和脂肪酸。

H_3C —————————— COOH　　油酸

H_3C —————————— COOH　　亚油酸

H_3C —————————— COOH

α-亚麻酸

营养必需脂肪酸：亚油酸与 α-亚麻酸是人体不可缺少而自身又不能合成的脂肪酸，花生四烯酸体内虽能合成，但数量不能完全满足人体生命活动的需求，这些人体不能合成或合成不足，必须从食物中摄取的不饱和脂肪酸，称为必需脂肪酸。

三、皂化值、碘值与酸值的概念

皂化值：油脂在碱性条件下的水解反应称为油脂的皂化，1g 油脂完全皂化所需氢氧化钾的质量（以 mg 计）称为皂化值，皂化值可用于测定油脂的分子量。

碘值：油脂的加氢反应称为油脂的硬化；100g 油脂所能吸收碘的质量（以 g 计）称为碘值，碘值可用来测定油脂的不饱和程度。

酸值：油脂在空气中长时间放置就会变质，产生难闻的气味，这种现象称为酸败，油脂的酸败程度可用酸值来表示，中和 1g 油脂中的游离脂肪酸所需氢氧化钾的质量（以 mg 计）称为油脂的酸值。

皂化反应：

$$\begin{matrix}\text{CH}_2-O-\overset{\displaystyle O}{\overset{\|}{C}}-R^1\\[2mm]R^3-\overset{\displaystyle O}{\overset{\|}{C}}-O-\text{CH}\\[2mm]\text{CH}_2-O-\overset{\displaystyle O}{\overset{\|}{C}}-R^2\end{matrix}\ +3\text{NaOH}\ \xrightarrow{\triangle}\ \underset{\text{甘油}}{\begin{matrix}\text{CH}_2-\text{OH}\\[2mm]\text{CH}-\text{OH}\\[2mm]\text{CH}_2-\text{OH}\end{matrix}}\ +\ \underset{\text{高级脂肪酸钠（肥皂）}}{\begin{matrix}R^1\text{COONa}\\[2mm]R^2\text{COONa}\\[2mm]R^3\text{COONa}\end{matrix}}$$

四、磷脂的组成与结构

磷脂是分子中含有磷酸基团的高级脂肪酸酯，根据分子中醇的不同，磷脂分为由甘油构成的甘油磷脂和由神经氨基醇构成的神经磷脂。卵磷脂和脑磷脂是两种重要的甘油磷脂，卵磷脂由甘油、脂肪酸、磷酸和胆碱组成；脑磷脂由甘油、脂肪酸、磷酸和胆胺组成。神经磷脂又称鞘磷脂，它由鞘氨醇、脂肪酸、磷酸和胆碱组成。它们的结构分别如下：

$$\begin{array}{l}
\text{CH}_2-\text{O}-\overset{\displaystyle\overset{\text{O}}{\|}}{\text{C}}-\text{R}^1 \}\ \text{脂肪酸部分}\\
\overset{\text{O}}{\underset{\|}{\text{R}^2-\text{C}}}-\text{O}-\text{CH}\\
\underbrace{\phantom{\text{R}^2-\text{C}}}_{\text{脂肪酸部分}}\quad \text{CH}_2-\text{O}-\overset{\displaystyle\|}{\text{P}}-\text{O}-\text{CH}_2\text{CH}_2\overset{+}{\text{N}}(\text{CH}_3)_3
\end{array}$$

甘油部分　磷酸部分　胆碱部分

α-卵磷脂

$$\begin{array}{l}
\text{CH}_2-\text{O}-\overset{\displaystyle\overset{\text{O}}{\|}}{\text{C}}-\text{R}^1 \}\ \text{脂肪酸部分}\\
\overset{\text{O}}{\underset{\|}{\text{R}^2-\text{C}}}-\text{O}-\text{CH}\\
\text{脂肪酸部分}\quad \text{CH}_2-\text{O}-\overset{\displaystyle\|}{\text{P}}-\text{O}-\text{CH}_2\text{CH}_2\overset{+}{\text{N}}\text{H}_3
\end{array}$$

甘油部分　磷酸部分　胆胺部分

α-脑磷脂

$$\text{R}-\overset{\text{O}}{\underset{\|}{\text{C}}}-\text{NH}-\overset{\displaystyle \text{HO}-\text{CH}-\text{CH}=\text{CH}(\text{CH}_2)_{12}\text{CH}_3}{\underset{\displaystyle \text{CH}_2\text{O}-\overset{\|}{\text{P}}-\text{O}-\text{CH}_2\text{CH}_2\overset{+}{\text{N}}(\text{CH}_3)_3}{\text{CH}}}$$

鞘磷脂

$$\begin{array}{l}
\text{HO}-\text{CH}-\text{CH}=\text{CH}(\text{CH}_2)_{12}\text{CH}_3\\
\text{H}_2\text{N}-\text{CH}\\
\text{CH}_2\text{OH}
\end{array}$$

鞘氨醇

$$\begin{array}{l}
\text{R}-\overset{\text{O}}{\underset{\|}{\text{C}}}-\text{NH}-\text{CH}\\
\text{HO}-\text{CH}-\text{CH}=\text{CH}(\text{CH}_2)_{12}\text{CH}_3\\
\text{CH}_2\text{OH}
\end{array}$$

神经酰胺

五、糖脂的组成与结构

糖脂是糖通过其半缩醛羟基用苷键与类脂连接形成的化合物。根据类脂部分的不同，糖脂分为鞘糖脂和甘油糖脂。

● 典型例题解析 ●

1. 写出亚油酸 Δ 编码体系和 ω 编码体系的系统名称和简写符号。

解：亚油酸的结构式　$\text{CH}_3(\text{CH}_2)_3(\text{CH}_2\text{CH}=\text{CH})_2(\text{CH}_2)_7\text{COOH}$

	系统名称	简写符号
Δ 编码体系	$\Delta^{9,12}$-十八碳二烯酸	$18:2^{9,12}$
ω 编码体系	$\omega^{6,9}$-十八碳二烯酸	$18:2^{6,9}$

注释：Δ 编码体系是从脂肪酸基端的羧基碳原子计数编号；ω 编码体系是从脂肪酸的甲基端的甲基碳原子计数编号；希腊字母编号规则与羧酸相同，离羧基最远的碳原子为 ω 碳原子。

2. 猪油的皂化值为 193～200，花生油的皂化值为 185～195，哪种油脂的平均分子量大？

解：根据皂化值的定义，可以得知，皂化值大表示油脂的平均分子量小，反之，则表示油脂的平均分子量大。因此，花生油的平均分子量大于猪油。

3. 牛油的碘值为 30～48，大豆油的碘值为 124～136，这说明什么？

解：根据碘值的定义，碘值越大，油脂的不饱和程度也越大。因此，大豆油的不饱和程度大于牛油，即大豆油中不饱和脂肪酸的含量大于牛油。

4. 油脂的皂化值和酸值有什么不同？

解：油脂的皂化值是 1g 油脂完全皂化时所需氢氧化钾的质量（单位 mg），它与油脂的平均分子量成反比。酸值是 1g 油脂中的游离脂肪酸所需的氢氧化钾的质量（单位 mg），与油脂的酸败程度有关，酸值大，表示油脂的酸败程度大。

5. 油脂、卵磷脂、脑磷脂、鞘磷脂与糖脂的水解产物有何不同？

解：油脂、卵磷脂、脑磷脂、鞘磷脂与糖脂的水解产物如下表

化合物名称	完全水解产物
油脂	甘油、三分子高级脂肪酸
卵磷脂	甘油、两分子高级脂肪酸、磷酸、胆碱
脑磷脂	甘油、两分子高级脂肪酸、磷酸、胆胺
鞘磷脂	鞘氨醇、一分子高级脂肪酸、磷酸、胆碱
鞘糖脂	鞘氨醇、一分子高级脂肪酸、糖
甘油糖脂	甘油、两分子高级脂肪酸、糖

本章测试题

一、命名或写结构式

1.

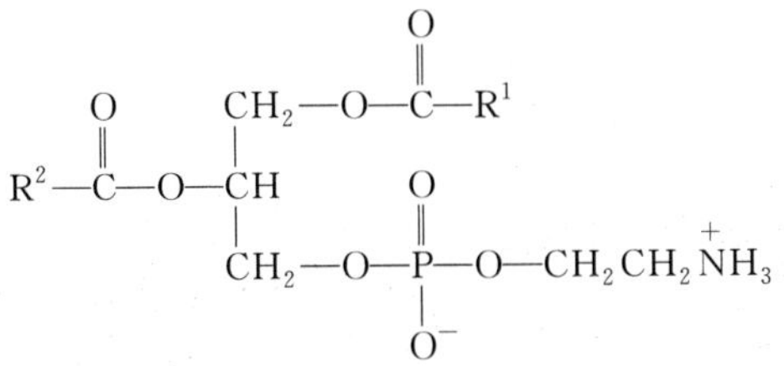

2.

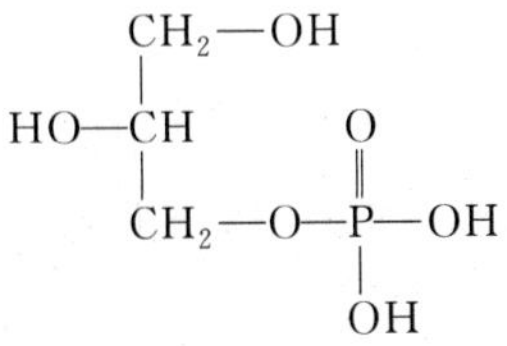

3.

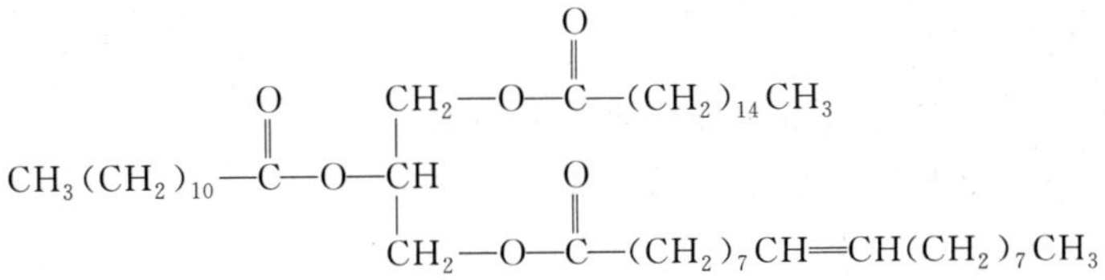

4. 三硬脂酰甘油

5. 三油酰甘油

6. α-亚麻酸

7. 亚油酸

二、单项选择题

8. 油脂没有恒定的熔点和沸点的原因是（　　）。

A. 油脂易皂化　　　　B. 油脂易酸败　　　　C. 油脂是混合物　　D. 油脂易发生加成反应

9. 通常把脂肪在碱性条件下的水解反应称为（　　）。

A. 酯化　　　　　　　B. 皂化　　　　　　　C. 水解　　　　　　D. 还原

10. 油和脂肪都是高级脂肪酸的甘油酯，但油比脂肪的熔点低，其原因是（　　）。

A. 脂肪中含有较多的不饱和脂肪酸　　　　B. 油中含有较多的不饱和脂肪酸

C. 脂肪中含有支链较多　　　　　　　　　D. 油中含有支链较多

11. 下列脂肪酸中，属于营养必需脂肪酸的是（　　）。

A. α-亚麻酸　　　　B. 油酸　　　　　　C. 软脂酸　　　　D. 硬脂酸

12. 天然不饱和脂肪酸中碳碳双键的构型特点是（　　）。

A. 共轭双键　　　　　B. 反式构型　　　　　C. 顺式构型　　　　D. 位于碳链两端

13. 从油脂皂化值的大小可以推知（　　　）。

A. 油脂的平均分子量　　　　　　　　　B. 脂肪酸的分子量

C. 不可皂化的分子量　　　　　　　　　D. 不饱和双键数量

14. 油脂碘值的大小可以标志其（　　　）。

A. 活泼性　　　　　B. 稳定性　　　　　C. 平均分子量　　　D. 不饱和度

15. 油脂酸值的大小表明（　　　）。

A. 硬化程度　　　　B. 不饱和程度　　　C. 皂化程度　　　D. 酸败程度

16. 脑磷脂与卵磷脂水解产物中都含有（　　　）。

A. 甘油和磷酸　　　B. 磷酸和胆碱　　　C. 磷酸和胆胺　　D. 鞘氨醇和磷酸

17. 卵磷脂水解产物中的碱性化合物的名称是（　　　）。

A. 磷酸胆碱　　　　B. 磷酸胆胺　　　　C. 胆碱　　　　　　D. 胆胺

三、完成反应式

18.

$$CH_3(CH_2)_{16}-\overset{O}{\underset{||}{C}}-O-\overset{\displaystyle CH_2-O-\overset{O}{\underset{||}{C}}-(CH_2)_{16}CH_3}{\underset{\displaystyle CH_2-O-\overset{O}{\underset{||}{C}}-(CH_2)_{16}CH_3}{CH}} \quad +3NaOH \xrightarrow{\triangle}$$

19.

$$\begin{array}{l} CH_2-OCO(CH_2)_7CH=CH(CH_2)_7CH_3 \\ | \\ CH-OCO(CH_2)_7CH=CH(CH_2)_7CH_3 \quad +3H_2 \longrightarrow \\ | \\ CH_2-OCO(CH_2)_7CH=CH(CH_2)_7CH_3 \end{array}$$

四、是非题

20. 油脂的主要成分是三分子高级脂肪酸与甘油形成的酯。　　　　　　（　　　）

21. 天然油脂是由多种不同的脂肪酸形成的混甘油酯的混合物。　　　　（　　　）

22. 油脂的皂化值越大，脂肪酸的平均分子量越大。　　　　　　　　　（　　　）

23. 油脂的碘值大，表示油脂中不饱和脂肪酸的含量低。　　　　　　　（　　　）

24. 油脂的酸败是由空气中的氧气、水分或霉菌的作用引起的。　　　　（　　　）

25. 日常生活中使用的肥皂的主要成分是高级脂肪酸钠。　　　　　　　（　　　）

26. 天然油脂具有固定的熔点和沸点。　　　　　　　　　　　　　　　（　　　）

27. 油脂在碱性条件下的水解反应称为皂化反应。　　　　　　　　　　（　　　）

28. 卵磷脂比脑磷脂稳定，可以在空气中放置而不易被氧化变质。　　　（　　　）

29. 胆碱是一种碱性较弱的化合物，其碱性相当于氨水的碱性。　　　　（　　　）

五、填空题

30. 油脂是高级脂肪酸的甘油酯。习惯上把在室温下为液态的油脂称为＿＿＿＿＿＿＿；在室温下为固态或半固态的油脂称为＿＿＿＿＿＿＿。

31. 从结构上看，油脂是三分子＿＿＿＿＿＿＿与一分子＿＿＿＿＿＿＿形成的酯。

32. 单甘油酯为＿＿＿＿＿＿＿；混甘油酯为＿＿＿＿＿＿＿。

33. 卵磷脂的水解产物有＿＿＿＿＿＿＿、＿＿＿＿＿＿＿、＿＿＿＿＿＿＿、＿＿＿＿＿＿＿。

34. 脑磷脂的水解产物有＿＿＿＿＿＿＿、＿＿＿＿＿＿＿、＿＿＿＿＿＿＿、＿＿＿＿＿＿＿。

35. 鞘磷脂是由_____、_____、_____、_____组成。

36. 鞘磷脂是白色晶体，在光或空气的作用下_____氧化。

37. 新制备的卵磷脂为白色蜡状固体，放置在空气中_____氧化。

38. 油脂中绝大多数脂肪酸碳链为_____个碳原子的直链羧酸；且不饱和脂肪酸分子的双键均为_____构型；多不饱和脂肪酸的双键为_____结构。

六、用化学方法鉴别

三油酰甘油和三硬脂酰甘油。

七、合成题

鲸蜡中的主要成分是十六酸十六醇酯，可用作肥皂和化妆品中的润滑剂。试利用三软脂酸甘油酯为唯一有机原料合成十六酸十六醇酯。

八、推导结构题

脂肪酸甘油酯 A 具有旋光性，将 A 完全皂化后再酸化得到软脂酸和油酸，二者的物质的量之比为 2∶1。试写出 A 的构造式。

参考答案

一、命名或写结构式

1. 脑磷脂
2. 1-磷酸甘油酯

3. α-软脂酰-β-月桂酰-α'-油酰甘油（甘油-α-软脂酸-β-月桂酸-α'-油酸酯）

4. $CH_3(CH_2)_{16}C\overset{\overset{\displaystyle O}{\|}}{-}O-CH\begin{cases}CH_2-O-\overset{\overset{\displaystyle O}{\|}}{C}-(CH_2)_{16}CH_3 \\ CH_2-O-\overset{\overset{\displaystyle O}{\|}}{C}-(CH_2)_{16}CH_3\end{cases}$

5. $CH_3(CH_2)_7CH=CH(CH_2)_7-\overset{\overset{\displaystyle O}{\|}}{C}-O-CH\begin{cases}CH_2-O-\overset{\overset{\displaystyle O}{\|}}{C}-(CH_2)_7CH=CH(CH_2)_7CH_3 \\ CH_2-O-\overset{\overset{\displaystyle O}{\|}}{C}-(CH_2)_7CH=CH(CH_2)_7CH_3\end{cases}$

6. $CH_3(CH_2CH=CH)_3(CH_2)_7COOH$

7. $CH_3(CH_2)_3(CH_2CH=CH)_2(CH_2)_7COOH$

二、单项选择题

8. C；9. B；10. B；11. A；12. C；13. A；14. D；15. D；16. A；17. C

三、完成反应式

18. $CH_2-OH \\ CH-OH \\ CH_2-OH$ + $3CH_3(CH_2)_{16}COONa$

19. $CH_2-OCO(CH_2)_{16}CH_3 \\ CH-OCO(CH_2)_{16}CH_3 \\ CH_2-OCO(CH_2)_{16}CH_3$

四、是非题

20. √；21. √；22. ×；23. ×；24. √；25. √；26. ×；27. √；28. ×；29. ×

五、填空题

30. 油；脂肪

31. 高级脂肪酸；甘油

32. 分子中的三个脂肪酸是相同的甘油酯；分子中的三个脂肪酸是不同的甘油酯

33. 甘油；高级脂肪酸；磷酸；胆碱

34. 甘油；高级脂肪酸；磷酸；胆胺

35. 鞘氨醇；高级脂肪酸；磷酸；胆碱

36. 不易被　　　　　37. 易被　　　　38. 偶数；顺式；非共轭

六、用化学方法鉴别

$$\left.\begin{array}{l}\text{三油酰甘油}\\\text{三硬脂酰甘油}\end{array}\right\}\xrightarrow{\text{Br}_2/\text{H}_2\text{O}}\left\{\begin{array}{l}\text{褪色}\\(-)\end{array}\right.$$

七、合成题

$$\begin{array}{l}\text{CH}_2\text{—OCO(CH}_2)_{14}\text{CH}_3\\|\\\text{CH—OCO(CH}_2)_{14}\text{CH}_3\\|\\\text{CH}_2\text{—OCO(CH}_2)_{14}\text{CH}_3\end{array}\xrightarrow[\text{H}_2\text{O}]{\text{NaOH}}\begin{array}{l}\text{CH}_2\text{—OH}\\|\\\text{CH—OH}\\|\\\text{CH}_2\text{—OH}\end{array}+3\text{CH}_3(\text{CH}_2)_{14}\text{COONa}$$

$$\text{CH}_3(\text{CH}_2)_{14}\text{COONa}\xrightarrow[\text{H}_2\text{O}]{\text{HCl}}\text{CH}_3(\text{CH}_2)_{14}\text{COOH}\xrightarrow{\text{LiAlH}_4}\text{CH}_3(\text{CH}_2)_{14}\text{CH}_2\text{OH}\xrightarrow{\text{CH}_3(\text{CH}_2)_{14}\text{COOH}}$$

$$\text{CH}_3(\text{CH}_2)_{14}\text{COOCH}_2(\text{CH}_2)_{14}\text{CH}_3$$

八、推导结构题

$$\begin{array}{l}\text{CH}_2\text{—OCO(CH}_2)_7\text{CH}=\text{CH(CH}_2)_7\text{CH}_3\\|\\\text{CH—OCO(CH}_2)_{14}\text{CH}_3\\|\\\text{CH}_2\text{—OCO(CH}_2)_{14}\text{CH}_3\end{array}$$

第十六章

萜类和甾族化合物

基本要求

◎ 掌握萜类化合物的结构和分类。

◎ 掌握甾族化合物的基本结构。

◎ 理解甾族化合物的构型和分类。

◎ 熟悉重要的甾族化合物。

知识点归纳

一、萜类化合物

1. 萜类化合物的结构

萜类化合物可看作是由两个或两个以上异戊二烯单位按不同的方式首尾相连的化合物及其含氧的和饱和程度不等的衍生物。异戊二烯作为基本骨架单元，萜类化合物是由两个或两个以上这样的基本骨架单元首尾相连而成的化合物及其衍生物，此结构规律称为异戊二烯规律。

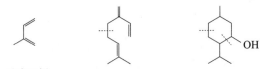

异戊二烯

2. 萜类化合物的分类

(1) 按含异戊二烯单元数 分类见表 16-1。

表 16-1　萜类化合物分类

类别	含异戊二烯单元数	存在
单萜	2	挥发油
倍半萜	3	挥发油、树脂、苦味素
二萜	4	挥发油、苦味素、叶绿素
二倍半萜	5	海绵、植物病菌、昆虫代谢物

类别	含异戊二烯单元数	存在
三萜	6	皂苷、树脂、植物乳胶角质
四萜	8	植物胡萝卜素类
多萜	>8	橡胶、巴拉达树脂、古塔胶

（2）按分子中是否含环及所含环数

$$萜类 \begin{cases} 开链萜 \\ 环萜 \begin{cases} 单环萜 \\ 双环萜 \\ 三环萜 \\ 四环萜 \\ 五环萜 \end{cases} \end{cases}$$

二、甾族化合物

1. 甾族化合物的结构

（1）甾族化合物的基本结构　甾族化合物是一类分子中含有一个环戊烷并全氢菲结构的天然活性有机化合物。其基本结构为：

（2）甾族化合物的构型和分类　天然甾族化合物的 B 环与 C 环、C 环与 D 环都是反式稠合，而 A 环与 B 环则有顺式稠合和反式稠合。A 环与 B 环顺式稠合，则 5 位的氢原子与 10 位的角甲基必然是顺式，在环的同一侧，以实线表示，把甾族化合物的这种构型规定为 5β-构型，具有 5β-构型的化合物称为 5β 系；A 环与 B 环反式稠合，则 5 位的氢原子与 10 位的角甲基必然是反式，在环的不同侧，以虚线表示，把甾族化合物的这种构型规定为 5α-构型，具有 5α-构型的甾族化合物称为 5α 系。

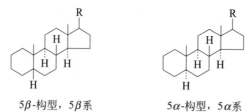

5β-构型，5β 系　　　　　　　5α-构型，5α 系

2. 重要的甾醇化合物

（1）甾醇类化合物　主要的甾醇类化合物有胆甾醇（胆固醇）、7-脱氢胆固醇和麦角固醇。胆固醇是人体生理所必需的物质，是人体内许多活性物质（胆甾酸、性激素、肾上腺皮质激素和维生素 D 等）的前体，有资料表明体内胆固醇的减少与癌症有关，但体内胆固醇过多会引发胆结石、高脂血症、动脉粥样硬化和心脏病等。7-脱氢胆固醇主要存在于人体的皮肤中，它和麦角固醇在紫外线的作用下，可分别转化成维生素 D_3 和维生素 D_2，维生素 D_3 和维生素 D_2 可促进人体对钙和磷的吸收，能预防和治疗佝偻病、骨质软化症和骨质疏松症等。

（2）胆甾酸和胆汁酸　胆酸、脱氧胆酸、鹅脱氧胆酸和石胆酸等存在于动物的胆汁中，故将这些化合物称为胆甾酸。胆甾酸在胆汁中分别与甘氨酸和牛磺酸通过酰胺键结合，形成各种结合胆甾酸，这些结合胆甾酸总称为胆汁酸。胆汁酸流入小肠，在小肠的碱性条件下，以胆汁酸盐的形式存在，它是一种被称为"生物肥皂"的乳化剂，能促进肠道中油脂的水解、消化和吸收。

（3）甾体激素

$$
甾体激素
\begin{cases}
肾上腺皮质激素
\begin{cases}
糖代谢皮质激素，如皮质酮等 \\
盐代谢皮质激素，如醛固酮等
\end{cases} \\
性激素
\begin{cases}
雄性激素，如睾酮等 \\
雌性激素，如黄体酮等
\end{cases}
\end{cases}
$$

◉ 典型例题解析 ◉

1. 什么是萜类化合物？什么是萜类化合物的异戊二烯规律？

解：萜类化合物可以看作是由两个或两个以上异戊二烯单位按不同的方式首尾相连的化合物及其含氧的和饱和程度不等的衍生物。

萜类化合物可以看作是由两个或两个以上异戊二烯单位按不同的方式首尾相连而形成的这个规律叫异戊二烯规律。

2. 甾族化合物的结构特点是什么？写出甾族化合物的基本结构并编号。

解：甾族化合物的结构特点是分子中含有环戊烷并全氢菲基本骨架。

甾族化合物的基本结构及编号如下：

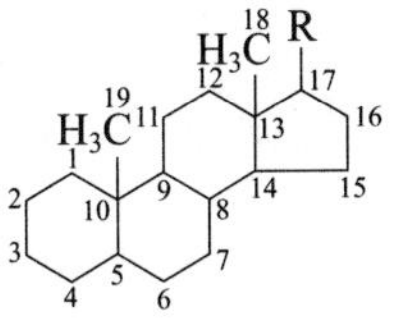

3. 划出下列化合物分子中的异戊二烯单位，并指出是哪一类萜。

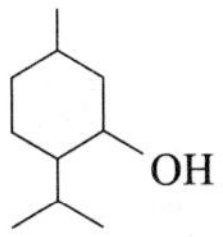

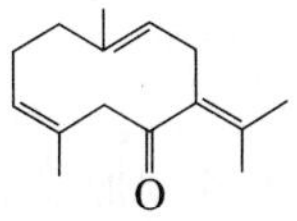

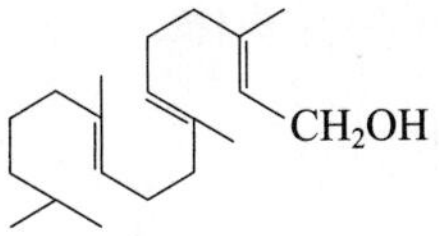

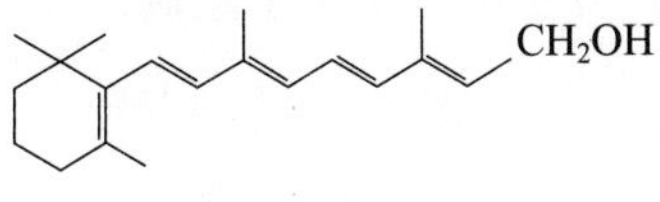

解：

（1）单环单萜

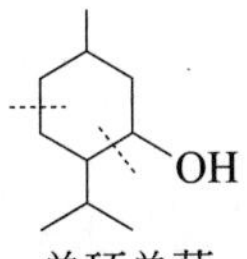

（2）单环倍半萜

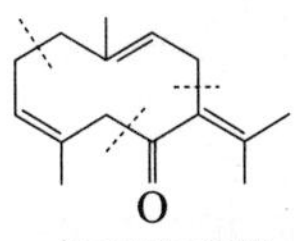

（3）链状二萜

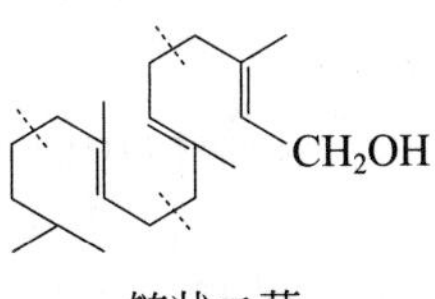

（4）单环二萜

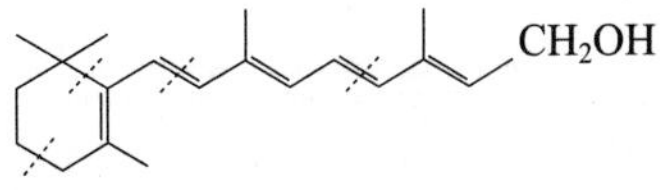

4. 根据什么将甾族化合物分为 5α 系和 5β 系？并举例说明。

解：天然甾族化合物的 B 环与 C 环、C 环与 D 环都是反式稠合，而 A 环与 B 环则有顺式稠合和反式稠合。A 环与 B 环顺式稠合，则 5 位的氢原子与 10 位的角甲基必然是顺式，以实线表示，把甾族化合物的这种构型规定为 5β-构型，具有 5β-构型的化合物称为 5β 系；A 环与 B 环反式稠合，则 5 位的氢原子与 10 位的角甲基必然是反式，以虚线表示，把甾族化合物的这种构型规定为 5α-构型，具有 5α-构型的甾族化合物称为 5α 系。例如：

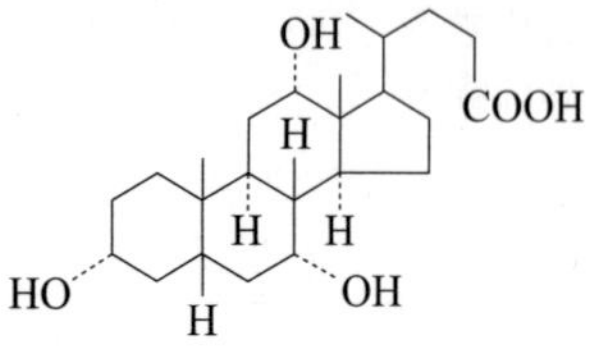

胆酸
5β-构型，5β 系

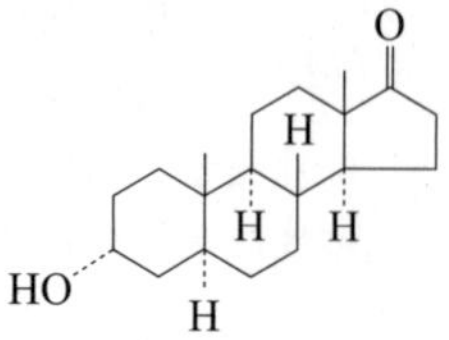

雄甾酮
5α-构型，5α 系

5. 维生素 A$_1$ 与 β-胡萝卜素之间有什么关系？它们各属于哪一类萜类化合物？

解：β-胡萝卜素在体内酶的催化下可转变为维生素 A$_1$。

维生素 A$_1$ 的结构式如下，属于二萜类化合物。

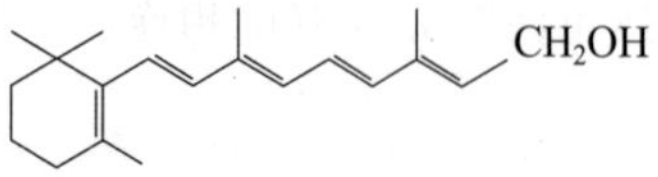

β-胡萝卜素的结构式如下，属于四萜类化合物。

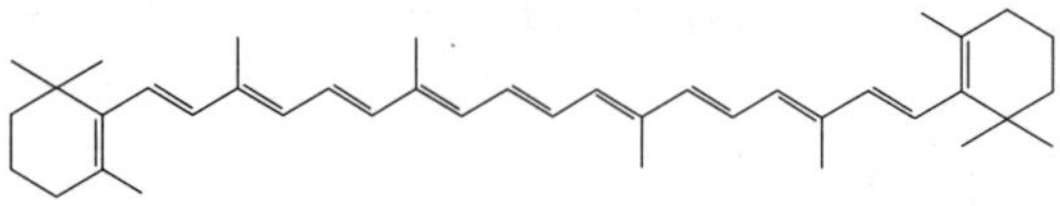

6. 用星号 * 标出下列化合物中的手性碳原子，并计算出各化合物在理论上有多少种对映异构体。

(1)

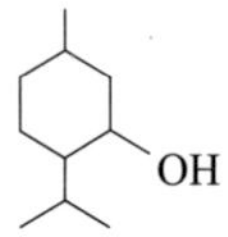

(2)

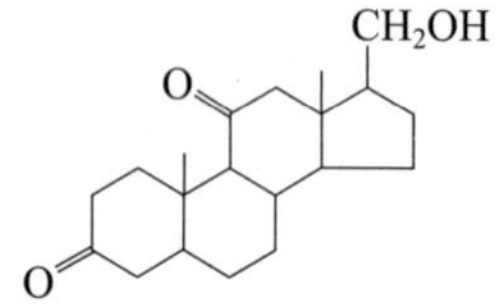

解：(1) 分子中含 3 个手性碳原子，理论上应有 $2^3 = 8$ 种对映异构体。

(2) 分子中含 7 个手性碳原子，理论上应有 $2^7 = 128$ 种对映异构体。

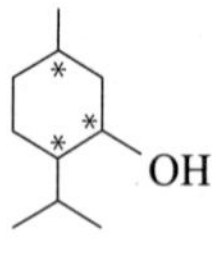

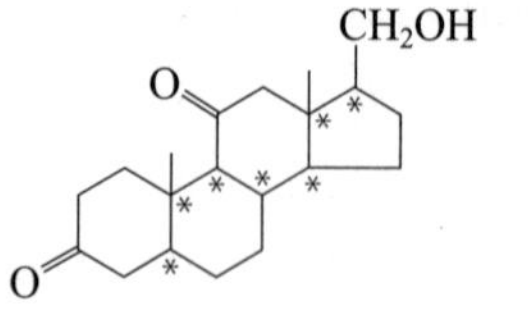

注释：所连四个原子或基团完全不相同的碳原子称为手性碳原子。理论上对映异构体数 $= 2^n$ 种（n 为手性碳原子数）。

7. 试比较 β-雌性激素雌二酚与雄性激素睾酮在结构上的差异，如何用简单的化学方法鉴别它们？

解：β-雌二酚和睾酮的结构式分别为：

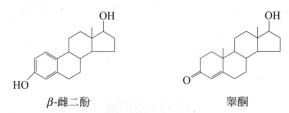

β-雌二酚   睾酮

它们虽然是雌雄不同的两种激素，但两者结构上的差异只是在 A 环上，β-雌二酚的 A 环为取代苯酚，而睾酮的 A 环为环己烯酮。可以根据它们的结构特点加以鉴别，用 $FeCl_3$ 溶液，β-雌二酚发生显色反应，睾酮则不发生显色反应。

8. 反己烯雌酚是一种重要的合成雌激素药物，具有与 β-雌二酚相同的雌激素活性，但其顺式异构体的活性却只是反式异构体的 $10\% \sim 14\%$。试根据分子结构的特点和差异，解释反己烯雌酚具有很高的雌激素活性，而顺己烯雌酚的活性比反己烯雌酚弱得多的原因。

解：β-雌二酚、反己烯雌酚和顺己烯雌酚的结构式分别为：

β-雌二酚   反己烯雌酚   顺己烯雌酚

比较三者的结构，反己烯雌酚与 β-雌二酚非常相似，两者几乎可以重叠，因此反己烯雌酚具有与 β-雌二酚相同的雌激素活性，而顺己烯雌酚的结构与 β-雌二酚差异较大，故此激素活性减弱。

9. 单萜 A 的分子式为 $C_{10}H_{18}$，催化加氢生成分子式为 $C_{10}H_{22}$ 的烷烃。用 $KMnO_4$ 酸性溶液氧化 A 得到乙酸、丙酮和 4-氧亚基戊酸。试推出 A 的构造式。

解：由 A 的分子式和 A 催化加氢产物的分子式，可知 A 为分子中含有两个碳碳双键或一个碳碳三键的链烃。由 A 被 $KMnO_4$ 酸性溶液氧化的三种产物，可知 A 为分子中含两个碳碳双键的烯烃。再由氧化产物的结构和萜类化合物的结构特点，可知 A 的构造式如右所示。

10. 从月桂油中分离出萜烯 A（$C_{10}H_{16}$），1mol A 与 3mol H_2 加成生成分子式为 $C_{10}H_{22}$ 的化合物。1mol A 经臭氧氧化后在锌存在下水解，生成 1mol CH_3COCH_3、2mol HCHO 和 1mol $OHCCH_2CH_2COCHO$。试推测萜烯 A 的结构式。

解：由 A 加氢还原产物的分子式，可知 A 为链烃。由 A 的分子式及 1mol A 臭氧氧化后还原水解生成 4 mol 产物，可知 A 为分子中含有三个碳碳双键的链烯烃。由氧化产物的结构，可推测萜烯 A 的可能结构式有三个：

$$CH_3C{=}CHCCH_2CH_2CH{=}CH_2$$
$$\quad\ |\qquad\ |$$
$$\quad CH_3\quad CH_2$$

$$CH_3C{=}CCH_2CH_2CH{=}CH_2$$
$$\quad\ |\qquad |$$
$$\ \ H_3C\quad CH{=}CH_2$$

$$CH_3C{=}CHCH_2CH_2CH CH{=}CH_2$$
$$\quad\ |\qquad\qquad\qquad |$$
$$\quad CH_3\qquad\qquad\quad CH_2$$

根据异戊二烯规律，两个异戊二烯单元应是头尾连接，据此可推测出 A 的结构式为：

$$CH_3C=CHCH_2 \vdots CH_2CCH=CH_2$$
$$\underset{CH_3}{|} \qquad\qquad \underset{CH_2}{|}$$

本章测试题

一、写结构式

1. 异戊二烯　　　　2. 环戊烷并全氢菲　　　3. 甾族化合物的基本结构

二、单项选择题

4. 萜类化合物的基本特征是（　　　）。

A. 具有芳香气味　　　　　　　　　　B. 分子中碳原子数是 5 的整数倍

C. 分子具有环状结构　　　　　　　　D. 分子中具有多个双键

5. 关于萜类结构的下列说法，正确的是（　　　）。

A. 可以看作是由异戊二烯单元头尾连接而成

B. 可以看作是由异戊二烯单元头头连接而成

C. 可以看作是由异戊二烯单元尾尾连接而成

D. 可以看作是由异戊二烯连接而成

6. 组成萜类化合物的结构单元是（　　　）。

A. 异戊烷　　　　　B. 异戊烯　　　　　C. 异戊二烯　　　D. 丁二烯

7. 下列萜类化合物不存在的是（　　　）。

A. 半萜　　　　　　B. 单萜　　　　　　C. 倍半萜　　　　D. 二萜

8. 法尼醇存在于玫瑰油中，是一种珍贵香料。其名称为 3,7,11-三甲基-2,6,10-十二碳三烯-1-醇，它属于（　　　）。

A. 单萜　　　　　　B. 倍半萜　　　　　C. 二萜　　　　　D. 三萜

9. 分子中含有环戊烷并全氢菲骨架的化合物属于（　　　）。

A. 多环芳烃　　　　B. 生物碱　　　　　C. 萜类　　　　　D. 甾族化合物

10. β-胡萝卜素在体内酶的催化下可转变为（　　　）。

A. 维生素 A　　　　B. 维生素 B　　　　C. 维生素 C　　　D. 维生素 D

11. 三萜分子中所含的异戊二烯单元数是（　　　）。

A. 3　　　　　　　　B. 4　　　　　　　　C. 5　　　　　　　D. 6

12. 下面构造式中用"＊"号标记的碳原子，按甾族化合物基本结构的编号应为（　　　）。

A. 17　　　　　　　B. 18　　　　　　　C. 19　　　　　　　D. 20

三、是非题

13. 胆汁酸盐是一种被称为"生物肥皂"的乳化剂。　　　　　　　　　　（　　　）

14. 甾体化合物 5 位氢原子与 10 位角甲基为反式时，该甾族化合物属 5β 系。（　　　）

15. 挥发油的主要成分是萜类化合物。　　　　　　　　　　　　　　　（　　　）

16. 甾体化合物含有环戊烷并全氢菲基本骨架。　　　　　　　　　　　（　　　）

17. 因为反式稠合的多环化合物稳定，所以天然甾族化合物的 A、B、C、D 环之间都是反式稠合。　　　　　　　　　　　　　　　　　　　　　　　　　　　　　　（　　）

18. 胆固醇能引发胆结石、高脂血症、动脉粥样硬化和心脏病等，是人体所不需要的物质。　　　　　　　　　　　　　　　　　　　　　　　　　　　　　　　　（　　）

19. 萜类化合物都为环状化合物。　　　　　　　　　　　　　　　　　　　　（　　）

20. 胡萝卜素在体内可转化为维生素 A。　　　　　　　　　　　　　　　　（　　）

四、填空题

21. 甾体激素包括_____激素和_____激素。

22. 7-脱氢胆固醇和麦角固醇在紫外线的作用下，可分别转化成_____和_____。

23. 天然甾族化合物 A 环与 B 环顺式稠合，其构型为_____；A 环与 B 环反式稠和，其构型为_____。

24. 胆甾酸在胆汁中分别与_____和牛磺酸通过酰胺键结合，形成各种结合胆甾酸，这些结合胆甾酸总称为_____。

25. 甾族化合物一般在_____位和_____位各有一个角甲基。

26. 单萜类化合物含_____个异戊二烯单位，二倍半萜类化合物含_____个异戊二烯单位。

五、用化学方法鉴别

27. ①胆固醇　　②雌二酚　　③黄体酮

28. ①角鲨烯　　②金合欢醇　　③柠檬醛

六、推导结构题

29. 芳樟醇是一种萜类香料，分子式为 $C_{10}H_{18}O$。芳樟醇经臭氧氧化、锌粉还原水解，

生成 HCHO、CH_3COCH_3 和 $\overset{\underset{\displaystyle |}{CH_3}}{OHCCH_2CH_2C}\overset{}{\underset{\underset{\displaystyle OH}{|}}{}}CHO$ 。试推测出芳樟醇的结构。

30. 橙花醇的分子式为 $C_{10}H_{18}O$，是存在于香橙油等多种植物挥发油中的一种单萜，具有玫瑰香味。1mol 橙花醇与过量的 $KMnO_4$ 酸性溶液反应，生成 1mol CH_3COCH_3、1mol $CH_3COCH_2CH_2COOH$ 和 2mol CO_2。试推测橙花醇的构造式。

参考答案

一、写结构式

1. $H_2C=\overset{\underset{\displaystyle |}{CH_3}}{C}-CH=CH_2$

2.

3.

二、单项选择题

4. B；5. A；6. C；7. A；8. B；9. D；10. A；11. D；12. C

三、是非题

13. √；14. ×；15. √；16. √；17. ×；18. ×；19. ×；20. √

四、填空题

21. 性；肾上腺皮质　　22. 维生素 D_3；维生素 D_2

23. 5β-构型；5α-构型　　24. 甘氨酸；胆汁酸

25. C_{10}；C_{13}　　　　26. 2；5

五、用化学方法鉴别

27. ①胆固醇 $\xrightarrow{\text{2,4-二硝基苯肼}}$ $\left.\begin{array}{l}(-) \\ (-) \\ \text{黄色}\downarrow\end{array}\right\}$ $\xrightarrow{\text{FeCl}_3}$ $\begin{array}{l}(-) \\ \text{紫红色}\end{array}$
　　②雌二酚
　　③孕　酮

28. ①角鲨烯 $\xrightarrow[\triangle]{\text{托伦试剂}}$ $\left.\begin{array}{l}(-) \\ (-) \\ \text{银镜}\end{array}\right\}$ $\xrightarrow{\text{Na}}$ $\begin{array}{l}(-) \\ H_2\uparrow\end{array}$
　　②金合欢醇
　　③柠　檬醛

六、推导结构题

29. 根据臭氧氧化、锌粉还原水解生成产物的结构和异戊二烯规则，芳樟醇的构造式为：

30. 根据过量的 $KMnO_4$ 酸性溶液氧化产物的结构和异戊二烯规则，橙花醇的构造式为：

第十七章

氨基酸、肽和蛋白质

🔵 **基本要求** 🔵

◎ 掌握氨基酸的结构、分类、命名和化学性质，20 种常见氨基酸的命名及中、英文缩写。
◎ 掌握肽的结构、命名和性质，熟悉肽链中 C 端和 N 端的分析方法。
◎ 了解氨基酸和活性肽在医学上的意义。
◎ 掌握蛋白质的结构和性质。

🔵 **知识点归纳** 🔵

一、氨基酸的结构、分类和命名

1. 氨基酸的结构

氨基酸是一类取代羧酸，可视为羧酸分子中烃基上的氢原子被氨基取代的产物，根据氨基在分子中相对位置的不同，可分为 α-，β-，γ-，$\cdots$，ω-氨基酸。

$$\underset{\underset{NH_2}{|}}{RCHCOOH} \qquad \underset{\underset{NH_2}{|}}{RCHCH_2COOH} \qquad \underset{\underset{NH_2}{|}}{RCHCH_2CH_2COOH}$$

α-氨基酸 　　　　 β-氨基酸 　　　　　 γ-氨基酸

目前，自然界中发现的氨基酸有数百种，但由天然蛋白质完全水解生成的氨基酸只有 20 种，这 20 种氨基酸在化学结构上具有共同点，即在羧基邻位 α-碳原子上有一氨基，为 α-氨基酸（脯氨酸为 α-亚氨基酸），除甘氨酸外均为 L 型。由于氨基酸分子中既含有碱性的氨基，又含有酸性的羧基，在生理条件下氨基酸分子是一偶极离子（dipolar molecule），一般以内盐形式存在。

$$\underset{\underset{\overset{+}{N}H_3}{|}}{R-CH-COO^-}$$

氨基酸内盐

2. 氨基酸的分类和命名

氨基酸的分类方法很多，根据 R 基的化学结构，可分为脂肪族氨基酸、芳香族氨基酸和杂环氨基酸。根据分子中所含氨基和羧基的相对数目，分为中性氨基酸、酸性氨基酸和碱性氨基酸三类。所谓中性氨基酸是指分子中氨基和羧基数目相等的氨基酸；分子中羧基的数目多于氨基的叫做酸性氨基酸；氨基的数目多于羧基的叫做碱性氨基酸。

氨基酸可采用系统命名法命名，但天然氨基酸更常用的是俗名。

二、氨基酸的化学性质

氨基酸具有胺和羧酸的典型反应，同时在氨基酸分子中，羧基与氨基处于相邻位置，它们之间相互影响而表现出一些特殊性质。

1. 两性电离和等电点

氨基酸能分别与酸或碱作用成盐。氨基酸在水溶液中，总是以阳离子、阴离子和偶极离子三种结构形式呈动态平衡。

$$R-\underset{\underset{NH_2}{|}}{CH}-COOH$$

$$R-\underset{\underset{NH_2}{|}}{CH}-COO^- \underset{OH^-}{\overset{H^+}{\rightleftharpoons}} R-\underset{\underset{NH_3^+}{|}}{CH}-COO^- \underset{OH^-}{\overset{H^+}{\rightleftharpoons}} R-\underset{\underset{NH_3^+}{|}}{CH}-COOH$$

阴离子（pH>pI）　　　偶极离子（pH＝pI）　　　阳离子（pH<pI）

氨基酸溶液净电荷为零时的 pH，就是该氨基酸的等电点。在等电点时，氨基酸主要以电中性的偶极离子存在，在电场中不向任何电极移动；溶液的 pH<pI 时，氨基酸带正电荷，在电场中向负极移动；溶液的 pH>pI 时，氨基酸带负电荷，在电场中向正极移动。中性氨基酸的 pI 略小于 7，一般在 5.0～6.5 之间，酸性氨基酸的 pI 在 2.7～3.2 之间，而碱性氨基酸的 pI 在 7.5～10.7 之间。利用氨基酸等电点的不同，可以分离、提纯和鉴定不同氨基酸。

2. 氧化脱氨基反应

氨基酸经氧化剂或氨基酸氧化酶作用，可脱去氨基生成酮酸，此反应在脱氧前涉及脱氢和水解两个步骤。

$$R-\underset{\underset{NH_2}{|}}{CH}COOH \xrightarrow{-2H} R-\underset{\underset{NH}{\|}}{C}-COOH \xrightarrow{+H_2O} R-\underset{\underset{NH_2}{|}}{\overset{\overset{OH}{|}}{C}}-COOH \xrightarrow{-NH_3} R-\underset{\underset{O}{\|}}{C}-COOH$$

3. 脱水成肽反应

在适当条件下，氨基酸分子间的氨基与羧基相互脱水缩合生成的一类化合物，叫做肽。两分子氨基酸缩合而成的肽叫二肽。

$$H_2N\underset{\underset{R^1}{|}}{CH}COOH + H_2N\underset{\underset{R^2}{|}}{CH}COOH \xrightarrow{-H_2O} H_2N\underset{\underset{R^1}{|}}{CH}CONH\underset{\underset{R^2}{|}}{CH}COOH$$

4. 与茚三酮反应

α-氨基酸与水合茚三酮溶液共热，能生成蓝紫色物质。

罗曼氏紫

罗曼氏紫（Rubeman's purple）颜色的深浅及 CO_2 的生成量均可作为 α-氨基酸定量分析的依据，该显色反应也用于氨基酸和蛋白质的定性鉴定及标记。在 20 种 α-氨基酸中，脯氨酸与茚三酮反应显黄色。N-取代的 α-氨基酸以及 β-氨基酸、γ-氨基酸等不与茚三酮发生显色反应。

5. 与亚硝酸反应

除脯氨酸外，α-氨基酸具有伯胺的性质，能与亚硝酸反应定量放出氮气，利用该反应可测定蛋白质分子中游离氨基或氨基酸分子中氨基的含量。

$$\underset{\underset{NH_2}{|}}{R-CHCOOH} + HNO_2 \longrightarrow \underset{\underset{OH}{|}}{R-CH-COOH} + N_2 \uparrow$$

6. 脱羧反应

氨基酸与氢氧化钡共热或在高沸点溶剂中回流，可脱去羧基变成相应的胺类物质。

$$\underset{\underset{NH_2}{|}}{RCHCOOH} \xrightarrow[\triangle]{Ba(OH)_2} RCH_2NH_2 + CO_2 \uparrow$$

7. 与 2,4-二硝基氟苯反应

在室温和弱碱性条件下，氨基酸中氨基上的氢原子可与 2,4-二硝基氟苯（DNFB）发生亲核取代反应生成稳定的二硝基苯基氨基酸（DNP-氨基酸）。

$$O_2N-\underset{\underset{NO_2}{|}}{\bigcirc}-F + H_2N\underset{\underset{R}{|}}{CHCOOH} \longrightarrow O_2N-\underset{\underset{NO_2}{|}}{\bigcirc}-NH\underset{\underset{R}{|}}{CHCOOH} + HF$$

DNFB   DNP-氨基酸

8. 侧链烃基的反应

蛋白黄反应、Millon 反应、乙醛酸反应。

三、多肽

1. 多肽的结构和命名

肽是氨基酸残基通过肽键（酰胺键）连接的一类化合物。多肽链中的每个氨基酸单元 $\left[\underset{\underset{R}{|}}{-HN-CH-CO-}\right]$ 称为氨基酸残基（amino acid residue）。在多肽链的一端仍保留着游离的 $-NH_3^+$，称为氨基末端或 N 端，通常写在左边；而另一端则保留着游离的 $-COO^-$，称为羧基末端或 C 端，通常写在右边。

肽的命名方法是以含 C 端的氨基酸作为母体，把肽链中其他氨基酸残基称为某酰，按它们在肽链中的排列顺序由左至右逐个写在母体名称前。如甘氨酰丙氨酰丝氨酸（甘丙丝肽）。

$$\underset{\underset{Gly-Ala-Ser\ 或\ G-A-S}{}}{H_3N^+CH_2CONH\overset{\overset{CH_3}{|}}{C}HCONH\overset{\overset{CH_2OH}{|}}{C}HCOO^-}$$

2. 肽键平面

组成肽单元的 6 个原子共平面，此平面称为肽键平面；肽键具有部分双键性质，一般呈反式构型；肽键平面可以旋转。

3. 多肽的结构测定

① 多肽中各种氨基酸含量的测定

多肽 $\xrightarrow{H^+}$ 彻底水解，生成游离氨基酸 $\longrightarrow$ 氨基酸测定仪测定各种氨基酸含量

② 肽末端氨基酸残基分析

测 N 末端：异硫氰酸苯酯法；2,4-二硝基氟苯法；丹酰氯法等。

C 末端的测定常用羧肽酶法。

4. 内源性和外源性生物活性肽

许多分子量比较小的多肽以游离状态存在。这类多肽通常都具有特殊的生理功能，常称为生物活性肽。内源性生物活性肽，如谷胱甘肽、神经肽、催产素、加压素、心房肽等，在生物体内游离存在。外源性生物活性肽，微生物、动植物蛋白中分离出的具有潜在生物活性的肽类，它们在消化酶的作用下释放出来，以肽的形式被吸收后，参与摄食、消化、代谢及内分泌的调节，这种非机体自身产生的却具有生物活性的肽类称为外源性生物活性肽。

典型例题解析

1. 某一氨基酸水溶液，加入 HCl 溶液至 pH<7 的某个值时出现沉淀，这是为什么？在此 pH 时该氨基酸主要以何种形式存在？该氨基酸的 pI 是小于 7 还是大于 7？

解：该氨基酸水溶液中加入 HCl 溶液至 pH<7 的某个值时出现沉淀，说明这一 pH 正好是此氨基酸的 pI，当 pH＝pI 时氨基酸主要以两性离子存在，其净电荷为零，溶解度最小，易聚合而沉淀。在这一 pH 时，该氨基酸主要以偶极离子形式存在，说明该氨基酸的等电点小于 7。

2. 苯丙氨酸和赖氨酸的水溶液在各自的等电点时是中性、酸性还是碱性？苯丙氨酸在 pH 为 2.0、5.8、9.0 的溶液中各带什么电荷，试用离子结构式表示。

解：苯丙氨酸在等电点时溶液为酸性，因为苯丙氨酸分子中含有一个氨基和一个羧基，需加 H^+ 抑制羧基电离，方可使羧基的电离和氨基的电离相等。赖氨酸在等电点时的溶液为碱性，因赖氨酸分子中含两个氨基和一个羧基，需加 OH^- 以抑制氨基的电离。因为苯丙氨酸的 pI 为 5.85，故在 pH＝2.0 时苯丙氨酸带正电荷。在 pH＝5.8 时苯丙氨酸呈电中性。在 pH＝9.0 时苯丙氨酸带负电荷。

$$C_6H_5CH_2-\underset{\overset{|}{\overset{+}{N}H_3}}{CH}-COOH$$
pH＝2.0

$$C_6H_5CH_2-\underset{\overset{|}{\overset{+}{N}H_3}}{CH}-COO^-$$
pH＝5.8

$$C_6H_5CH_2-\underset{\overset{|}{NH_2}}{CH}-COO^-$$
pH＝9.0

3. 完成下列转化。

$$CH_3CH_2CHO \longrightarrow CH_3CH_2\underset{\overset{|}{OH}}{CHCN} \longrightarrow CH_3CH_2\underset{\overset{|}{Cl}}{CHCN} \longrightarrow CH_3CH_2\underset{\overset{|}{NH_2}}{CHCN}$$

$$\longrightarrow CH_3CH_2\underset{\overset{|}{NH_2}}{CHCOOH} \longrightarrow CH_3CH_2\underset{\overset{|}{NHCOCH_3}}{CHCOOH}$$

解：$CH_3CH_2CHO \xrightarrow{HCN} CH_3CH_2\underset{\overset{|}{OH}}{CHCN} \xrightarrow{PCl_3} CH_3CH_2\underset{\overset{|}{Cl}}{CHCN} \xrightarrow{NH_3} CH_3CH_2\underset{\overset{|}{NH_2}}{CHCN}$

$$\xrightarrow[H^+]{H_2O} CH_3CH_2\underset{\underset{NH_2}{|}}{C}HCOOH \xrightarrow{(CH_3CO)_2O} CH_3CH_2\underset{\underset{NHCOCH_3}{|}}{C}HCOOH$$

4. 为什么 α-氨基酸与乙酐反应速率较简单的胺慢许多？为什么 α-氨基酸酯化反应也较简单的酸慢得多？怎样才能加快上述两反应的速率？

解：因为 α-氨基酸主要以两性离子形式 $R—\underset{\underset{^+NH_3}{|}}{C}H—COO^-$ 存在，使氨基对乙酐的亲核能力

大为下降，使得反应速率较慢。要提高反应速率，可加入碱，使氨基酸以阴离子形式 $R—\underset{\underset{NH_2}{|}}{C}H—COO^-$ 存在，可提高氨基的亲核能力，从而加快反应速率。同理，在偶极离子

中，$—COO^-$ 羰基碳的正电性降低，不利于醇与其进行亲核反应，降低酯化的速率，加入强酸使氨基酸主要以阳离子形式 $R—\underset{\underset{^+NH_3}{|}}{C}H—COOH$ 存在，可以提高羰基碳的正电性，加快反应速率。

5. 用化学方法区别下列各组化合物。
(1) 苹果酸与天冬氨酸　　　(2) 苏氨酸与丝氨酸　　　(3) 酪氨酸与苯丙氨酸
解：(1) 用亚硝酸处理，能放出气体（N_2）的是天冬氨酸。
(2) 加入碘和氢氧化钠，能发生碘仿反应（产生 CHI_3 黄色沉淀）的是苏氨酸。
(3) 加入 $FeCl_3$ 溶液，能发生显色反应的是酪氨酸。

6. 如何用化学方法测定氨基酸中的氨基和羧基的含量？
解：氨基酸的氨基（$—NH_2$）可与 HNO_2 反应，定量放出 N_2，测定 N_2 的量即可计算出分子中氨基的含量（亚氨基和胍基不放出 N_2）。

$$R—\underset{\underset{NH_2}{|}}{C}H—COOH + HNO_2 \longrightarrow R—\underset{\underset{OH}{|}}{C}H—COOH + N_2\uparrow + H_2O$$

氨基酸与甲醛反应，使氨基的碱性消失，随后可用碱来滴定羧基，从而测定羧基的含量。

$$R—\underset{\underset{NH_2}{|}}{C}H—COOH + 2HCHO \longrightarrow R—\underset{\underset{N(CH_2OH)_2}{|}}{C}H—COOH + N_2\uparrow + H_2O$$

7. 一个七肽是由丝氨酸、甘氨酸、天冬氨酸、两个组氨酸和两个丙氨酸构成，它水解成三肽为：甘-丝-天冬、组-丙-甘、天冬-组-丙。试写出该七肽的氨基酸排列顺序。

解：七肽中 N 端氨基酸必定是三肽中的第一个氨基酸，即甘、组或天冬，但甘和天冬在七肽只有一个，在三肽头与尾两次出现，即甘和天冬不可能是七肽中 N 端氨基酸，组氨酸单元在七肽中有两个，其中有一个必为 N 端氨基酸。同样方法可确定 C 端氨基酸为丙氨酸，根据三肽即可推测该七肽的氨基酸排列顺序为：组-丙-甘-丝-天冬-组-丙。

8. 苏氨酸分子中，除 α-碳原子为手性碳原子外，β-碳原子也是手性碳原子。请写出苏氨酸的所有立体异构体，并标明 D/L 和 R/S 构型。

解：

COOH	COOH	COOH	COOH
$H_2N—\!\!\!\!—H$	$H—\!\!\!\!—NH_2$	$H_2N—\!\!\!\!—H$	$H—\!\!\!\!—NH_2$
$HO—\!\!\!\!—H$	$H—\!\!\!\!—OH$	$H—\!\!\!\!—OH$	$HO—\!\!\!\!—H$
CH_3	CH_3	CH_3	CH_3
L 型、$2S,3S$	D 型、$2R,3R$	L 型、$2S,3R$	D 型、$2R,3S$

9. 有人食用海产品以后，引起过敏反应，经检验知道是体内组胺增高。组胺是何种氨基酸在脱羧酶作用下产生的?

解：组氨酸在脱羧酶的作用下，可转变为组胺，过量的组胺在肌体内易引起过敏反应。

$$\underset{\text{组氨酸}}{}\xrightarrow{-CO_2}\underset{\text{组胺}}{}$$

10. 已知某 5 肽为天冬氨酸、谷氨酸、组氨酸、苯丙氨酸、缬氨酸，其顺序不详，但经部分水解得到小肽为缬-天冬-谷-组、苯丙-缬-天冬-谷，试推测该肽的氨基酸残基的排列顺序。

解：该肽的 N 末端可能为缬氨酰和苯丙氨酰，而缬氨酰在水解后的小肽中间出现，所以该肽的 N 末端只可能是苯丙氨酰，同理其 C 端只可能是组氨酸，即可推测该肽的氨基酸残基的排列顺序为苯丙-缬-天冬-谷-组。

◆ 本章测试题 ◆

一、命名下列化合物

1. $CH_3CH_2CHCOOH$
   $\quad\quad\quad\quad\overset{|}{NH_2}$

2. $\overset{COOH}{H_2N-\overset{|}{\underset{|}{C}}-H}$
   $\quad\quad\quad CH_3$

3. $NH_2CH_2CONHCH_2COOH$

4. $NH_2CH_2CONHCHCOOH$
   $\quad\quad\quad\quad\quad\quad\overset{|}{CH_3}$

5. $NH_2CH_2CONHCHCONHCHCOOH$
   $\quad\quad\quad\quad\quad\quad\overset{|}{CH_3}\quad\quad\overset{|}{CH_3}$

二、单项选择题

6. 丙氨酸的等电点 $pI=6.00$，它在 $pH=9$ 的溶液中的主要存在形式是（　　　）。

A. $H_3C-CH-COOH$
   $\quad\quad\quad\overset{|}{NH_3^+}$

B. $H_3C-CH-COO^-$
   $\quad\quad\quad\overset{|}{NH_3^+}$

C. $CH_3-CH-COOH$
   $\quad\quad\quad\overset{|}{NH_2}$

D. $CH_3-CH-COO^-$
   $\quad\quad\quad\overset{|}{NH_2}$

7. 下列氨基酸中等电点最小的是（　　　）。

A. $NH_2-C-NH(CH_2)_3CHCOO^-$
   $\quad\quad\quad\overset{||}{NH}\quad\quad\quad\quad\overset{|}{NH_3^+}$

B. $^-OOC-\overset{H\quad H}{\underset{}{N^+}}$

C. $HO-\langle\rangle-CH_2CHCOO^-$
   $\quad\quad\quad\quad\quad\quad\overset{|}{NH_3^+}$

D. $HOOCCH_2CHCOO^-$
   $\quad\quad\quad\quad\quad\overset{|}{NH_3^+}$

8. 下列氨基酸中，不属于必需氨基酸的是（　　　）。

A. 亮氨酸　　　　　B. 甘氨酸　　　　　C. 赖氨酸　　　　D. 苏氨酸

9. 下列氨基酸中，不能与茚三酮显色的是（　　　）。

A. 组氨酸　　　　　　B. 色氨酸　　　　　　C. 精氨酸　　　　　D. 脯氨酸

10. 下列氨基酸中，不能与亚硝酸反应放出氮气的是（　　　）。

A. 脯氨酸　　　　　　B. 苯丙氨酸　　　　　C. 天冬氨酸　　　　D. 精氨酸

11. 下列氨基酸在 pH＝6.0 的缓冲溶液中向正极移动的是（　　　）。

A. 亮氨酸（pI＝6.0）　　　　　　　　　B. 赖氨酸（pI＝9.7）

C. 谷氨酸（pI＝3.2）　　　　　　　　　D. 组氨酸（pI＝7.6）

12. 下列试剂中，可用于区别酪氨酸与水杨酸的是（　　　）。

A. 氯化铁　　　　　　B. $CuSO_4$、NaOH　　　C. 碳酸氢钠　　　　D. 茚三酮

13. 下列 α-氨基酸分子中不含有手性碳原子的是（　　　）。

A. 丙氨酸　　　　　　B. 甲硫氨酸　　　　　C. 甘氨酸　　　　　D. 半胱氨酸

14. 下列 α-氨基酸分子中含有两个手性碳原子的是（　　　）。

A. 亮氨酸　　　　　　B. 异亮氨酸　　　　　C. 缬氨酸　　　　　D. 丝氨酸

15. 人胰岛素由 A 链和 B 链两条肽链通过二硫键连接形成，其中 A 链和 B 链包含的氨基酸残基数目分别为（　　　）。

A. 30 个和 21 个　　B. 21 个和 30 个　　C. 20 个和 30 个　D. 30 个和 20 个

16. 在生物样品中，1g 氮相当于蛋白质的质量为（　　　）。

A. 0.16g　　　　　　B. 5.62g　　　　　　C. 6.25g　　　　　D. 2.65g

17. 下列 4 种作用力，对稳定蛋白质的三级结构不起作用的是（　　　）。

A. 氢键　　　　　　　B. 二硫键　　　　　　C. 盐键　　　　　　D. 肽键

18. 蛋白质二级结构构象形式不包括（　　　）。

A. α-螺旋　　　　　B. β-螺旋　　　　　　C. β-折叠　　　　　D. β-转角

19. 用电泳法分离卵清蛋白（pI＝4.6）、血清白蛋白（pI＝4.9）和尿酶（pI＝5.0）的混合物时，所用缓冲溶液的 pH 最好控制为（　　　）。

A. 4.0　　　　　　　B. 4.6　　　　　　　C. 4.9　　　　　　D. 5.0

20. 临床上通常使用体积分数为 75％ 的酒精溶液进行消毒，其原理是（　　　）。

A. 使病毒的蛋白质沉淀　　　　　　　　B. 使病毒的蛋白质脱水

C. 使病毒的蛋白质盐析　　　　　　　　D. 使病毒的蛋白质变性

21. 下列溶液中，在蛋白质电泳实验中常用于显色的是（　　　）。

A. 茚三酮溶液　　　B. 硫酸铜溶液　　　C. 硝酸汞溶液　　　D. 氯化亚铜溶液

22. 蛋白质在等电点时（　　　）。

A. 体积最小　　　B. 溶解度最小　　　C. 渗透压力最大　　　D. 黏度最大

23. 下列试剂中，常用于蛋白质盐析的是（　　　）。

A. Hg_2SO_4　　　　　B. $BaSO_4$　　　　　C. $(NH_4)_2SO_4$　　　D. $Al_2(SO_4)_3$

24. 蛋白质发生变性的原因是（　　　）。

A. 蛋白质的一级结构发生改变　　　　　B. 蛋白质的空间构象发生改变

C. 辅基发生脱落　　　　　　　　　　　D. 蛋白质水解

25. 蛋白质分子中的 α-螺旋和 β-折叠都属于（　　　）。

A. 一级结构　　　B. 二级结构　　　C. 三级结构　　　D. 四级结构

26. 下列氨基酸中，等电点最大的是（　　　）。

A. $CH_3CHCOOH$
   |
   NH_2

B.

C. $NH_2(CH_2)_4CHCOOH$
   |
   NH_2

D. $HOOCCH_2CHCOOH$
   |
   NH_2

27. 下列 α-氨基酸中，等电点最小的是（　　　）。

A. $CH_3CHCOOH$
   |
   NH_2

B.

C. $NH_2(CH_2)_4CHCOOH$
   |
   NH_2

D. $HOOCCH_2CHCOOH$
   |
   NH_2

28. 蛋白质的一级结构是（　　　）。

A. 蛋白质填入到酶空腔的方式　　　　　　B. 分子所采取的结构形式

C. 氨基酸的排列顺序　　　　　　　　　　D. 折叠链所采取的形式

29. 下列 α-氨基酸溶液，不能使偏振光发生旋转的是（　　　）。

A. 丙氨酸　　　　　B. 甘氨酸　　　　　C. 亮氨酸　　　　　D. 丝氨酸

30. 最简单的 α-氨基酸是（　　　）。

A. 赖氨酸　　　　　B. 丙氨酸　　　　　C. 甘氨酸　　　　　D. 组氨酸

31. 氨基酸溶液在电场作用下不发生迁移时溶液的 pH 称为（　　　）。

A. 低共熔点　　　B. 中和点　　　C. 中性点　　　D. 等电点

32. 某氨基酸水溶液的 pH 为 6，则此氨基酸的等电点（　　　）。

A. 等于 5　　　　B. 等于 6　　　　C. 大于 6　　　　D. 小于 6

33. 纸色谱法分析 α-氨基酸的位置所用的显色剂是（　　　）。

A. 苯乙醚　　　　B. 肼　　　　C. 氨基脲　　　　D. 茚三酮

34. 所有氨基酸分子中都含有的两种官能团是（　　　）。

A. 羧基和氨基　　B. 羧基和硝基　　C. 氨基和羟基　　D. 羟基和羧基

35. 某氨基酸溶于 pH 为 7 的水中，所得氨基酸溶液 pH 为 8，此氨基酸的等电点（　　　）。

A. 等于 7　　　　B. 等于 8　　　　C. 大于 8　　　　D. 小于 8

36. 具有游离氨基的 α-氨基酸与茚三酮试剂作用时，产生的颜色为（　　　）。

A. 红色　　　　B. 黄色　　　　C. 蓝紫色　　　　D. 绿色

37. 蛋白质发生变性的原因是由于（　　　）。

A. 破坏氢键　　　　　　　　　　　　B. 肽键断裂

C. 形成氢键　　　　　　　　　　　　D. 破坏水化层和中和电荷

38. 下列有关必需氨基酸的叙述，正确的是（　　　）。

A. 可在人体内由糖转变而来

B. 能在人体内由其他氨基酸转化而来

C. 不能在人体内合成，必须从食物获得

D. 可在人体内由有机酸转化而来

39. 组成蛋白质的结构单元是（　　　）。

A. 单糖　　　　　B. 核苷酸　　　　　C. 氨基酸　　　　　D. 异戊二烯

40. 一种营养性非糖甜味剂，甜度为蔗糖的 100～300 倍，食用后无苦味，其结构为

$$\text{C}_6\text{H}_5\text{—CH}_2\text{CHCOOCH}_3$$
$$\overset{|}{\text{NH—C—CHCH}_2\text{COOH}}$$
$$\overset{\|}{\text{O}}\quad\overset{|}{\text{NH}_2}$$

，由上述结构可知该非糖甜味剂是（　　）。

A. 苯丙氨酸甲酯和天冬氨酸组成的二肽衍生物

B. 苯丙氨酸甲酯和赖氨酸组成的二肽衍生物

C. 苯丙氨酸甲酯和精氨酸组成的二肽衍生物

D. 苯丙氨酸甲酯和谷氨酸组成的二肽衍生物

三、是非题

41. 除甘氨酸外，其他 19 种常见氨基酸分子中的 α-碳原子的绝对构型均为 S 构型。

（　　）

42. 维系蛋白质三级结构的次级键包括氢键、盐键、肽键、疏水作用和范德华力等。

（　　）

43. 组成蛋白质的 20 种常见氨基酸都能与浓硝酸发生蛋白黄反应。　（　　）

44. 蛋白质变性主要是空间构象的破坏，并不涉及一级结构的改变。（　　）

45. 中性氨基酸是指等电点为 7 的氨基酸。　（　　）

46. 组成人体蛋白质的 20 种常见氨基酸中都含有手性碳原子。　（　　）

47. 组成人体蛋白质的 20 种常见氨基酸中都具有旋光性。　（　　）

48. 当氨基酸水溶液的 pH 小于 pI 时，氨基酸主要以阳离子形式存在。（　　）

49. 大多数蛋白质遇硝酸汞的硝酸溶液时都呈现红色。　（　　）

50. 在等电点时，氨基酸在电场中不发生转移。　（　　）

51. 组成人体蛋白质的 20 种常见氨基酸中都能与亚硝酸作用放出氮气。（　　）

52. 组成人体蛋白质的 20 种常见氨基酸中都能与茚三酮生成蓝紫色的有色物质。（　　）

53. 由两个氨基酸分子脱水缩合而生成的化合物称为二肽。　（　　）

54. 分子中含有两个肽键的化合物称为二肽。　（　　）

四、填空题

55. 当氨基酸处于等电点时，以_____形成存在；此时若加入氢氧化钠溶液，氨基酸主要以_____形式存在，在电场中向_____极移动。

56. 按 D/L 标记法，组成蛋白质的 20 种常见氨基酸中有旋光性的 α-氨基酸均为_____型；在具有旋光性的 α-氨基酸中，按 R/S 标记法，除半胱氨酸的 α-碳原子为_____构型外，其他氨基酸的 α-碳原子皆为_____构型。

57. 肽中的氨基酸单元称为_____；肽中保留着游离—NH_3^+ 的一端称为_____，保留游离—COO^- 的另一端称为_____。

58. 肽类中不能发生缩二脲反应的是_____，能发生缩二脲反应的是_____。

59. 蛋白质的缩二脲反应是指_____，反应现象是_____。

五、合成题

60. 用乙醛为原料（无机试剂任选）合成丙氨酸。

61. 完成转换：

$$\text{CH}_3\text{CH}_2\text{CH}=\text{CH}_2 \longrightarrow \text{CH}_3\text{CH}_2\underset{\overset{|}{\text{NH}_2}}{\text{CHCOOH}}$$

62. 用 1-溴-2-甲基丙烷为原料（无机试剂任选）合成 $(CH_3)_2CHCHCOOH$ 。

$\qquad\qquad\qquad\qquad\qquad\qquad\qquad\qquad$ |
$\qquad\qquad\qquad\qquad\qquad\qquad\qquad\qquad$ NH_2

六、推导结构题

63. 氨基酸的衍生物 A 的分子式为 $C_5H_{10}O_3N_2$，将 A 与氢氧化钠水溶液共热放出氨气，并生成化合物 $C_3H_5(NH_2)(COONa)_2$。将 A 进行霍夫曼降级反应，则生成 α，γ-二氨基丁酸。试推测 A 的构造式。

64. 三肽 A 的分子式 $C_7H_{13}O_4N_3$，1mol A 用亚硝酸处理时放出 1mol N_2，生成 1mol B $(C_7H_{12}O_5N_2)$。1mol B 与稀氢氧化钠溶液煮沸后酸化，生成 1mol 乳酸（α-羟基丙酸）和 2mol 甘氨酸（氨基乙酸）。试写出 A 和 B 的构造式。

65. 五肽 A 完全水解可生成丙氨酸、精氨酸、半胱氨酸、缬氨酸和亮氨酸，而 A 部分酸性水解则可生成丙氨酰半胱氨酸、半胱氨酰精氨酸、精氨酰缬氨酸和亮氨酰丙氨酸。试推断 A 中氨基酸的结合顺序。

参考答案

一、命名下列化合物

1. α-氨基丁酸   2. (S)-α-氨基丙酸   3. 甘氨酰甘氨酸
4. 甘氨酰丙氨酸   5. 甘氨酰丙氨酰丙氨酸

二、单项选择题

6. D；7. D；8. B；9. D；10. A；11. C；12. D；13. C；14. B；15. B；16. C；17. D；
18. B；19. C；20. D；21. A；22. B；23. C；24. B；25. B；26. C；27. D；28. C；29. B；
30. C；31. D；32. D；33. D；34. A；35. C；36. C；37. A；38. C；39. C；40. A

三、是非题

41. ×；42. √；43. ×；44. √；45. ×；46. ×；47. ×；48. √；49. √；50. √；51. ×；52. ×；
53. √；54. ×

四、填空题

55. 偶极离子；阴离子；正 $\qquad\qquad\qquad\qquad$ 56. L；R；S
57. 氨基酸残基；氨基末端（N 端）；羧基末端（C 端）
58. 二肽；三肽和三肽以上的肽和多肽
59. 蛋白质在碱性条件下与稀硫酸铜溶液的反应；呈蓝紫色

五、合成题

60. $CH_3CHO \xrightarrow{HCN} CH_3\underset{OH}{CHCN} \xrightarrow{HCl} CH_3\underset{Cl}{CHCN} \xrightarrow{NH_3} CH_3\underset{NH_2}{CHCN} \xrightarrow[\triangle]{H_2O,\ HCl} CH_3\underset{NH_2}{CHCOOH}$

61. $CH_3CH_2CH{=}CH_2 \xrightarrow[\text{②}H_2O,\ NaOH]{\text{①}B_2H_6} CH_3CH_2CH_2CH_2OH \xrightarrow[H_2SO_4,\ \triangle]{KMnO_4} CH_3CH_2CH_2COOH$

$\xrightarrow[P]{Cl_2} CH_3CH_2\underset{Cl}{CHCOOH} \xrightarrow{NH_3} CH_3CH_2\underset{NH_2}{CHCOOH}$

62. $(CH_3)_2CHCH_2Br \xrightarrow[\text{干醚}]{Mg} (CH_3)_2CHCH_2MgBr \xrightarrow[\text{②}H_2O,\ HCl]{\text{①}CO_2} (CH_3)_2CHCH_2COOH \xrightarrow[P]{Br_2}$

$$(CH_3)_2CHCHCOOH \xrightarrow{NH_3} (CH_3)_2CHCHCOOH$$
$$\underset{Br}{|} \qquad\qquad \underset{NH_2}{|}$$

六、推导结构题

63. A 的构造式为 $\underset{\underset{NH_2}{|}}{HOOCCHCH_2CH_2CONH_2}$ 或 $\underset{\underset{CONH_2}{|}}{H_2NCH_2CH_2CHCOOH}$

64. A 为 $\underset{\underset{NH_2}{|}}{CH_3CHCONHCH_2CONHCH_2COOH}$

B 为 $\underset{\underset{OH}{|}}{CH_3CHCONHCH_2CONHCH_2COOH}$

65. A 中氨基酸的结合顺序为亮-丙-半胱-精-缬或 Leu-Ala-Cys-Arg-Val

第十八章

核　酸

━━━━● 基本要求 ●━━━━

◎ 掌握核酸的基本结构与分类。
◎ 掌握核酸分子的组成、核酸分子的碱基及其碱基配对规律。
◎ 掌握核酸分子中有机碱，胞嘧啶、尿嘧啶、胸腺嘧啶、腺嘌呤及鸟嘌呤的结构式。
◎ 熟悉核酸的理化性质，了解基因和遗传密码。

━━━━● 知识点归纳 ●━━━━

一、核酸的分类

核酸是存在于细胞中的一种很重要的酸性高分子化合物，是生物体遗传的物质基础。通常与蛋白质结合成核蛋白。

核酸 { 核糖核酸（RNA） { 核蛋白体 rRNA（是体内蛋白质合成的场所）
信使 mRNA（是蛋白质合成时氨基酸排列顺序的模板）
转运 tRNA（是合成蛋白质时氨基酸的携带者）
脱氧核糖核酸（DNA）

二、核酸的组成和结构

核酸 ←── （单）核苷酸 ←── { H_3PO_4
核苷 ←── { 戊糖（核糖或脱氧核糖）
含氮有机碱（嘌呤和嘧啶）

核苷酸是组成核酸的基本单位，一个核酸分子是由许许多多的核苷酸组成的长链分子，而核苷酸是由磷酸和核苷组成的分子，核苷是由戊糖和含氮有机碱组成的分子。DNA 和 RNA 在组成、结构以及功能上的区别见表 18-1。

表 18-1　DNA 和 RNA 的组成、结构和功能

项目	DNA	RNA
磷酸	H_3PO_4	H_3PO_4

项目	DNA	RNA
核糖	 β-D-脱氧核糖	 β-D-核糖
碱基	嘧啶碱： 胞嘧啶(C)　胸腺嘧啶(T)	嘧啶碱： 胞嘧啶(C)　尿嘧啶(U)
	嘌呤碱： 腺嘌呤(A)　　鸟嘌呤(G)	
核苷	核苷是由核糖或脱氧核糖与嘌呤碱或嘧啶碱缩合而成的 β-氮苷	
	 β-D-脱氧核苷通式 例： 腺嘌呤脱氧核苷(脱氧腺苷)	 β-D-核苷通式 例： 尿嘧啶核苷(尿苷)
核苷酸	核苷酸是核酸的基本组成单位，它是核苷的磷酸酯，磷酸接在糖的 5'-或 3'-位上	
	 脱氧核苷酸通式 脱氧胞苷酸	 核苷酸通式 腺苷酸

项目	DNA	RNA
核酸结构	一级结构：在核酸(DNA和RNA)分子中，含有不同碱基的各种核苷酸按一定的排列次序，通过3′,5′-磷酸二酯键彼此相连而成的多核苷酸链，称为核酸的一级结构	
	二级结构：双螺旋结构，两条DNA链之间通过碱基间形成的氢键相连，并以相反方向围绕中心轴盘旋成螺旋状结构 碱基配对(碱基互补)规律：碱基间的氢键有一定的规律，在DNA分子中必须是(A)一定与(T)(A-T)，(C)一定与(G)(C-G)形成氢键。形成氢键的两个碱基都在一个平面上	二级结构：大多数RNA是由一条多核苷链(单股螺旋)构成，但在链的许多区域也发生自身回褶，呈现双股螺旋状，但规律性差。这种双螺旋结构也是通过碱基间氢键维系，形成一定的空间构型。与DNA不同的是在RNA中与腺嘌呤(A)配对的是尿嘧啶(U)(A-U)
功能	DNA主要存在于细胞核中，具有按照自己的结构进行精确复制的功能。DNA中4种碱基的排列次序代表着遗传信息，父母把自己所有的DNA复制一份传给子女	①核蛋白体rRNA，是体内蛋白质合成的场所；②信使mRNA，是蛋白质合成时氨基酸排列顺序的模板；③转运tRNA，在蛋白质合成过程中携带氨基酸的作用

除了 DNA 和 RNA 的核苷酸以外，还有一些具有生物学重要性的核苷酸，如腺嘌呤 ATP（图 18-1）等。ATP 在细胞代谢中作为高能化合物起着非常重要的作用，用于细胞的能量储存。

这种 5′-单核苷酸在 5′位的磷酸基上再与 1 分子或 2 分子磷酸脱水，通过磷酸酐键形成的化合物为二磷酸核苷或三磷酸核苷，二磷酸核苷、三磷酸核苷中磷酸与磷酸结合所生成的键称为高磷酸键。

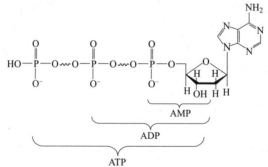

图 18-1　腺嘌呤核苷酸 ATP（三磷酸腺苷）的结构

三、核酸的命名

核酸的命名要包括糖基和碱基的名称，同时要标出磷酸连在戊糖上的位置。例如腺苷酸又叫腺苷-5′-磷酸（adenosine-5′-phosphate）或腺苷磷酸（adenosinemonophosphate，AMP）。如果糖基为脱氧核糖，则要在核苷酸前加"脱氧"二字。例如：脱氧胞苷酸又叫脱氧胞苷-5′-磷酸或脱氧胞苷磷酸（deoxycytidine monophosphate，dCMP）等。

四、核酸的理化性质

核酸是白色固体，微溶于水，不溶于乙醇、氯仿等有机溶剂，具有旋光性。核酸属两性化合物，通常显酸性。

在某些理化因素的作用下，碱基之间的氢键断裂，DNA 的双螺旋结构被破坏，变为无规则线团，这是核酸的变性。核酸变性后，紫外吸收增强，黏度下降，生物功能改变丧失。

变性并不破坏磷酸二酯键（一级结构）。在适当条件下，变性 DNA 恢复双螺旋结构，称为复性。因此，DNA 的变性是可逆的。DNA 热变后的复性称为"退火"。

核酸中储存了生物体内的遗传信息，并参与指导蛋白质的生物合成，是重要的生物大分子。核酸在酶的作用下逐步水解的产物可归纳为：核苷酸、核苷、磷酸，核苷又可水解为戊糖（核糖、2-脱氧核糖）和碱基（嘌呤、嘧啶）。

在核酸中，戊糖以 β-D-呋喃环的形式存在。核酸中的嘧啶和嘌呤都能发生酮式-烯醇式互变。形成核苷时，戊糖的第 1 位碳原子与嘌呤的第 9 位氮原子或嘧啶的第 1 位氮原子之间脱去 1 分子水，形成 β-氮苷键。

核苷酸是由核苷与磷酸形成的磷酸酯，主要是戊糖的第 5 位碳原子上的羟基与磷酸脱水成酯。根据核苷酸中所含磷酸分子的数目不同，可分为 AMP、ADP 和 ATP（或 dAMP、dADP 和 dATP）。在 ADP 和 ATP 中有磷酸分子之间脱水形成的磷酸酐键，含有很高的能量，称为高能磷酸键。

核苷酸之间以 $3',5'$-磷酸二酯键反复连接成核酸长链，核酸的一级结构指的是核苷酸的排列顺序。DNA 的二级结构是双螺旋结构，双螺旋结构理论的要点可从主链、碱基对、双螺旋结构的稳定因素以及双螺旋结构的参数 4 个方面概括。RNA 的二级结构不同于 DNA。RNA 分子通常由一条多核苷酸链组成，整个 RNA 分子呈现"发夹"结构。tRNA 的二级结构多呈三叶草状。

DNA 和 RNA 都不溶于乙醇、乙醚、氯仿等一般有机溶剂；在波长 260nm 处有较强的紫外吸收；核酸溶液的黏度比较大。

核酸是两性化合物，但酸性大于碱性。核酸在不同的 pH 溶液中，带有不同电荷，因此它能像蛋白质一样，在电场中发生迁移（电泳）。通过电泳的方法，可以观察核酸的纯度、含量，也可鉴定和分离核酸。

核酸在一定的理化因素作用下会变性，变性不破坏核酸的一级结构。DNA 的变性是可逆的，在适当的条件下，变性 DNA 又可复性。聚合酶链反应技术正是基于 DNA 的这种特点建立起来的。

典型例题解析

1. 写出 DNA 和 RNA 水解最终产物的名称，二者在化学组成上有何不同？

解：DNA 水解的最终产物为磷酸、β-D-2-脱氧核糖、胞嘧啶（C）、胸腺嘧啶（T）、腺嘌呤（A）和鸟嘌呤（G）；RNA 水解的最终产物是磷酸、β-D-核糖、胞嘧啶（C）、尿嘧啶（U）、腺嘌呤（A）和鸟嘌呤（G）。

化学组成相同的是二者均含有磷酸，A、G 和 C；不同的是在 DNA 中含脱氧核糖和 T，而在 RNA 中含核糖和 U。

2. 命名下列化合物。

(4) 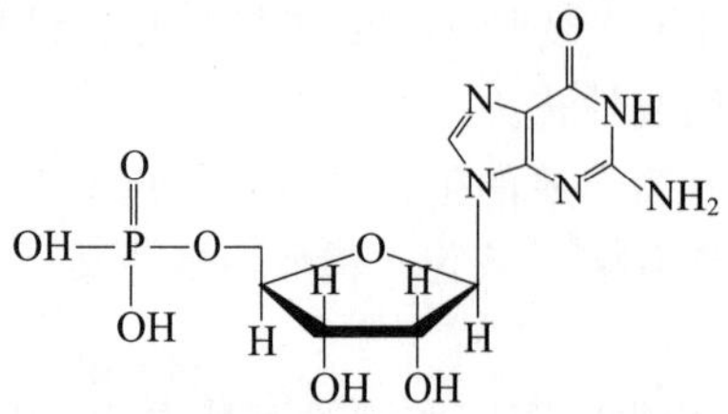

解：(1) 脱氧腺苷（腺嘌呤脱氧核苷）　　(2) *N*-甲基腺嘌呤

(3) 4-乙酰基胞嘧啶鸟苷酸（鸟嘌呤核苷酸）　　(4) 鸟苷酸（鸟嘌呤核苷酸）

3. 写出下列化合物的结构式。

(1) 5-羟甲基尿嘧啶　　(2) 胞苷三磷酸

(3) 鸟苷二磷酸　　(4) 5,6-二氢尿嘧啶

解：

(1) 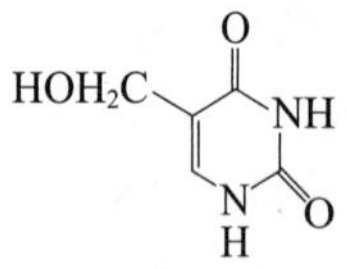

(2) 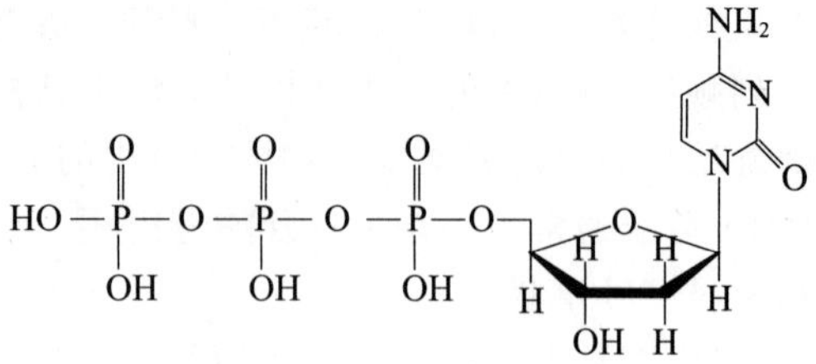

(3) 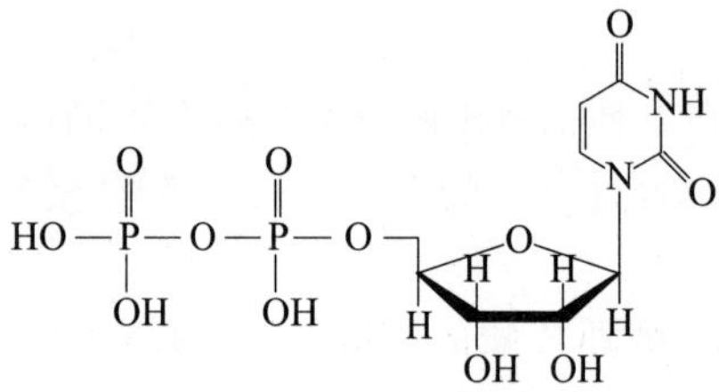

(4) 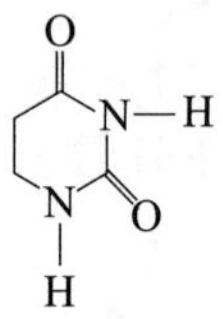

4. 写出胞嘧啶（C）和鸟嘌呤（G）的酮式-烯醇式互变异构体。

解：

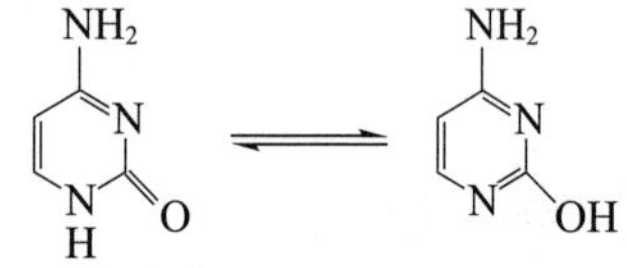

酮式(C)　　烯醇式(C)

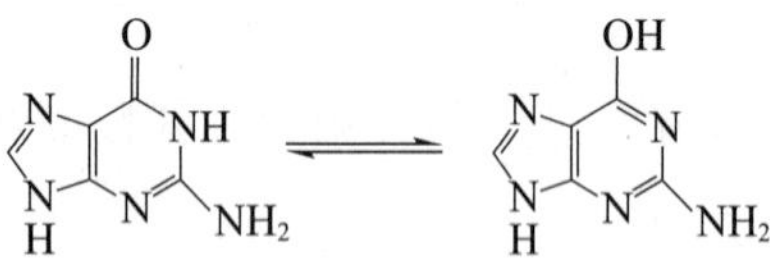

酮式(G)　　烯醇式(G)

5. 一段 DNA 有下列的碱基顺序：—ACCCCCAAATGTCG—

(1) 由这一段转录的 mRNA 中碱基顺序如何？

(2) 假如第一个碱基在 mRNA 中是密码子的开始，沿此段合成的多肽中氨基酸顺序将如何翻译？

(3) 在合成多肽时，tRNA 的反密码子应如何？

解：（1）—UGGGGGUUUACAGC—　　　　（2）色氨酸-甘氨酸-苯丙氨酸-苏氨酸

（3）ACCCCCAAAUGU

注释：1. 根据碱基配对规律将给出 DNA 的碱基顺序转录为 mRNA 的碱基顺序，在 RNA 中碱基配对规律是 A-U、C-G。

2. 从第一个碱基开始密码子是：UGG（色氨酸）、GGG（甘氨酸）、UUU（苯丙氨酸）、ACA（苏氨酸）。

3. 与密码子对应的反密码子是：

6. 写出：

（1）合成五肽 Arg-Ile-Cys-Val 的 mRNA 的碱基顺序。

（2）转录此 mRNA 的 DNA 的碱基顺序。

（3）合成此五肽时，tRNA 的反密码子。

解：（1）AGGAUCUGUUAUGUU（选取密码子中的一种）

（2）TCCTAGACAATACAA

（3）UCCUAGACAAUACAA

注释：Arg-Ile-Cys-Val 分别为精氨酸、异亮氨酸、半胱氨酸、酪氨酸和缬氨酸。分别选取它们中的一种密码子便得出上述顺序。根据碱基配对规律 A-T、C-G 得出转录此 mRNA 的 DNA 碱基顺序。再将 DNA 碱基顺序的 T 换成 U，即可得出 tRNA 的反密码子。

7. 一段 DNA 分子具有下列的核苷酸的碱基顺序-ATGACCATG-，与这段 DNA 链互补的碱基顺序应如何排列？

解：与题中给出的 DNA 链互补的碱基顺序是：-CATGGTCAT-。

注释：根据碱基配对规律 A-T、C-G，两条 DNA 链的碱基配对是：

又因两条链反向平行且核酸的书写规则为从 $5'$-端到 $3'$-端，所以，与这段 DNA 链互补的碱基排列为- CATGGTCAT-。

8. 某双链 DNA 样品，已知一条链中含有约 20％的胸腺嘧啶（T）和 26％的胞嘧啶（C），其互补链中含胸腺嘧啶（T）和胞嘧啶（C）的总量应是多少？

解：互补链中含胸腺嘧啶（T）和胞嘧啶（C）的总含量应是 54％。

注释：根据碱基配对规律，已知 DNA 链中（T）的含量为 20％，互补链中（A）（腺嘌呤）的含量也应该是 20％，同时已知 DNA 链中（C）的含量为 26％，互补链中（G）（鸟嘌呤）的含量也应为 26％。由于互补链中（A）与（G）的总量为 46％，因此互补链中（T）与（C）的总量应是 54％。

9. 何谓 DNA 的杂交？基因工程和 DNA 杂交有何异同？

解：将不同来源的 DNA 在一定条件下使其变性为单链的 DNA 多核苷酸，加入具有互补碱基的单链 DNA 多核苷酸，使其在合适的条件下复性，这样不同来源的单链多核苷酸可以复性成为新的杂交 DNA。

基因工程和 DNA 杂交的相同之处是都利用 DNA 的化学结构重新组合，以达到所需的目的；不同之处为杂交是不同 DNA 多核苷酸的复性组合，它只涉及 DNA 高级结构的变化，而基因工程是在一基因载体中嵌入异体 DNA 的基因片段，它不仅使 DNA 高级结构发生变化，也改变了 DNA 的初级结构，从而在该基因载体中获得该基因片段的生物特性。

本章测试题

一、命名或写结构式

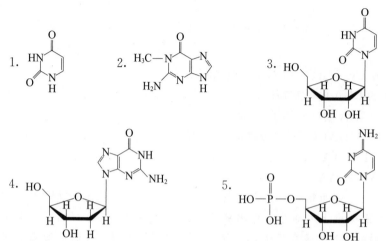

6. 3-甲基尿嘧啶　　7. 腺嘌呤核苷　　8. 脱氧胞苷酸　　9. 鸟苷酸　　10. 2-硫代尿嘧啶

二、单项选择题

11. DNA 和 RNA 最终水解产物的特点是（　　）。

A. 戊糖相同，碱基也相同　　　　　　　B. 戊糖相同，但碱基不同

C. 戊糖不同，碱基也不同　　　　　　　D. 戊糖不同，但碱基相同

12. 下列碱基中，存在于 RNA 中但不存在于 DNA 中的是（　　）。

A. 尿嘧啶　　　　B. 胸腺嘧啶　　　　C. 鸟嘌呤　　　D. 腺嘌呤

13. 在自然界中，游离核苷酸分子中的磷酸基通常连接在戊糖分子的（　　）。

A. $C2'$ 上　　　　B. $C2'$ 和 $C5'$ 上　　C. $C3'$ 上　　　D. $C5'$ 上

14. 在核酸分子中，核苷酸之间的连接方式是（　　）。

A. 碳苷键　　　　　　　　　　　　　　B. 氮苷键

C. $3',5'$-磷酸二酯键　　　　　　　　　D. $2',5'$-磷酸二酯键

15. 在双链 DNA 分子中，若一条链的部分碱基序列为 $5'$-AGGTACGTCAAC-$3'$，则另一条链的相应碱基序列应为（　　）。

A. $5'$-TCCATGCAGTTG-$3'$　　　　　　B. $5'$-AGGTACGTCAAC-$3'$

C. $5'$-GTTGACGTACCT-$3'$　　　　　　D. $5'$-UCCAUGCAGUUG-$3'$

16. 关于双链 DNA 分子中碱基的摩尔分数的关系，下列表达式中错误的是（　　）。

A. A＝T　　　　　　　　　　　　　　B. A＋G＝C＋T

C. A＋C＝T＋G　　　　　　　　　　　D. A＋T＝C＋G

17. 核酸分子中碱基之间的互补依赖的作用力是（　　）。

A. 氢键　　　　B. 范德华力　　　　C. 共价键　　　D. 配位键

18. 某 DNA 中鸟嘌呤（G）的摩尔分数为 20.6％，则胸腺嘧啶（T）的摩尔分数为（　　）。

A. 79.4％　　　　　B. 41.2％　　　　　C. 29.4％　　　　D. 10.3％

19. 在 RNA 分子中，核苷酸之间主要存在（　　）。

A. 氢键　　　　　　B. 疏水键　　　　　C. 氮苷键　　　　D. 磷酸二酯键

20. 核酸和蛋白质的变性所具备的共同点是（　　）。

A. 容易恢复到原来状态　　　　　　　B. 大分子内部的氢键发生断裂

C. 分子的空间结构变得松散　　　　　D. 生物大分子的活性消失

21. 在 RNA 分子中，已知腺嘌呤 A 的摩尔分数为 20％，则尿嘧啶 U 的摩尔分数是（　　）。

A. 20％　　　　　　B. 30％　　　　　　C. 10％　　　　　D. 不确定

22. 尿嘧啶的结构特点是（　　）。

A. 分子中含有一个羰基和一个氨基　　B. 分子中含有一个羰基，但不含氨基

C. 分子中含有两个羰基和一个甲基　　D. 分子中含有两个羰基，但不含甲基

23. 组成核酸的基本结构单位是（　　）。

A. 核苷酸　　　　　B. 核苷　　　　　　C. 腺苷酸　　　　D. 尿嘧啶

24. 在 DNA 分子中，两个核酸单元之间相连接的化学键是（　　）。

A. 磷酸酯键　　　　B. 疏水键　　　　　C. 糖苷键　　　　D. 磷酸二酯键

25. 在 DNA 分子中，正确的碱基配对是（　　）。

A. A-T　　　　　　B. U-A　　　　　　C. C-A　　　　　D. G-A

26. 终止密码是（　　）。

A. AUG　　　　　　B. GAU　　　　　　C. GAA　　　　　D. UAA

三、是非题

27. DNA 分子内发生碱基互补时，一条链上腺嘌呤与另一条链上的胸腺嘧啶之间形成 3 个氢键，而一条链上的鸟嘌呤与另一条链上的胞嘧啶之间形成 2 个氢键。（　　）

28. 碱基互补配对只发生在嘧啶碱与嘌呤碱之间。（　　）

29. 在双链 DNA 分子中，两条链的走向一定是相反的。（　　）

30. 核苷分子中碱基与戊糖之间通常形成的是糖苷键。（　　）

31. DNA 分子中所含的戊糖部分是 D-核糖。（　　）

32. 在一定 pH 下，DNA 也能像蛋白质一样在电场中发生移动，而 RNA 则不能。（　　）

33. 核酸的热变性通常是不可逆的。（　　）

34. 核酸易溶于有机溶剂，而不溶于水。（　　）

35. 核酸中的常见嘌呤碱是腺嘌呤和鸟嘌呤。（　　）

36. DNA 中存在的嘧啶碱有胞嘧啶和尿嘧啶。（　　）

四、填空题

37. 按照所含戊糖种类的不同，核酸分为_____和_____。

38. 核酸是由_____聚合成的大分子。核苷酸水解释放出磷酸后，剩余的部分成为_____。

39. RNA 的核苷中碱基是_____、_____、_____和_____；DNA 的核苷中碱基是_____、_____、_____和_____。

40. DNA 双螺旋结构的纵向稳定性是由_____维系的，而横向稳定性是由_____维系的。

41. 生命的主要物质基础是_____和_____。

42. 核苷酸是由_____、_____和_____三部分组成。

43. 核酸包括_____和_____两类。

五、问答题

44. 维系 DNA 二级结构的稳定因素是什么？

六、名词解释

45. 高能磷酸键　　46. 碱基配对规律　　47. DNA 的变性

48. DNA 的复性　　49. 反密码子

参考答案

一、命名或写结构式

1. 尿嘧啶　　2. 1-甲基鸟嘌呤　　3. 尿嘧啶核苷　　4. 脱氧鸟苷　　5. 胞苷酸

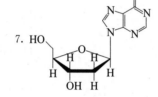

二、单项选择题

11. C；12. A；13. D；14. C；15. C；16. D；17. A；18. C；19. D；20. B；
21. D；22. D；23. A；24. D；25. A；26. D

三、是非题

27. ×；28. √；29. √；30. √；31. ×；32. ×；33. ×；34. ×；35. √；36. ×

四、填空题

37. DNA；RNA

38. 核苷酸；核苷

39. 尿嘧啶、胞嘧啶、腺嘌呤和鸟嘌呤；胸腺嘧啶、胞嘧啶、腺嘌呤和鸟嘌呤

40. 碱基对的堆积力；氢键

41. 蛋白质和核酸

42. 戊糖；磷酸；碱基

43. 核糖核酸；脱氧核糖核酸

五、问答题

44.DNA 分子的二级结构是由两条反平行的脱氧核苷酸链围绕同一个轴盘绕而成的右手双螺旋结构。脱氧核糖基和磷酸基位于双螺旋的外侧，碱基朝向内侧。两条链的碱基之间通过氢键结合成碱基对。这种碱基之间的氢键作用维持着双螺旋的横向稳定性；碱基对间的疏水作用致使碱基堆积，这种堆积力维持着双螺旋的纵向稳定性。

六、名词解释

45.核苷酸及脱氧核苷酸分子进一步磷酸化生成二磷酸核苷、三磷酸核苷等，其中磷酸与磷酸结合所成的键，称为高能磷酸键。此键断裂可释放出较多的能量。许多生化反应都需要这些能量来完成。

46.DNA 分子中碱基间的氢键是有一定规律的，即腺嘌呤（A）一定与胸腺嘧啶（T）形成氢键，鸟嘌呤（G）一定与胞嘧啶（C）形成氢键。形成氢键的两个碱基都在同一平面上，这种规律称为碱基配对（或碱基互补）规律。

47.在某些理化因素作用下，碱基之间的氢键断裂，DNA 分子稳定的双螺旋结构被破坏，变为无规则线性结构的现象称为 DNA 的变性。

48.在适当条件下，变性的 DNA 两条互补链全部或部分恢复到天然双螺旋结构的现象称 DNA 的复性，它是变性的一种逆转过程。

49.在 tRNA 的三叶草形结构的单股环Ⅱ上，有三个碱基能与 mRNA 上的三联体成互补关系，称反密码子。

阶段性测试题（六）

一、命名或写结构式

1. 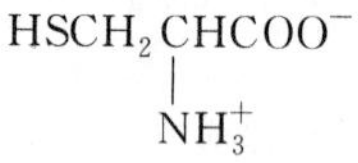 HSCH$_2$CHCOO$^-$
           |
          NH$_3^+$

2.

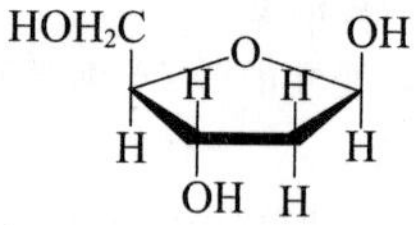

3. 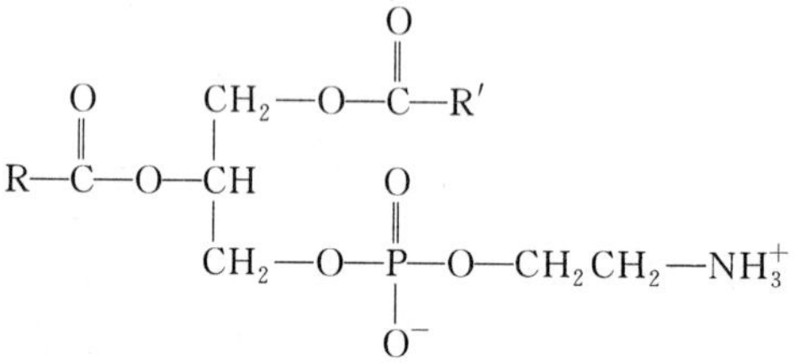 R—C—O—CH$_2$—O—C—R'
   ‖   ‖
   O   O

   CH$_2$—O—P—O—CH$_2$CH$_2$—NH$_3^+$
        ‖
        O
        |
        O$^-$

4.

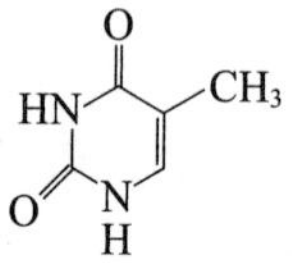

5. 油脂的结构通式

6. 甾族化合物的基本结构

7. α-D-吡喃葡萄糖（哈沃斯式）

8. 乙酰胆碱

9. 蔗糖（哈沃斯式）

10. 腺苷酸

二、单项选择题

11. 根据分子中所含碳原子的数目和羰基的类型进行分类，果糖属于（   ）。

A. 己醛糖　　　　　B. 戊醛糖　　　　　C. 己酮糖　　　　D. 戊醛酮

12. 从分子的结构上看，二糖应属于（   ）。

A. 还原糖　　　　　B. 非还原糖　　　　C. 转化糖　　　　D. 糖苷

13. 在蔗糖分子中，葡萄糖和果糖的构型分别是（   ）。

A. 葡萄糖是 α-构型，果糖是 β-构型　　　　B. 葡萄糖是 β-构型，果糖是 α-构型

C. 葡萄糖和果糖均为 α-构型　　　　　　　　D. 葡萄糖和果糖均为 β-构型

14. 下列有关糖类的叙述，正确的是（   ）。

A. 己酮糖不能还原托伦试剂

B. β-D-吡喃葡萄糖比 α-D-吡喃葡萄糖稳定

C. 多糖是由单糖缩合而成的，因此多糖也能被弱氧化剂氧化

D. 所有二糖都含有苷羟基，可转变为开链式结构，都具有还原性

15. 下列叙述错误的是（   ）。

A. 葡萄糖在水溶液中有变旋光现象

B. 甲基-α-D-吡喃葡萄糖苷既不能还原斐林试剂，也不能还原托伦试剂，但在酸性水溶液中有变旋光现象

C. 虽然 D-果糖不是 D-葡萄糖的差向异构体，但都可以生成同一种糖脎

D. 麦芽糖和蔗糖都属于还原性二糖

16. 下列各组化合物中互为差向异构体的是（　　）。

A. D-葡萄糖和 L-葡萄糖

B. α-D-吡喃葡萄糖和 β-D-吡喃葡萄糖

C. 甲基-α-D-吡喃葡萄糖苷和甲基-α-L-吡喃葡萄糖苷

D. D-葡萄糖和 D-果糖

17. D-葡萄糖开链结构分子中的 4 个不对称碳原子的绝对构型分别为（　　）。

A. $2R$，$3R$，$4S$，$5S$ 　　　　　　　　B. $2S$，$3S$，$4R$，$5R$

C. $2R$，$3S$，$4R$，$5R$ 　　　　　　　　D. $2S$，$3R$，$4R$，$5S$

18. 从结构上看，D-葡萄糖的环状结构应属于（　　）。

A. 酯 　　　　　　B. 醚 　　　　　　C. 缩醛 　　　　　　D. 半缩醛

19. 下列试剂中，不能与果糖发生反应的是（　　）。

A. 托伦试剂 　　　　B. 溴水 　　　　C. 苯肼 　　　　D. 乙酸酐

20. 两种己糖与过量苯肼反应生成相同的糖脎，则这两种己糖分子中碳原子构型相同的是（　　）。

A. C_1 和 C_2 　　　B. C_2 和 C_3 　　　C. C_1 和 C_5 　　　D. C_3、C_4 和 C_5

21. 油和脂肪都是高级脂肪酸的甘油酯，但油比脂肪的熔点低，其原因是（　　）。

A. 脂肪中含有较多的碳碳双键 　　　　B. 油中含有较多的碳碳双键

C. 脂肪中含有碳氢双键 　　　　　　　D. 油中含有碳氢双键

22. 天然不饱和脂肪酸中碳碳双键的构型特点是（　　）。

A. 共轭双键 　　　B. 位于碳链一端 　　　C. 反式构型 　　　D. 顺式构型

23. 萜类化合物的基本特点是（　　）。

A. 具有芳香气味 　　　　　　　　B. 分子中碳原子数是 5 的整数倍

C. 分子具有环状结构 　　　　　　D. 分子中具有多个双键

24. 冰片是主要的医药原料和清凉剂，其结构如下，可知冰片属于（　　）。

A. 双环单萜 　　　B. 双环倍半萜 　　　C. 双环双萜 　　　D. 双环三萜

25. 天然氨基酸具有等电点，是因为氨基酸（　　）。

A. 可以与酸成盐 　　　　　　　　B. 可以与碱成盐

C. 可以形成偶极离子 　　　　　　D. 不能形成偶极离子

26. 要使谷氨酸（$pI=3.22$）水溶液达到等电点，应该向水溶液中加（　　）。

A. 水 　　　　　　B. 酸 　　　　　　C. 碱 　　　　　　D. 醇

27. 下列 α-氨基酸中，等电点最小的是（　　）。

A. $\overset{+}{H_3}N(CH_2)_4\underset{\underset{NH_2}{|}}{C}HCOO^-$

B. $HOOCCH_2\underset{\underset{\overset{+}{N}H_3}{|}}{C}HCOO^-$

C. $CH_3CH_2\underset{\underset{\overset{+}{N}H_3}{|}}{C}HCOO^-$

D. $H_2N-\underset{\underset{\overset{+}{N}H_2}{|}}{C}-NHCH_2CH_2CH_2\underset{\underset{NH_2}{|}}{C}HCOO^-$

28. 鉴别 α-氨基酸常用的试剂是（　　）。

A. 托伦试剂　　　　　　B. 水合茚三酮　　　　　C. 斐林试剂　　　　D. 本尼迪特试剂

29. 将蛋白质从溶液中析出来而又不改变其性质，应向蛋白质溶液中加入（　　　）。

A. 饱和硫酸铵溶液　　B. 浓硫酸　　　　　　C. 甲醛溶液　　　　D. 硫酸铜溶液

30. 核糖核苷的化学组成单元是（　　　）。

A. 核糖和磷酸　　　　　　　　　　　　B. 有机碱和磷酸

C. 嘧啶碱和嘌呤碱　　　　　　　　　　D. 核糖和有机碱

三、完成反应式

31. $CH_3CHCOOH + CH_3COCl \longrightarrow$
　　　　　|
　　　　NH_2

32. $+ CH_3CH_2OH \xrightarrow{\text{干燥 HCl}}$

33. $\xrightarrow{KCN} \xrightarrow{H_2O}$

34. $\xrightarrow{Br_2/H_2O}$

35. $R-CH-COOH \xrightarrow{NaNO_2 + HCl}$
　　　　|
　　　NH_2

四、是非题

36. D-葡萄糖和 D-果糖能生成同一种糖脎。　　　　　　　　　　　　　　　（　　　）

37. 托伦试剂和斐林试剂能氧化醛糖，不能氧化酮糖。　　　　　　　　　（　　　）

38. 油脂的碘值大，表示油脂中不饱和脂肪酸的含量低。　　　　　　　　（　　　）

39. 油脂的酸败是由空气中氧气、水分或霉菌的作用引起的。　　　　　　（　　　）

40. 胆碱是一种含氮有机化合物，其碱性较弱，与氨相近。　　　　　　　（　　　）

41. 二萜分子是由两个异戊二烯分子以头尾连接方式结合而成的。　　　　（　　　）

42. 甾族化合物的结构特点是都含有一个由环戊烷与氢化菲并联的骨架。　（　　　）

43. 蛋白质的变性是由蛋白质发生水解产生的。　　　　　　　　　　　　（　　　）

44. 蛋白质和多肽都能发生缩二脲反应。　　　　　　　　　　　　　　　（　　　）

45. 蛋白质的二级结构是由肽链之间的氢键形成的。　　　　　　　　　　（　　　）

五、填空题

46. 根据糖类化合物的水解情况，可将其分为_____、_____和_____三类。

47. 糖苷是由_____和_____两部分通过_____连接起来的化合物。

48. 直链淀粉是由_____通过_____结合而成的链状化合物。在支链淀粉中，D-葡萄糖单体之间除了以_____连接外，还以_____连接。

49. 卵磷脂存在于蛋黄、脑和大豆中，是由_____、_____、_____和

＿＿＿＿＿构成的。

50. 萜类化合物在生物体内是以＿＿＿＿＿为前体合成的。从结构上看，组成萜类化合物的结构单元是＿＿＿＿＿。

51. 天然甾族化合物中，B 环与 C 环的稠合方式为＿＿＿＿＿，C 环与 D 环的稠合方式为＿＿＿＿＿，A 环与 B 环稠合方式为＿＿＿＿＿。

52. 按分子中所含氨基和羧基的数目，氨基酸可分为＿＿＿＿＿、＿＿＿＿＿和＿＿＿＿＿三大类。

53. 蛋白质的一级结构是指＿＿＿＿＿。蛋白质的变性是指蛋白质＿＿＿＿＿的破坏。

54. 根据蛋白质的组成不同，可分为＿＿＿＿＿和＿＿＿＿＿。

55. 根据碱基配对原则，DNA 分子中一条多核苷酸链上的腺嘌呤只能与另一条多核苷酸链上的＿＿＿＿＿形成氢键，而一条链上的鸟嘌呤只能与另一条链上的＿＿＿＿＿形成氢键。

六、用化学方法鉴别

56. ①淀粉　②葡萄糖　③蔗糖　④果糖

57. ①蛋白质溶液　②淀粉溶液　③蔗糖溶液

七、推导结构题

58. 一种自然界中存在的二糖 A 的结构式为 $C_{12}H_{22}O_{11}$，可还原斐林试剂，用 β-葡萄糖苷酶水解生成 D-吡喃葡萄糖（β-糖苷酶只水解 β-糖苷键，不能水解 α-糖苷键），若将 A 用硫酸二甲酯甲基化后再水解，则生成等物质的量的 2,3,4,6-四-O-甲基-D-吡喃葡萄糖和 1,2,3,4-四-O-甲基-D-吡喃葡萄糖。试写出 A 的结构式。

59. 化合物 A 的分子式为 $C_6H_{13}O_2N$，具有旋光性，既能溶于酸也能溶于碱。与亚硝酸反应放出氮气并得化合物 B（$C_6H_{12}O_3$），B 也具有旋光性，B 经氧化得化合物 C（$C_6H_{10}O_3$）；C 仍有旋光性，且能与苯肼反应，与稀硫酸共热失去二氧化碳得 D（$C_5H_{10}O$），D 能发生银镜反应，在稀碱作用下发生羟醛缩合反应。试写出 A、B、C、D 的结构式。

60. 三肽 A 完全水解后，生成甘氨酸和丙氨酸。如果先将 A 与亚硝酸反应后再水解，则生成乳酸、丙氨酸和甘氨酸。试写出 A 的可能构造式。

参考答案

一、命名或写结构式

1. α-氨基-β-巯基丙氨酸或半胱氨酸

2. β-D-2-脱氧核糖

3. 磷脂酰乙醇胺或脑磷脂

4. 胸腺嘧啶

5.

6.

7.

8. $CH_3-\overset{O}{\overset{\|}{C}}-O-CH_2CH_2-\overset{+}{N}(CH_3)_3\ OH^-$

9.

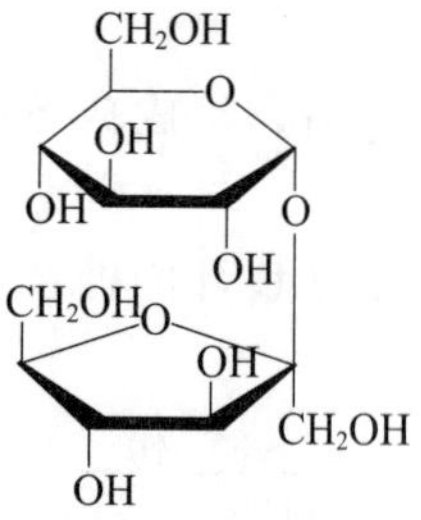

10.

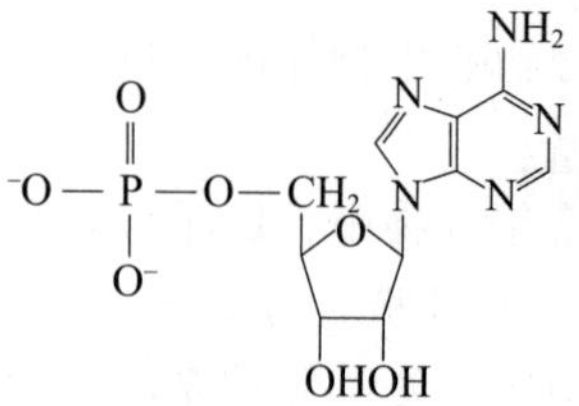

二、单项选择题

11. C；12. D；13. A；14. B；15. D；16. B；17. C；18. D；19. B；20. D；

21. B；22. D；23. B；24. A；25. C；26. B；27. B；28. B；29. A；30. D

三、完成反应式

31. $CH_3CHCOOH + HCl$
    　　　|
    　NHCOCH$_3$

32. 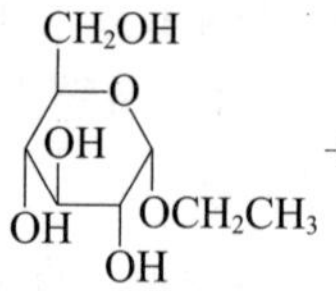 $+H_2O$

33.

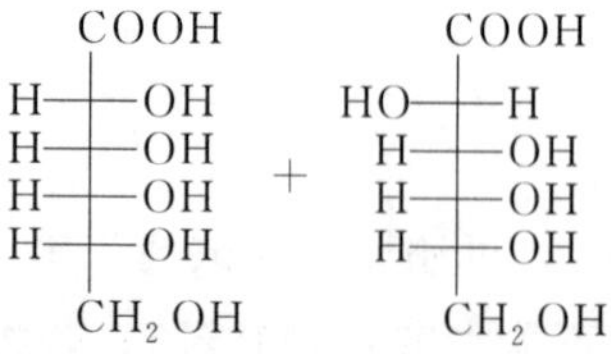

34.

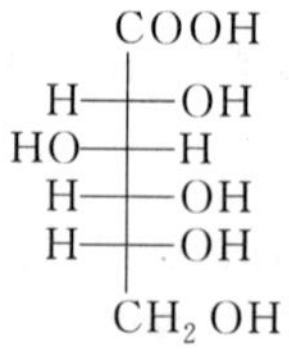

35. $R—CH—COOH + N_2 + H_2O$
    　　|
    　OH

四、是非题

36. √；37. ×；38. ×；39. √；40. ×；41. ×；42. √；43. ×；44. √；45. √

五、填空题

46. 单糖；低聚糖；多糖

47. 糖；配基；糖苷键

48. α-D-吡喃葡萄糖；α-1,4-苷键；α-1,4-苷键；α-1,6-苷键

49. 脂肪酸；甘油；磷酸；胆碱

50. 乙酸；异戊二烯

51. 反式；反式；反式或顺式

52. 中性氨基酸；酸性氨基酸；碱性氨基酸

53. 分子中氨基酸的种类、数目、连接方式和排列顺序；构象

54. 单纯蛋白质；结合蛋白质

55. 胸腺嘧啶；胞嘧啶

六、用化学方法鉴别

56.
①淀粉　　　　　　　　蓝色
②葡萄糖　$\dfrac{I_2}{KI溶液}$　（—）　$\dfrac{托伦试剂}{\triangle}$　$Ag\downarrow$　$\dfrac{溴水}{}$　褪色
③果糖　　　　　　　　（—）　　　　　　$Ag\downarrow$　　　（—）
④蔗糖　　　　　　　　（—）　　　　　　（—）

57.
①蛋白质溶液　　　　　　蓝紫色
②淀粉溶液　$\dfrac{茚三酮溶液}{}$　（—）　$\dfrac{I_2}{KI溶液}$　蓝色
③蔗糖溶液　　　　　　　（—）　　　　　　（—）

七、推导结构题

58. A 的结构式为

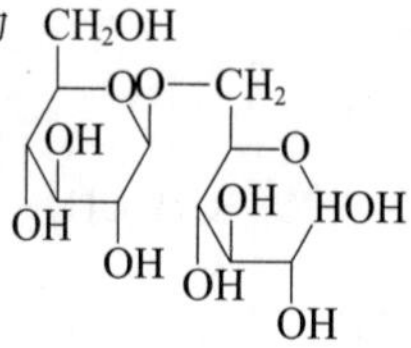

59. A. 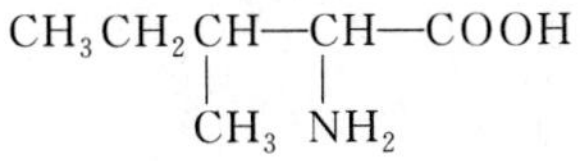 $CH_3CH_2CH—CH—COOH$
         $\quad\quad\quad\; | \quad\; |$
         $\quad\quad\quad CH_3\;\; NH_2$

    B. 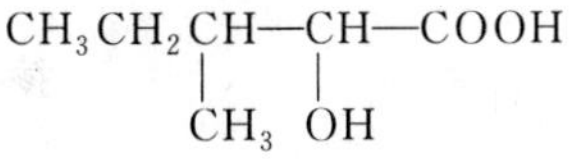 $CH_3CH_2CH—CH—COOH$
         $\quad\quad\quad\; | \quad\; |$
         $\quad\quad\quad CH_3\;\; OH$

    C. 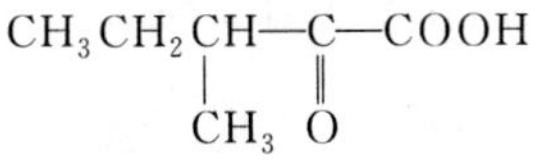 $CH_3CH_2CH—C—COOH$
         $\quad\quad\quad\; | \quad\; \|$
         $\quad\quad\quad CH_3\;\; O$

    D. 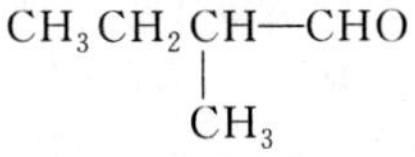 $CH_3CH_2CH—CHO$
         $\quad\quad\quad\; |$
         $\quad\quad\quad CH_3$

60. A 的结构式为

$CH_3CHCONHCH_2CONHCHCOOH$ 或 $CH_3CHCONHCHCONHCH_2COOH$
$\quad\; | \quad\quad\quad\quad\quad\quad\quad |$
$\quad NH_2 \quad\quad\quad\quad\quad\; CH_3$
$\quad\quad\quad\quad\quad\quad\quad\quad\quad\quad\quad NH_2 \quad\quad CH_3$

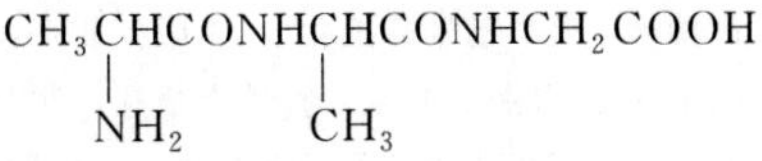

参 考 文 献

［1］中国化学会，有机化合物命名审定委员会．有机化合物命名原则 2017．北京：科学出版社，2018．

［2］董陆陆．有机化学．4 版．北京：高等教育出版社，2021．

［3］唐玉海．医用有机化学．4 版．北京：高等教育出版社，2020．

［4］徐春祥．有机化学习题解析．3 版．北京：高等教育出版社，2015．

［5］邢其毅，裴伟伟，徐瑞秋，等．基础有机化学．4 版．北京：北京大学出版社，2017．

［6］唐玉海，章小丽．医用化学．3 版．北京：科学出版社，2021．

［7］云学英，王建华，张振涛．有机化学学习指南．北京：化学工业出版社，2017．